中国科学院近海海洋观测研究网络
黄海站、东海站观测数据集

（2009.06—2010.12）

刘长华　王彦俊　主编

海洋出版社

2017年·北京

图书在版编目(CIP)数据

中国科学院近海海洋观测研究网络黄海站、东海站观测数据集：2009.06-2010.12 / 刘长华，王彦俊主编. —北京：海洋出版社，2017.9
ISBN 978-7-5027-9927-4

Ⅰ. ①中… Ⅱ. ①刘… ②王… Ⅲ. ①黄海－海洋站－海洋监测－数据集－2009-2010②东海－海洋站－海洋监测－数据集－2009-2010 Ⅳ. ①P717

中国版本图书馆CIP数据核字(2017)第[illegible]255号

责任编辑：白　燕
责任印制：赵麟苏

海洋出版社出版发行
http://www.oceanpress.com.cn
北京市海淀区大慧寺路 8 号　邮编：100081
北京文昌阁彩色印刷有限公司印刷　新华书店北京发行所经销
2017年10月第1版　2017年10月第1次印刷
开本：889mm × 1194mm　1 / 16　印张：17.75
字数：450千字　定价：128.00元
发行部：62132549　邮购部：68038093

#《中国科学院近海海洋观测研究网络黄海站、东海站观测数据集》编委会

学术顾问： 宋金明

主　　编： 刘长华　王彦俊

副 主 编： 冯立强　贾思洋　李一凡

张　斌　王春晓

序

作为当代海洋实时监测装备的海洋浮标，是海洋环境信息采集的重要载体。有针对性地在关键海区布放多参数、长期、实时综合观测浮标，连续获取和传递海洋长时间序列综合参数，并对数据进行有效利用，具有重要的科学意义和实用价值。

我国长期海洋观测能力十分薄弱，综合性长期连续观测资料十分匮乏，导致对近海动力、生态环境的变化特征缺乏系统性认识。“十一五”至“十二五”末，中国科学院海洋研究所在中科院创新三期野外台站建设项目的支持下，建设完成了以海洋水面观测浮标为主的中国近海海洋观测研究网络黄海站和东海站。具体包括海洋观测浮标系统、自动气象站系统、潜标系统以及垂直剖面观测浮标系统等，可对气象、水文和水质参数进行长期监测。长序列观测资料已经在我国海洋环境、海洋经济、防灾减灾、国防安全提供可靠数据服务方面发挥了重要作用，同时也为区域海洋和地方经济发展提供了技术支撑，在支撑重大科技创新活动中，发挥了不可替代的作用。

值得一提的是，在2010上海世博会气象安全保障方面所发挥的重要作用，依托东海站布放于海礁附近海域的06号大型综合观测浮标系统获取的实时观测数据，在世博会举办期间，为上海世博会的气象精确预报保障方面做出了突出贡献，并由此得到了上海市政府、上海市气象局的高度评价。2011年6月下旬至8月上旬，我国东部沿海遭受“米雷”和“梅花”连续两个强台风袭击，两个台风在我国近海由南至北移动经过东海、黄海和渤海三个海区，中国近海海洋观测研究网络黄海站和东海站所有海上浮标观测站点均全程记录下这两个强台风经过的实时观测数据，这些宝贵的实时台风数据是迄今为止我国获取到的最为完整的极端海洋天气真实数据，为有关台风预报及形成发生过程提供了极为珍贵的第一手资料，为国家准确预报台风路径提供了详实、可靠的数据支撑，这充分体现了海中定点观测台站在获得海洋极端恶劣条件基础观测数据（最大风速42.7m/s，14级，最大波高11.3m）方面所具有的不可替代的优势，所获取的观测数据具有极重要的科学研究价值。

《中国科学院近海海洋观测研究网络黄海站、东海站观测数据图集（2009.06-2010.12）》以数据图集的形式有效展现了黄海、东海若干关键站点的水文、气象、水质变化特征，将为深入认知该海域的基础海洋环境提供系统的数据支撑。

2017年6月27日

前　言

海洋科学本身是一门源于观测的科学，海洋观测数据是海洋科学研究的基础；目前随着海洋观测手段现代化、集成化和信息化的逐步实现，海洋观测数据在形式上呈现更加复杂的多元化，在数量上呈爆炸式增长，如利用卫星对海洋进行远距离非接触式观测的卫星遥感，利用机载航空摄影测量设备实现的航空遥感，利用无人机技术实现的低空小尺度海洋影像航拍，针对近岸利用岸基台站、验潮站获得长序列、多要素观测数据，利用综合海洋调查科考船获得的断面、航迹、定点多要素观测数据；更为重要且常见的是针对重点区域部署的锚系式综合观测浮标系统，利用浮标载体可以全天候、不间断地对瞬息万变的海洋全方位观测，克服台风、风暴潮等极端恶劣天气对观测设备、观测手段的限制，及时获取诸多海洋环境参数，从而更加迅速、全面地了解海洋、认知海洋，为开发海洋、经略海洋奠定坚实基础。

中国科学院在创新工程三期野外台站项目中，重点启动了中国近海海洋观测研究网络——黄海站、东海站建设项目，其主要观测方式是在我国东海、黄海等重点、特殊海域部署可进行定点长序列海洋原始观测数据获取的锚泊式综合浮标系统，浮标系统主要搭载海洋气象、水文物理和水质等观测设备，具体设备主要有风速风向仪、温湿仪、气压传感器、磁罗盘、雨量计、能见度仪、多普勒海流剖面仪、波浪仪、温盐计、叶绿素浊度仪等；主要观测项目有海洋气象参数包括平均风向、平均风速、最大风速、最大风速的风向、测得最大风速的时间、瞬时风速、瞬时风向、气温、气压、相对湿度、雨量、能见度；水文参数包括水温、电导率（盐度）、有效波高、有效波周期、最大波高、最大波周期、平均波高及周期、十分之一波高及周期、波向，剖面海流流速、流向；水质参数有叶绿素、浊度等；同时浮标还采集位置、方位、电池电压、锚灯状态、报警信息等浮标状态参数。

黄海站和东海站主体分别于 2009 年 6 月和 2009 年 8 月建设完成，并长期连续稳定运行，获取了高质量、长时间序列连续的海洋气象、水文、水质等实时观测数据，截至 2017 年 6 月，黄海站积累数据量约 4000 万条，数据时长近 110 个月，东海站积累数据量 3000 万条，数据时长近 90 个月，两个站的数据时长均为我国科研应用方面观测周期最长记录；目前大量实时观测数据在海洋科学研究方面越来越凸显出其重要研究价值，在服务于国家和地方方面已经广泛应用于沿海各省市气象局预报模式的反演与修正、渔业养殖企业的养殖模式优化等。

本图集是中国近海海洋观测研究网络长期对黄海、东海进行连续、长期、定点观测数据的积累成果，该册是第一分册，主要是2009年6月至2010年12月的原始观测数据展示，后续将系统按照年度进行图集的出版。第一分册对近海观测网络黄海站、东海站所测量的海洋气象、水文、水质三种类型数据按照月份与年度，并根据不同参数绘制玫瑰图和曲线图，以清晰、简明的方式呈现各要素的变化趋势。

本图集所展示数据曲线的观测范围主要分布于我国北黄海海域、山东外海海域和舟山群岛附近海域，分别是以辽宁省大连市獐子岛为核心辐射35km椭圆形范围海域，以山东省威海市荣成楮岛为起点向西南延伸至山东省日照市线状观测海域，以东海海域海礁基点为核心辐射100km椭圆形范围海域。针对三大观测区域所对应的核心科学问题分别为黄海冷水团强弱年际变化造成水团边界变化对海洋环境和渔业养殖模式的影响评价、胶东半岛外海沿岸流对微系统气候影响的响应机制和黑潮上升流及浙江沿岸流混合作用下对我国长江口附近海域生态环境变化的影响评价。

图集所选取的01号浮标、02号浮标和05号浮标位于北黄海海域，其中01号浮标观测参数最为完备，作为该观测海域的核心浮标；07号浮标位于威海市荣成楮岛外海，是山东外海线状观测范围的核心浮标；06号浮标位于东海的海礁附近海域，是东海观测海域的核心浮标，上述5套浮标的观测数据曲线基本展示出三个海域2009年6月至2010年12月的风速、风向、气温、气压、能见度、表层水温、表层盐度、波浪、表层海流、表层浊度、表层叶绿素的变化范围和趋势。

2009年，北黄海海域01号浮标、02号浮标和05号浮标的观测数据从6月初到12月底，涵盖夏季和秋季的观测要素变化情况。

夏季（8月），01号浮标观测到气压逐渐变大趋势，变化范围为1001.2 ~ 1018.7 hPa，平均气压为1009.6 hPa；气温逐渐增高，范围是19.63 ~ 32.02 ℃，平均气温是25.54℃；表层水温变化范围是23.95 ~ 30.37℃，平均表层水温26.63℃，略高于平均气温值；盐度值变化范围很小，为31.10 ~ 31.71，均值为31.39。02号标观测到的表层水温变化范围是20.98 ~ 29.31℃，平均表层水温25.54℃，略低于01号浮标观测到的平均表层水温值；盐度值变化范围较01号浮标略大，为28.65 ~ 31.66，均值为30.56，略低于01号浮标观测到的平均表层盐度值。05号标观测到的表层水温变化范围是21.02 ~ 29.35℃，平均表层水温25.42℃，略低于02号浮标观测到的平均表层水温值，比01号浮标获取的表层平均温度值低1.21℃；盐度值变化范围为28.88 ~ 31.61，均值为30.78，同样略低于01号浮标观测到的平均表层盐度值。

整体而言，01号浮标距离陆地最远，02号标次之，05号浮标距离岛屿最近，在夏季从表层水温和盐度平均值来看，由远及近，表层水温呈现逐渐下降趋势，表层盐度大致也呈现下降趋势，此特征是否为陆地和冷水团边界入侵混合作用结果，尚待更长时间数据积累以深入分析。

秋季（11 月），02 号标观测到的表层水温变化范围是 9.76 ～ 17.05℃，平均表层水温 12.67℃；盐度值变化范围为 31.01 ～ 31.64，均值为 31.39。05 号标观测到的表层水温变化范围是 10.78 ~ 16.81℃，平均表层水温 12.75℃，略高于 02 号浮标观测到的平均表层水温值；盐度值变化范围为 31.11 ～ 32.32，均值为 31.81，同样略高于 02 号浮标观测到的平均表层盐度值。从表层水温和盐度平均值来看，由远及近，秋季情况与夏季正好相反，表层水温和盐度均呈现升高趋势。

2009 年，代表东海海域的 06 号综合观测浮标自 8 月 14 日开始在位运行观测，至 12 月底共获取到 9 月、10 月、11 月和 12 月四个月的完整观测数据，就对应的月平均气温而言分别为 25.28℃、22.10℃、16.04℃、10.03℃，月平均气压是 1012.80 hPa、1017.30 hPa、1022.52 hPa、1024.56 hPa，表层平均水温变化范围为 17.46 ～ 27.93℃，表层平均盐度变化范围为 25.85 ～ 29.18。

06 号浮标观测到秋季（11 月）的气温变化范围是 9.40 ～ 22.60℃，均值是 16.04℃；表层水温变化范围是 16.75 ～ 23.20℃，均值是 20.60℃，表层平均盐度变化范围为 23.95 ～ 29.60，均值是 28.23，该观测值明显高于以往文献发表的长江口附近盐度较低（一般在 22.5 以下），可能原因是 06 号浮标距离长江口已较远，位于 123°05'E 附近海域，受长江冲淡水的影响较弱，而受黑潮影响程度增大，因此也恰恰说明 06 号综合观测浮标所处位置的重要性。

2010 年，全年选取的 5 套典型观测浮标获取的数据较为完整，具体而言，01 号浮标全年度最低气温为 −13.07℃，出现在 12 月，最高气温为 28.91℃，出现在 8 月（夏季）；海水表面温度（SST）最低为 2.37℃，出现在 2 月（冬季），最高为 29.83℃，出现在 8 月（夏季）；盐度值的年际变化较大，最低值是 22.09，最高值为 33.57，这两组数据均出现在 8 月（夏季），可能与大气降水和黄海冷水团边界进退变化范围有关。02 号浮标观测到的表层水温年度最低值为 0.46℃，出现在 3 月，最高值为 26.74℃，出现在 9 月；表层海水盐度值最低为 12.35，出现在 8 月（夏季），最高值为 33.68，出现在 7 月；05 号浮标观测到的表层水温年度最低值为 1.15℃，同样出现在 3 月，最高值为 27.21℃，出现在 8 月（夏季）；表层海水盐度值最低为 15.20，出现在 8 月（夏季），最高值为 32.40，出现在 2 月（冬季）。

06 号浮标全年度最低气温为 −1.50℃，出现在 1 月，最高气温为 31.10℃，出现在 8 月（夏季）；观测到的表层水温年度最低值为 8.30℃，出现在 2 月（冬季），最高值为 25.83℃，出现在 9 月；表层海水盐度值最低为 11.80，出现在 7 月（长江汛期），最高值为 34.30，出现在 12 月。

07 号浮标代表山东外海海域的观测数据情况，全年度最低气温为 −5.60℃，出现在 12 月，最高气温为 28.00℃，出现在 8 月（夏季）；观测到的表层水温年度最低值为 4.80℃，出现在 12 月，最高值为 26.50℃，出现在 8 月（夏季）；表层海水盐度值最低为 29.20，出现在 8 月（夏季），最高值为 33.80，同样出现在 8 月。

2010 年在位稳定运行的观测浮标系统获取的观测数据通过代表冬、春、夏、秋四季的 2 月、5 月、8 月、11 月四个月份数据来看，基本可反映出该年度我国近海的海洋气候和水文特征。

冬季（2 月），北黄海气温较 12 月略有升高，水温处于年度最低范围，盐度变化基本与水温同步，01 号浮标观测数据明显受黄海冷水团边界进退变化影响，但在此季节较弱，02 号浮标和 05 号浮标数据受季节性海洋气候影响显著。山东外海浮标观测数据受大陆影响明显。东海海域气温较 1 月份有所回升，但是海水表层温度出现年度最低值，盐度等是受长江径流影响最弱时期。

春季（5 月），各海区浮标观测数据显示气温显著升高，海表温度也逐渐升高，盐度受各海区降水不同而变化略有差异，但北黄海 01 号浮标盐度数据显示，冷水团入侵作用加强。

夏季（8 月），各海区气温均出现年度最高值，海表温度最高值出现与气温最高值同期或延迟情况，盐度的变化情况各异，最高值有的提前 1 个月出现，有的延后 1 个月，或者不出现在这个季节，尤其是北黄海 01 号浮标位置，盐度出现略有下降趋势，可能原因是冷水团影响作用进一步加强；东海盐度出现最低值主要是由于长江汛期，径流量增大，淡水大范围汇入影响所致。

秋季（11 月），由观测数据看，各海区浮标观测数据显示气温缓慢降低，海表温度也逐渐降低，北黄海、山东外海和东海海域的盐度值逐渐增大，尤其是东海海域，可能显示该季节黑潮入侵的影响。

本图集通过原始数据的质量控制后，进行了直观数据曲线的展示，可以为近海海洋观测研究网络黄海站、东海站长期变化研究、海洋资源开发、海洋灾害预警、海洋环境保护提供基础资料和决策支持，同时也为从事物理海洋、海洋生态以及其他海洋学科研究的科技、支撑、管理等人员了解黄海、东海的变化状况提供可参考的依据。

需要说明的是，图集原始数据积累所依赖的海上观测浮标系统长时间锚系于海面，多变的天气、复杂的海况、海洋生物附着观测传感器及传感器自身的问题、通讯不畅等诸多因素均会导致观测数据的中断，因此，在图集制作过程中对原始数据进行了一定的质量控制和部分明显有悖事实数据的剔除，但同时为最大程度保证数据完整性，对于部分存在疑义的数据未进行剔除；关于数据的缺失情况，请参照各参数年度曲线图所附的图下说明内容。

本图集的完成得到了多项国家科研项目的资助，包括国家发展改革委员会促进大数据发展重大工程项目——科学大数据公共服务平台与创新应用示范之近海环境评估与预测特色数据产品集、中国科学院功能开发项目：海洋综合浮标观测系统数据采集系统——多重通讯功能的实现和中国科学院先导专项A—热带西太平洋海洋系统物质能量交换及其影响等。在此感谢中国科学院科学促进发展局、条件保障与财务局、中国科学院海洋研究所等单位的指导和支持。

本图集工作是集体劳动成果的结晶。自2009年黄海站、东海站开始建站以来，几十位管理与技术人员付出了艰辛的努力，中国科学院海洋研究所的孙松、侯一筠、王凡、任建明、宋金明等领导付出了很大的精力，先后指导了此项工作的实施。具体实施的技术人员包括刘长华、陈永华、贾思洋、王彦俊、冯立强、张斌、李一凡、张钦、王春晓、王旭、杨青军等，同时相关兄弟单位的管理和技术人员也给予了无私的帮助和关心，主要有上海海洋气象局的黄宁立、费燕军、山东荣成楮岛水产公司的王军威、大连獐子岛渔业集团的臧有才、赵学伟、张晓芳、杨殿群、张永国等，特向他们表示深深的感谢！

本图集由刘长华、王彦俊、冯立强、贾思洋、李一凡和张斌编制完成，刘长华负责图集整体构思和通稿，王彦俊主要负责图件绘制。其他几位同志分别负责数据的质量控制、曲线的校正和修订，以及原始数据的获取等工作。

作为我国第一套针对黄海和东海海域定点观测数据曲线的图集，无论是数据的质量和展示的方式，还是数据获取所采用的技术方法，都有诸多欠缺和不足，敬请读者批评指正！

刘长华

2017年6月于青岛汇泉湾畔

中国科学院近海海洋观测研究网络
黄海站、东海站观测数据图集（2009.06—2010.12）

技术说明

《中国科学院近海海洋观测研究网络黄海站、东海站观测数据图集（2009.06—2010.12）》依据中国近海海洋观测研究网络野外科学观测研究站对中国黄海海域、东海海域的海洋环境要素长期观测数据编制完成的。观测内容包括海洋气象、海洋水文、水质等参数。本图集系 2009 年 6 月至 2010 年 12 月间月度、年度所积累的观测数据，对各种观测要素进行绘图。

黄海站、东海站通过布放在海上的锚泊海洋观测研究浮标系统进行海洋参数的采集，目前安全在位运行浮标系统 20 套，其中黄海站 12 套，东海站 8 套。浮标系统主要搭载了风速风向仪、温湿仪、气压仪、雨量计、能见度仪、多普勒海流剖面仪、波浪仪、温盐仪、叶绿素—浊度仪、溶解氧仪等观测设备，通过浮标的核心数据采集系统控制对中国近海海域的海洋气象参数、水文参数和水质参数等进行实时、动态、连续的观测，浮标系统可通过 CDMA/GPRS 和北斗卫星的通讯方式将观测数据传输至岸站接收系统进行分类存储。

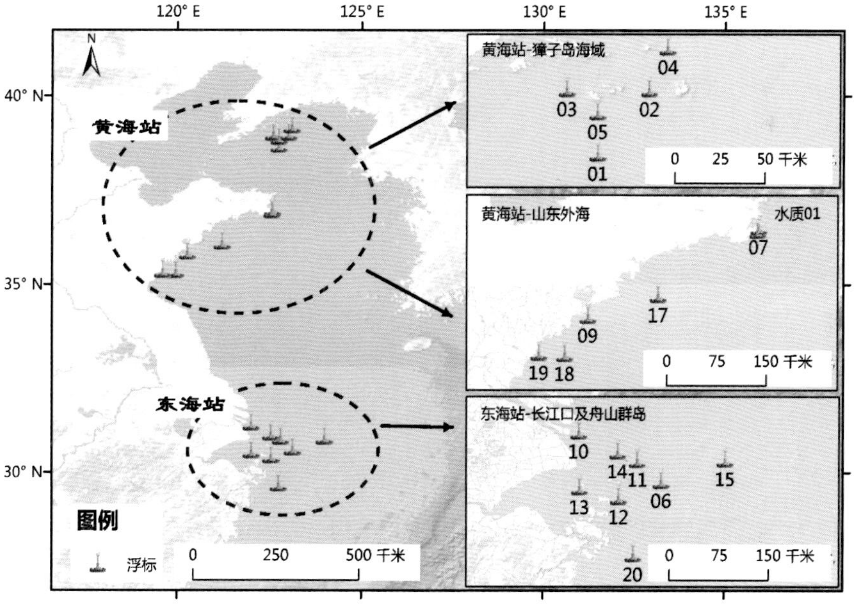

浮标分布

海洋观测浮标系统的设计参照海洋行业标准小型海洋环境监测浮标（HY/T143-2011）和大型海洋环境监测浮标（HY/T142-2011）执行；观测仪器的选择参照海洋水文观测仪器通用技术条件（GB/T 13972-1992 ）执行。重要海洋气象、海洋水文、水质等参数的观测工作参照海洋调查规范（GB/

T12763-2007）和海滨观测规范（GB/T14914-2006）执行。

附一　图集原始数据测量参数技术指标

项　目	测量参数	测量范围	测量准确度	分辨率
气象参数	风速	0 ～ 80 m/s	V ≤ 20 m/s: ± 1 m/s；V ≥ 20 m/s: ± 5 m/s	0.3m/s
	风向	0 ～ 360°	± 10°	0.5°
	气温	-50 ～ 50℃	± 0.3℃	0.1℃
	气压	600 ～ 1100 hPa	± 1 hPa	0.01 hPa
	相对湿度	0 ～ 100% RH	± 2%RH	1% RH
	能见度	10 ～ 20 000 m	± 10% ～ ± 15%	
水文参数	水温	-5 ～ +45℃	± 0.01℃	0.001℃
	电导率	0 ～ 70 mS/cm	± 0.01 mS/cm	0.001 mS/cm
	波高	0.2 ～ 25 m	± (0.3 + H × 10%) m	0.1m
	波周期	2 ～ 30 s	± 0.5 s	0.1s
	波向	0 ～ 360°	± 10°	1°
	流速	± 5 m/s	± 0.5%	1mm/s
	流向	0 ～ 360°	± 10°	1°
水质参数	叶绿素	0.1 ～ 400 ug/L	± 1%	0.01ug/L
	浊度	0 ～ 1 000 FTU	± 0.2%	0.03FTU
	溶解氧	0 ～ 200%	± 2%	0.01%

附二　图集原始数据测量参数观测方式及采样周期

常规观测及传输方式为一般参数每 10 min 一次（波浪半小时 1 次）。

1. 气象观测

1.1　风

双传感器工作。每点次进行风速、风向观测，观测值为：10 min 平均风向、10 min 平均风速、最大风速的风向、最大风速、最大风速出现的时间。风速单位：m/s。风向单位：度。

项　目	采样长度	采样间隔	采样数量
10min 平均风速	10 min	1 s	600 次
10min 平均风向	10 min	1 s	600 次

1.2　气温与湿度

每 10 min 观测一次。

项　目	采样长度	采样间隔	采样数量
气温	4 min	6 s	40 次
湿度	4 min	6 s	40 次

1.3　气压与能见度

每 10 min 观测一次。

项　目	采样长度	采样间隔	采样数量
气压	4 min	6 s	40 次
能见度	4 min	6 s	40 次

2. 水文观测

2.1　波浪

每 30 min 做 1 次测量，观测内容：有效波高对应周期、最大波高和对应的周期、平均波高和对应的周期、十分之一波高和对应的周期及波向（每 10° 区间出现的概率，并确定主要波向）。

2.2　剖面流速流向

每 10 min 观测一次。

2.3　水温、盐度

每 10 min 观测一次。

3. 水质观测

3.1　浊度、叶绿素、溶解氧

每 10 min 观测一次。

附三　图集英文缩写范例

气温：AT，Air Temperature

气压：AP，Air Pressure

能见度：VB，Visibility

风速：WS，Wind Speed

风向：WD，Wind Direction

水温：WT，Water Temperature

盐度：SL，Salinity

有效波高：SignWH，Significant Wave Height

有效波周期：SignWP，Significant Wave Period

最大波高：MaxWH，Maximum Wave Height

最大波周期：MaxWP，Maximum Wave Period

平均波高：MeanWH，Mean Wave Height

平均波周期：MeanWP，Mean Wave Period

流速：CS，Current Speed

流向：CD，Current Direction

浊度：Turb，Turbidity

叶绿素：Chlorophyll

01 号浮标

02 号浮标

05 号浮标

06 号浮标

07 号浮标

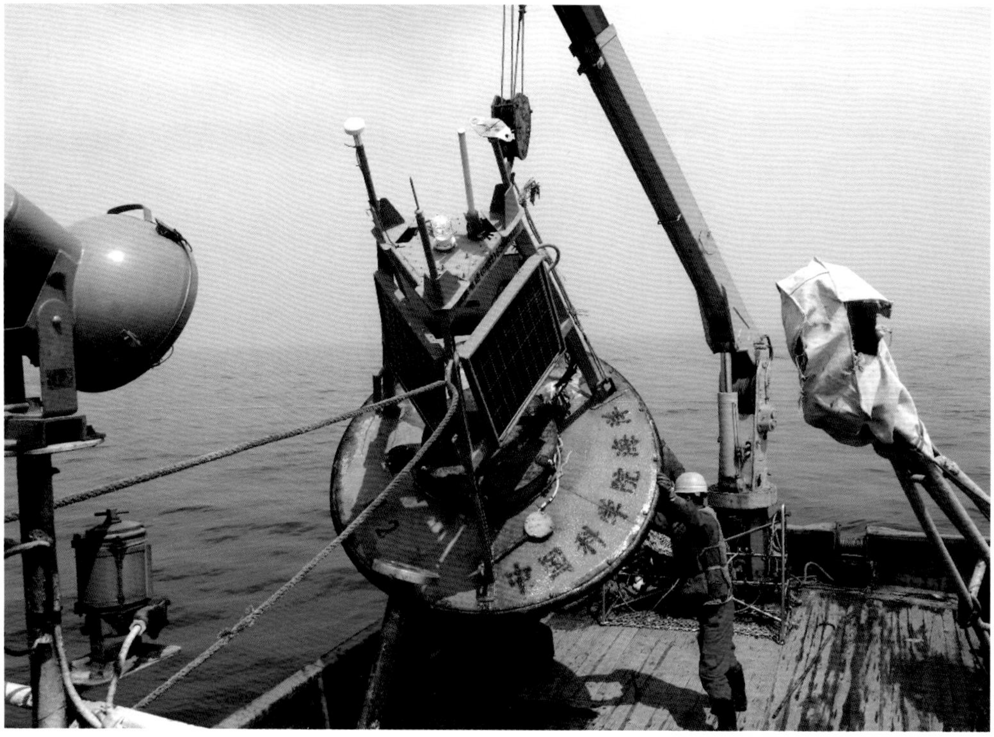

浮标现场维护

目　录

气象观测

01 号浮标 2009 年气温、气压观测资料
AT and BP of 01 buoy in 2009

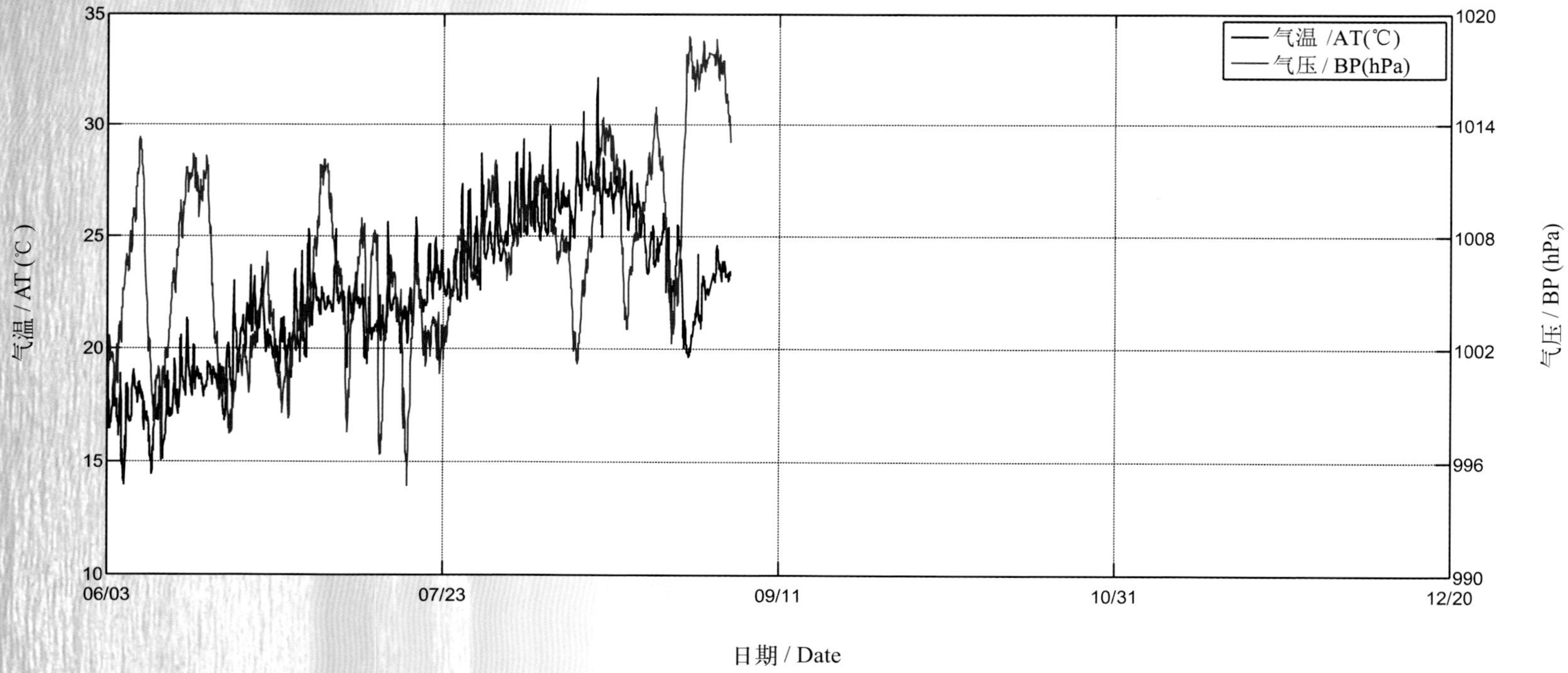

注：01 号浮标于 2009 年 6 月完成布放，9 月至 12 月期间，因 01 号标出现系统故障，导致数据缺失。

01 号浮标 2010 年气温、气压观测资料
AT and BP of 01 buoy in 2010

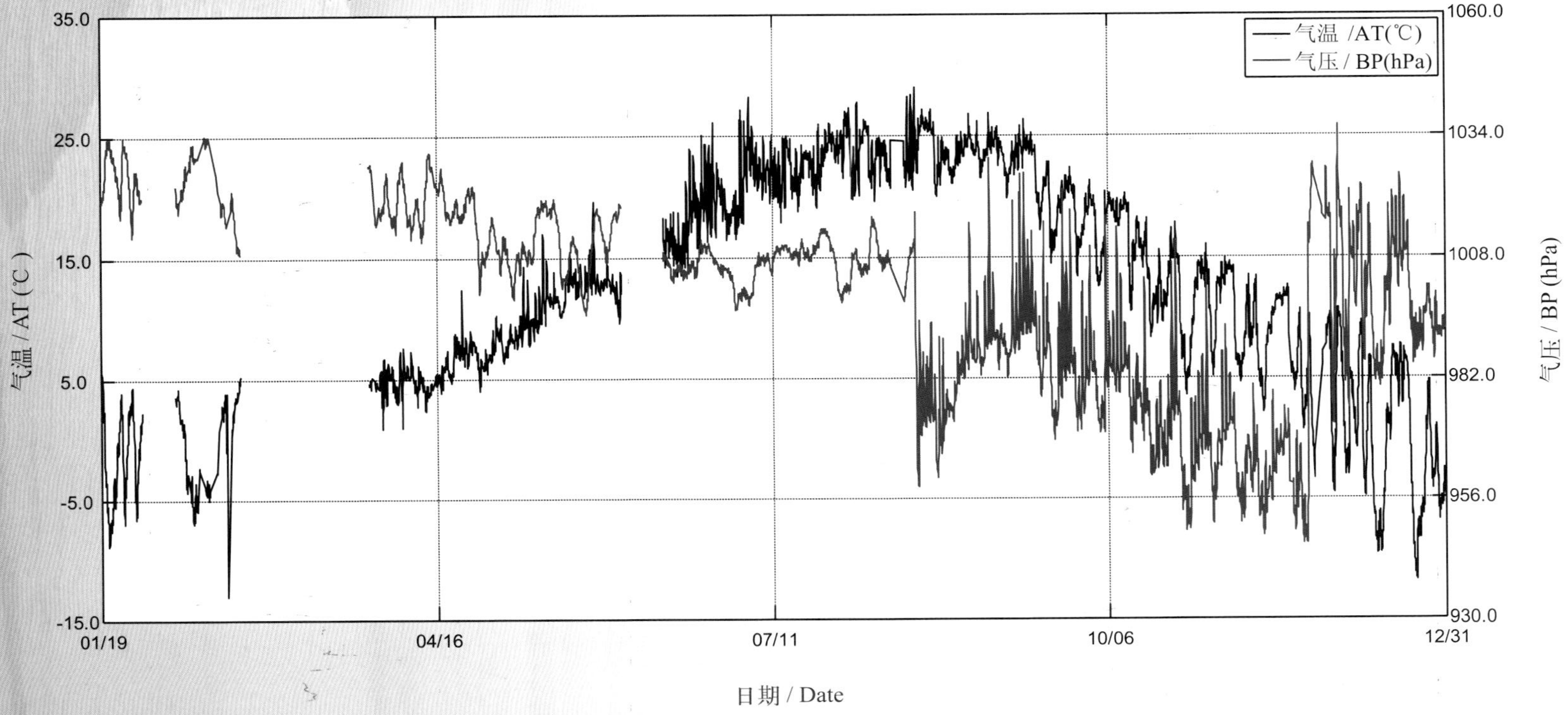

注：01 号浮标于 2010 年 1 月 31 日至 2 月 7 日，2 月 24 日至 3 月 31 日，6 月 3 日至 6 月 13 日，8 月 11 日至 8 月 14 日期间，因气温、气压传感器故障，导致数据缺失。

01 号浮标 2009 年 06 月气温、气压观测资料
AT and BP of 01 buoy in June 2009

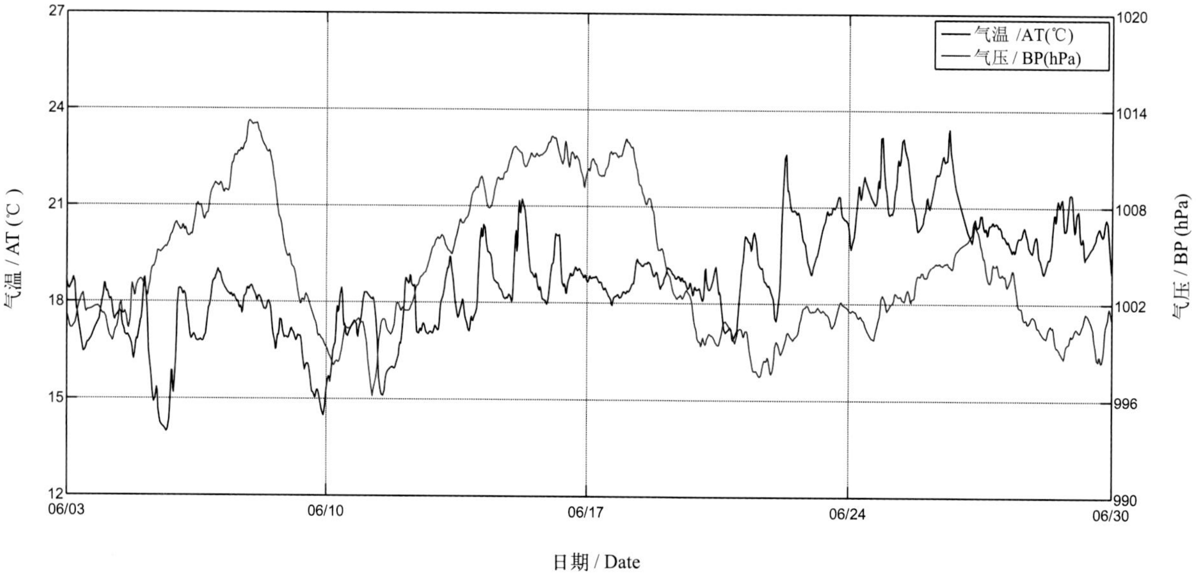

01 号浮标 2009 年 07 月气温、气压观测资料
AT and BP of 01 buoy in July 2009

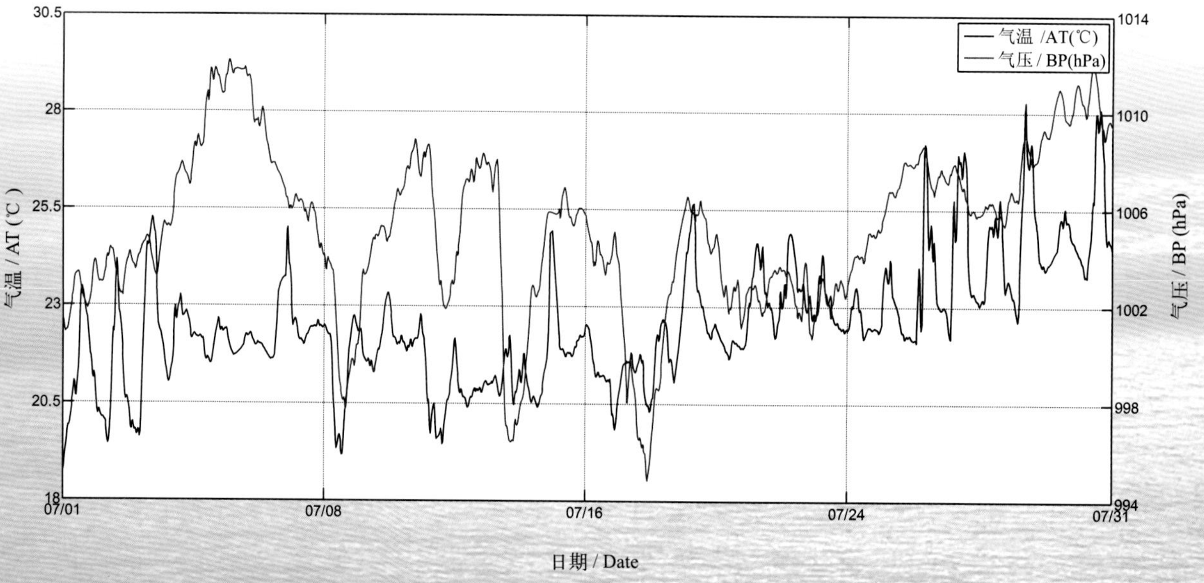

01 号浮标 2009 年 08 月气温、气压观测资料
AT and BP of 01 buoy in Aug 2009

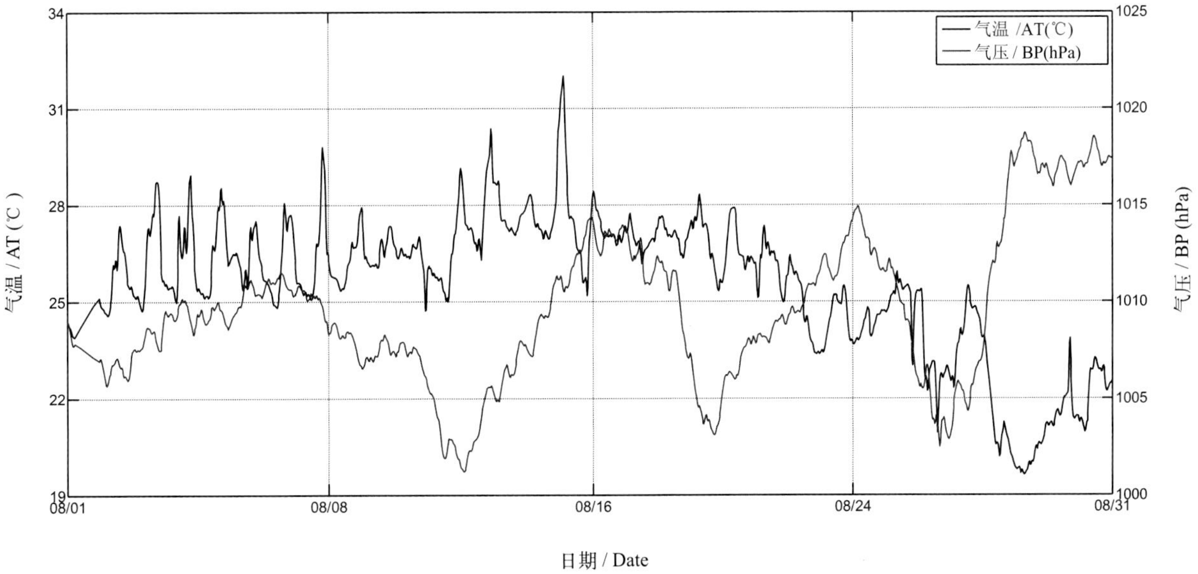

01 号浮标 2010 年 01 月气温、气压观测资料
AT and BP of 01 buoy in Jan 2010

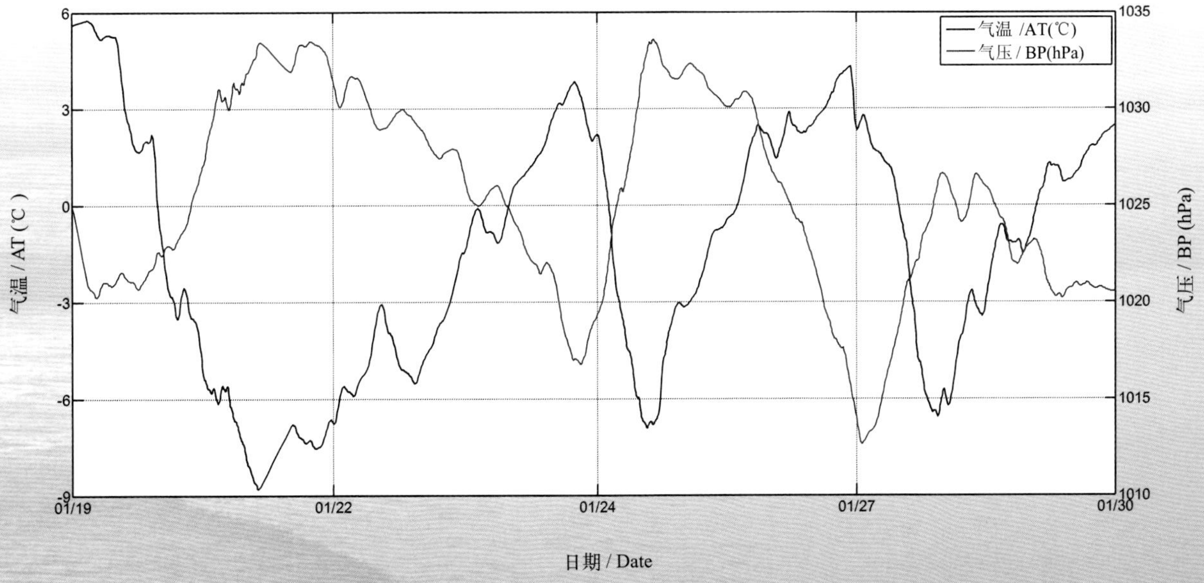

01 号浮标 2010 年 02 月气温、气压观测资料
AT and BP of 01 buoy in Feb 2010

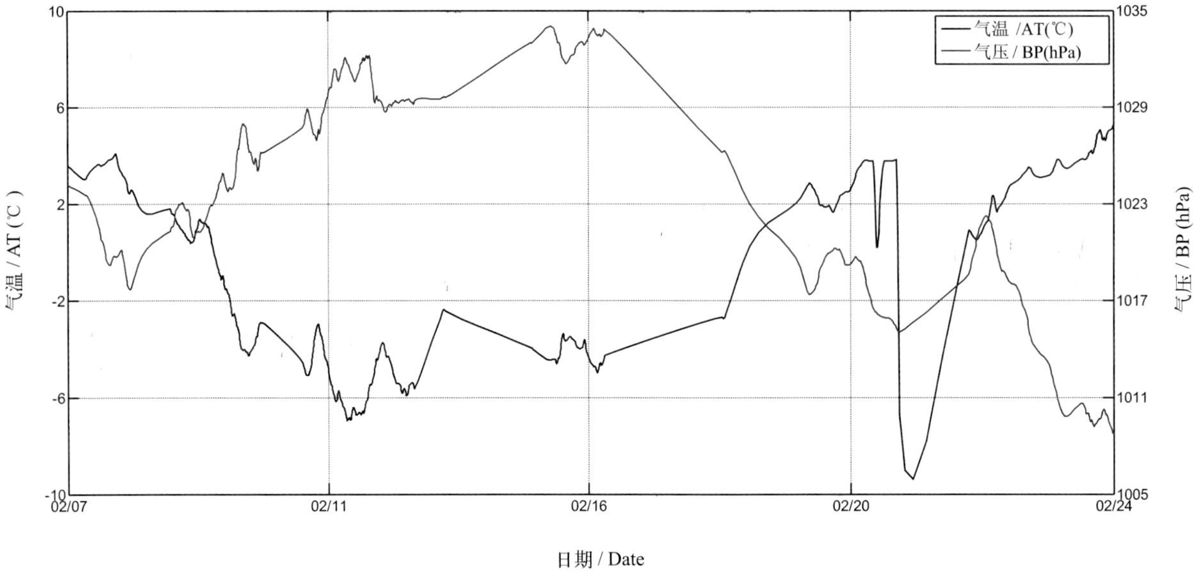

01 号浮标 2010 年 04 月气温、气压观测资料
AT and BP of 01 buoy in April 2010

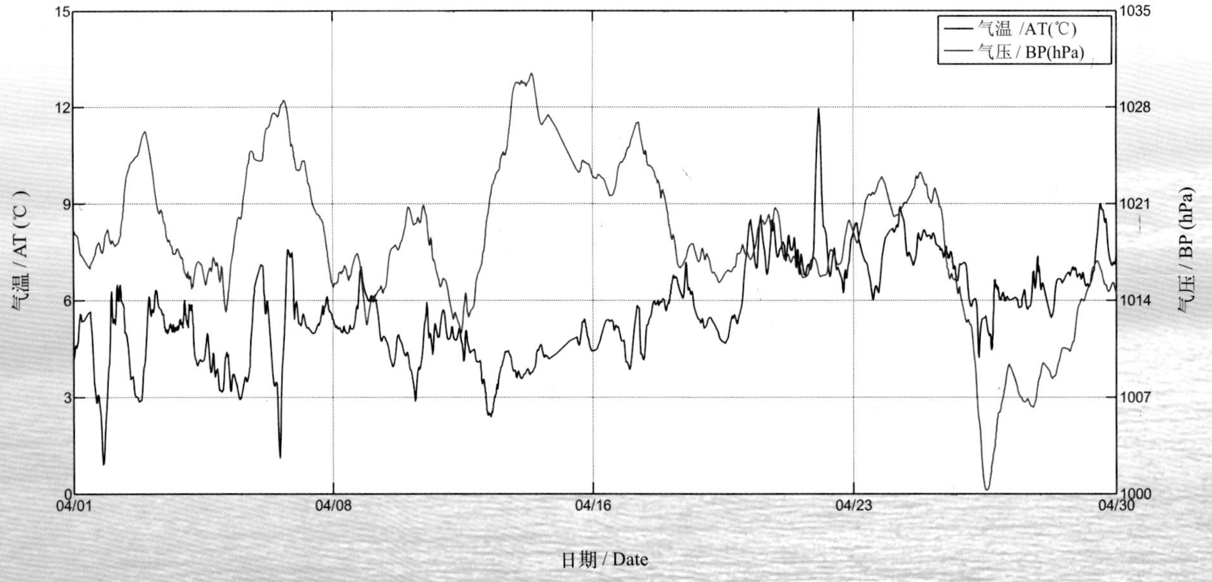

01 号浮标 2010 年 05 月气温、气压观测资料

AT and BP of 01 buoy in May 2010

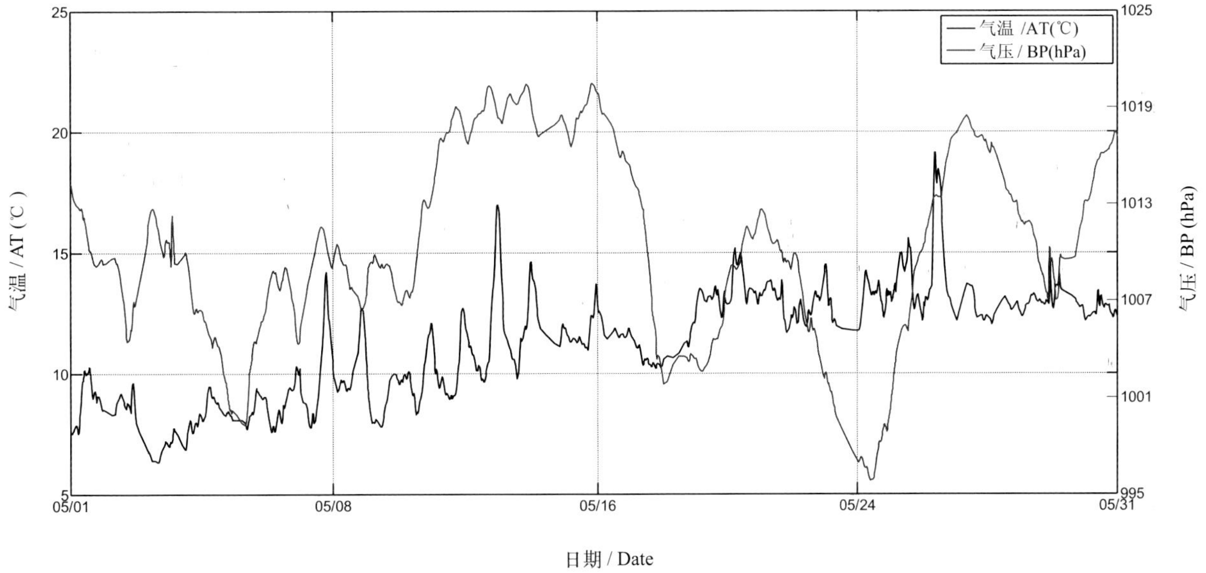

01 号浮标 2010 年 06 月气温、气压观测资料

AT and BP of 01 buoy in June 2010

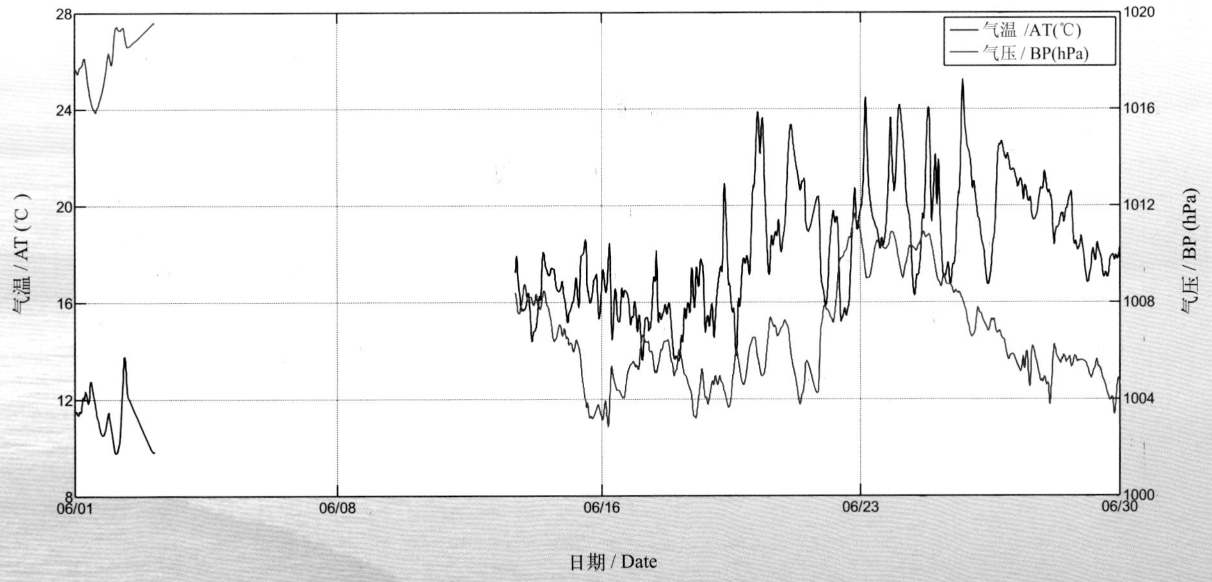

01 号浮标 2010 年 07 月气温、气压观测资料
AT and BP of 01 buoy in July 2010

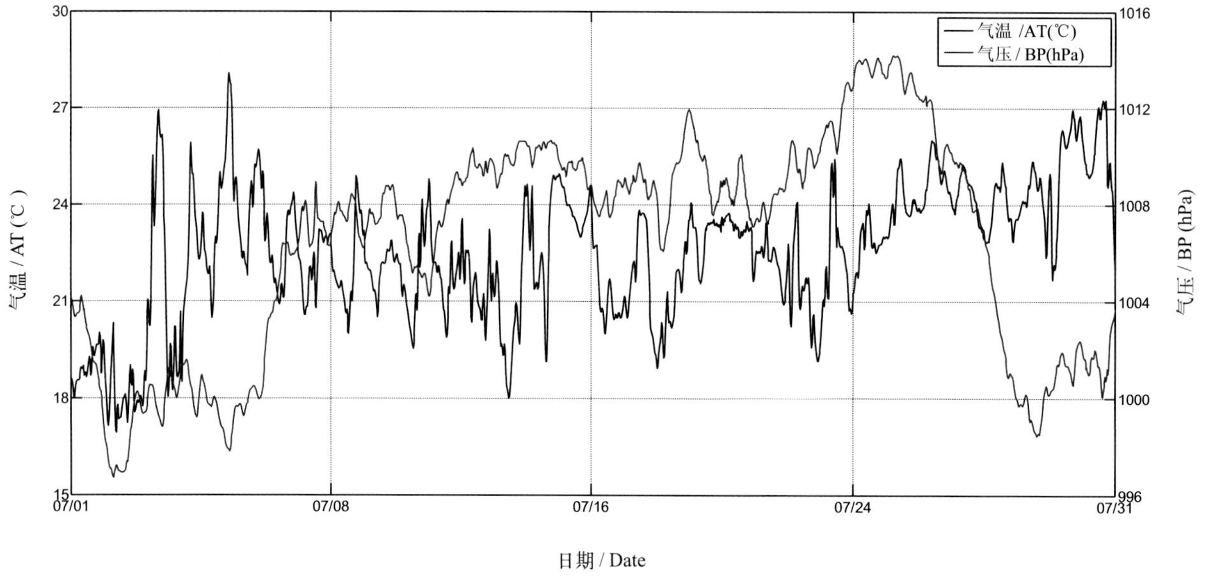

01 号浮标 2010 年 08 月气温、气压观测资料
AT and BP of 01 buoy in Aug 2010

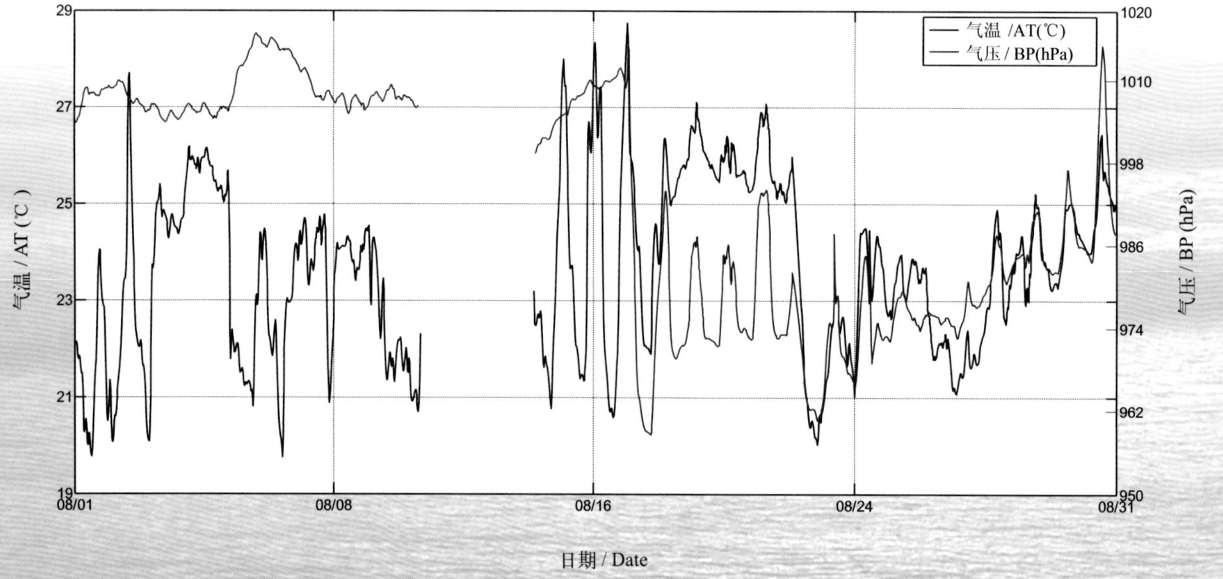

01 号浮标 2010 年 09 月气温、气压观测资料
AT and BP of 01 buoy in Sep 2010

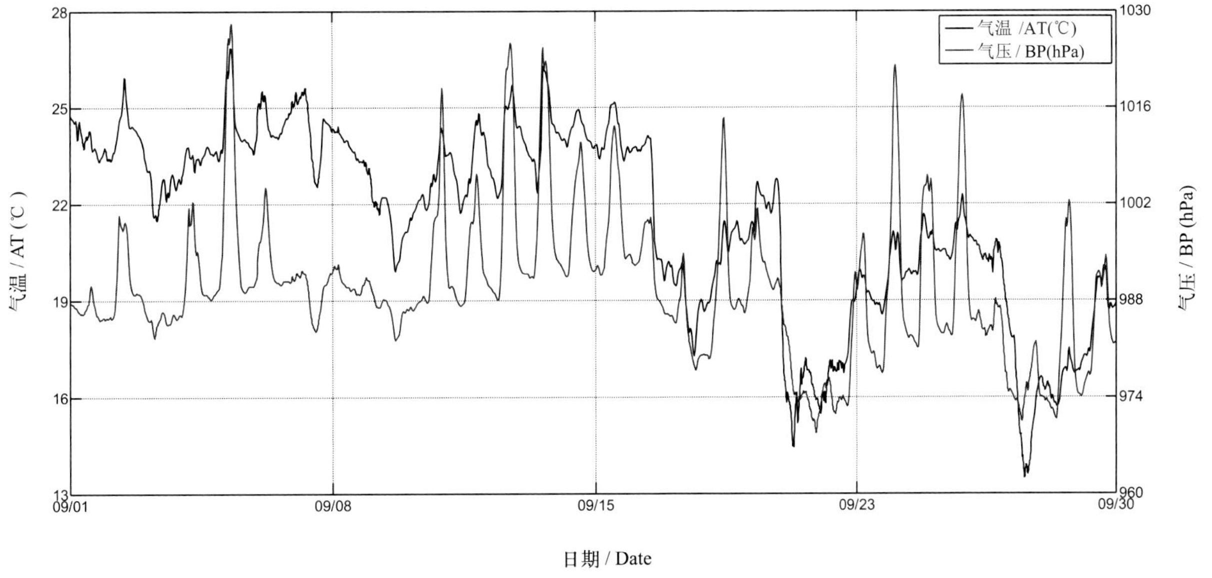

01 号浮标 2010 年 10 月气温、气压观测资料
AT and BP of 01 buoy in Oct 2010

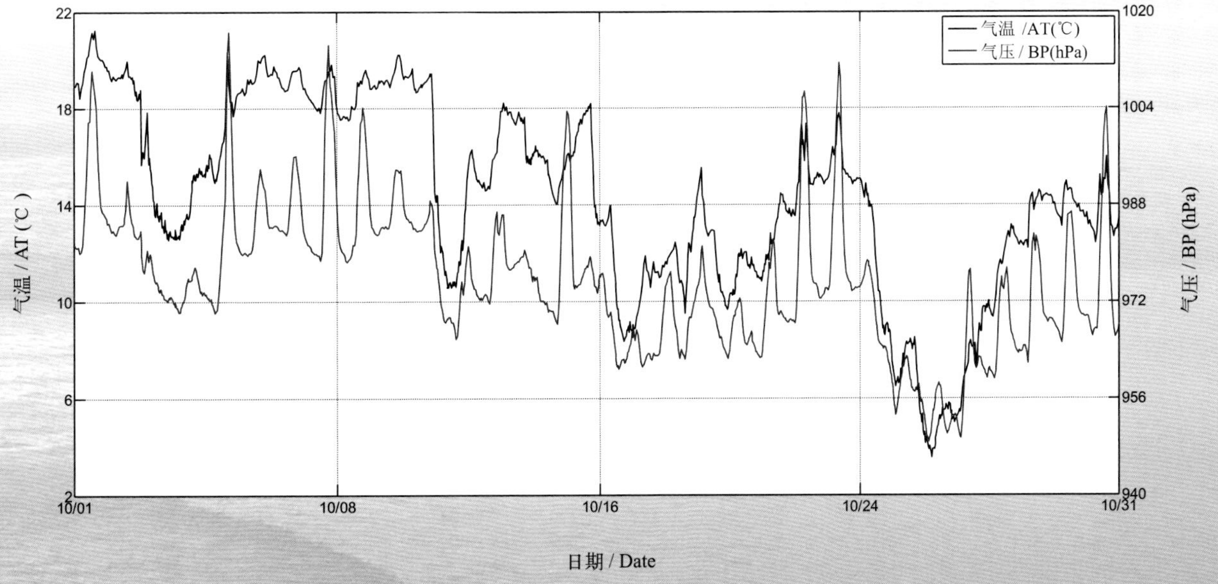

01 号浮标 2010 年 11 月气温、气压观测资料
AT and BP of 01 buoy in Nov 2010

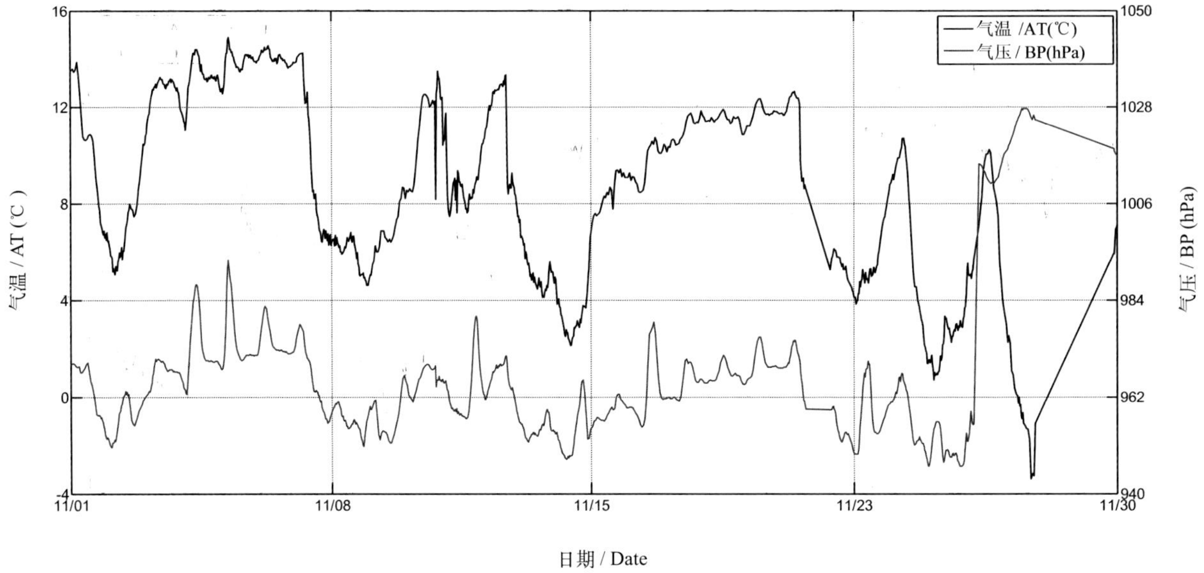

01 号浮标 2010 年 12 月气温、气压观测资料
AT and BP of 01 buoy in Dec 2010

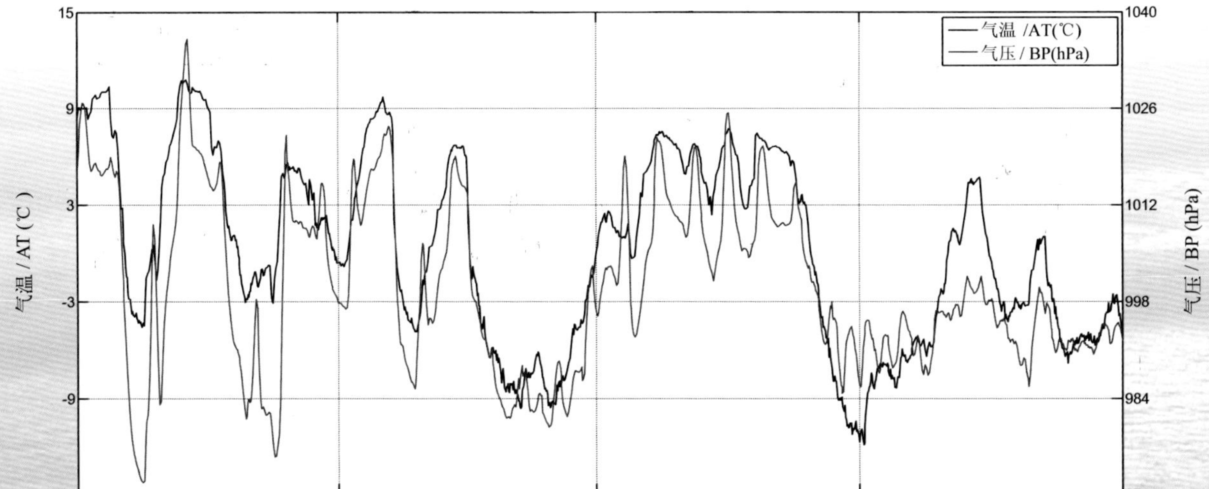

06 号浮标 2009 年气温、气压观测资料
AT and BP of 06 buoy in 2009

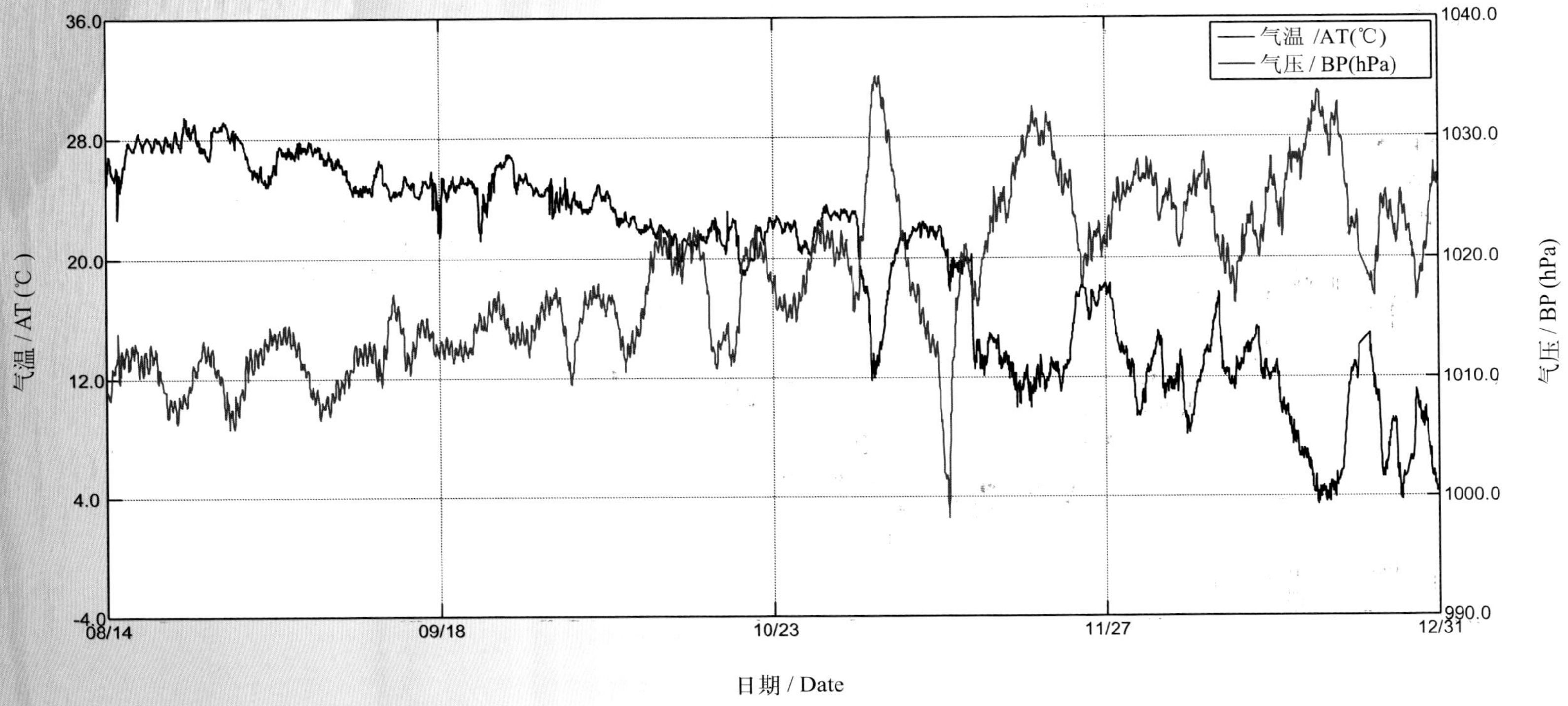

注：06 号浮标于 2009 年 8 月 14 日完成布放，09 年该浮标数据起始时间为 8 月 14 日。

06 号浮标 2010 年气温、气压观测资料
AT and BP of 06 buoy in 2010

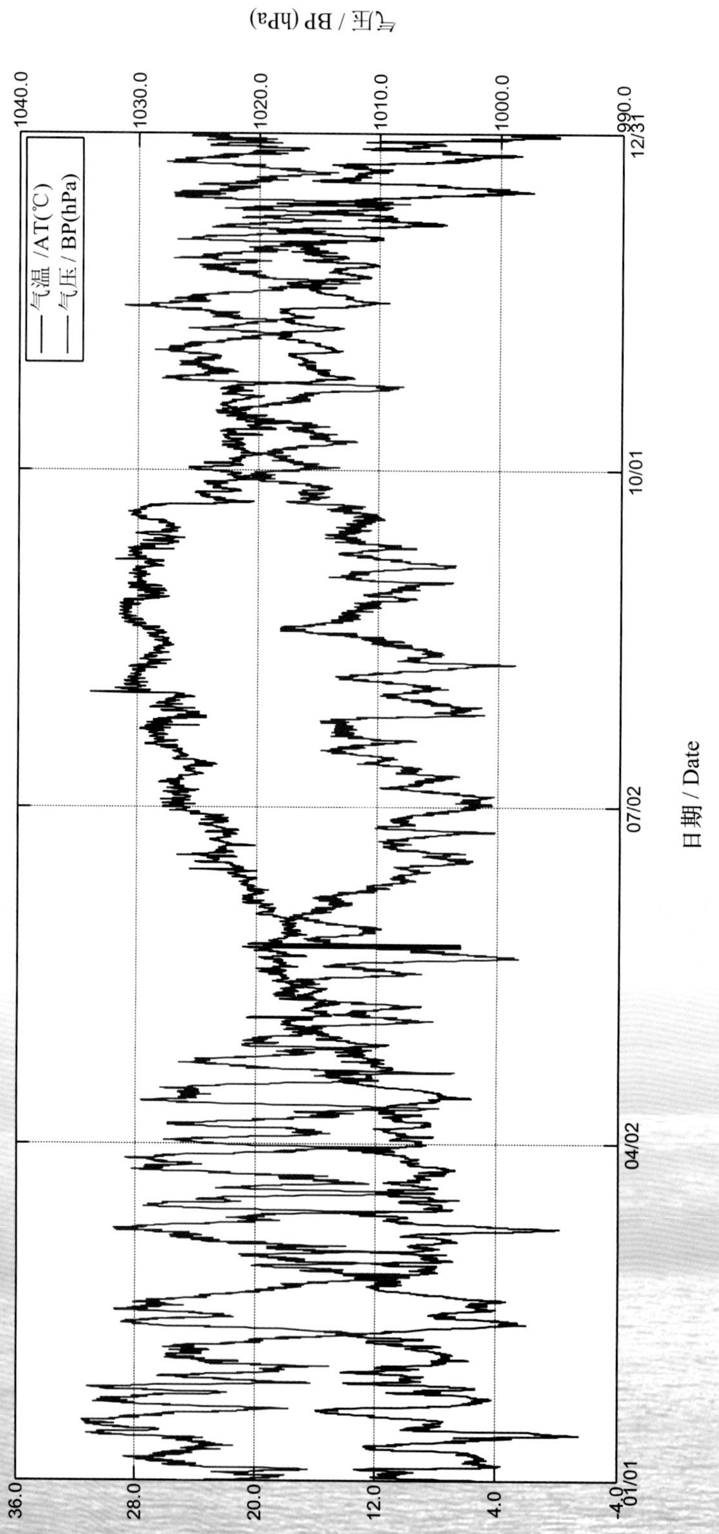

06 号浮标 2009 年 08 月气温、气压观测资料
AT and BP of 06 buoy in Aug 2009

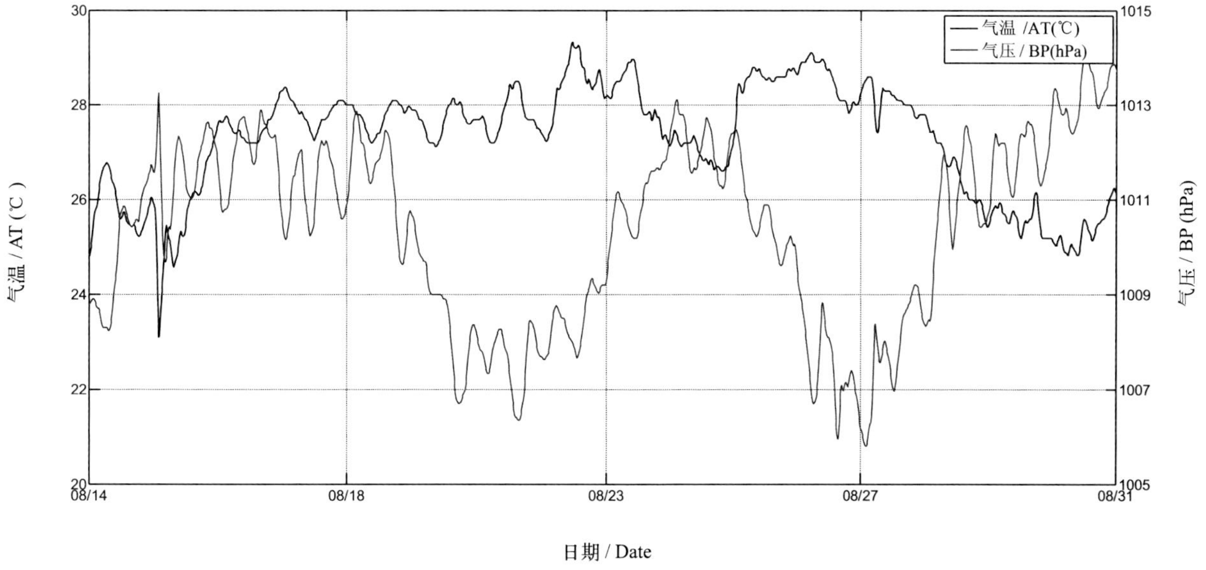

06 号浮标 2009 年 09 月气温、气压观测资料
AT and BP of 06 buoy in Sep 2009

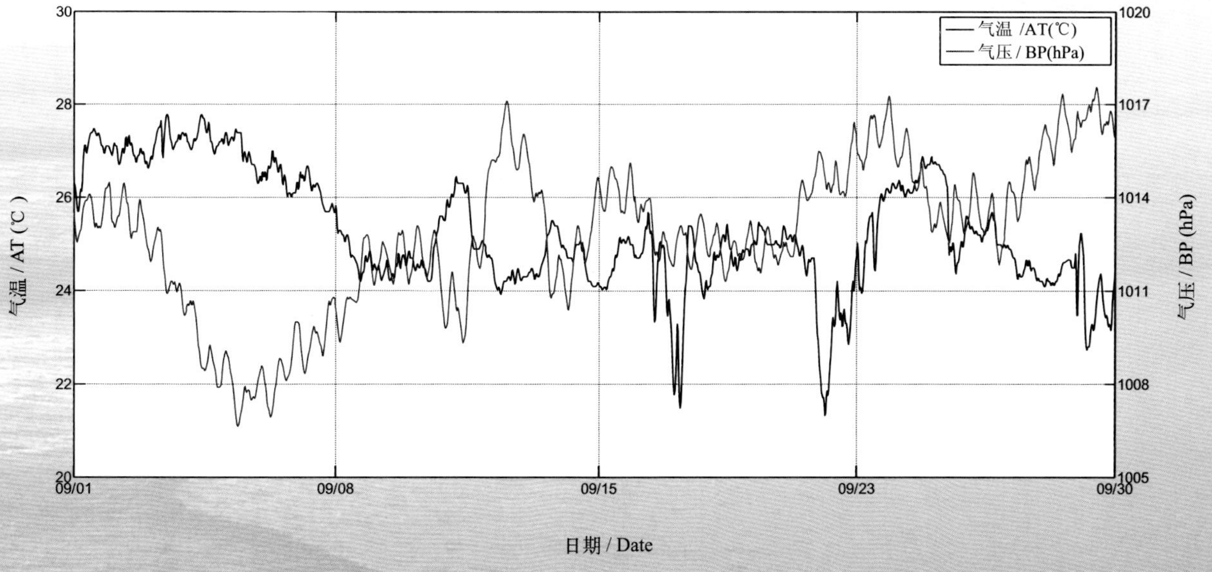

06 号浮标 2009 年 10 月气温、气压观测资料
AT and BP of 06 buoy in Oct 2009

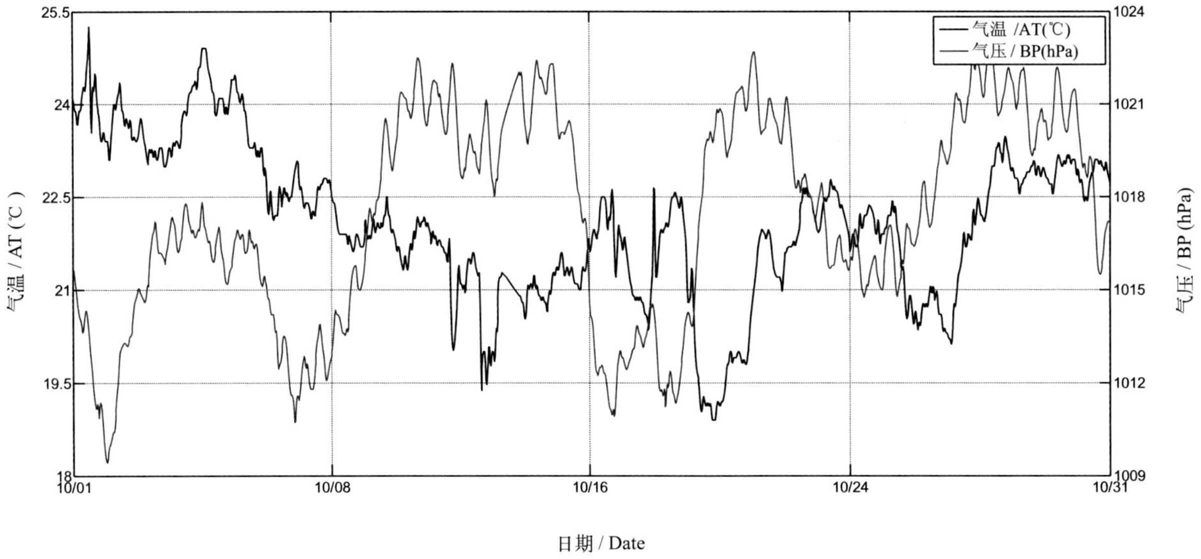

06 号浮标 2009 年 11 月气温、气压观测资料
AT and BP of 06 buoy in Nov 2009

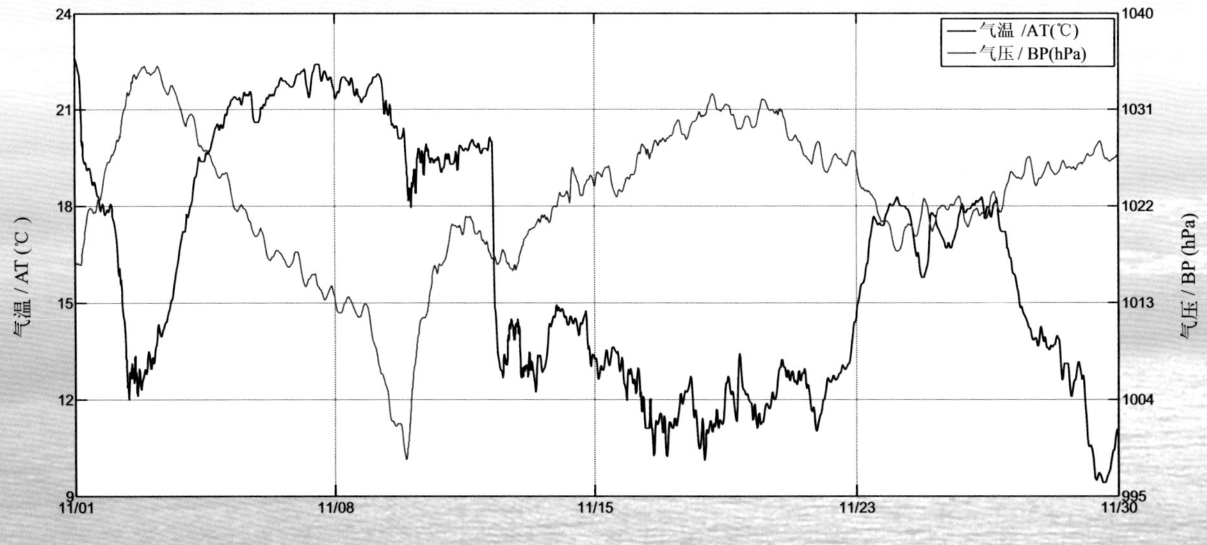

06号浮标2009年12月气温、气压观测资料
AT and BP of 06 buoy in Dec 2009

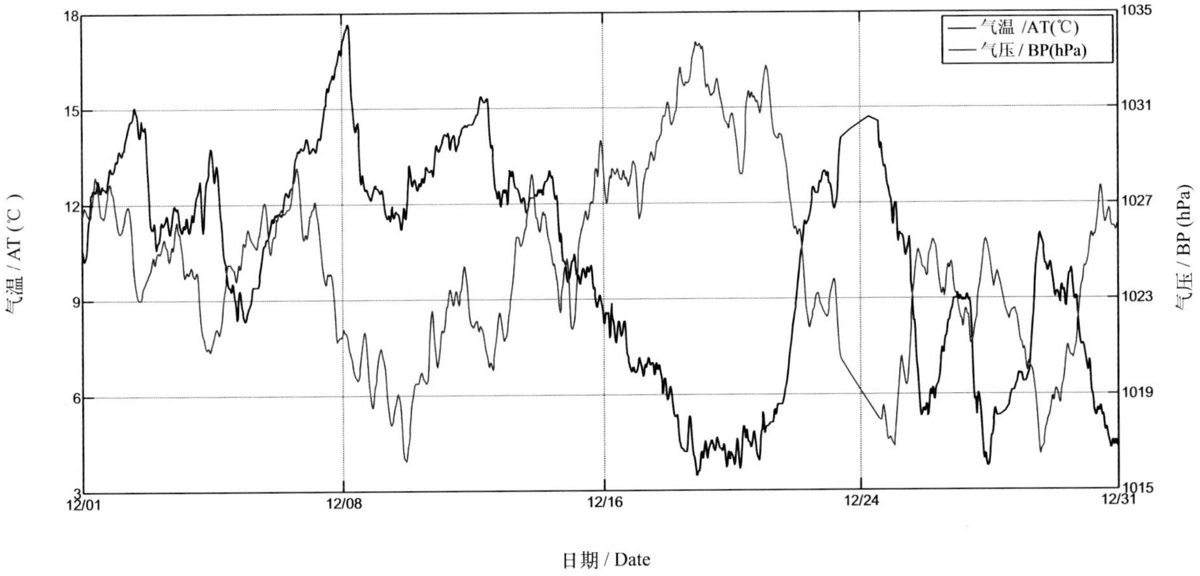

06号浮标2010年01月气温、气压观测资料
AT and BP of 06 buoy in Jan 2010

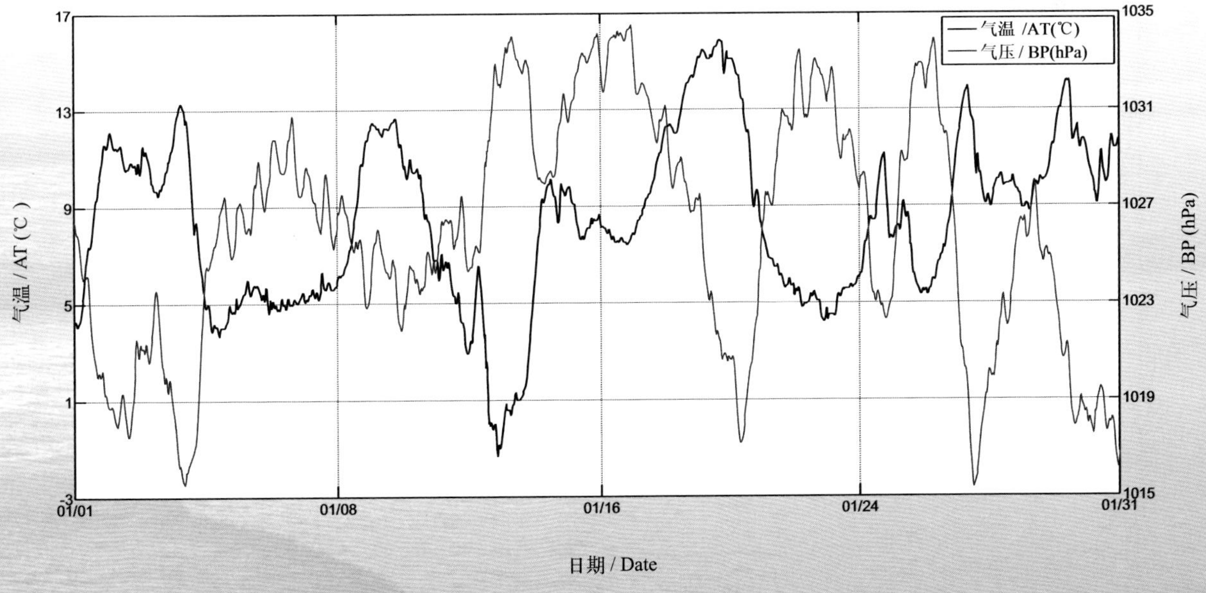

06 号浮标 2010 年 02 月气温、气压观测资料
AT and BP of 06 buoy in Feb 2010

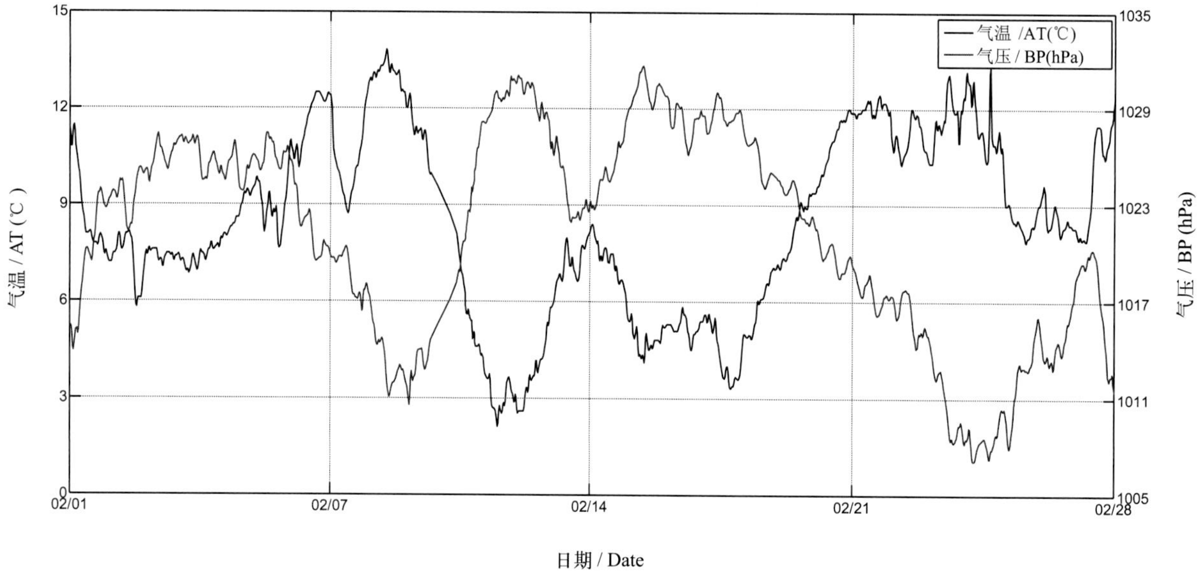

06 号浮标 2010 年 03 月气温、气压观测资料
AT and BP of 06 buoy in Mar 2010

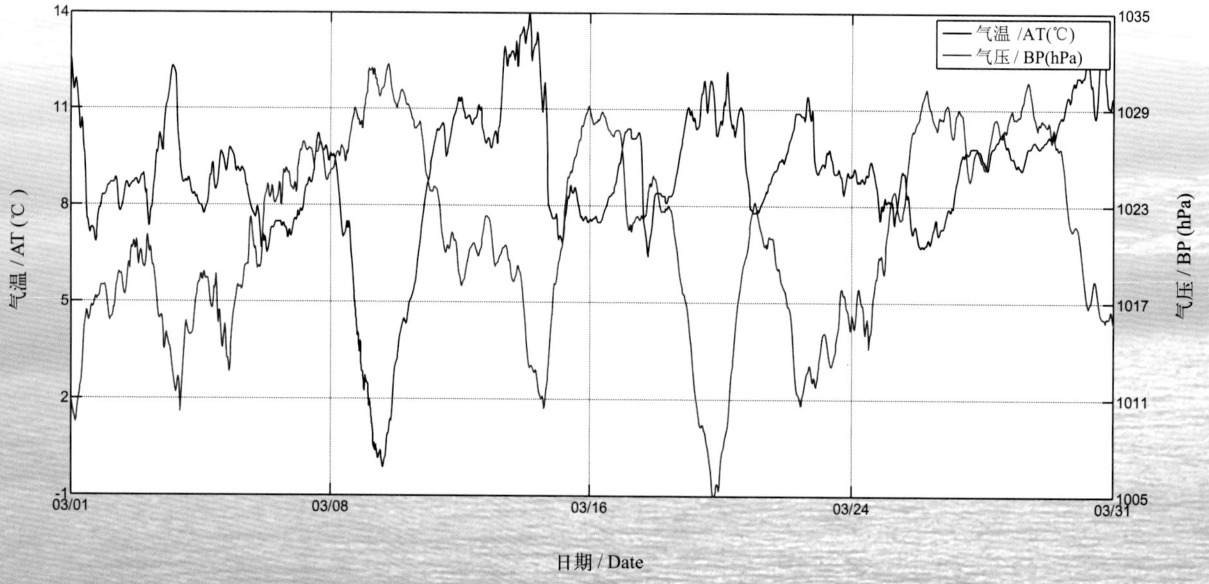

06 号浮标 2010 年 04 月气温、气压观测资料
AT and BP of 06 buoy in April 2010

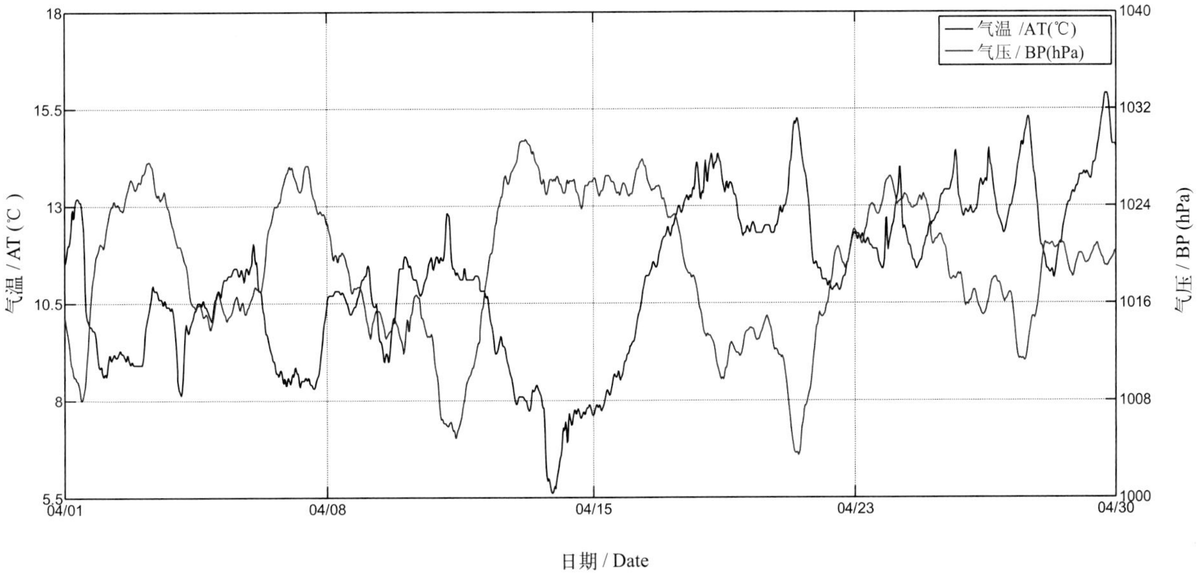

06 号浮标 2010 年 05 月气温、气压观测资料
AT and BP of 06 buoy in May 2010

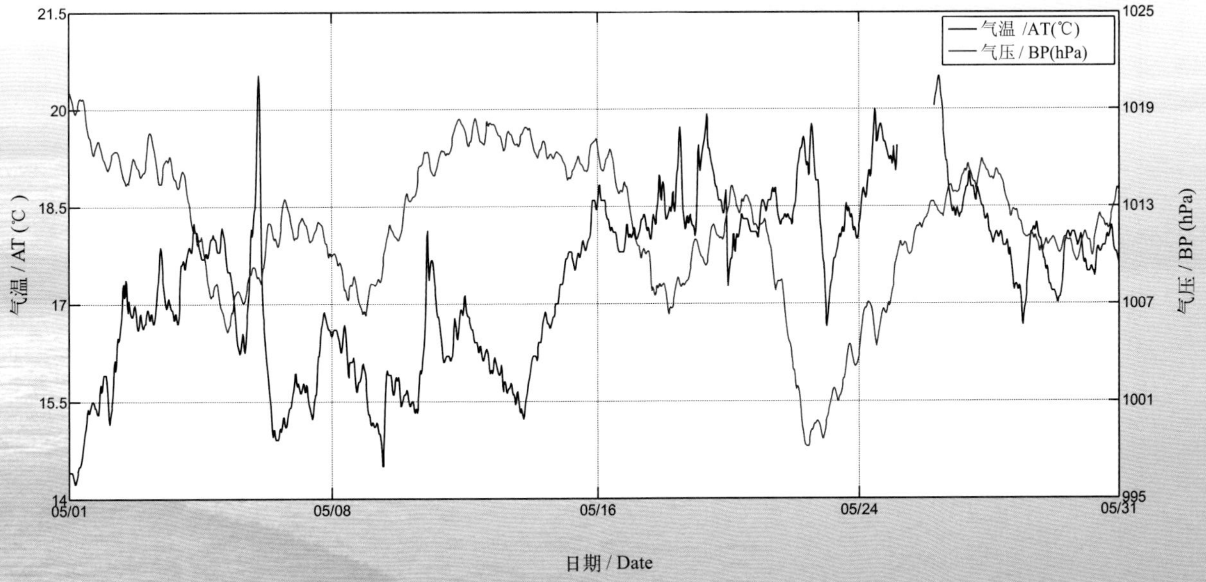

06 号浮标 2010 年 06 月气温、气压观测资料
AT and BP of 06 buoy in June 2010

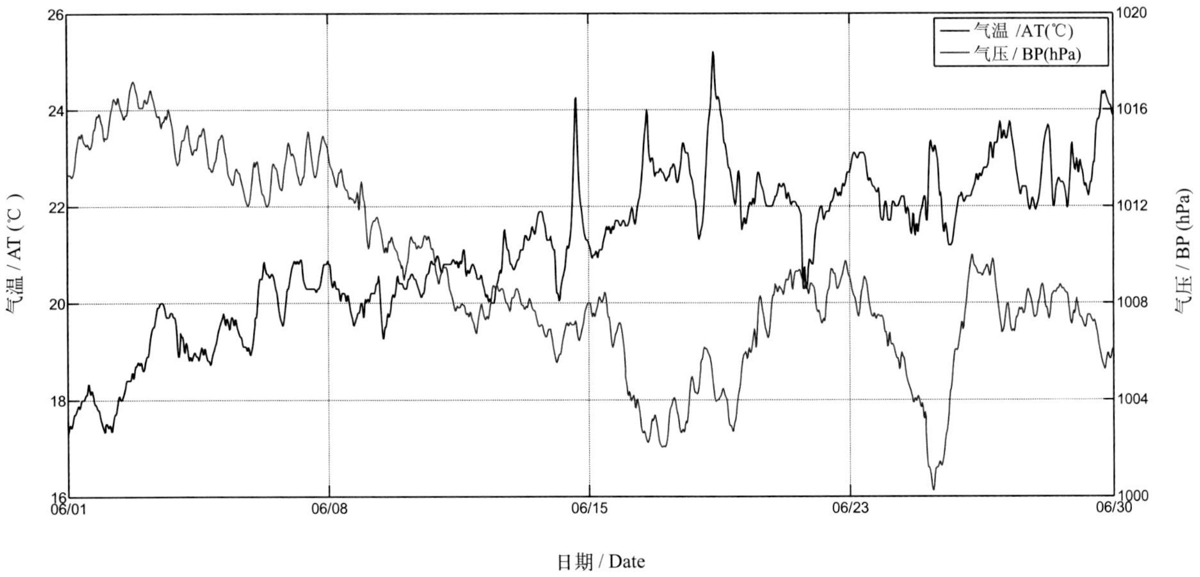

06 号浮标 2010 年 07 月气温、气压观测资料
AT and BP of 06 buoy in July 2010

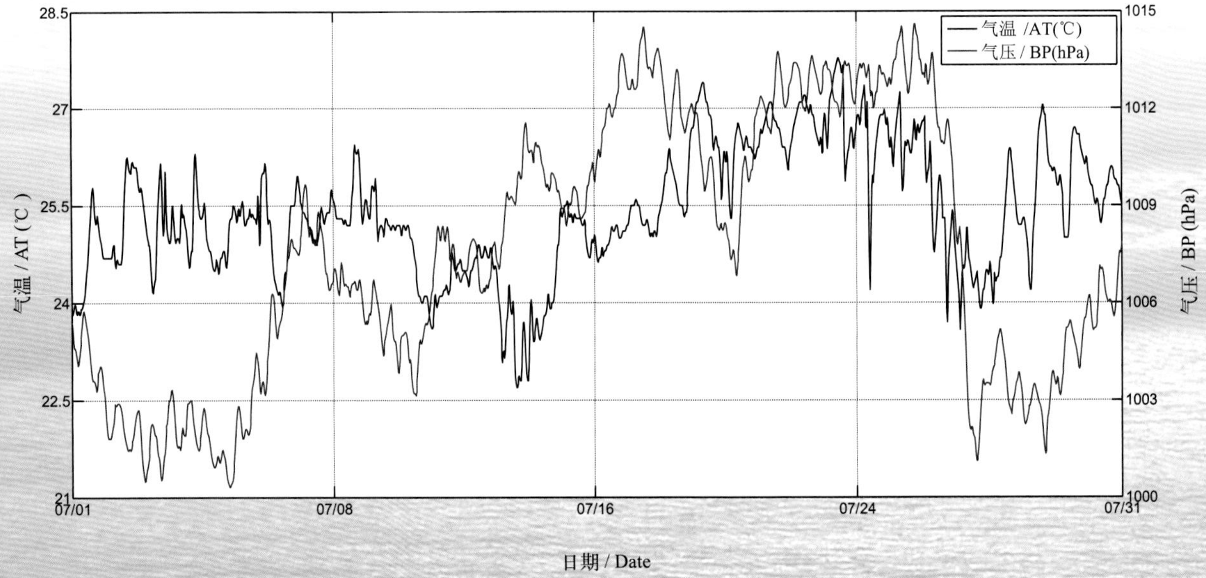

06 号浮标 2010 年 08 月气温、气压观测资料
AT and BP of 06 buoy in Aug 2010

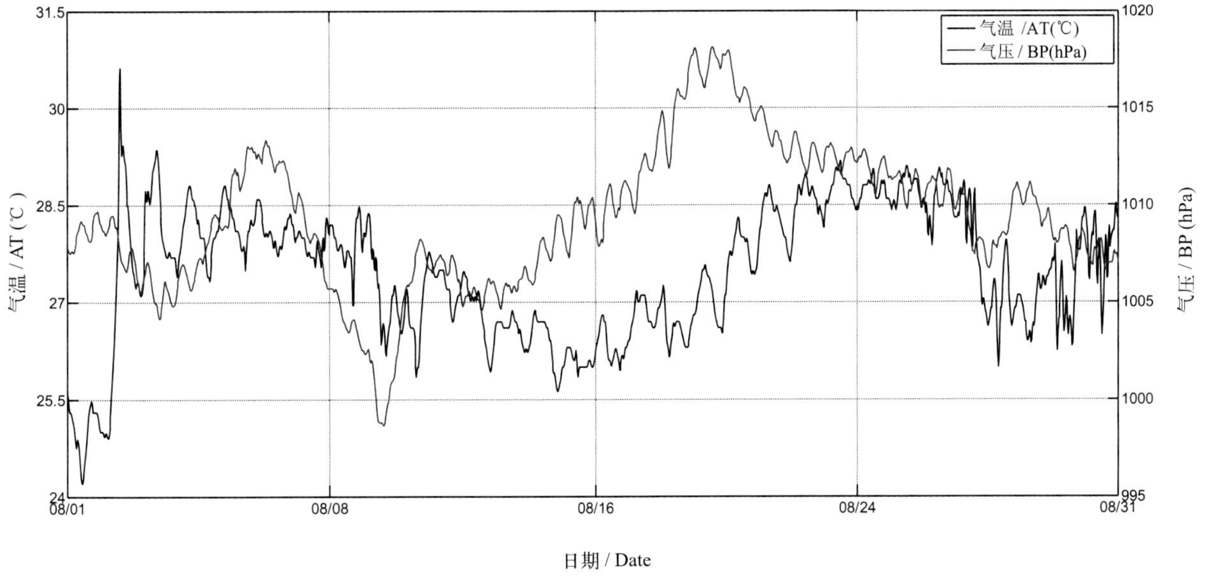

06 号浮标 2010 年 09 月气温、气压观测资料
AT and BP of 06 buoy in Sep 2010

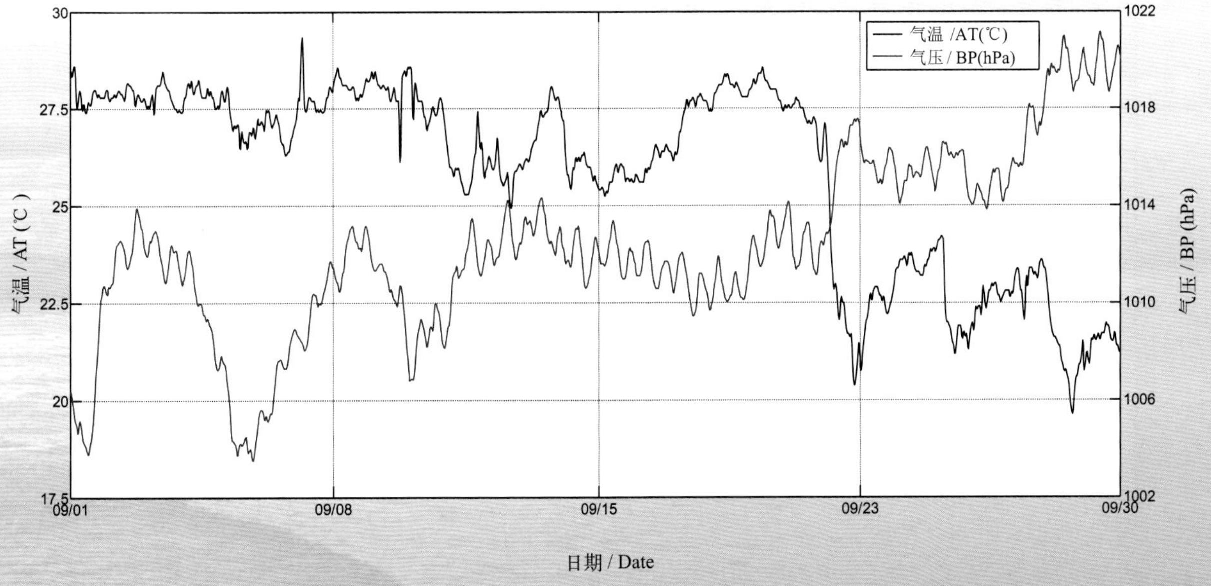

06 号浮标 2010 年 10 月气温、气压观测资料
AT and BP of 06 buoy in Oct 2010

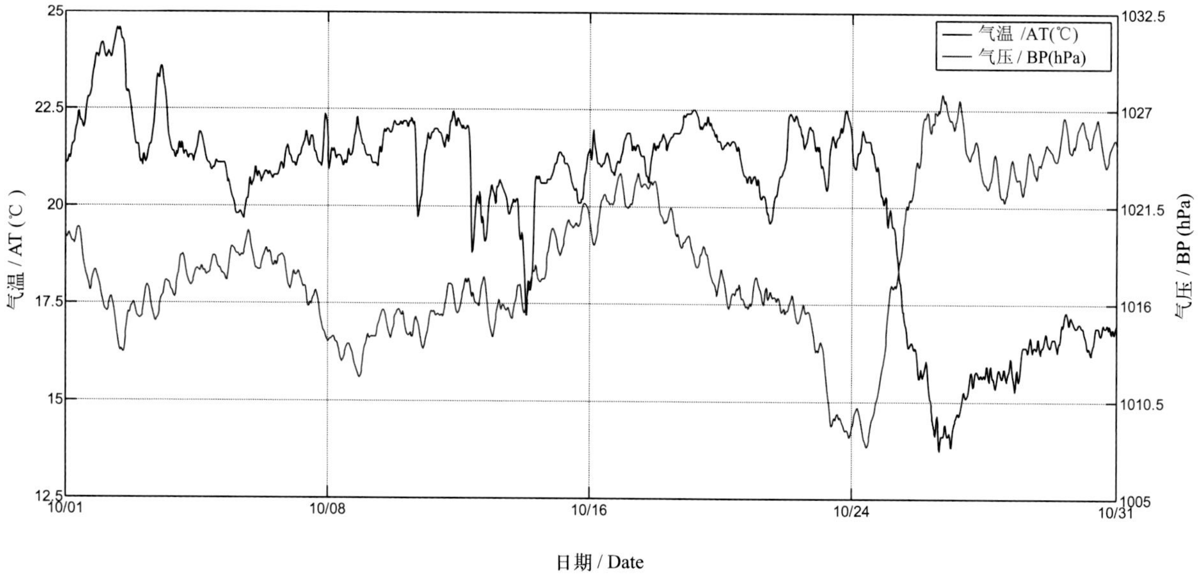

06 号浮标 2010 年 11 月气温、气压观测资料
AT and BP of 06 buoy in Nov 2010

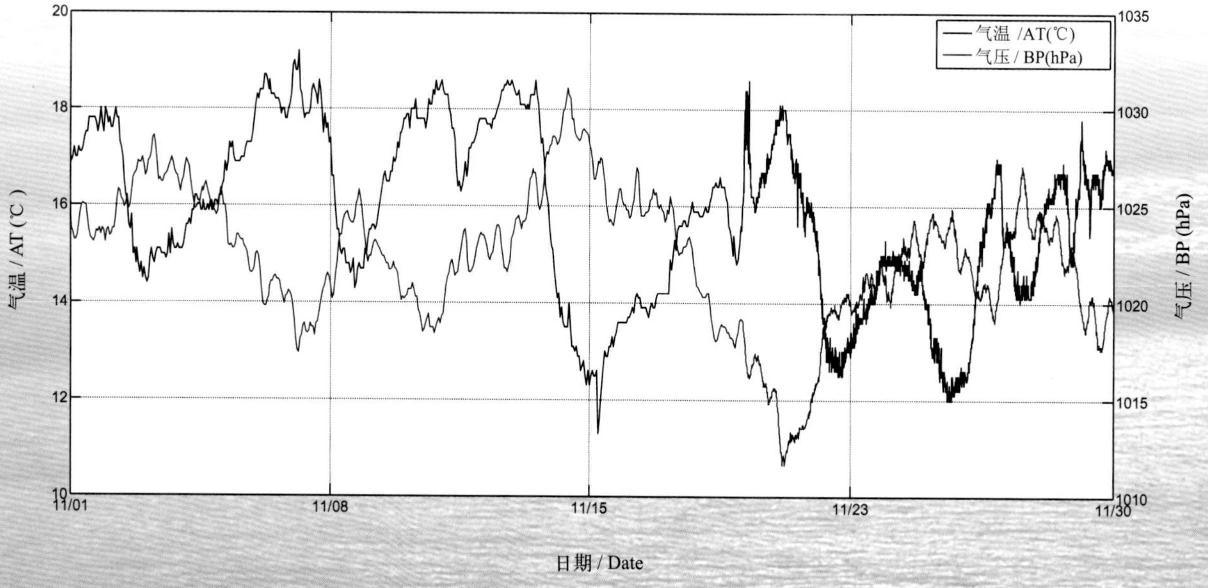

06 号浮标 2010 年 12 月气温、气压观测资料

AT and BP of 06 buoy in Dec 2010

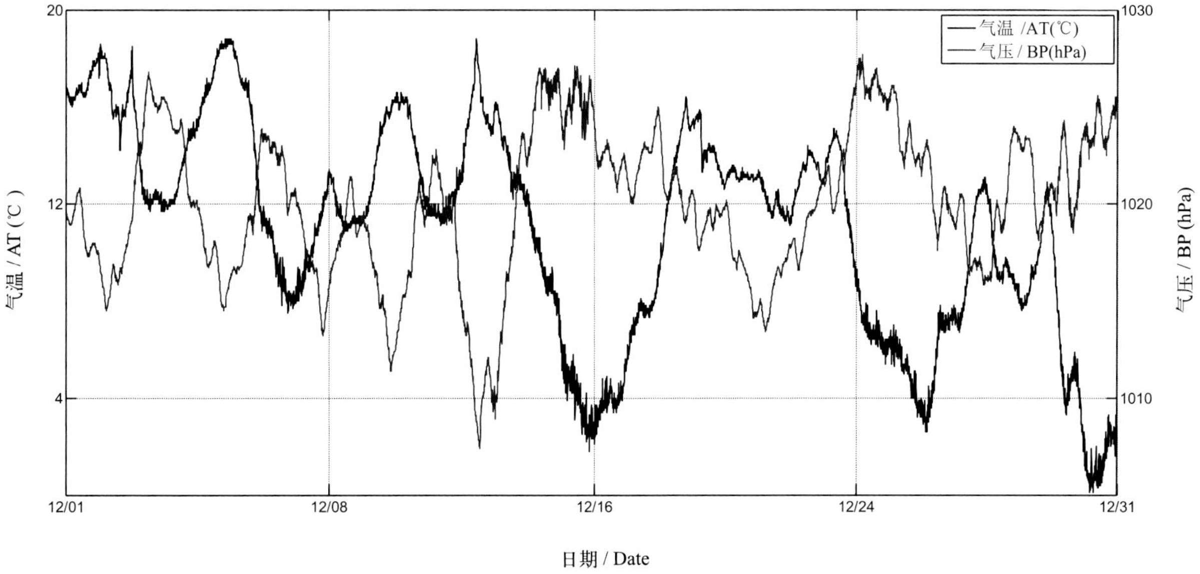

07 号浮标 2010 年气温、气压观测资料
AT and BP of 07 buoy in 2010

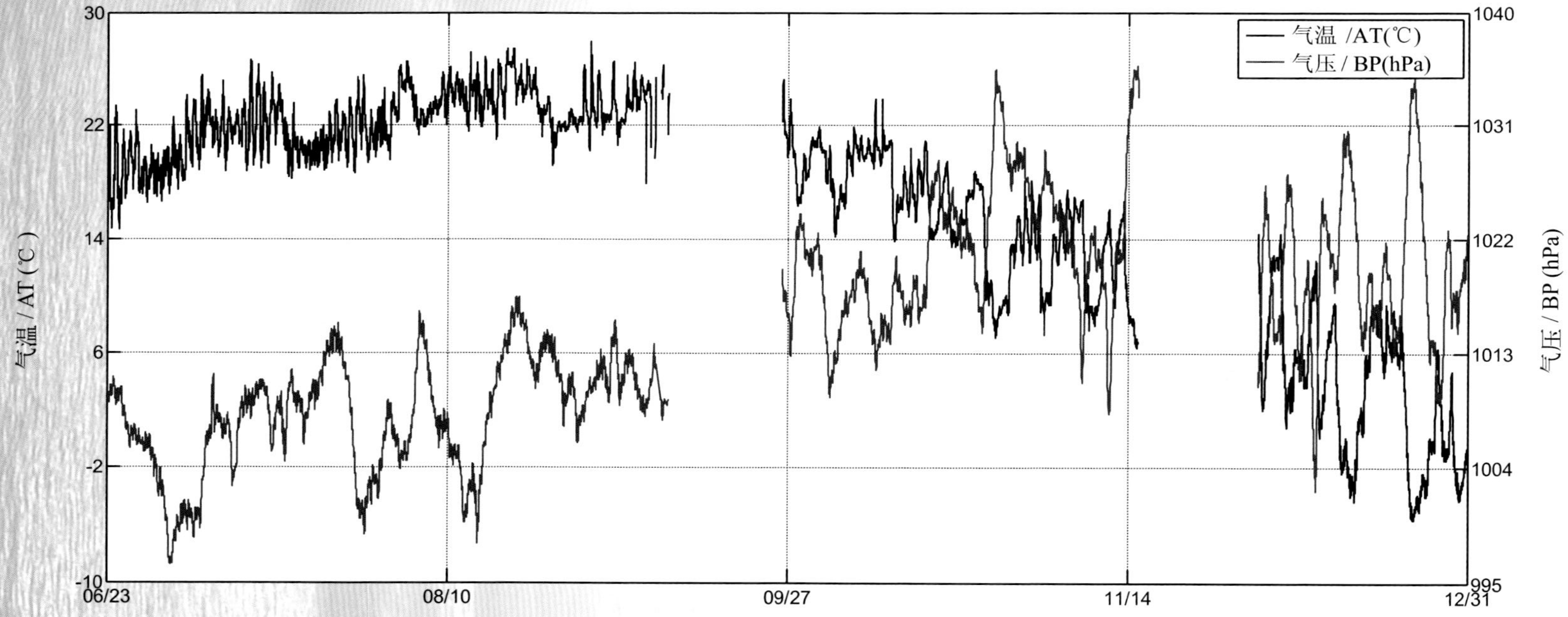

注：07 号浮标于 2010 年 6 月 23 日完成布放，9 月 6 日至 9 月 27 日 07 号标出现系统故障，导致数据缺失。

07 号浮标 2010 年 07 月气温、气压观测资料
AT and BP of 07 buoy in July 2010

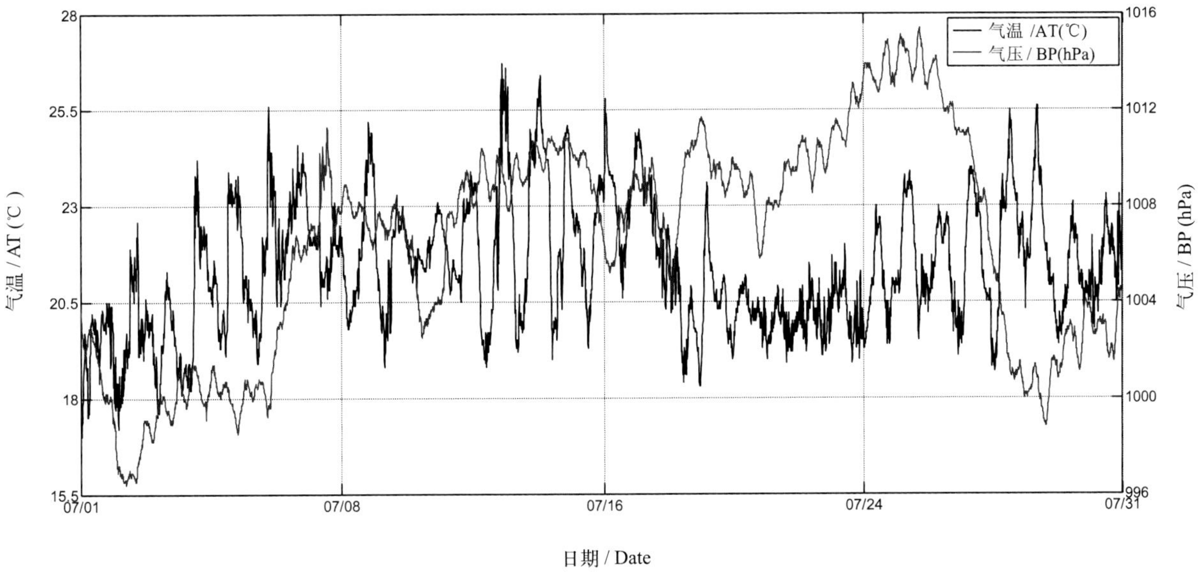

07 号浮标 2010 年 08 月气温、气压观测资料
AT and BP of 07 buoy in Aug 2010

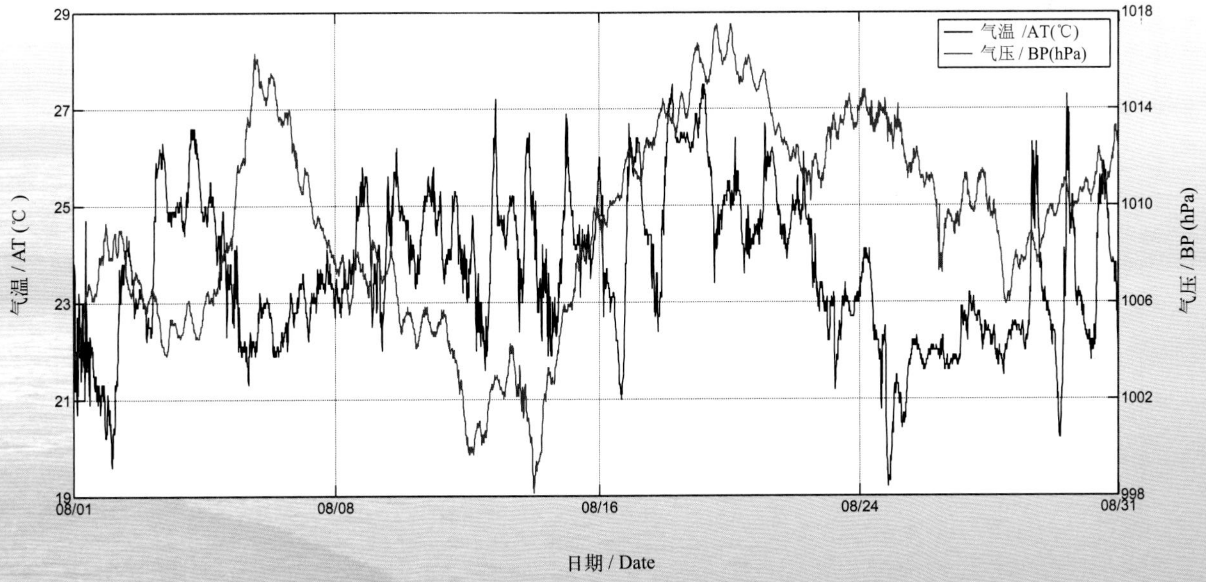

07 号浮标 2010 年 10 月气温、气压观测资料
AT and BP of 07 buoy in Oct 2010

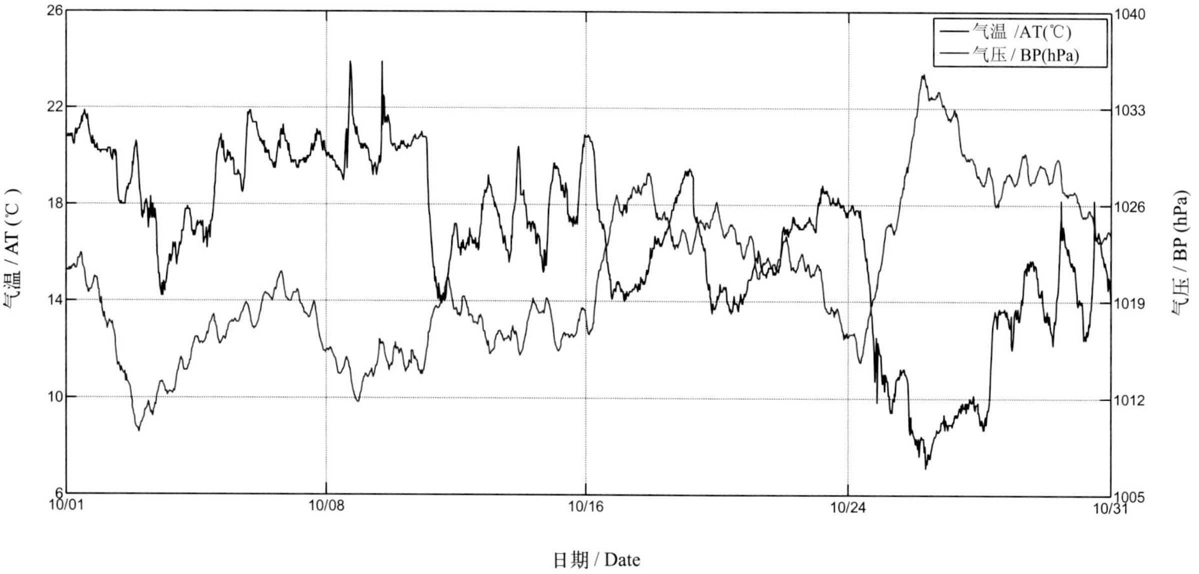

07 号浮标 2010 年 11 月气温、气压观测资料
AT and BP of 07 buoy in Nov 2010

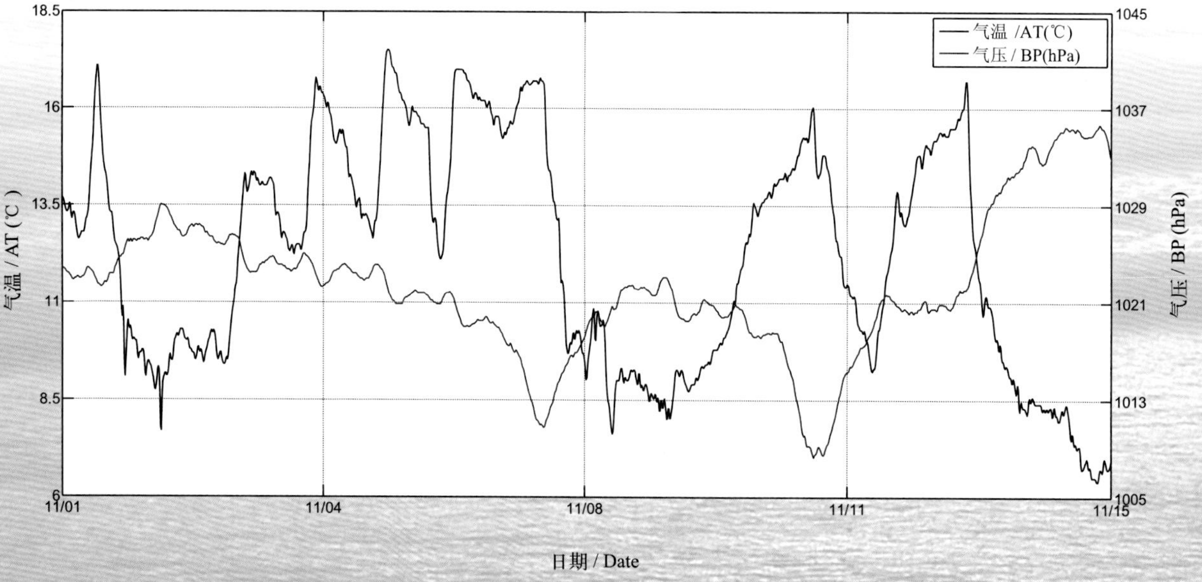

07 号浮标 2010 年 12 月气温、气压观测资料
AT and BP of 07 buoy in Dec 2010

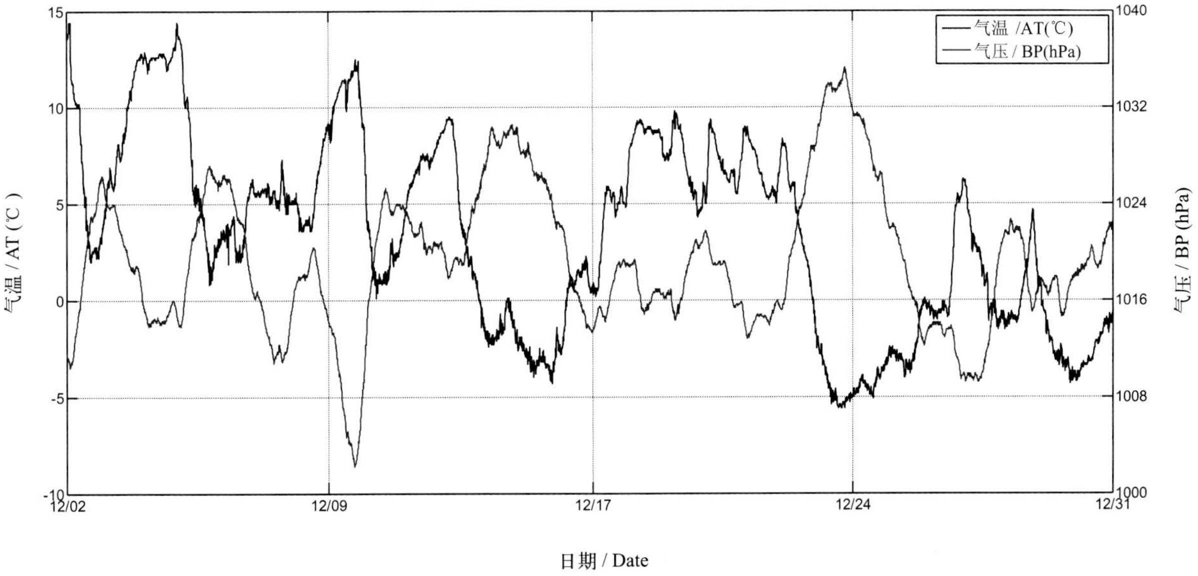

01 号浮标 2009 年能见度观测资料
VB of 01 buoy in 2009

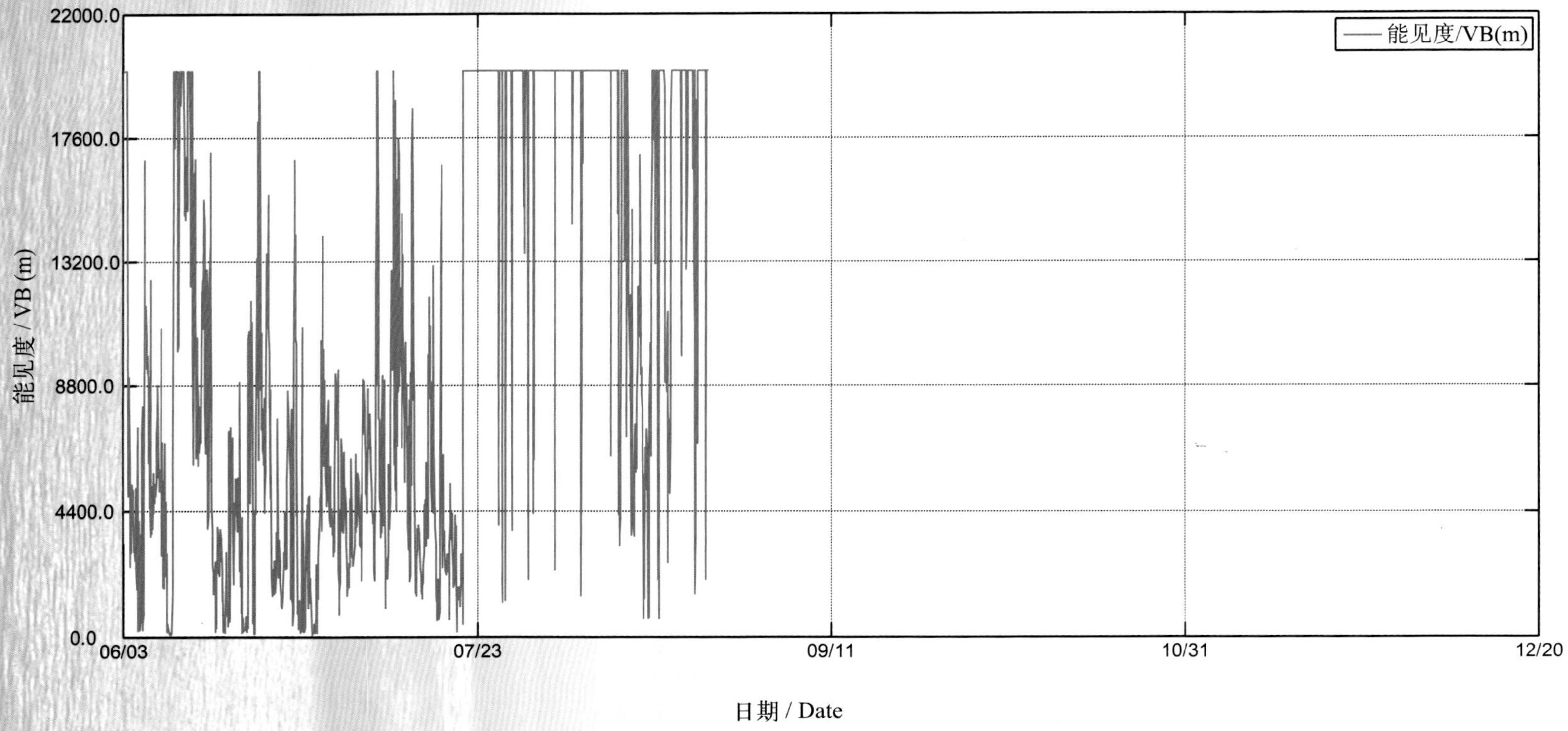

注：01 号浮标于 2009 年 6 月 3 日 13 点 18 分完成布放，2009 年 8 月 25 日至 12 月期间，因系统出现故障，经判断对数据进行剔除。

01 号浮标 2010 年能见度观测资料
VB of 01 buoy in 2010

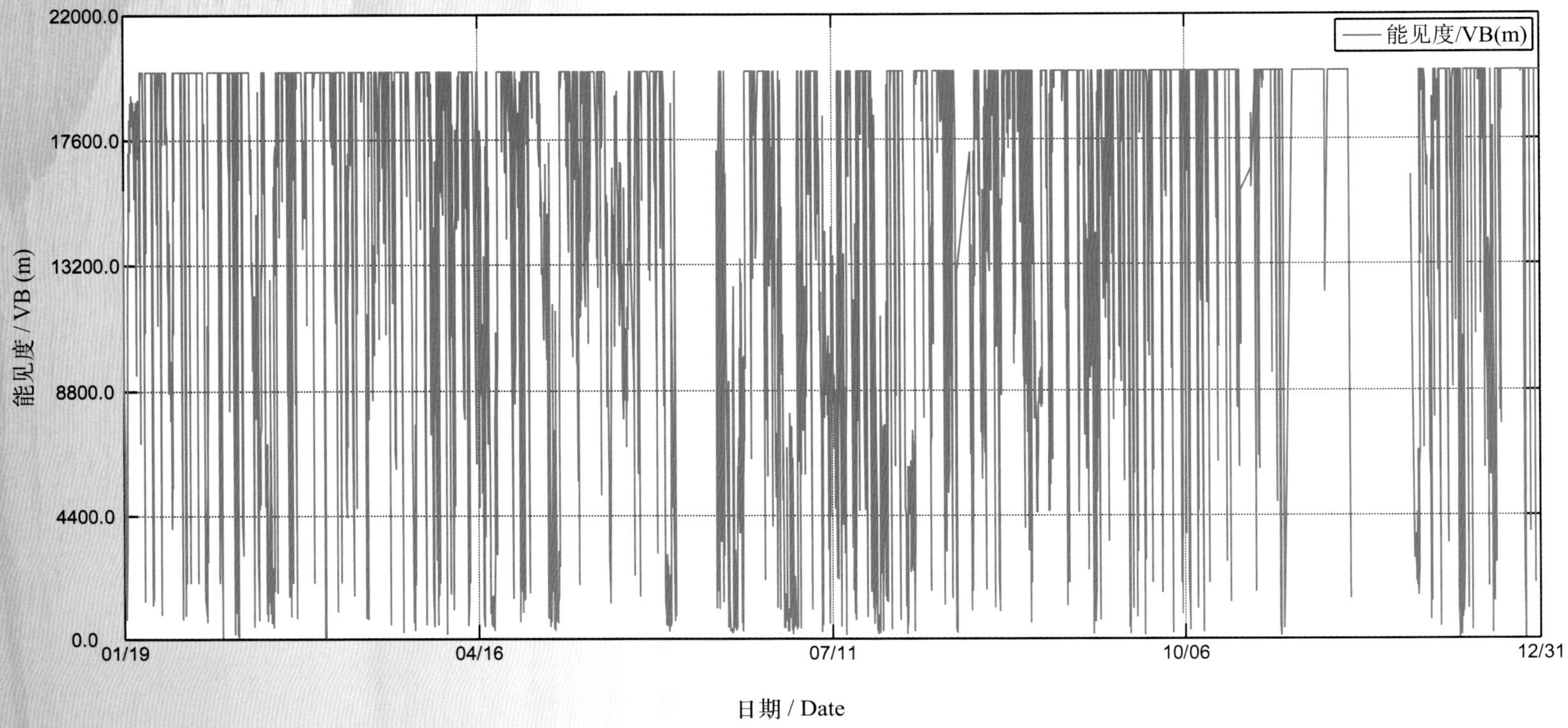

注：01 号浮标于 2010 年 1 月 19 日完成维修，6 月部分数据和 11 月数据，因能见度传感器故障造成数据异常，经判定后对数据进行剔除。

01 号浮标 2009 年 06 月能见度观测资料
VB of 01 buoy in June 2009

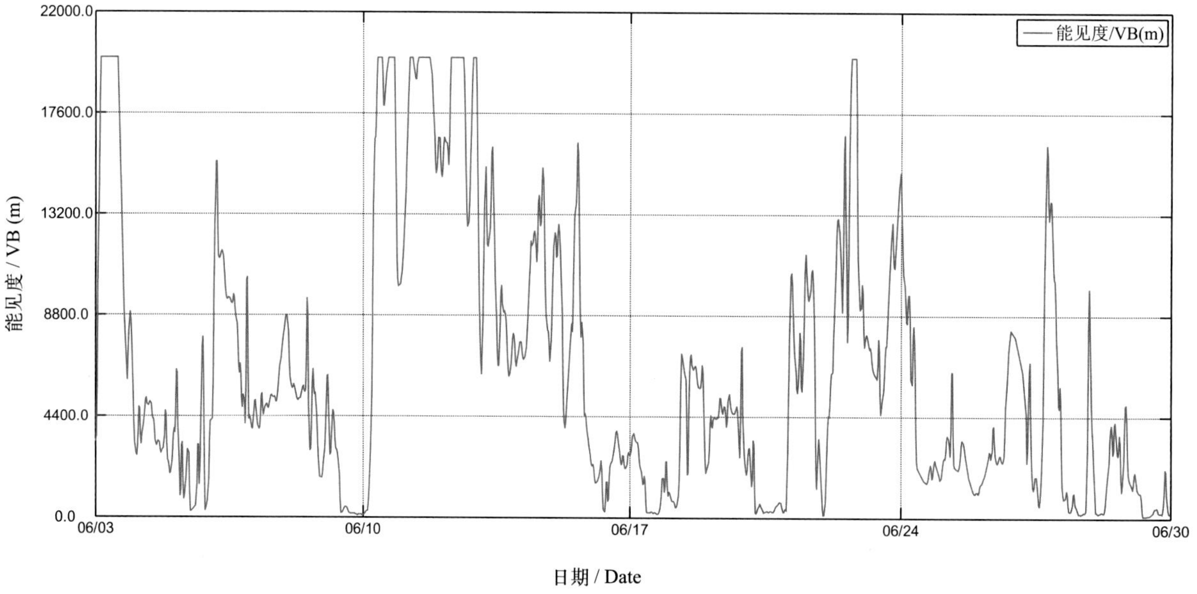

01 号浮标 2009 年 07 月能见度观测资料
VB of 01 buoy in July 2009

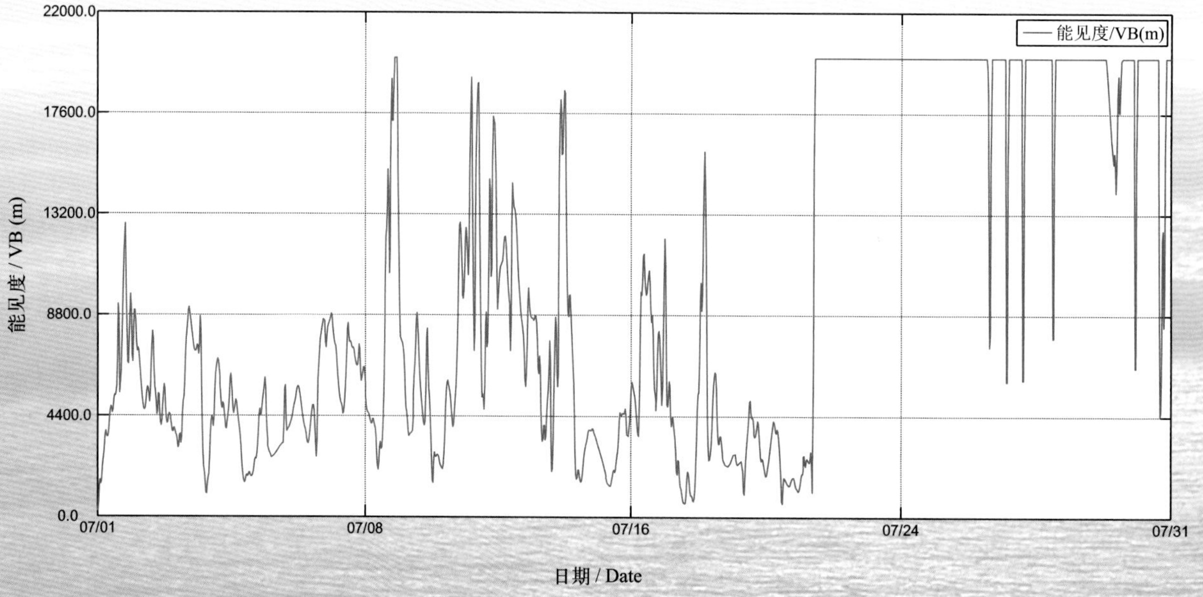

01号浮标2009年08月能见度观测资料
VB of 01 buoy in Aug 2009

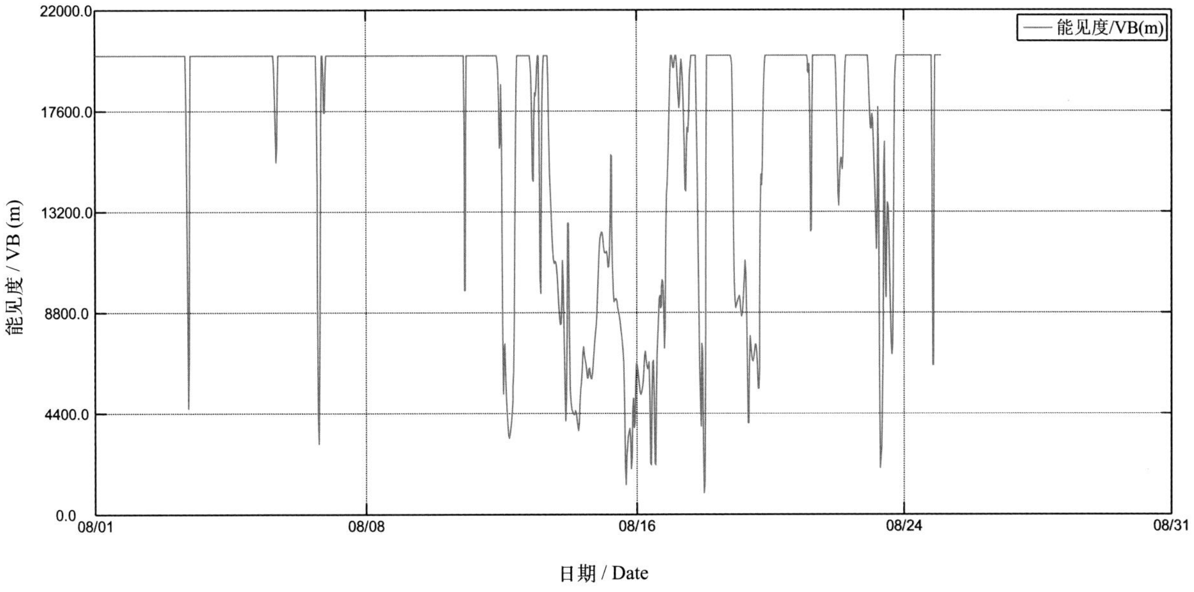

01号浮标2010年01月能见度观测资料
VB of 01 buoy in Jan 2010

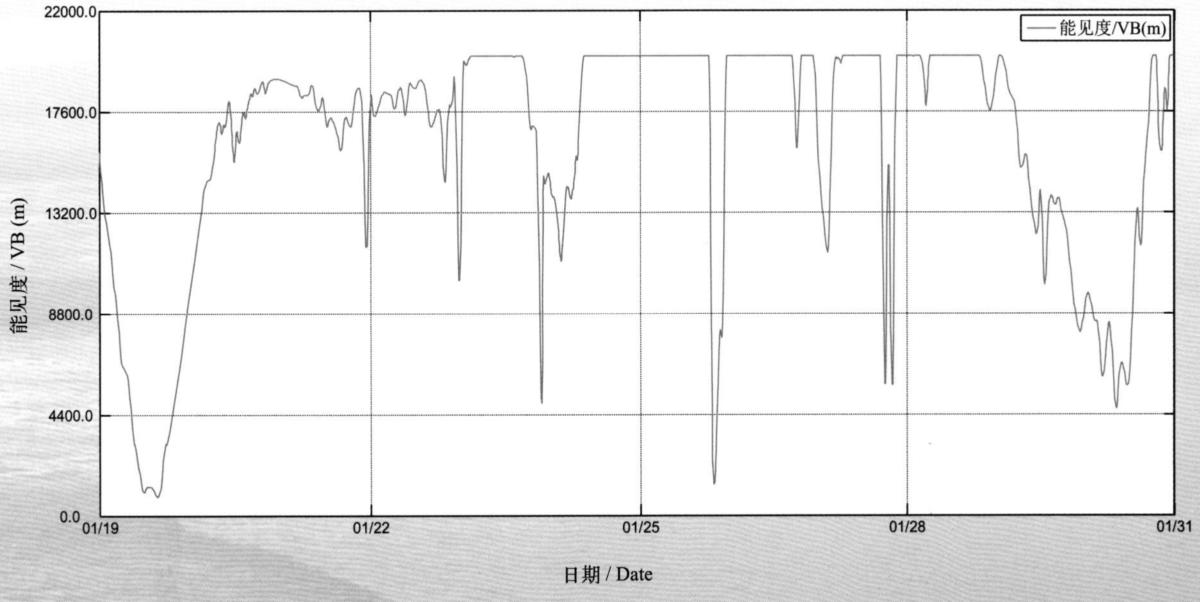

01 号浮标 2010 年 02 月能见度观测资料
VB of 01 buoy in Feb 2010

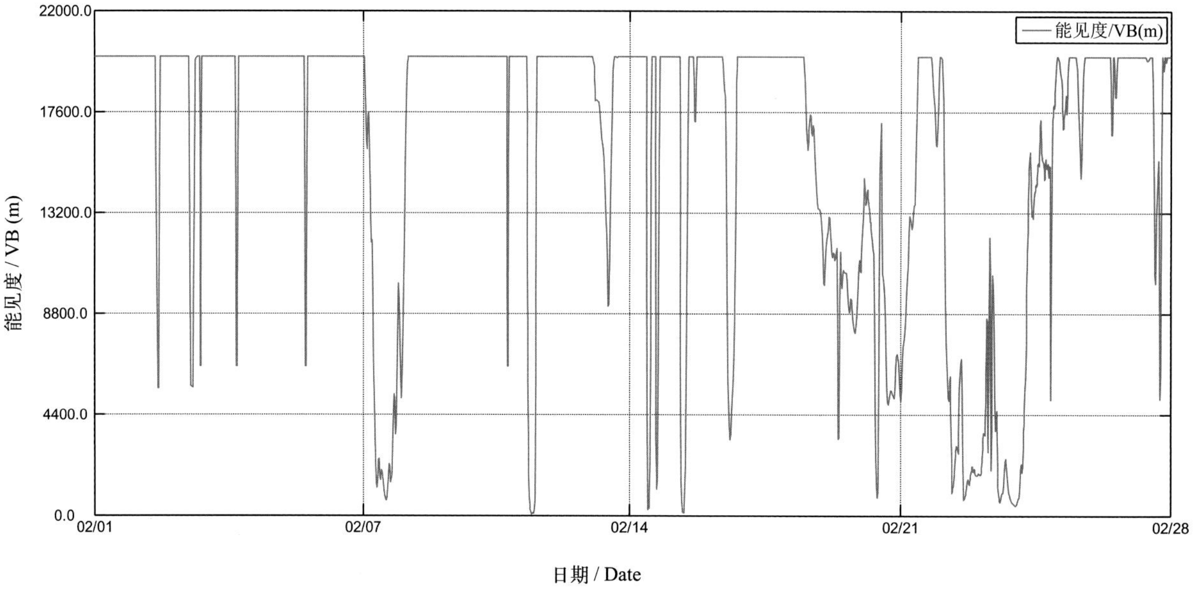

01 号浮标 2010 年 03 月能见度观测资料
VB of 01 buoy in Mar 2010

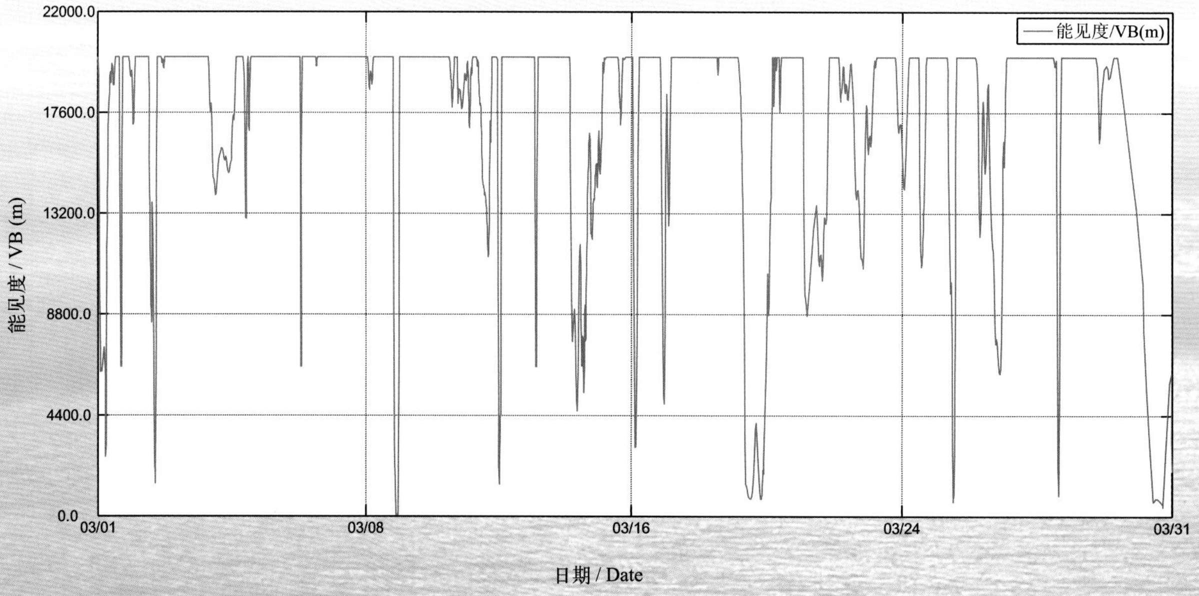

01 号浮标 2010 年 04 月能见度观测资料
VB of 01 buoy in April 2010

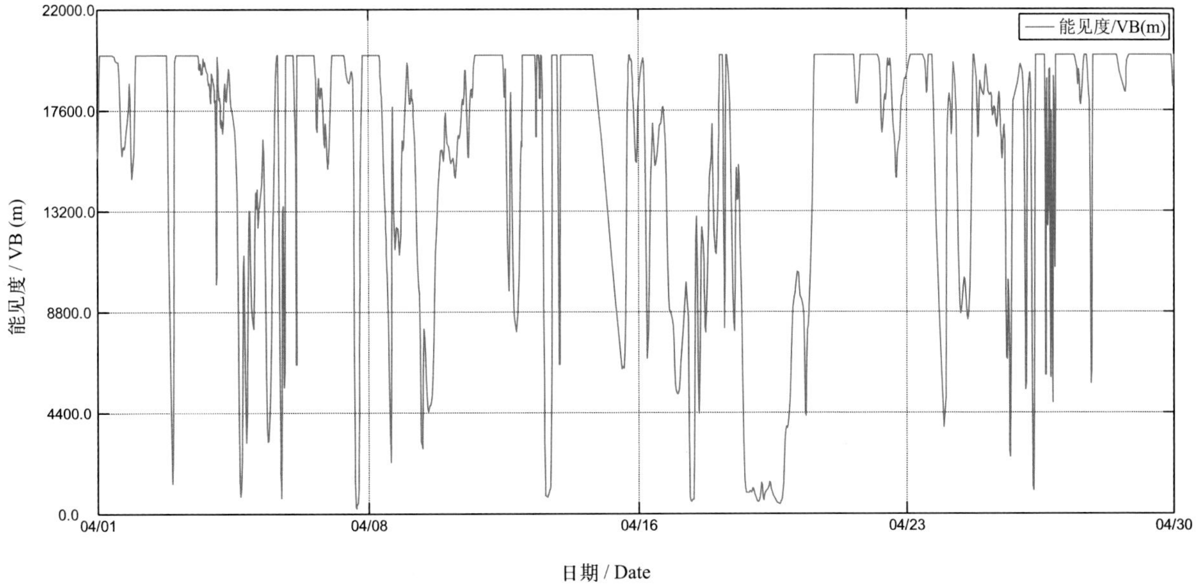

01 号浮标 2010 年 05 月能见度观测资料
VB of 01 buoy in May 2010

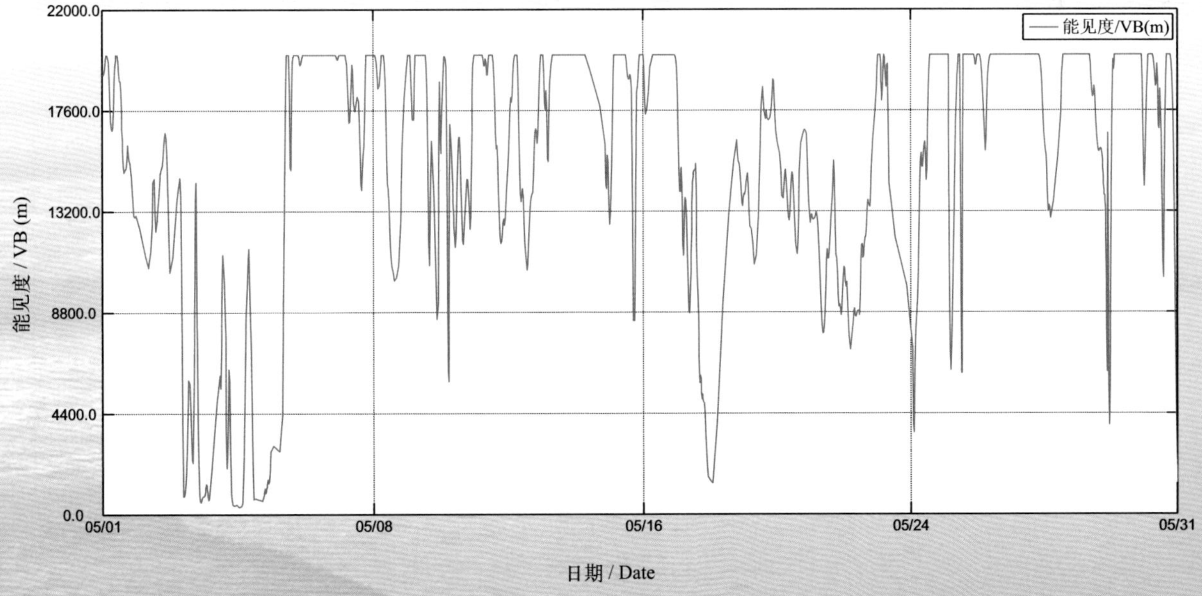

01 号浮标 2010 年 06 月能见度观测资料
VB of 01 buoy in June 2010

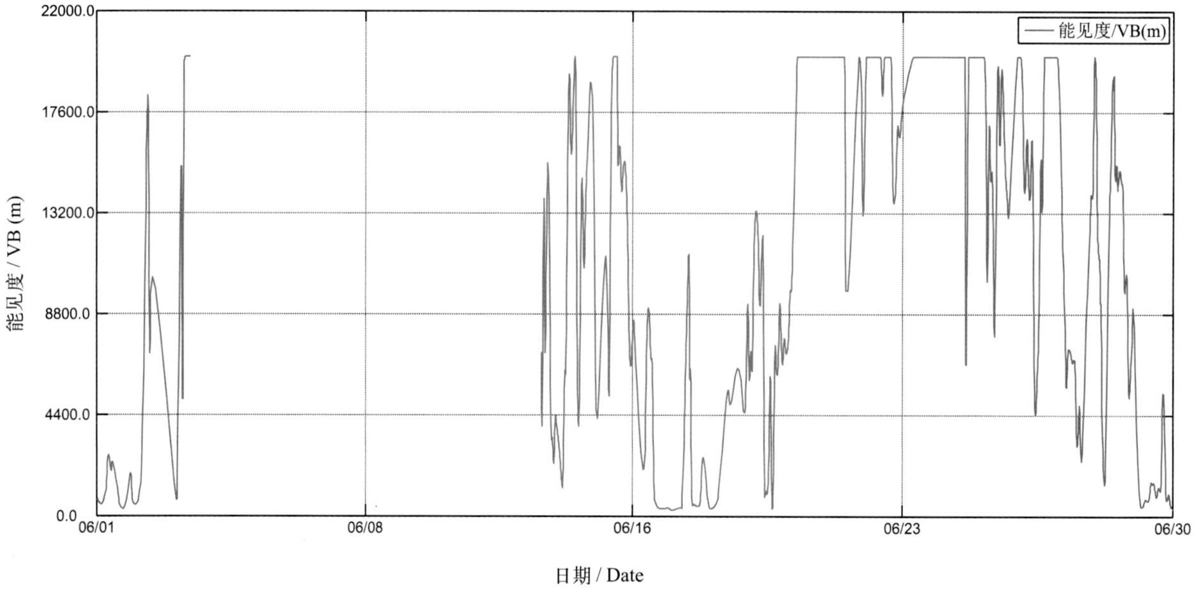

01 号浮标 2010 年 07 月能见度观测资料
VB of 01 buoy in July 2010

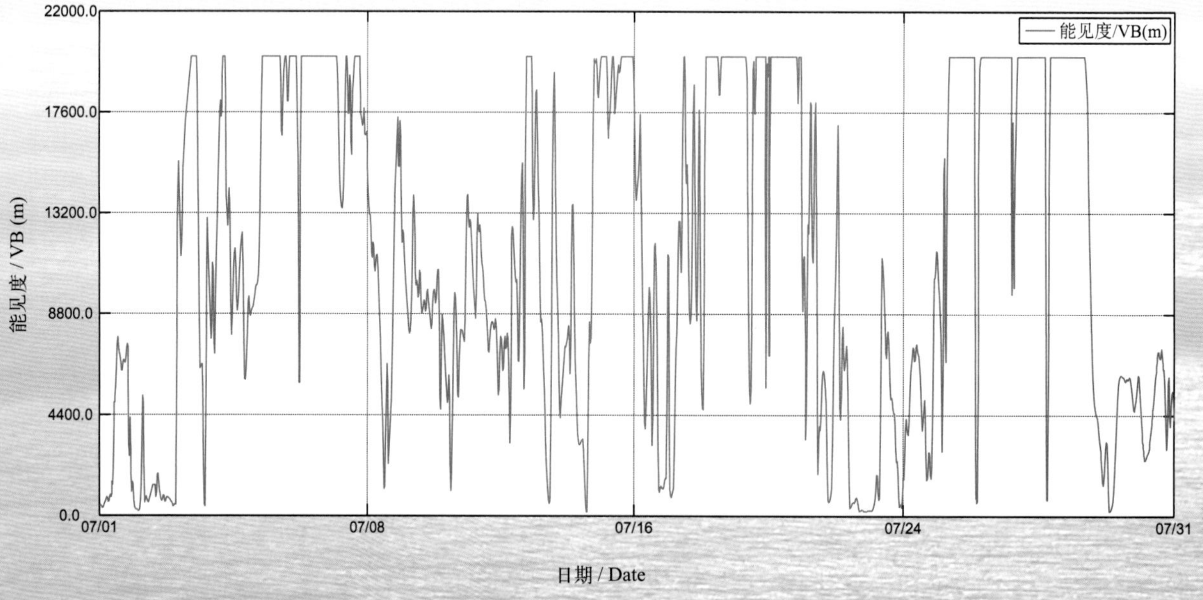

01 号浮标 2010 年 08 月能见度观测资料
VB of 01 buoy in Aug 2010

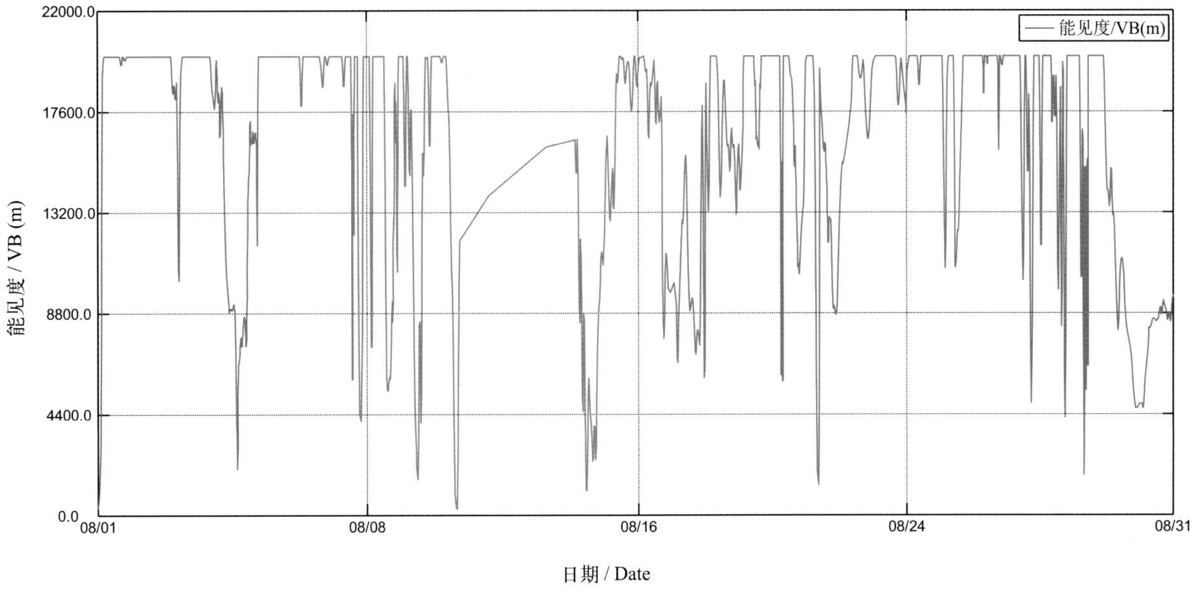

01 号浮标 2010 年 09 月能见度观测资料
VB of 01 buoy in Sep 2010

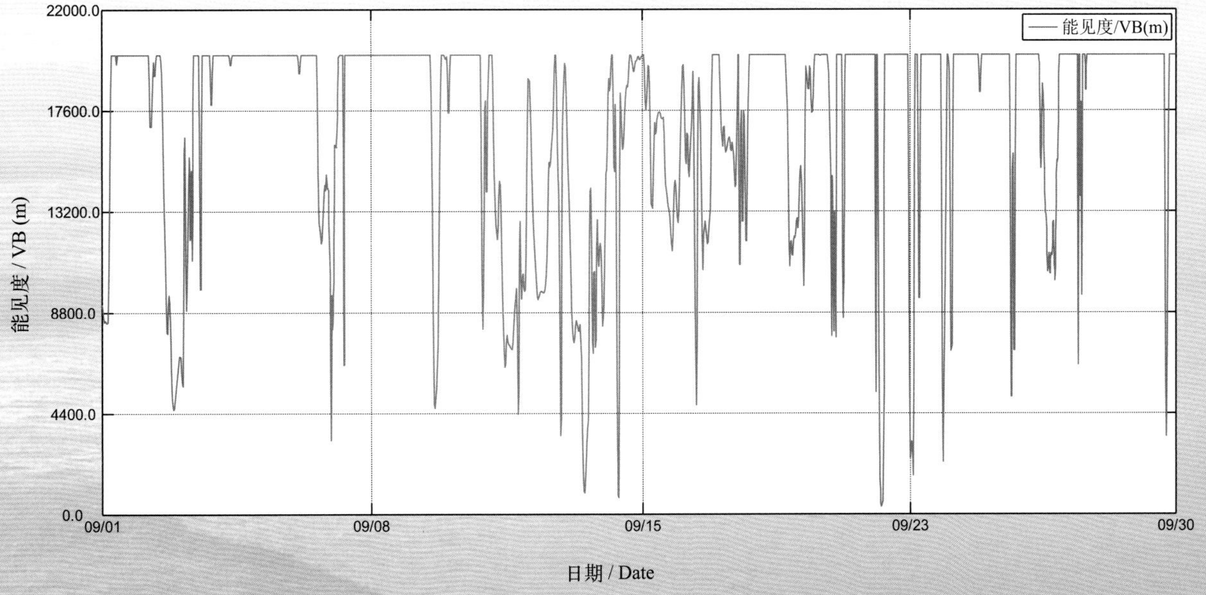

01 号浮标 2010 年 10 月能见度观测资料
VB of 01 buoy in Oct 2010

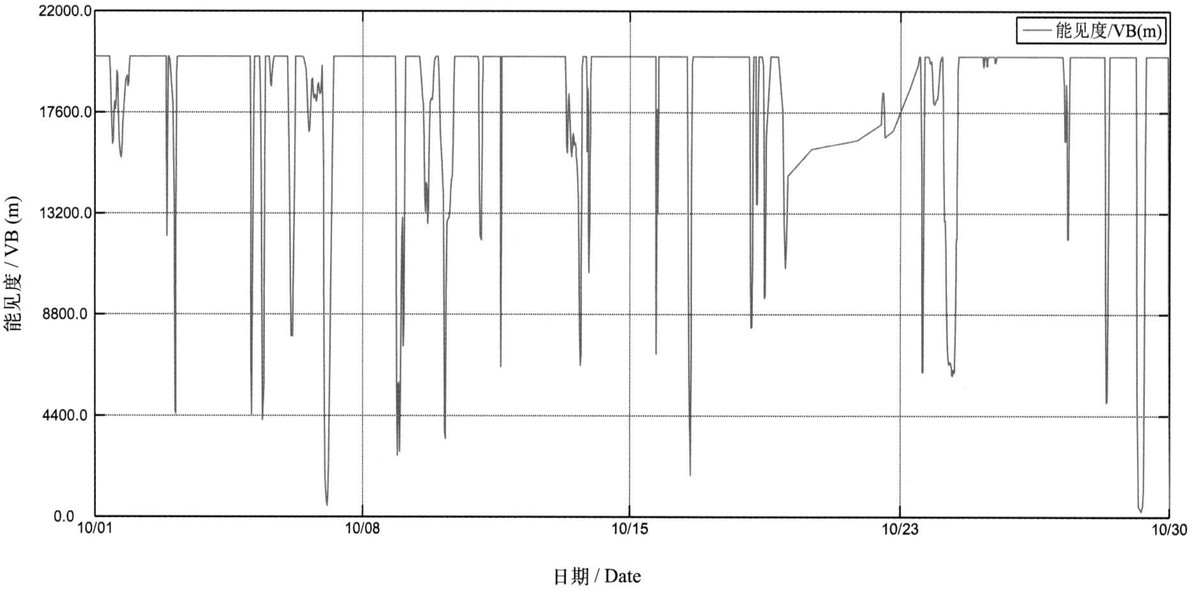

01 号浮标 2010 年 12 月能见度观测资料
VB of 01 buoy in Dec 2010

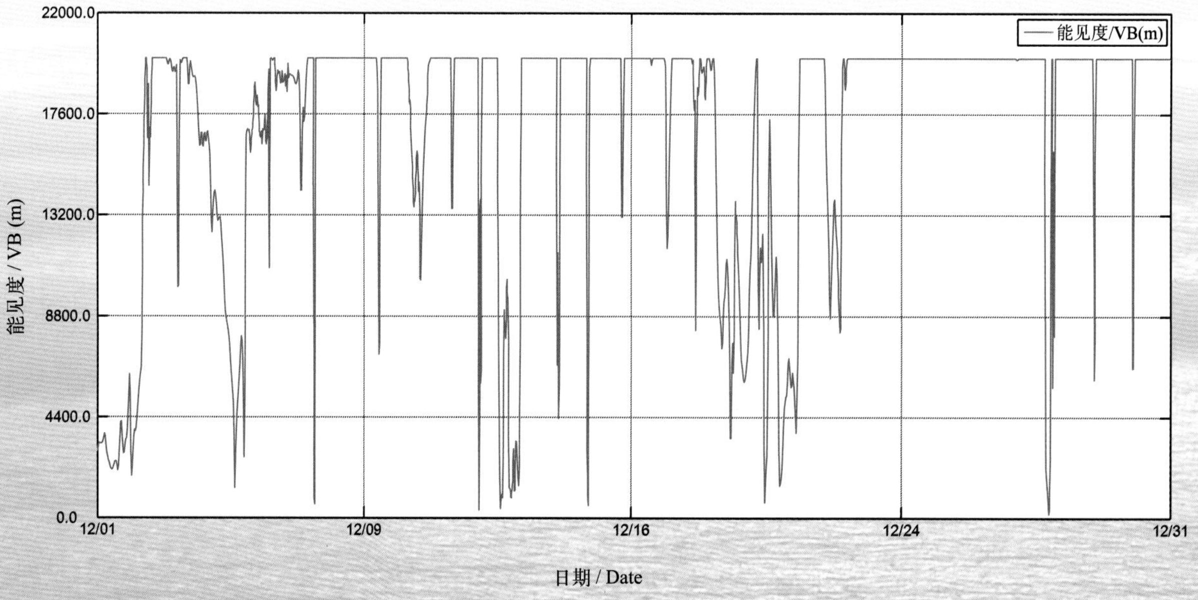

06 号浮标 2009 年能见度观测资料
VB of 06 buoy in 2009

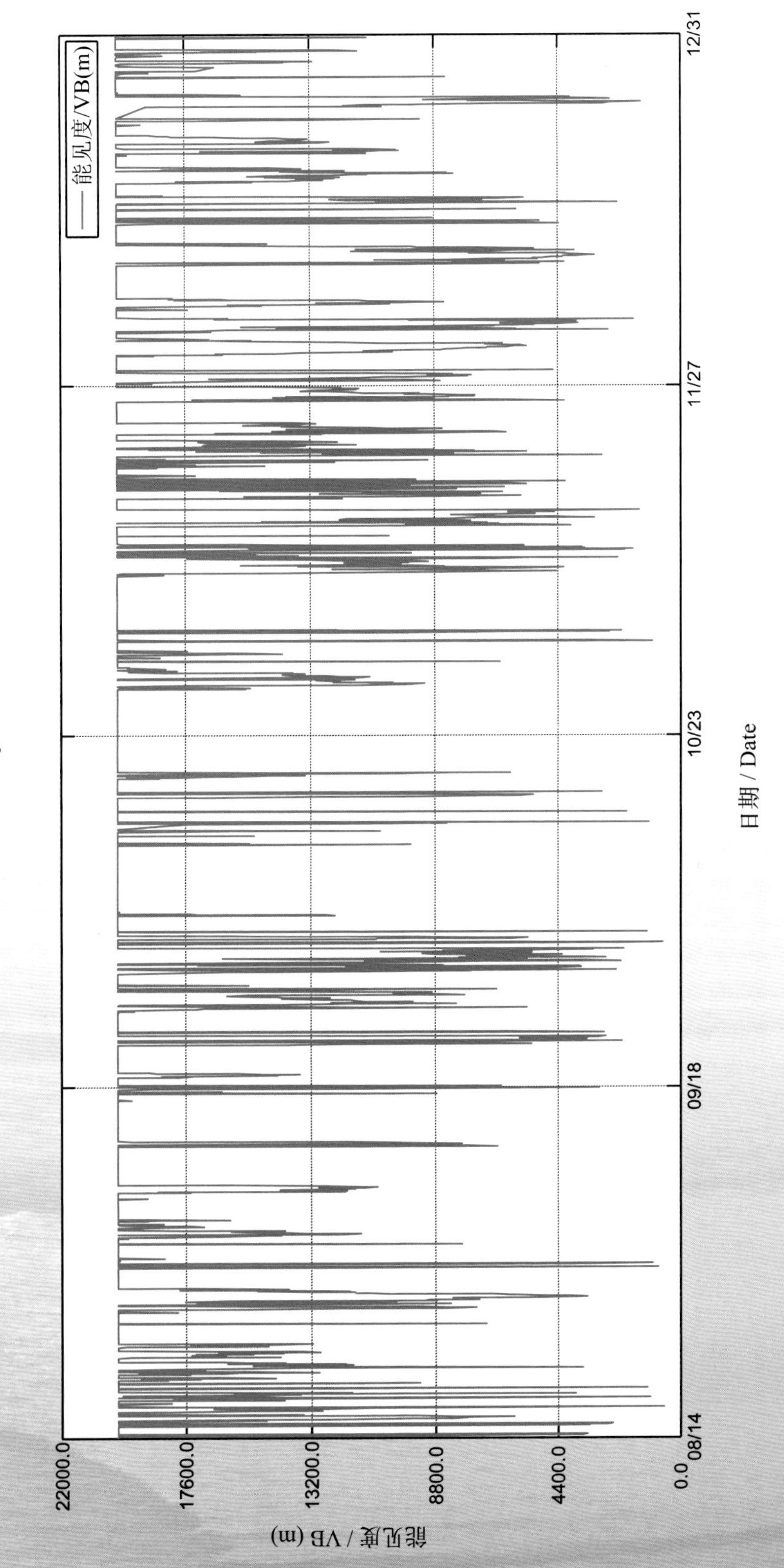

注：06 号浮标于 2009 年 8 月 14 日完成布放。

06 号浮标 2010 年能见度观测资料
VB of 06 buoy in 2010

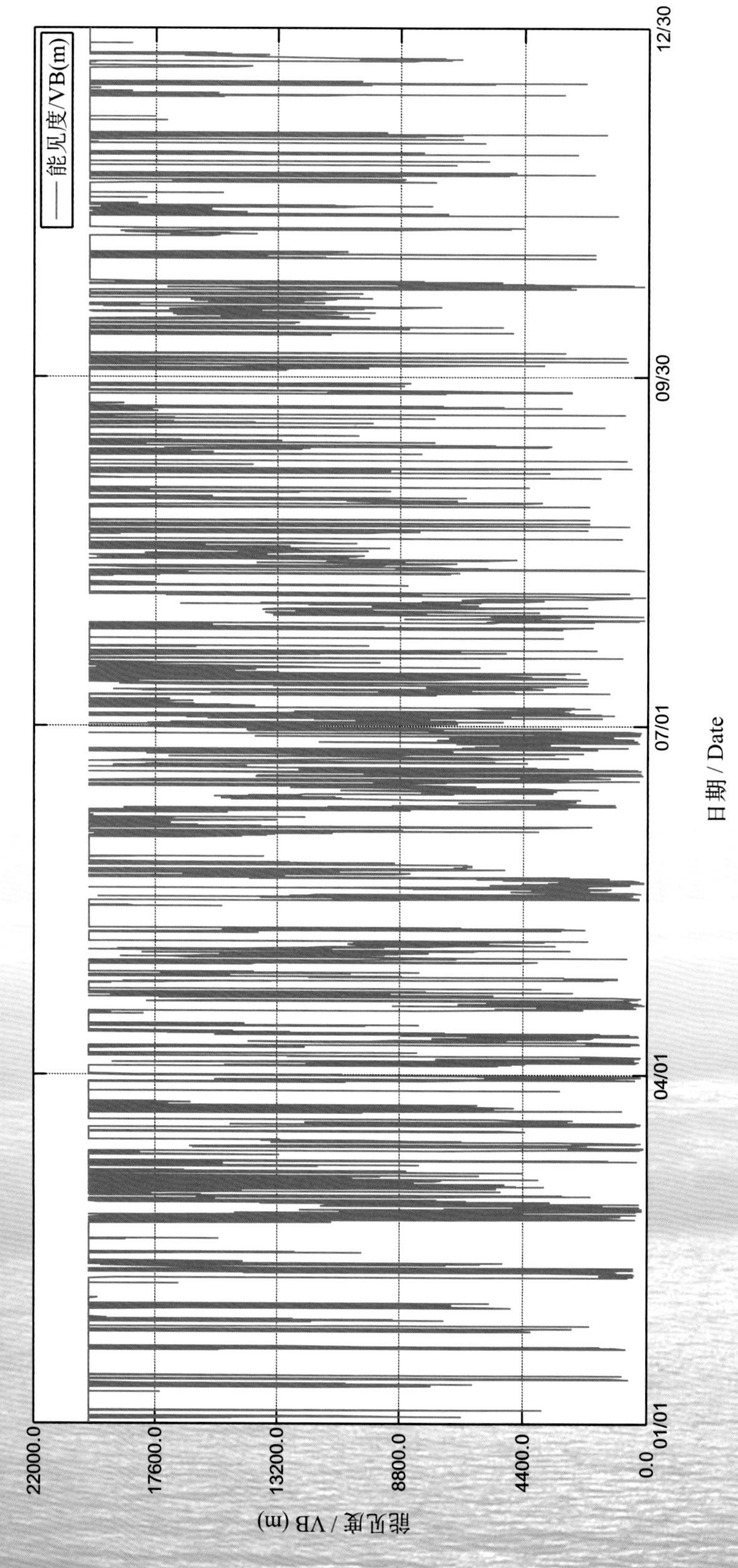

06号浮标2009年08月能见度观测资料
VB of 06 buoy in Aug 2009

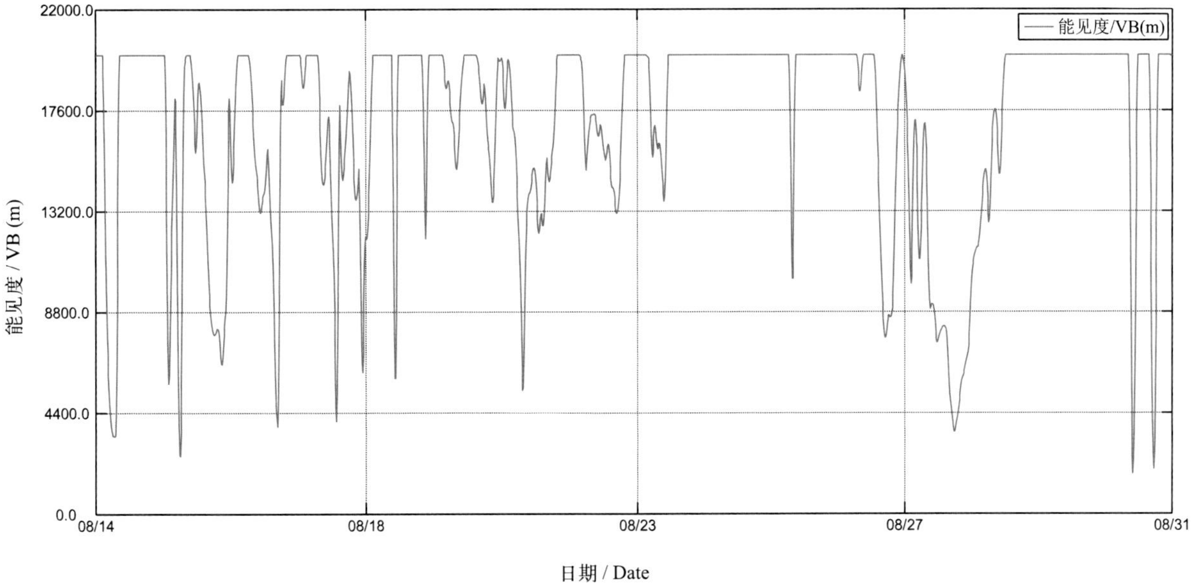

06号浮标2009年09月能见度观测资料
VB of 06 buoy in Sep 2009

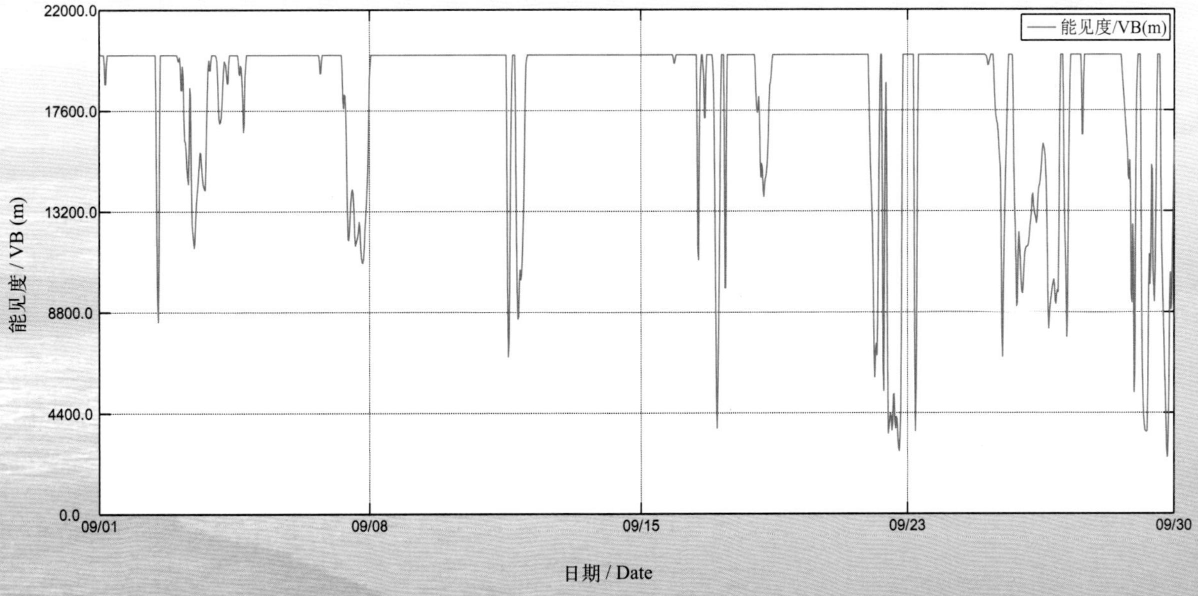

06 号浮标 2009 年 10 月能见度观测资料
VB of 06 buoy in Oct 2009

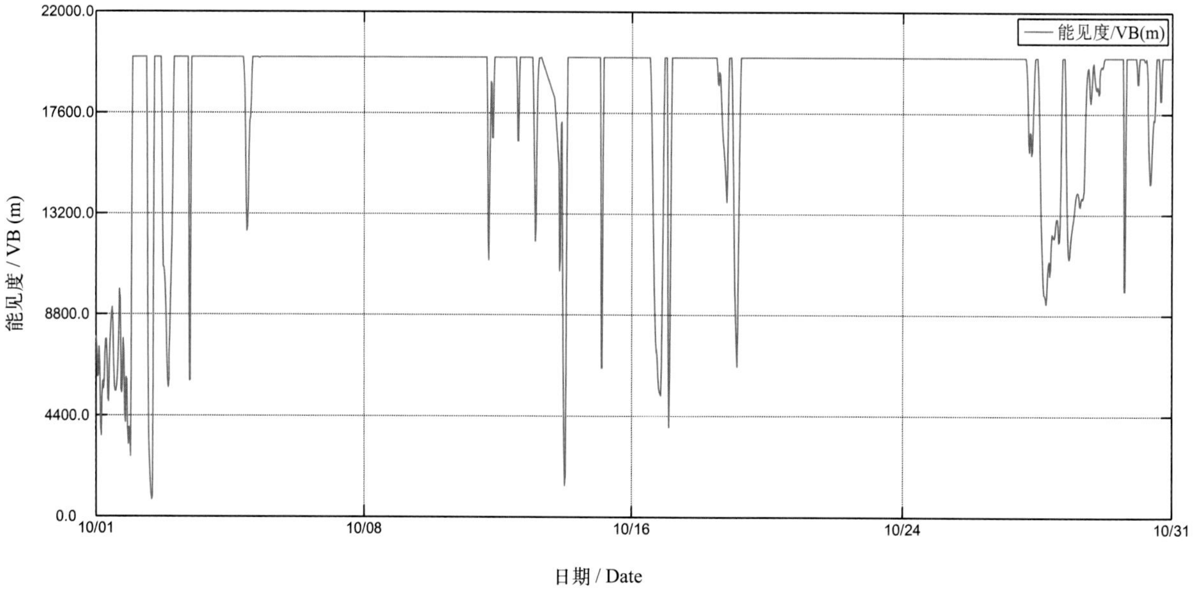

06 号浮标 2009 年 11 月能见度观测资料
VB of 06 buoy in Nov 2009

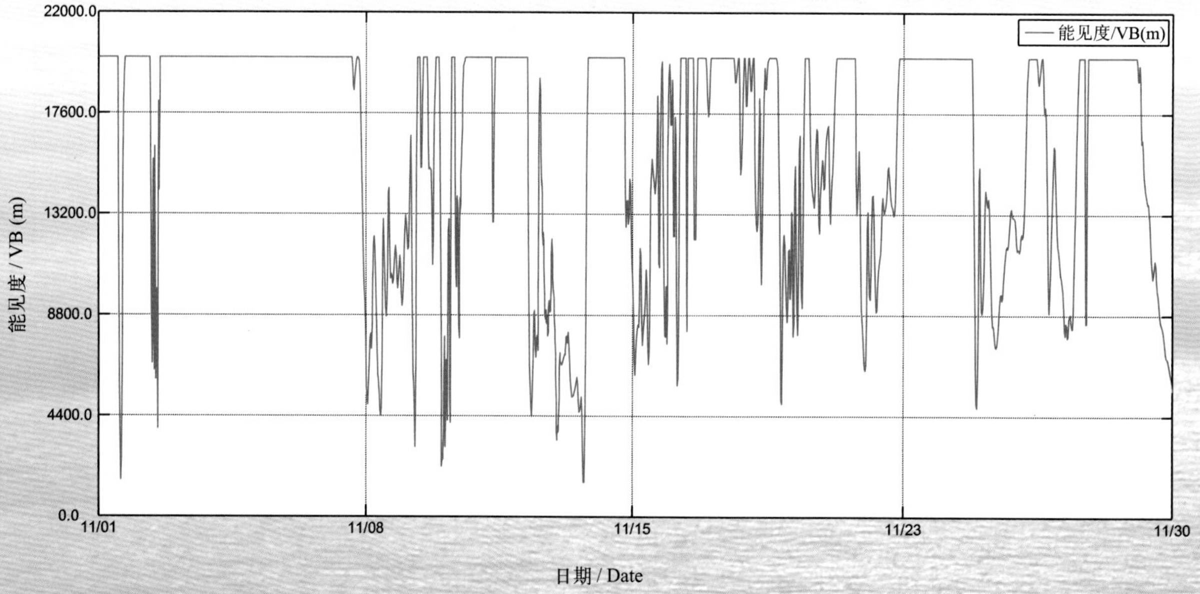

06号浮标2009年12月能见度观测资料
VB of 06 buoy in Dec 2009

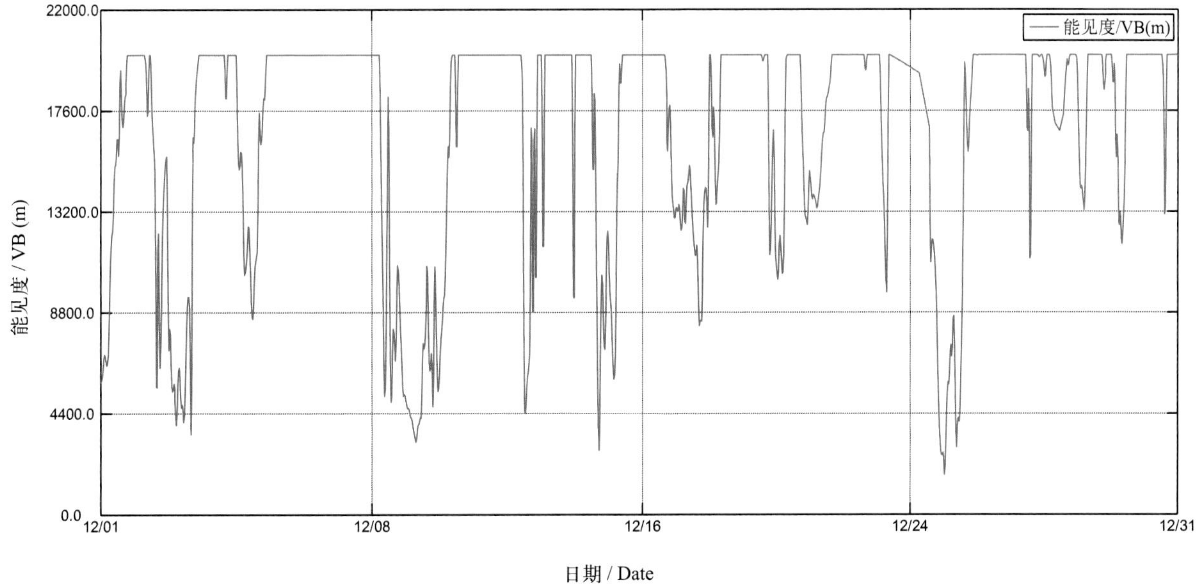

06号浮标2010年01月能见度观测资料
VB of 06 buoy in Jan 2010

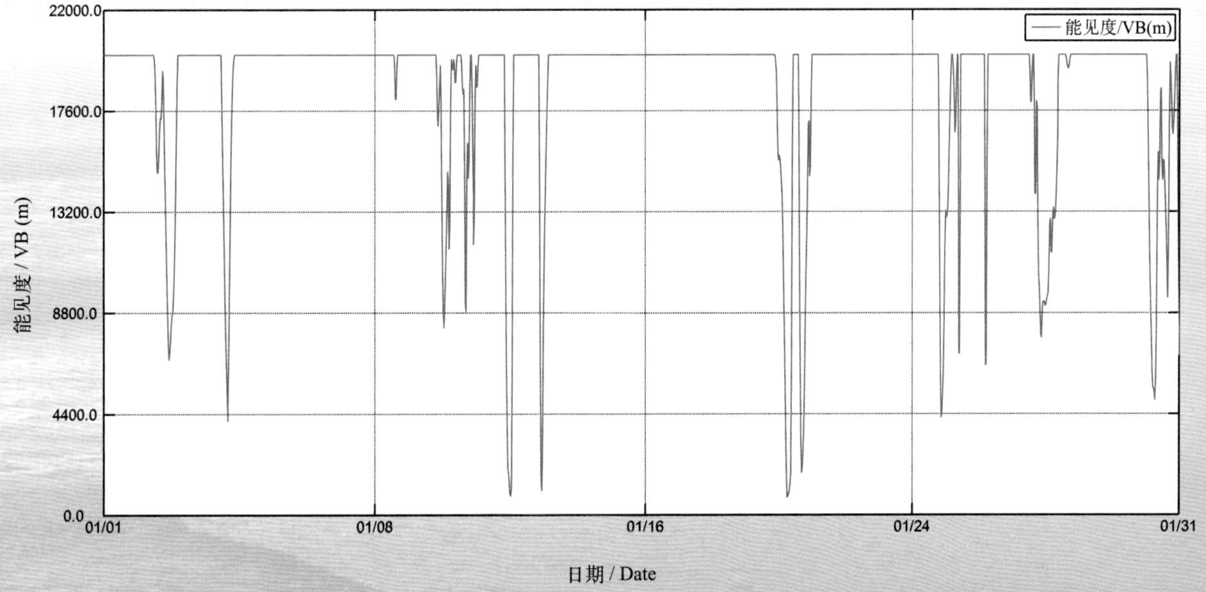

06 号浮标 2010 年 02 月能见度观测资料
VB of 06 buoy in Feb 2010

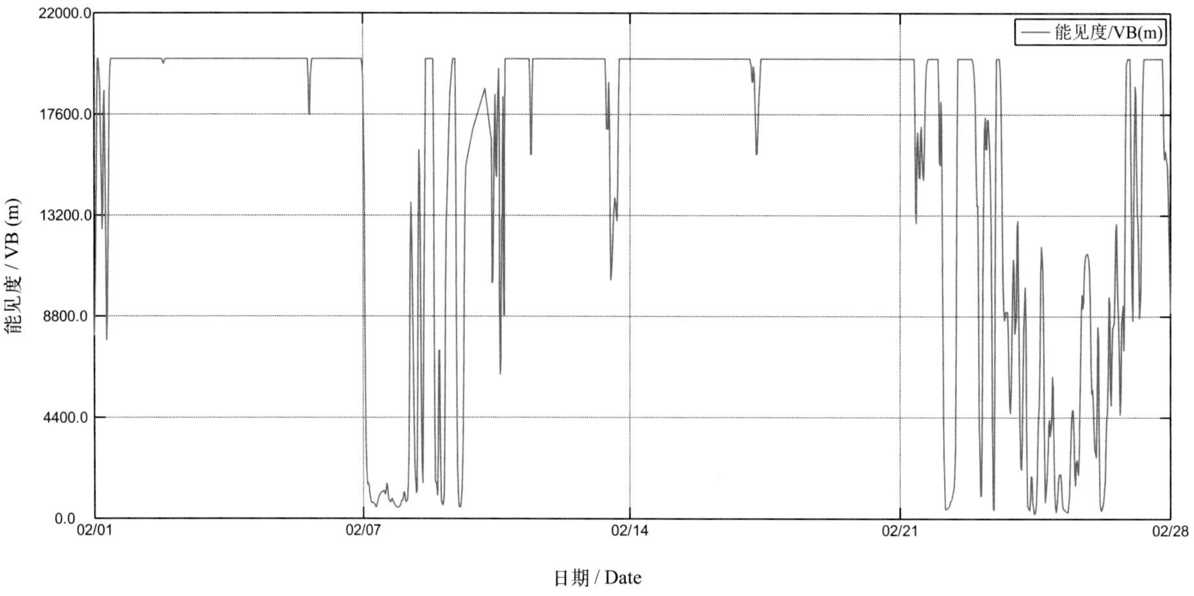

06 号浮标 2010 年 03 月能见度观测资料
VB of 06 buoy in Mar 2010

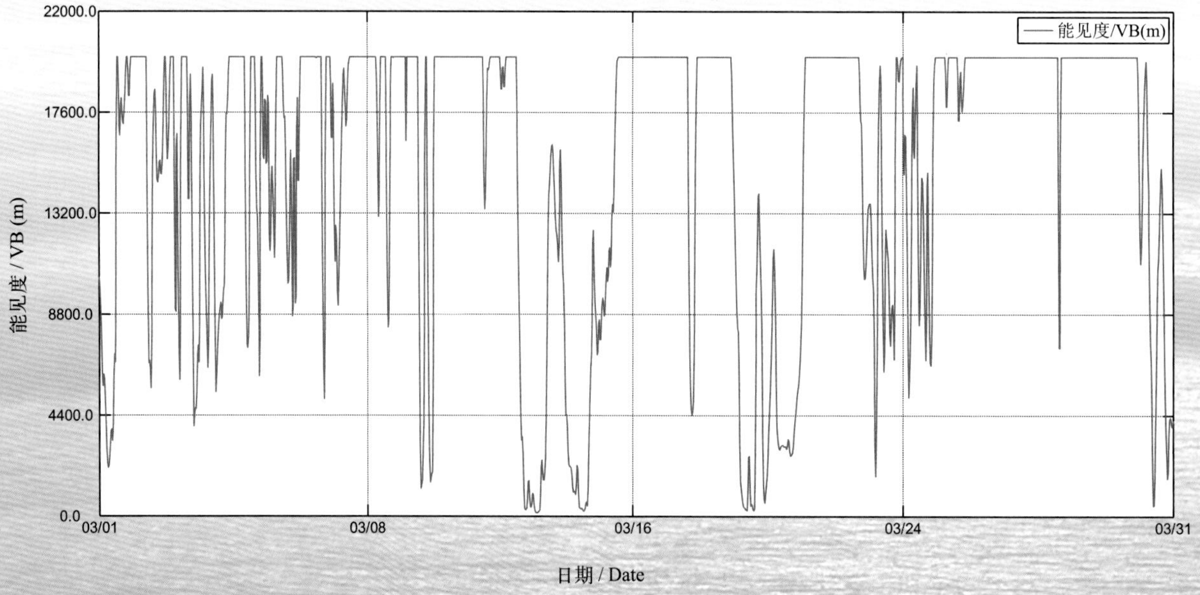

06 号浮标 2010 年 04 月能见度观测资料
VB of 06 buoy in April 2010

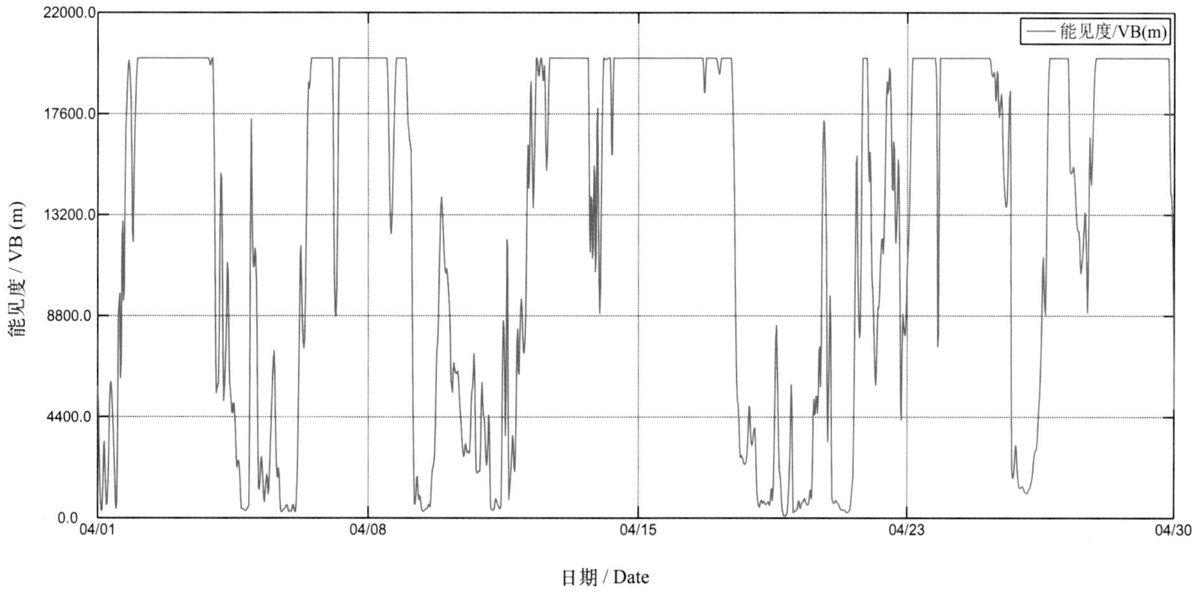

06 号浮标 2010 年 05 月能见度观测资料
VB of 06 buoy in May 2010

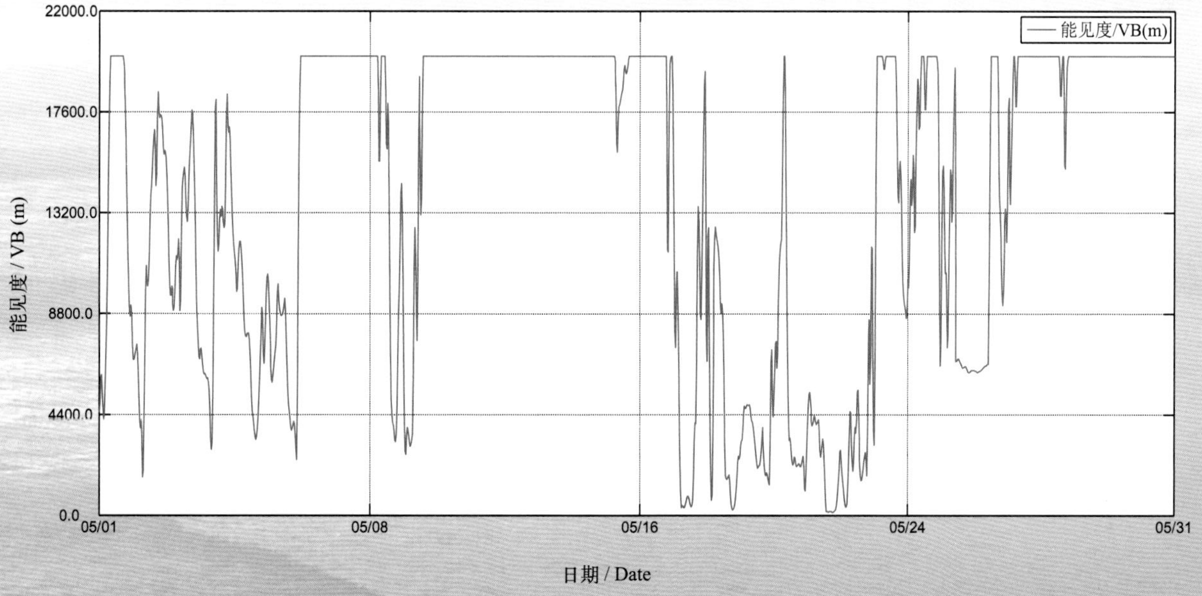

06 号浮标 2010 年 06 月能见度观测资料
VB of 06 buoy in June 2010

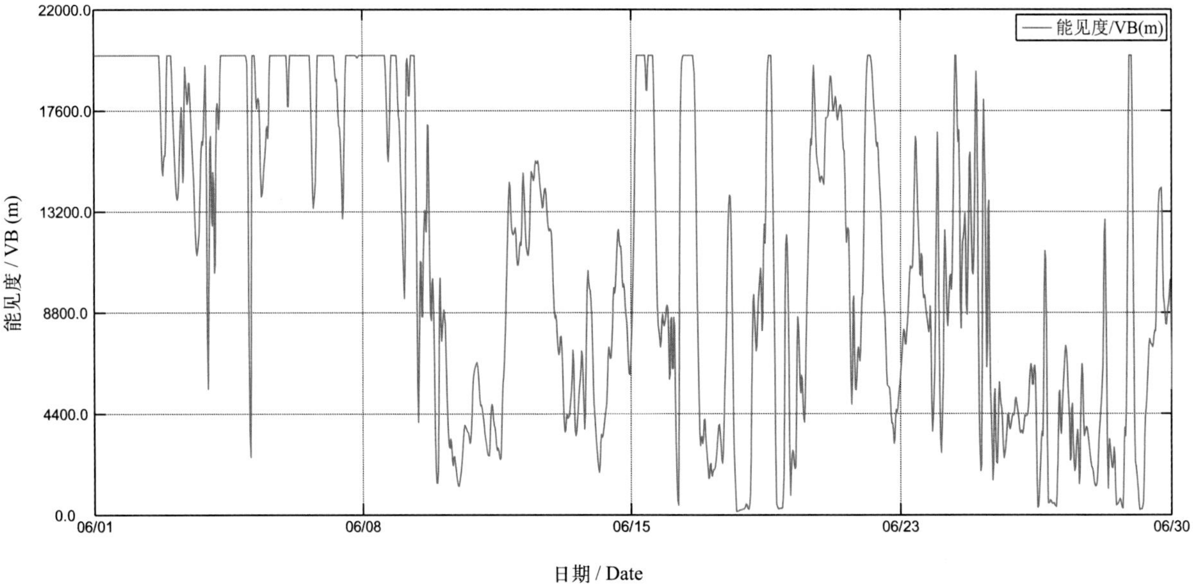

06 号浮标 2010 年 07 月能见度观测资料
VB of 06 buoy in July 2010

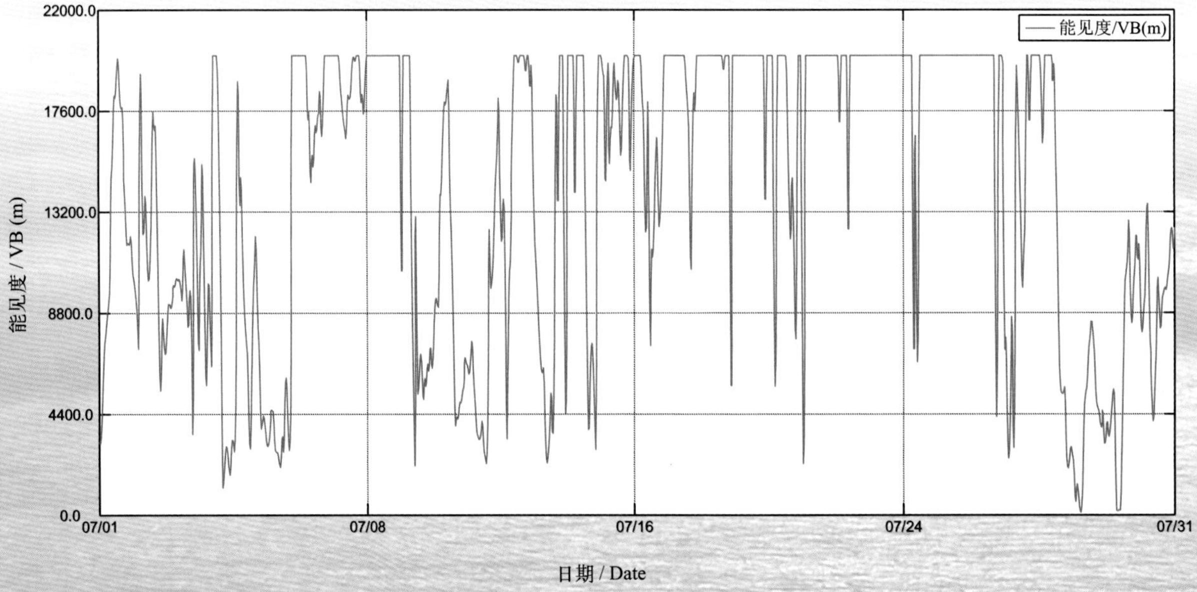

06 号浮标 2010 年 08 月能见度观测资料
VB of 06 buoy in Aug 2010

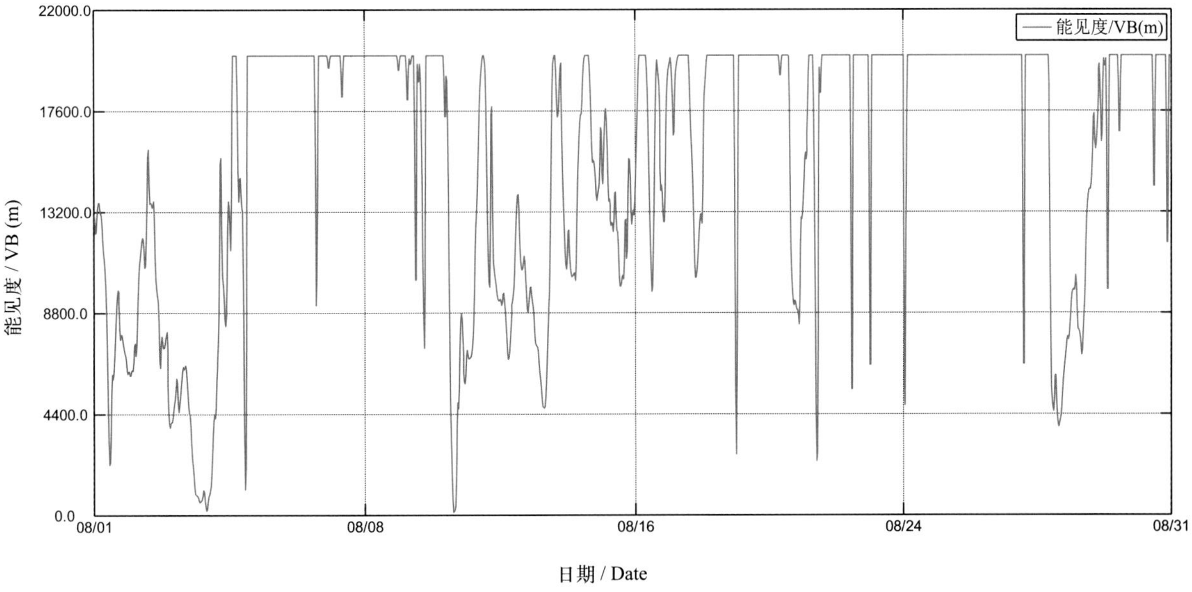

06 号浮标 2010 年 09 月能见度观测资料
VB of 06 buoy in Sep 2010

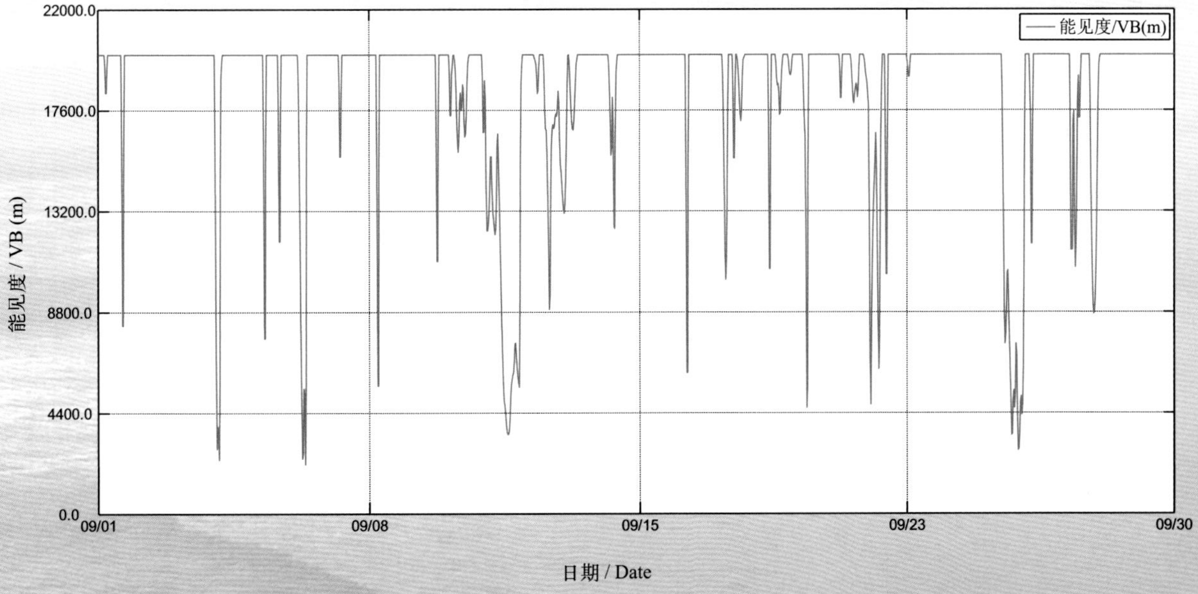

06 号浮标 2010 年 10 月能见度观测资料
VB of 06 buoy in Oct 2010

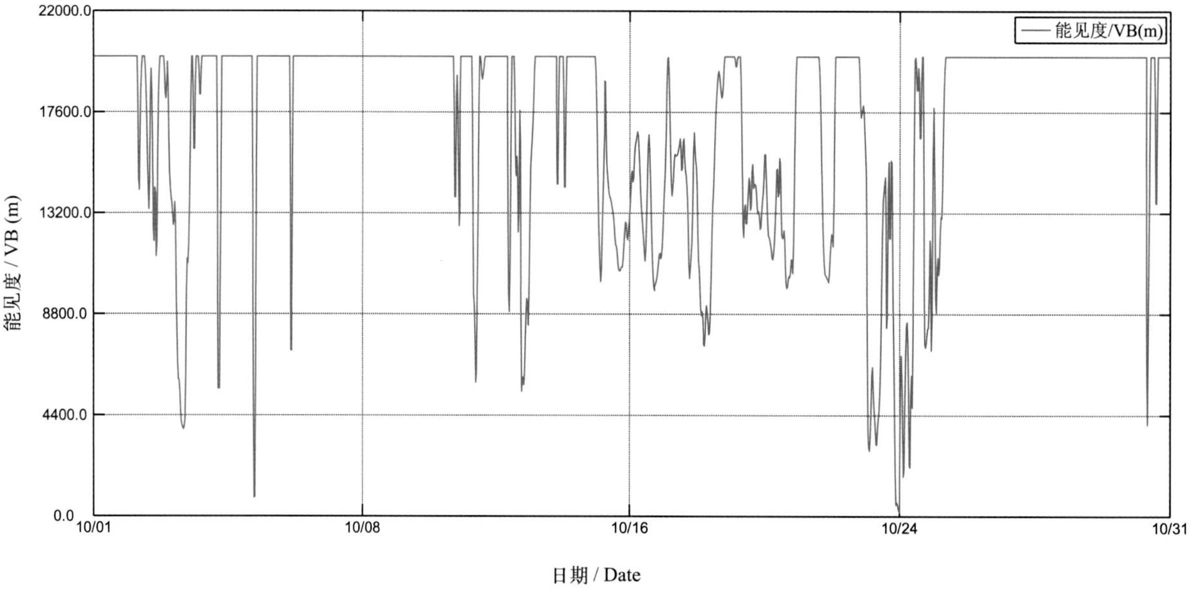

06 号浮标 2010 年 11 月能见度观测资料
VB of 06 buoy in Nov 2010

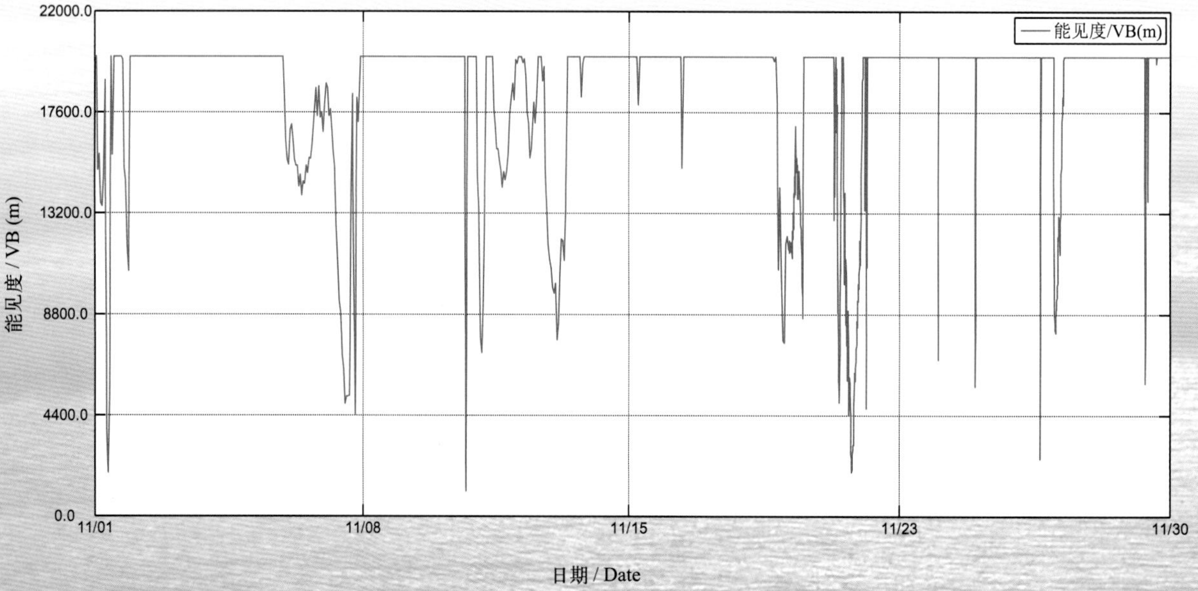

06号浮标2010年12月能见度观测资料

VB of 06 buoy in Dec 2010

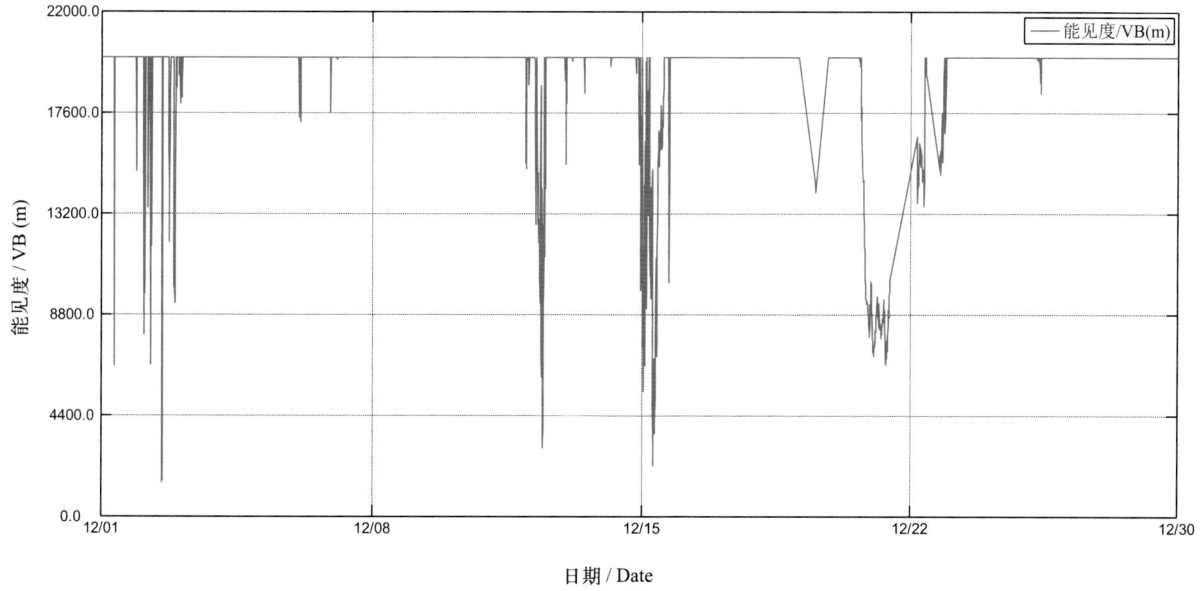

07 号浮标 2010 年能见度观测资料
VB of 07 buoy in 2010

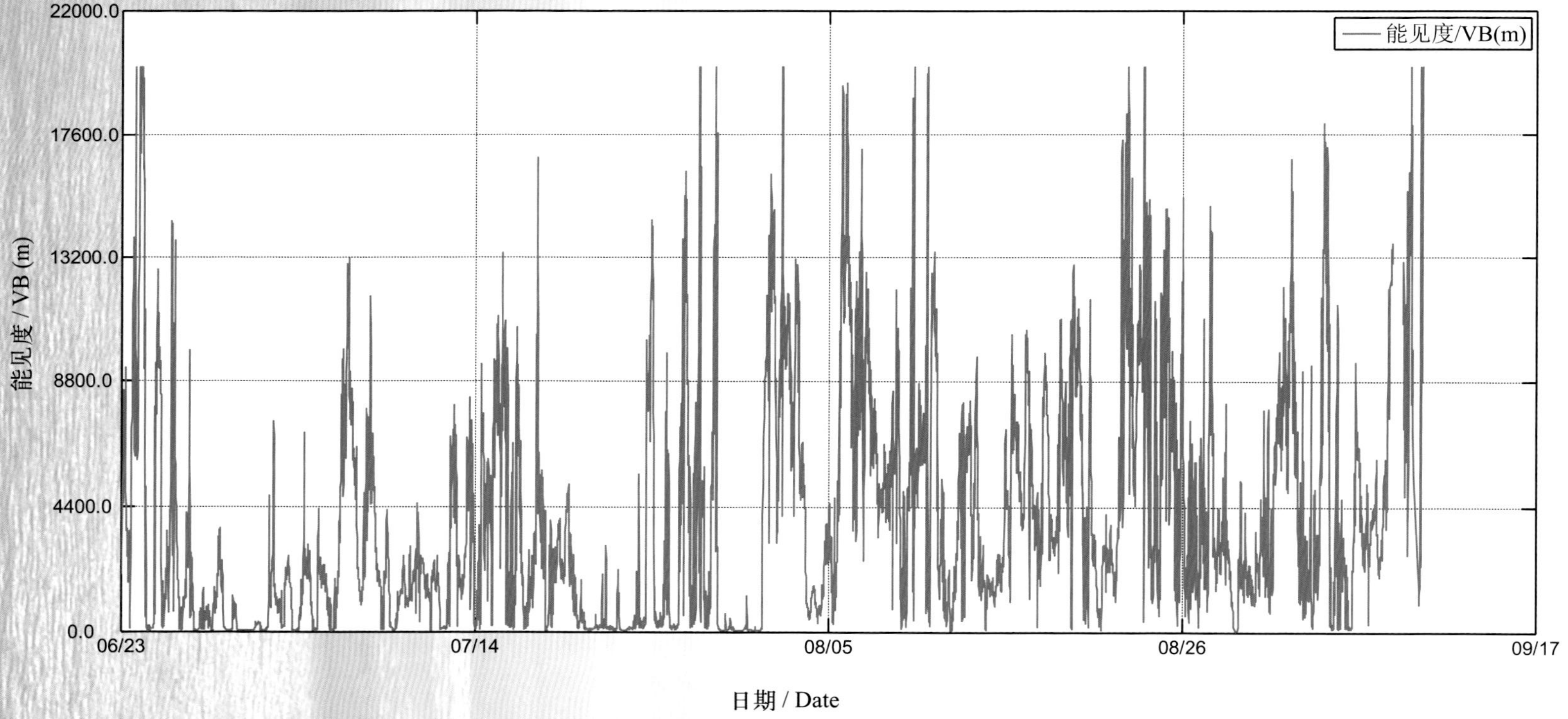

注：07 号浮标于 2010 年 6 月 23 日 10 点 45 分完成布放，2010 年 9 月因能见度传感器故障，部分数据异常，经判断对数据进行剔除，2010 年 10 月至 2010 年 12 月因能见度传感器器故障，导致未获得数据。

07 号浮标 2010 年 06 月能见度观测资料

VB of 07 buoy in June 2010

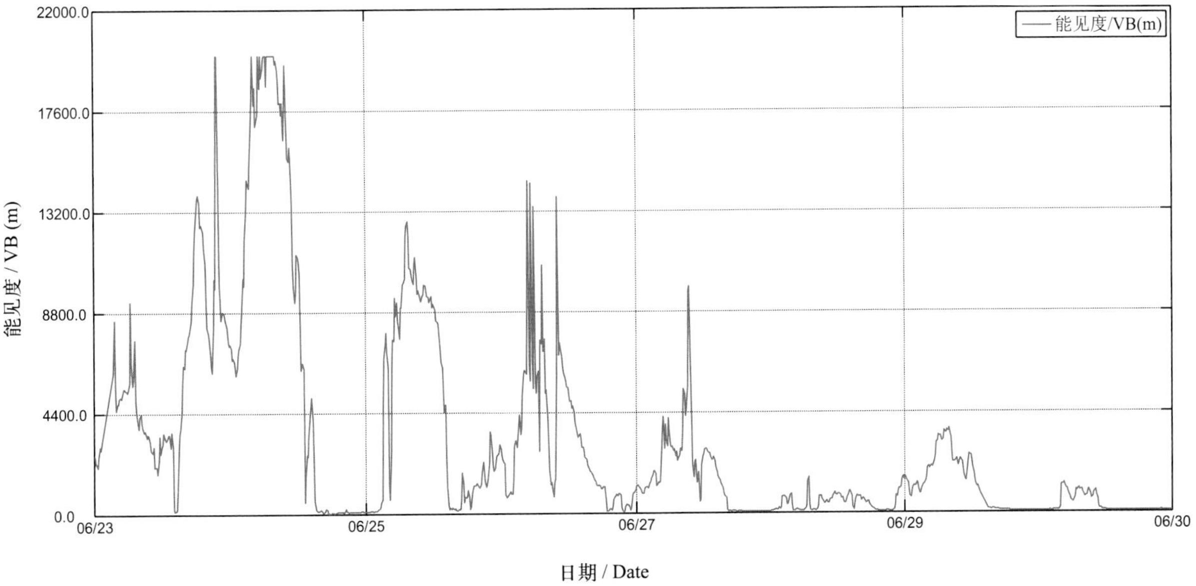

07 号浮标 2010 年 07 月能见度观测资料

VB of 07 buoy in July 2010

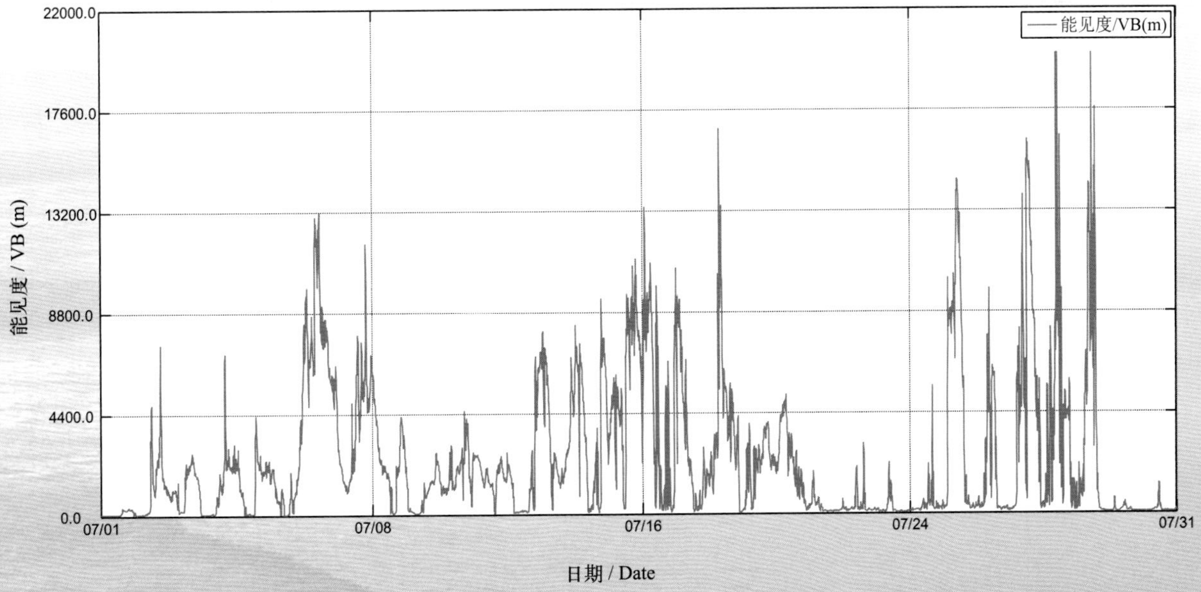

07 号浮标 2010 年 08 月能见度观测资料
VB of 07 buoy in Aug 2010

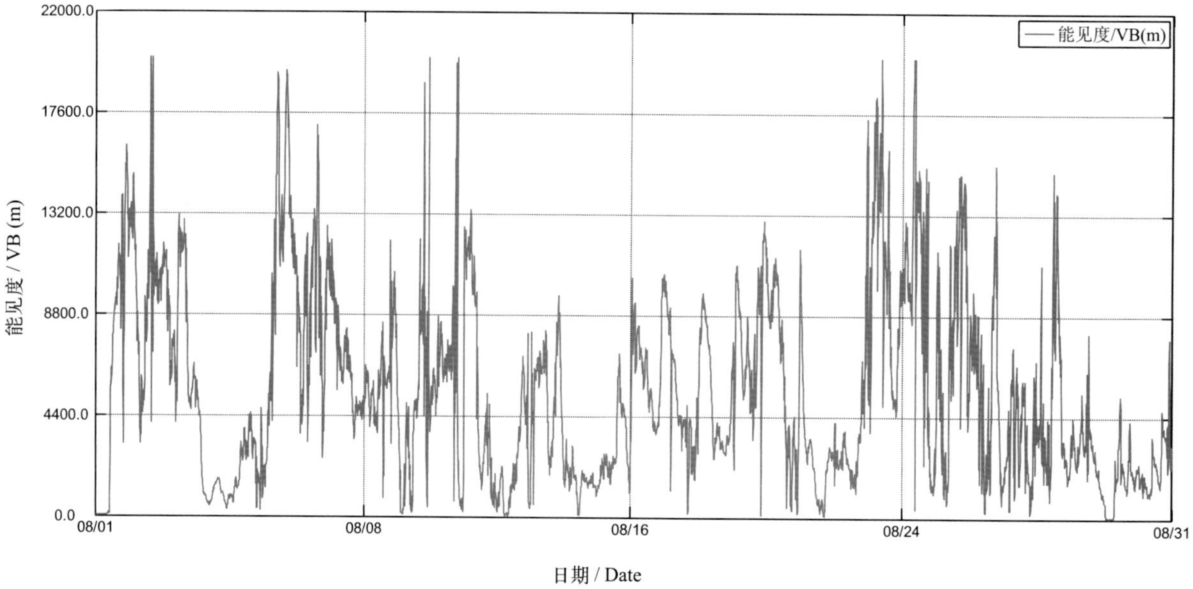

07 号浮标 2010 年 09 月能见度观测资料
VB of 07 buoy in Sep 2010

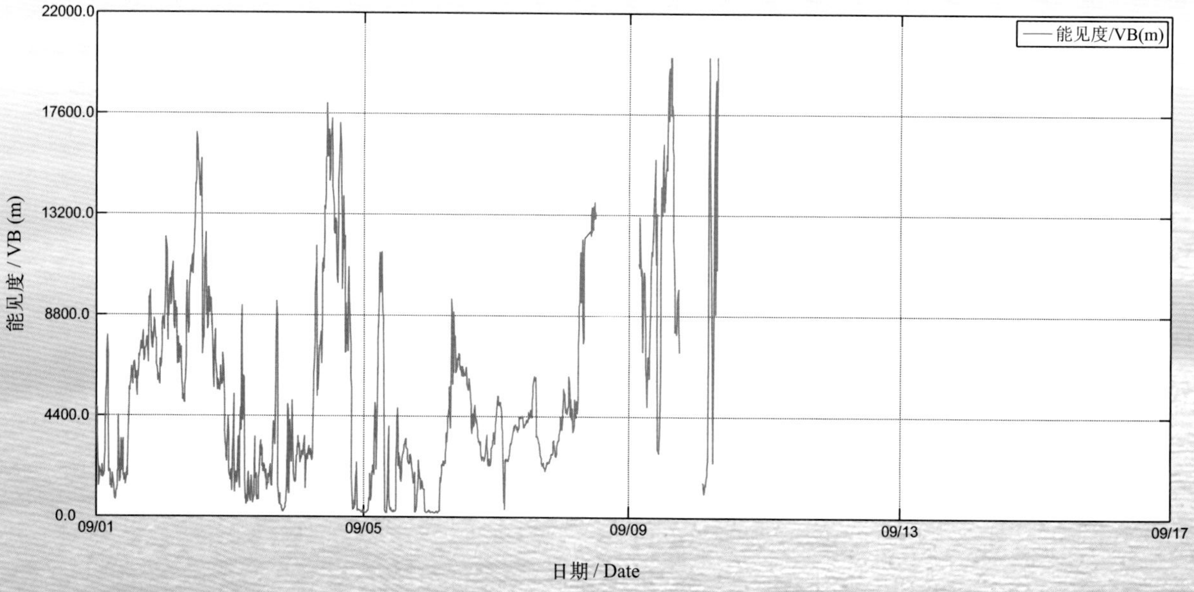

01 号浮标 2009 年风速、风向观测资料
WS and WD of 01 buoy in 2009

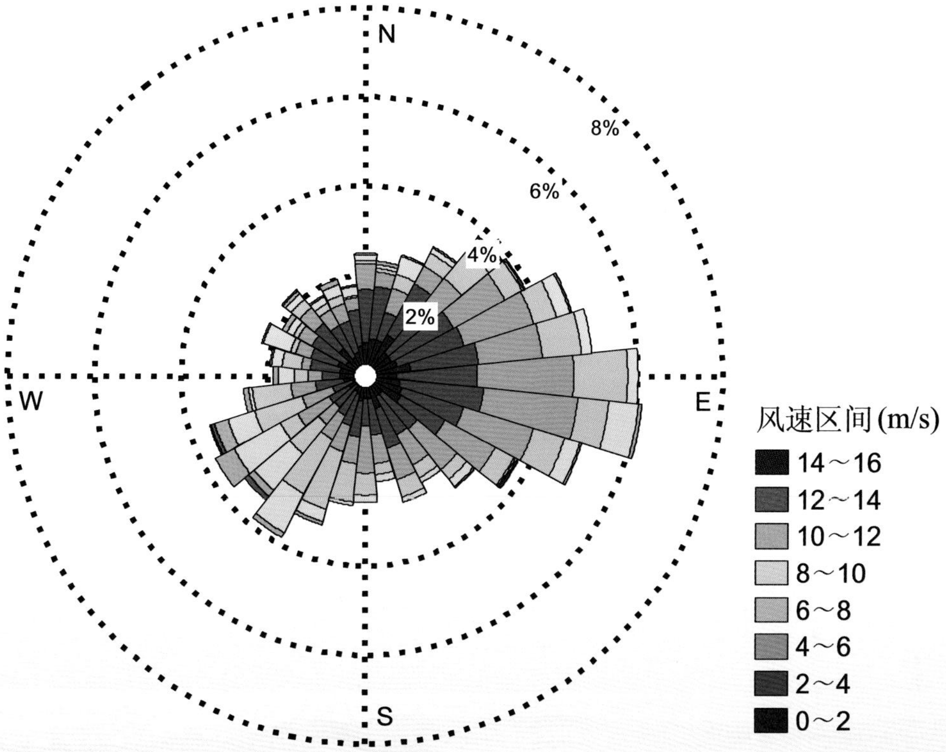

注：01 号浮标于 2009 年 6 月 3 日 13 点 18 分完成布放，2009 年 11 月，因传感器故障，经判断对数据进行剔除。

01 号浮标 2010 年风速、风向观测资料
WS and WD of 01 buoy in 2010

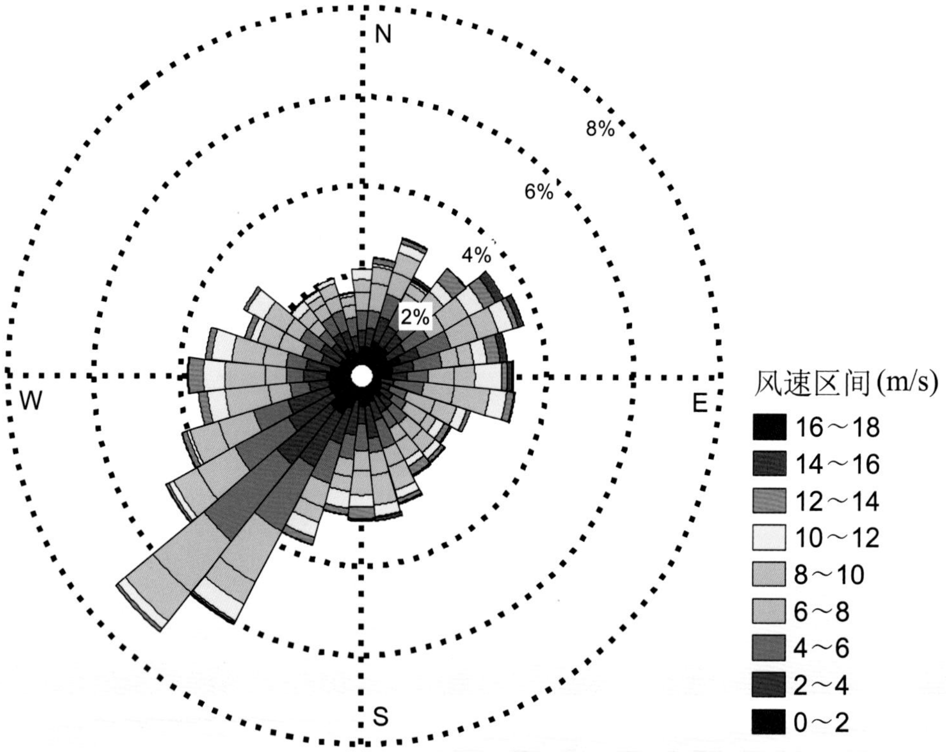

注：01 号浮标在 2010 年 6 月，因传感器故障，经判断对部分数据进行剔除。

01 号浮标 2009 年 06 月风速、风向观测资料
WS and WD of 01 buoy in June 2009

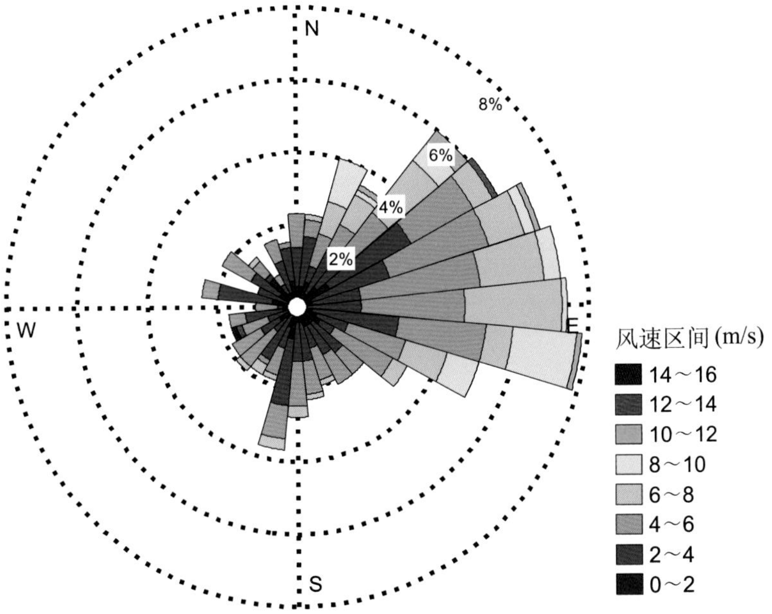

01 号浮标 2009 年 07 月风速、风向观测资料
WS and WD of 01 buoy in July 2009

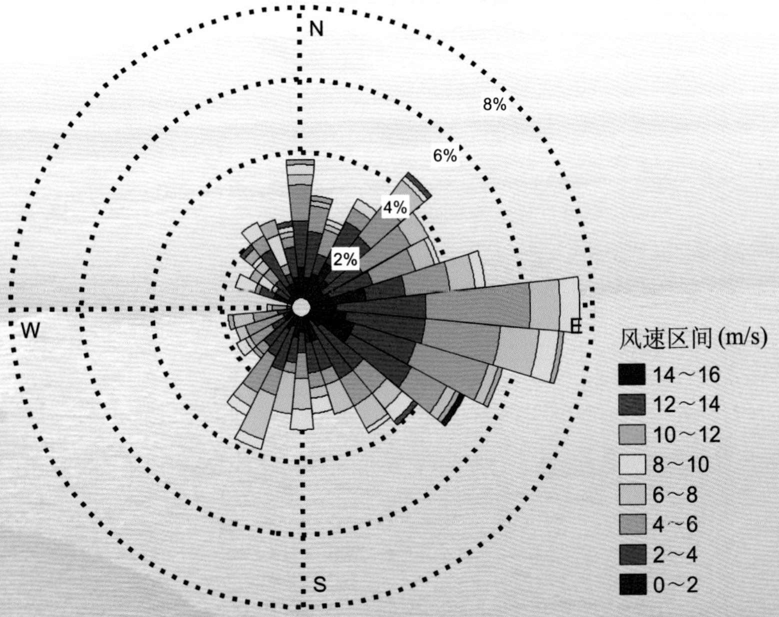

01 号浮标 2009 年 08 月风速、风向观测资料
WS and WD of 01 buoy in Aug 2009

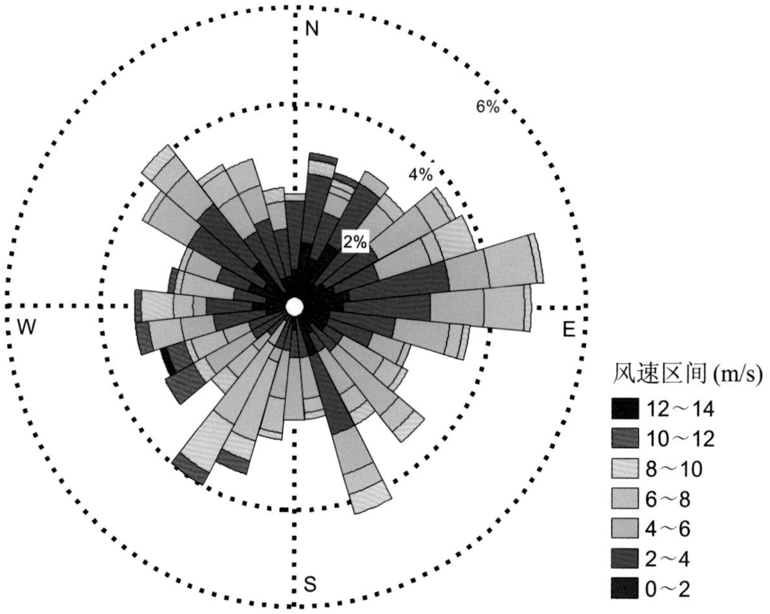

01 号浮标 2009 年 09 月风速、风向观测资料
WS and WD of 01 buoy in Sep 2009

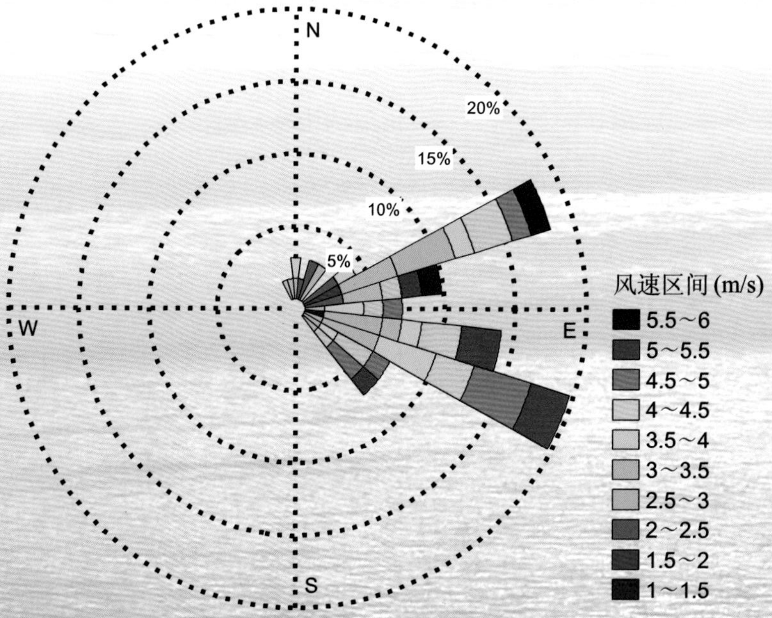

01 号浮标 2009 年 10 月风速、风向观测资料
WS and WD of 01 buoy in Oct 2009

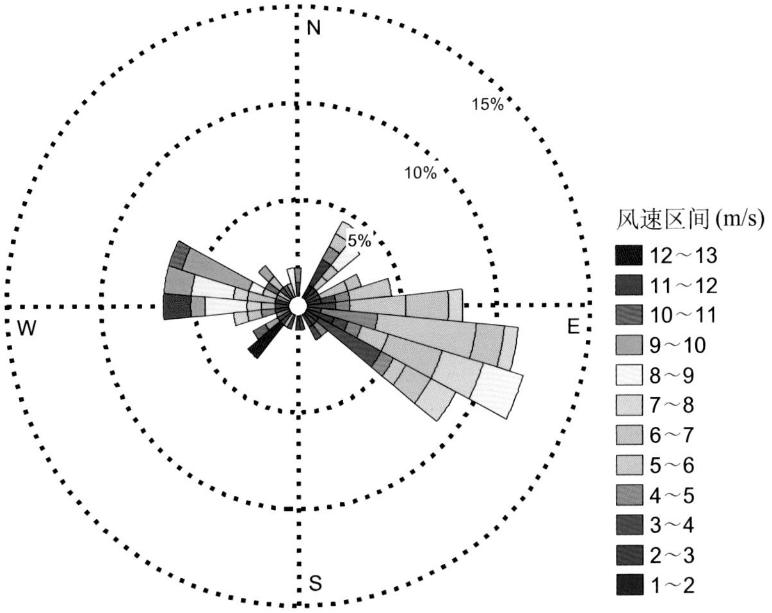

01 号浮标 2009 年 12 月风速、风向观测资料
WS and WD of 01 buoy in Dec 2009

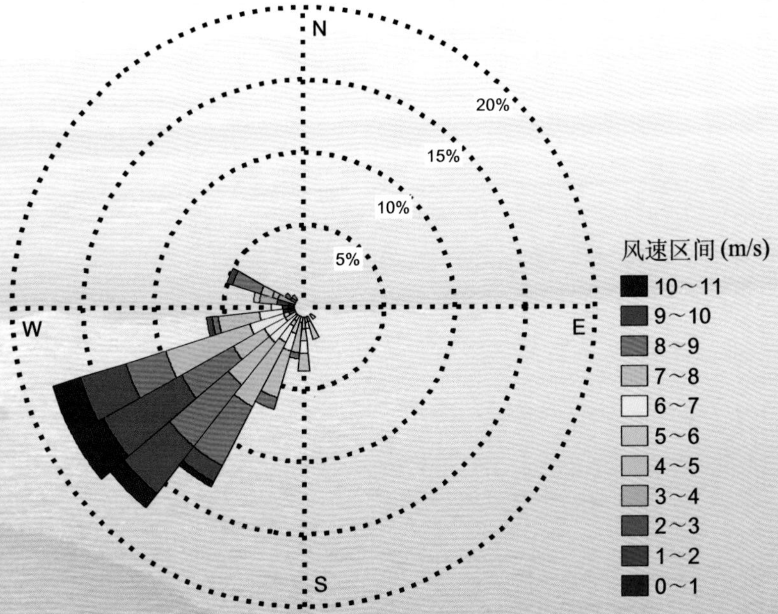

01 号浮标 2010 年 01 月风速、风向观测资料
WS and WD of 01 buoy in Jan 2010

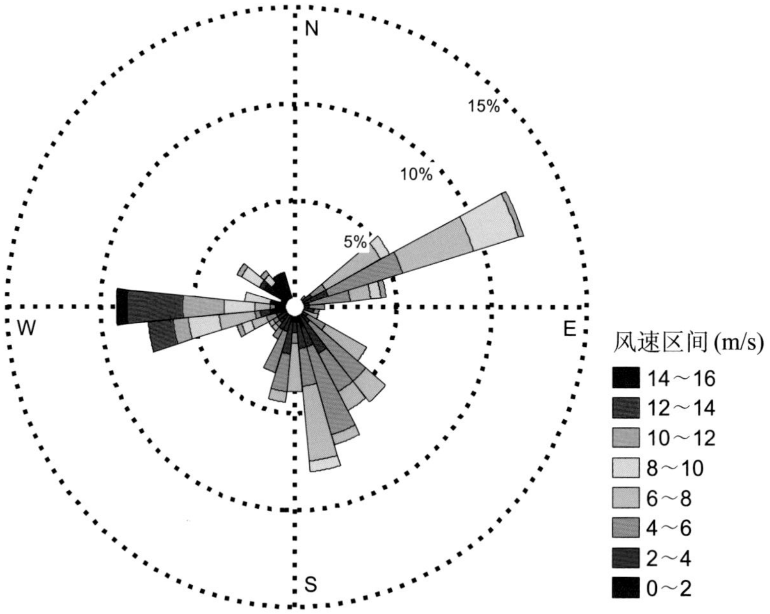

01 号浮标 2010 年 02 月风速、风向观测资料
WS and WD of 01 buoy in Feb 2010

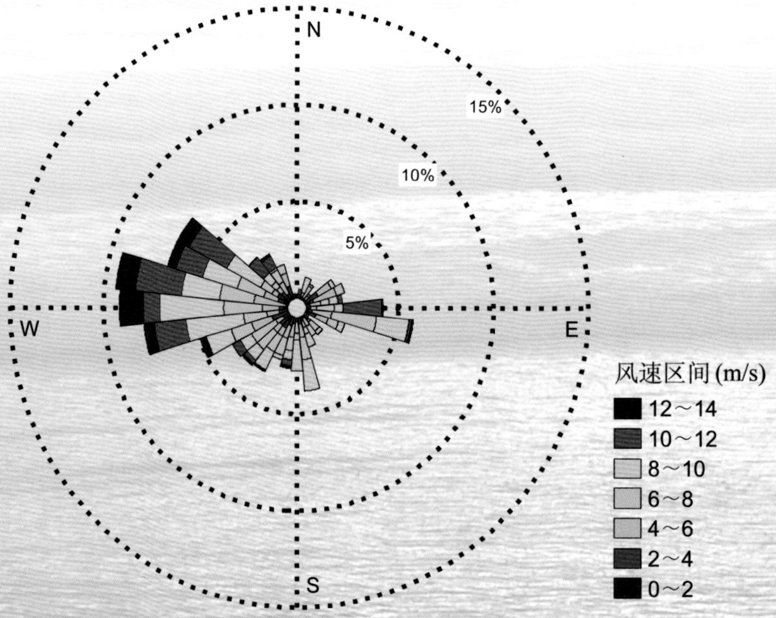

01号浮标2010年03月风速、风向观测资料
WS and WD of 01 buoy in Mar 2010

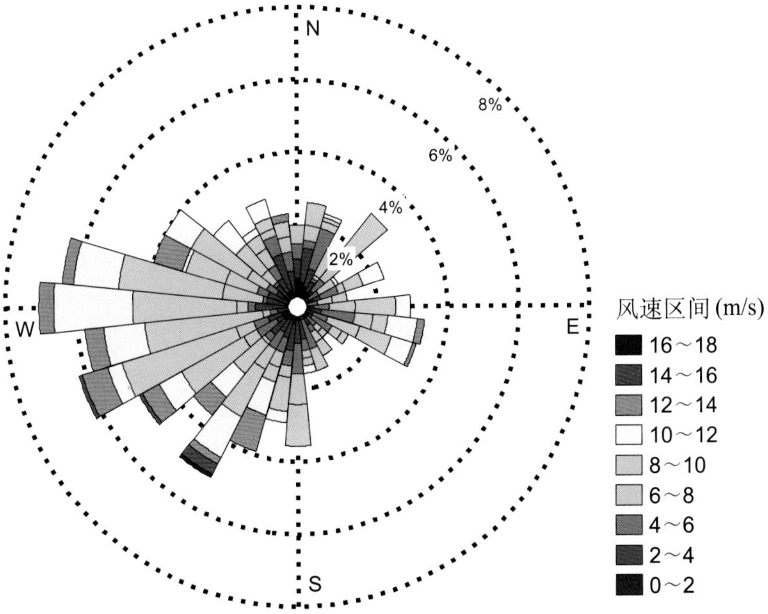

01号浮标2010年04月风速、风向观测资料
WS and WD of 01 buoy in April 2010

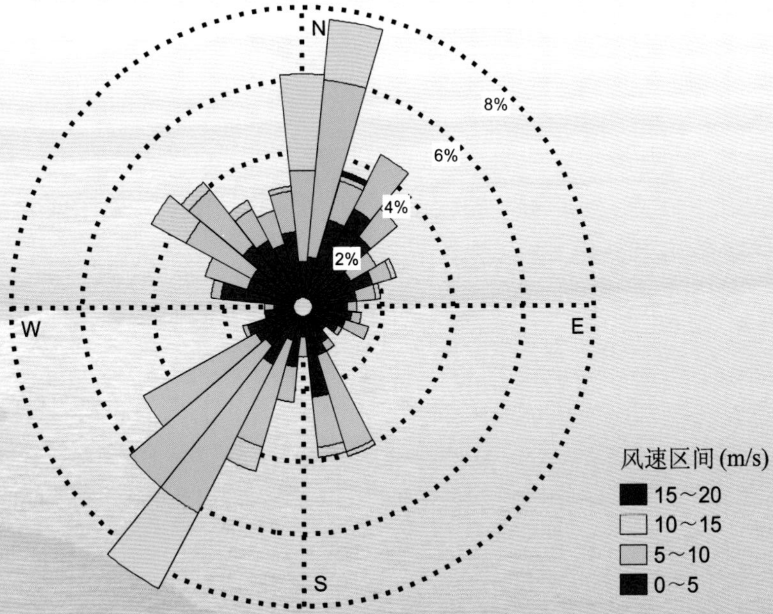

01 号浮标 2010 年 05 月风速、风向观测资料
WS and WD of 01 buoy in May 2010

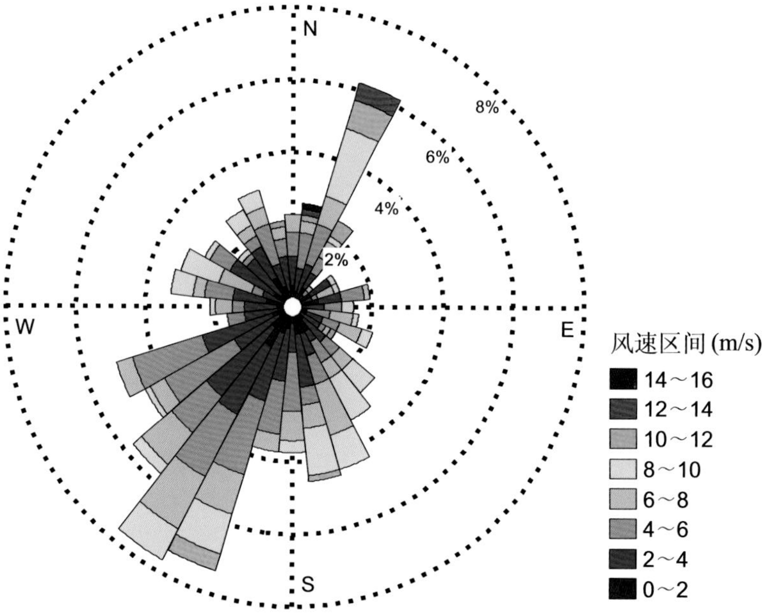

01 号浮标 2010 年 06 月风速、风向观测资料
WS and WD of 01 buoy in June 2010

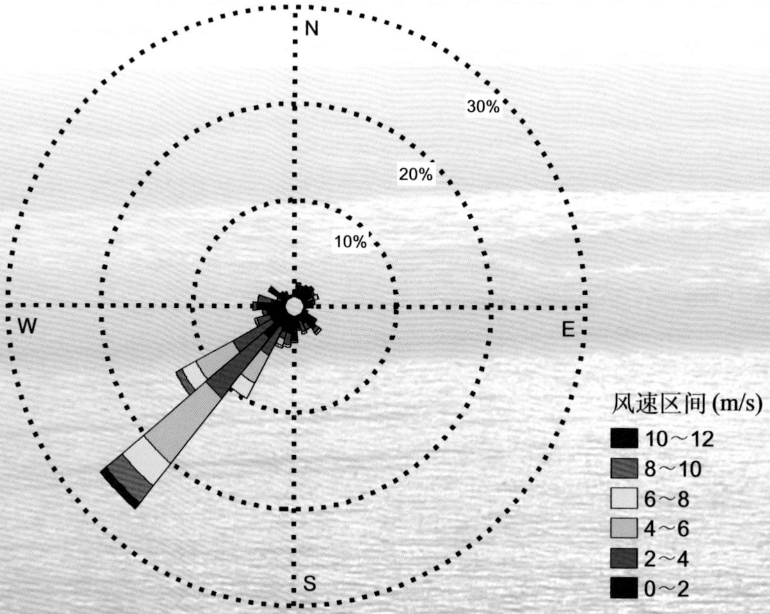

01 号浮标 2010 年 07 月风速、风向观测资料
WS and WD of 01 buoy in July 2010

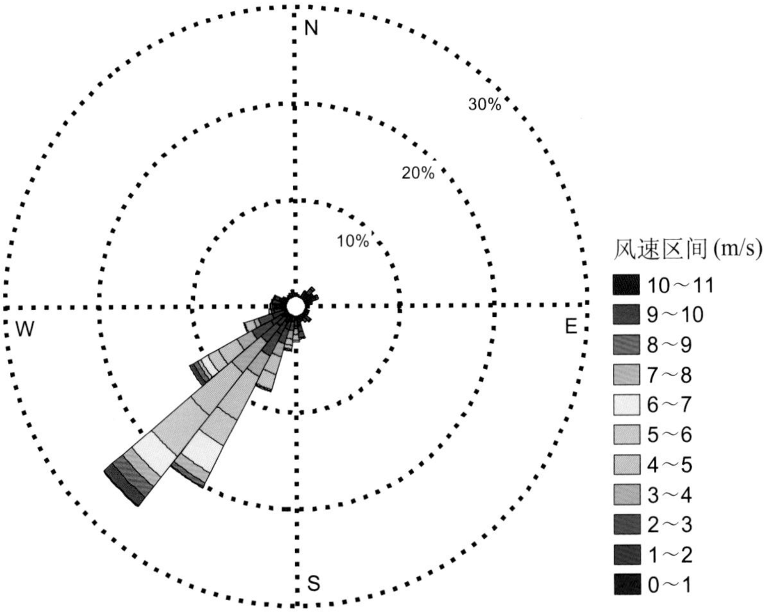

01 号浮标 2010 年 08 月风速、风向观测资料
WS and WD of 01 buoy in Aug 2010

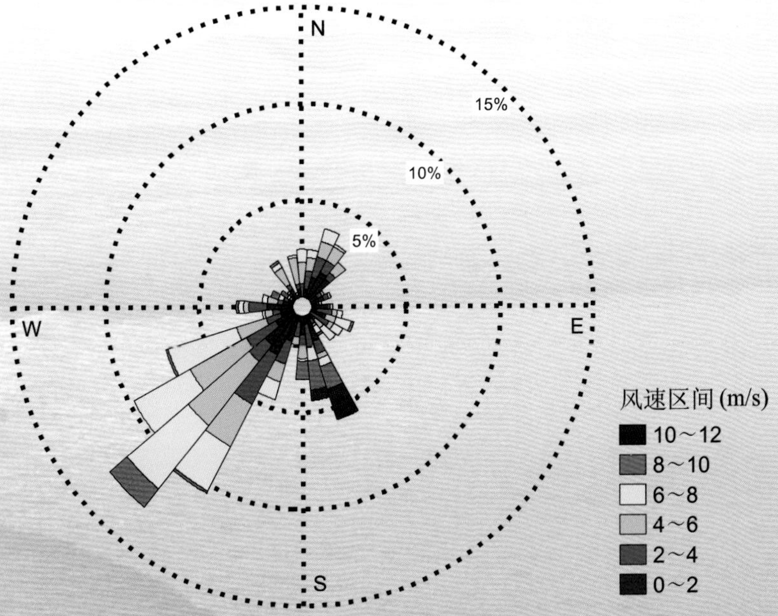

01 号浮标 2010 年 09 月风速、风向观测资料
WS and WD of 01 buoy in Sep 2010

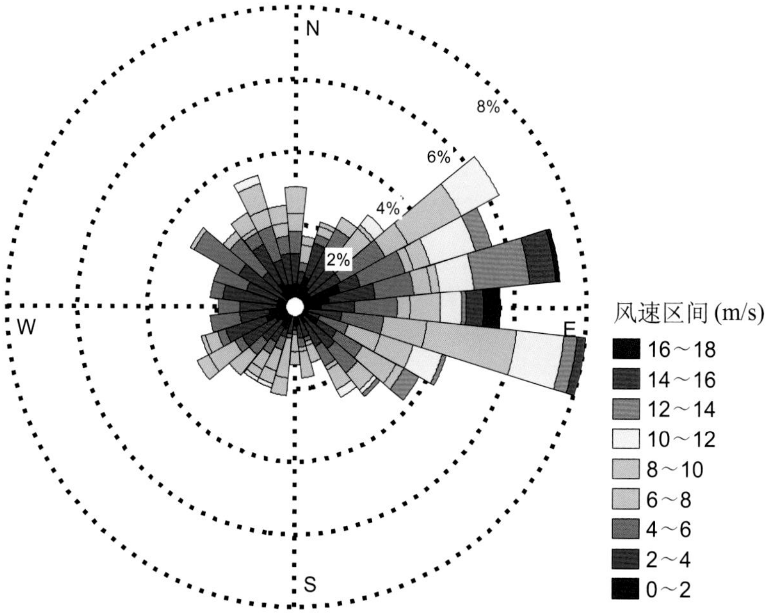

01 号浮标 2010 年 10 月风速、风向观测资料
WS and WD of 01 buoy in Oct 2010

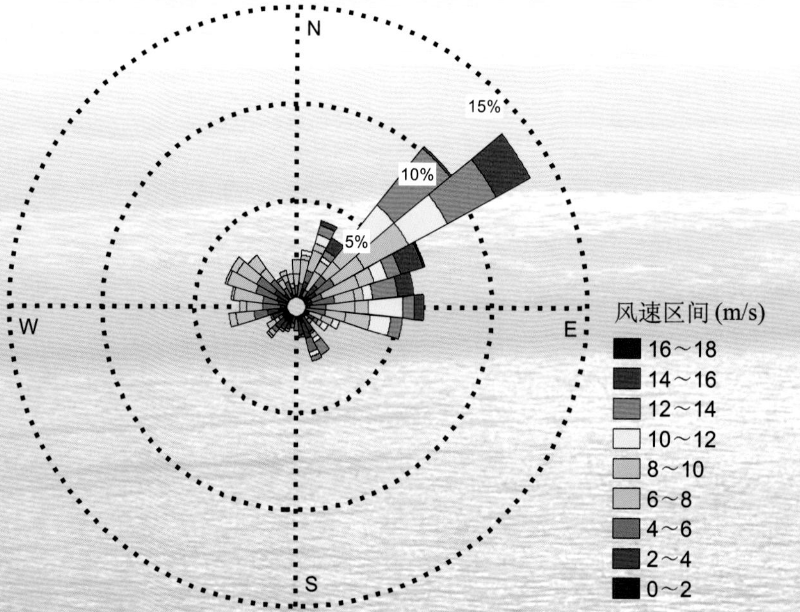

01 号浮标 2010 年 12 月风速、风向观测资料
WS and WD of 01 buoy in Dec 2010

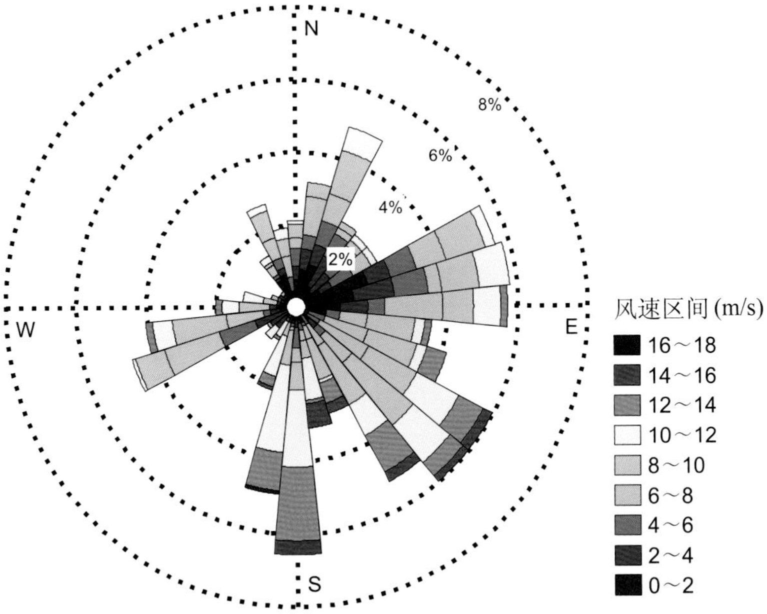

06 号浮标 2009 年风速、风向观测资料
WS and WD of 06 buoy in 2009

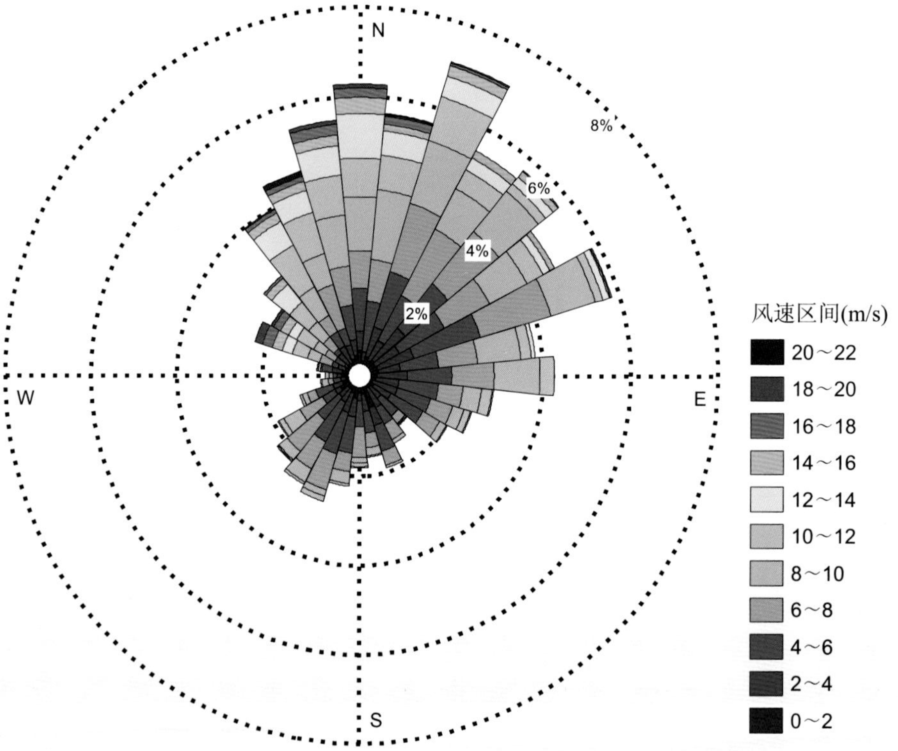

注：06 号浮标于 2009 年 8 月 14 日布放。

06 号浮标 2010 年风速、风向观测资料

WS and WD of 06 buoy in 2010

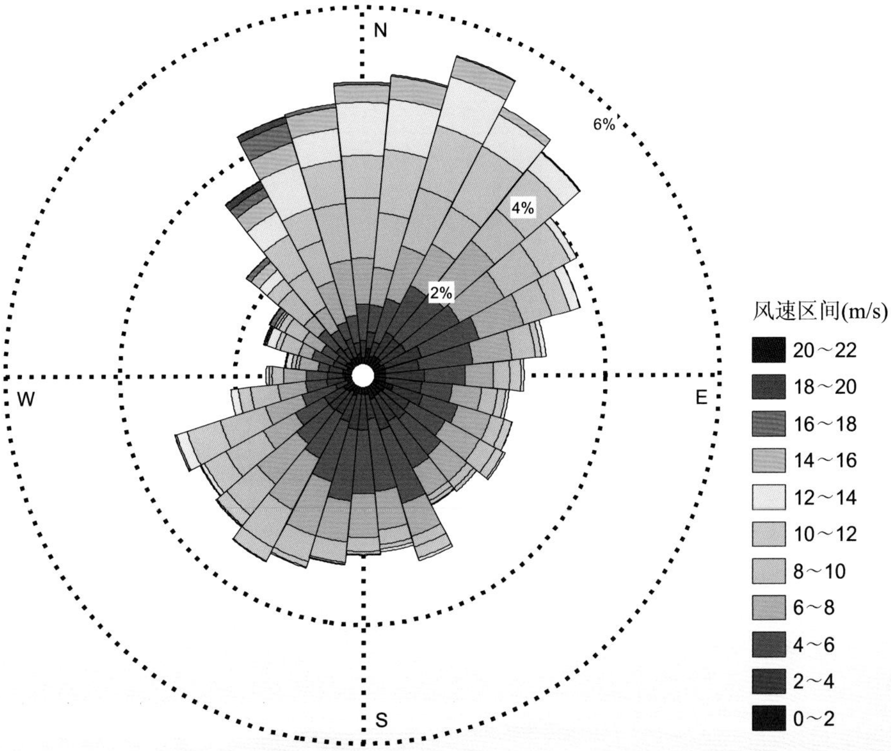

06 号浮标 2009 年 07 月风速、风向观测资料
WS and WD of 06 buoy in July 2009

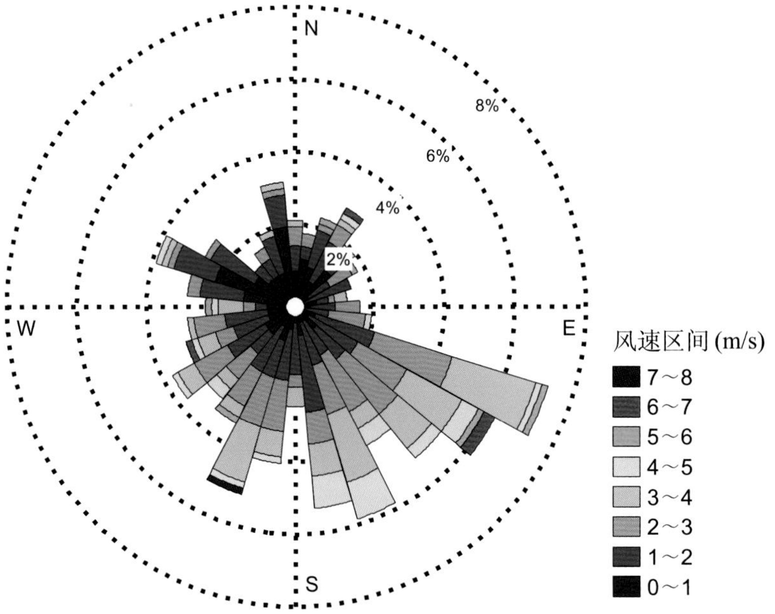

06 号浮标 2009 年 08 月风速、风向观测资料
WS and WD of 06 buoy in Aug 2009

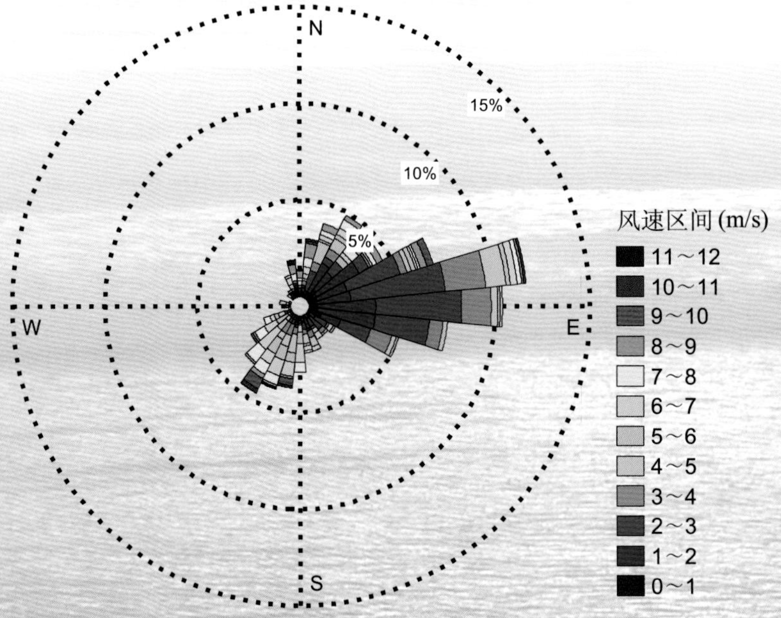

06 号浮标 2009 年 09 月风速、风向观测资料

WS and WD of 06 buoy in Sep 2009

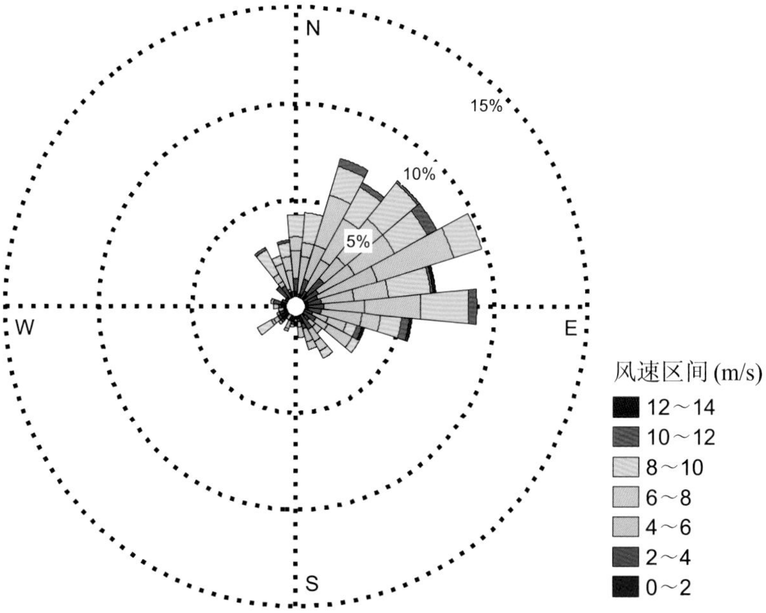

06 号浮标 2009 年 10 月风速、风向观测资料

WS and WD of 06 buoy in Oct 2009

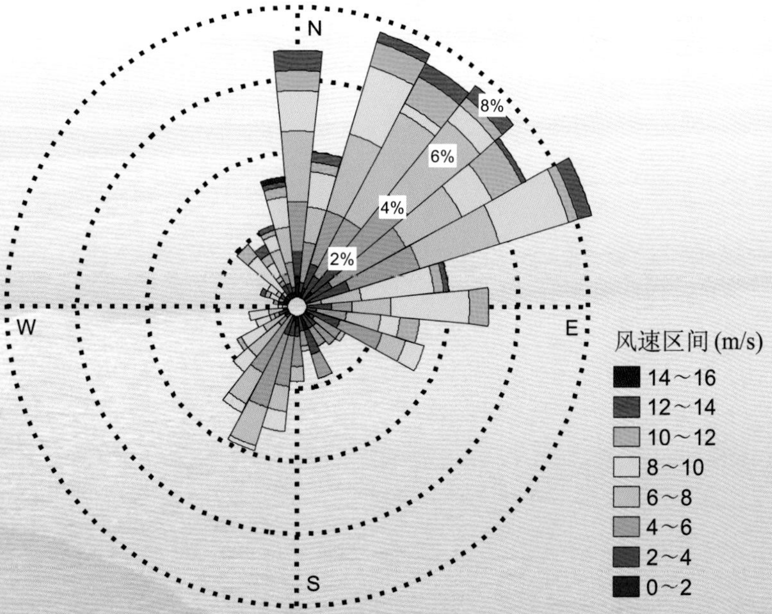

06 号浮标 2009 年 11 月风速、风向观测资料
WS and WD of 06 buoy in Nov 2009

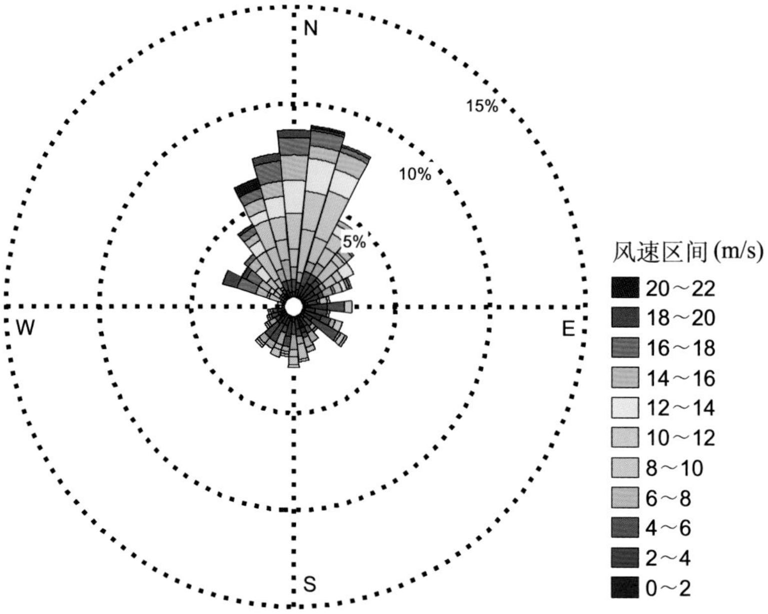

06 号浮标 2009 年 12 月风速、风向观测资料
WS and WD of 06 buoy in Dec 2009

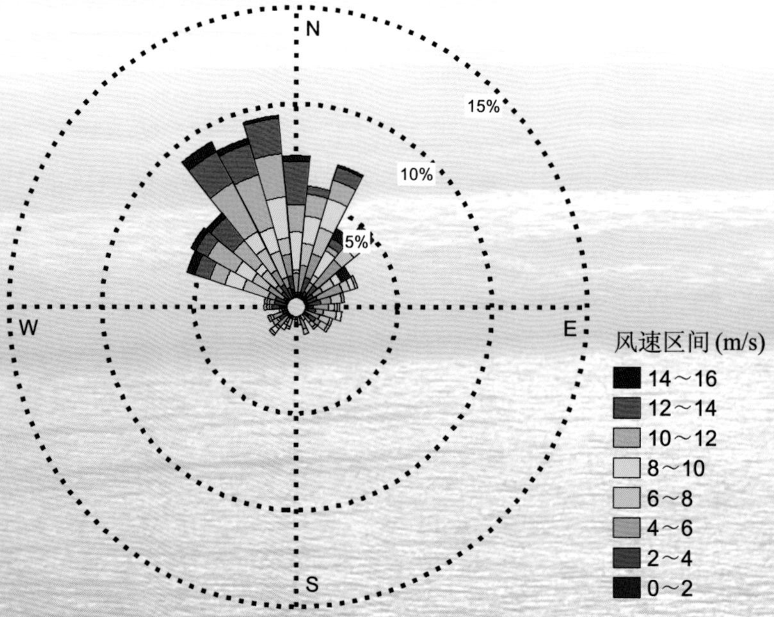

06 号浮标 2010 年 01 月风速、风向观测资料
WS and WD of 06 buoy in Jan 2010

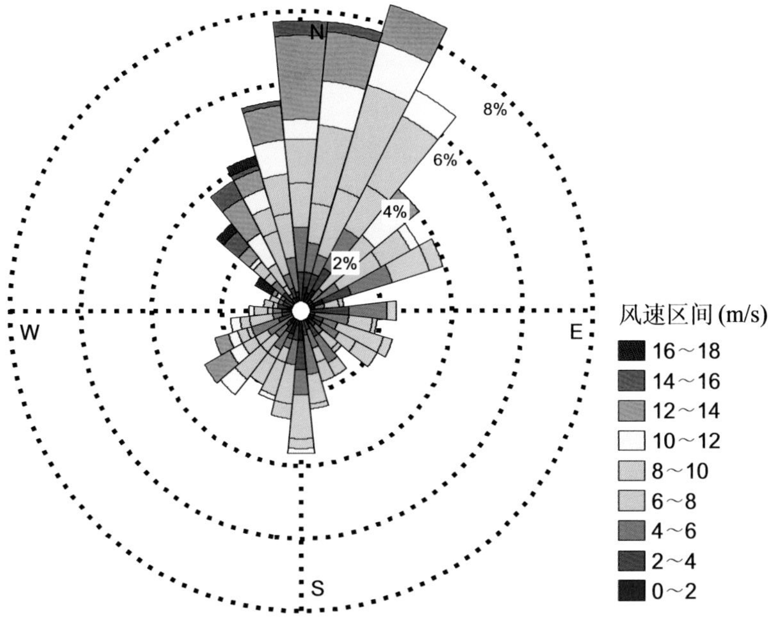

06 号浮标 2010 年 02 月风速、风向观测资料
WS and WD of 06 buoy in Feb 2010

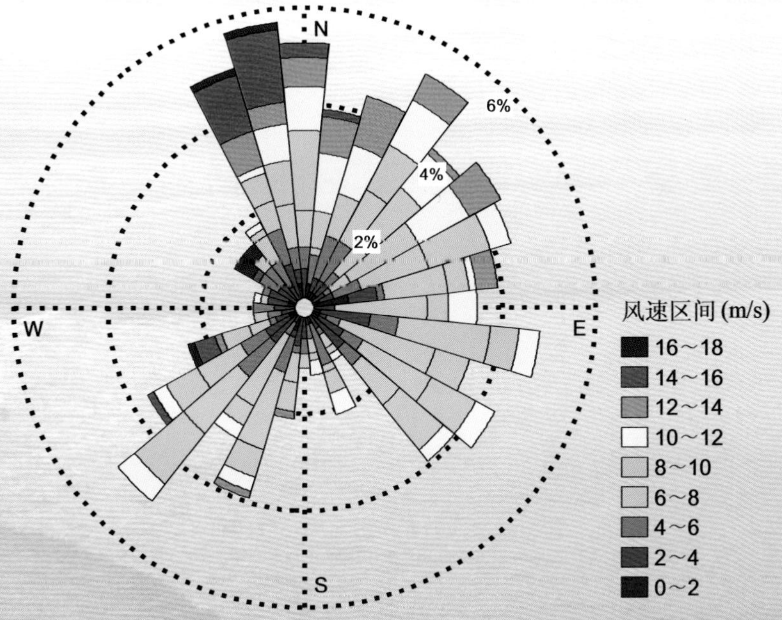

06 号浮标 2010 年 03 月风速、风向观测资料
WS and WD of 06 buoy in Mar 2010

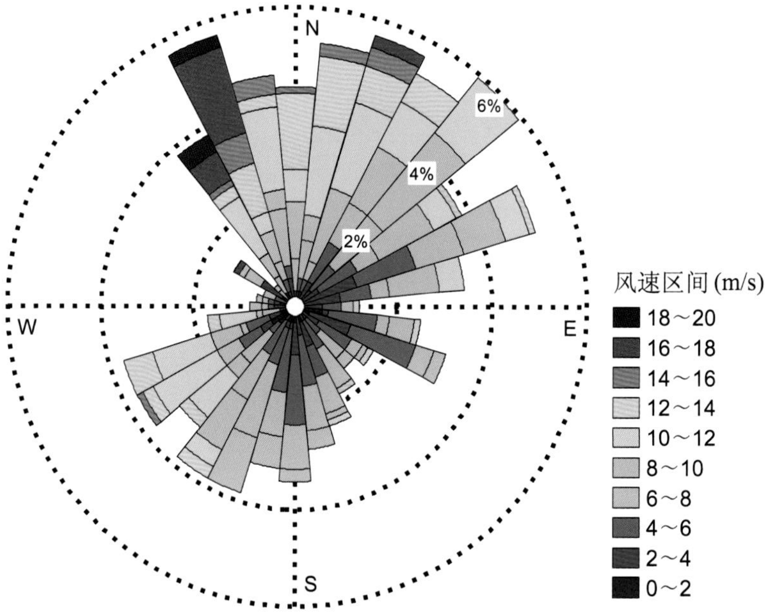

06 号浮标 2010 年 04 月风速、风向观测资料
WS and WD of 06 buoy in April 2010

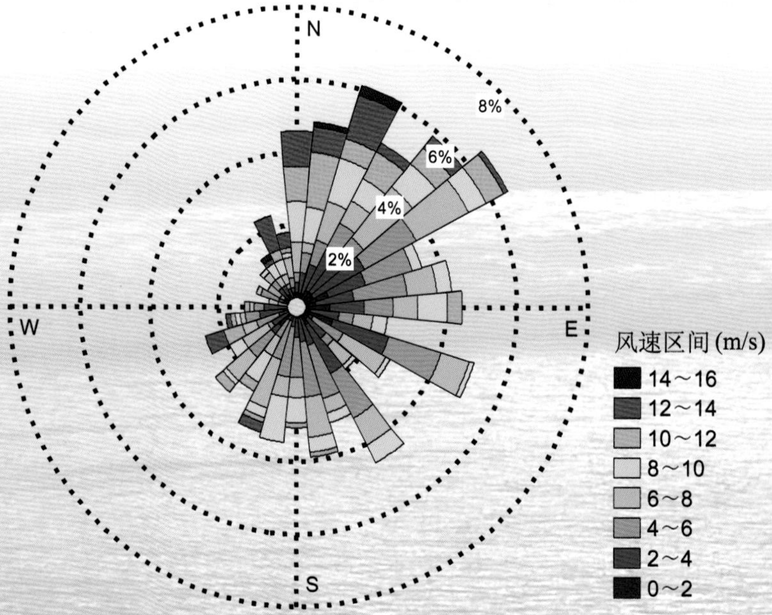

06 号浮标 2010 年 05 月风速、风向观测资料
WS and WD of 06 buoy in May 2010

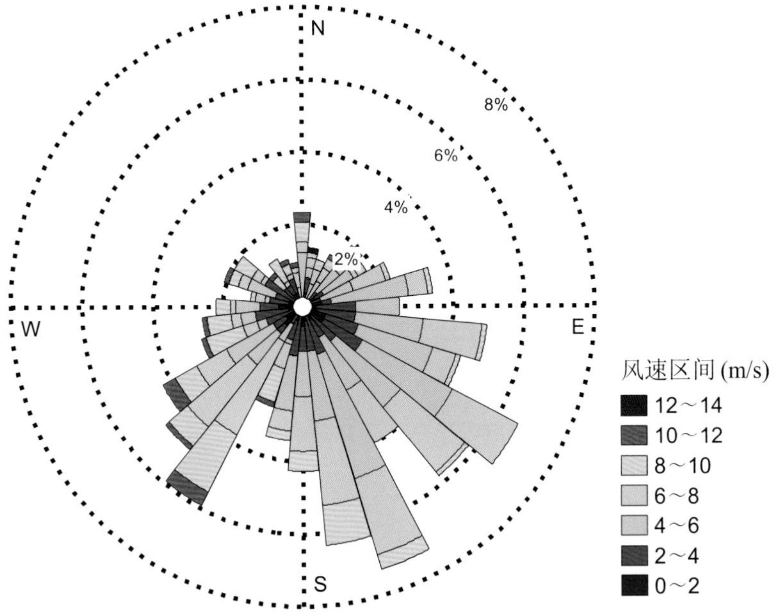

06 号浮标 2010 年 06 月风速、风向观测资料
WS and WD of 06 buoy in June 2010

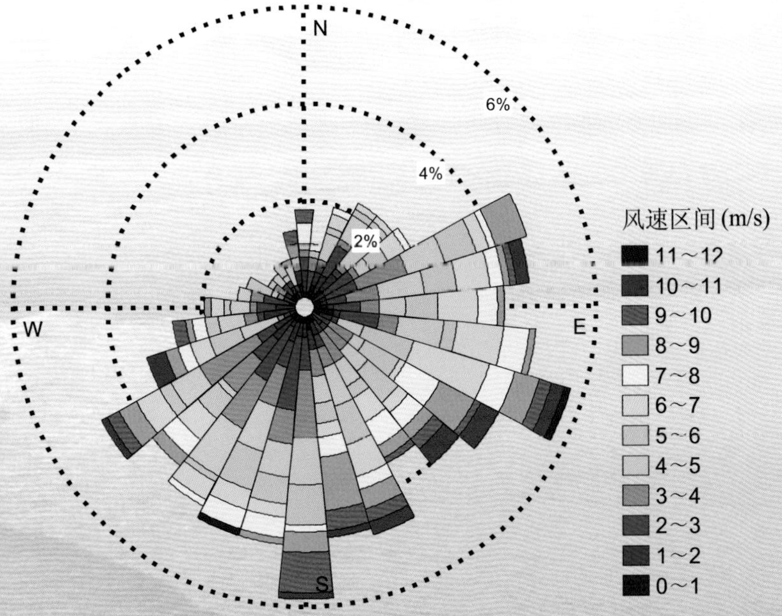

06 号浮标 2010 年 07 月风速、风向观测资料
WS and WD of 06 buoy in July 2010

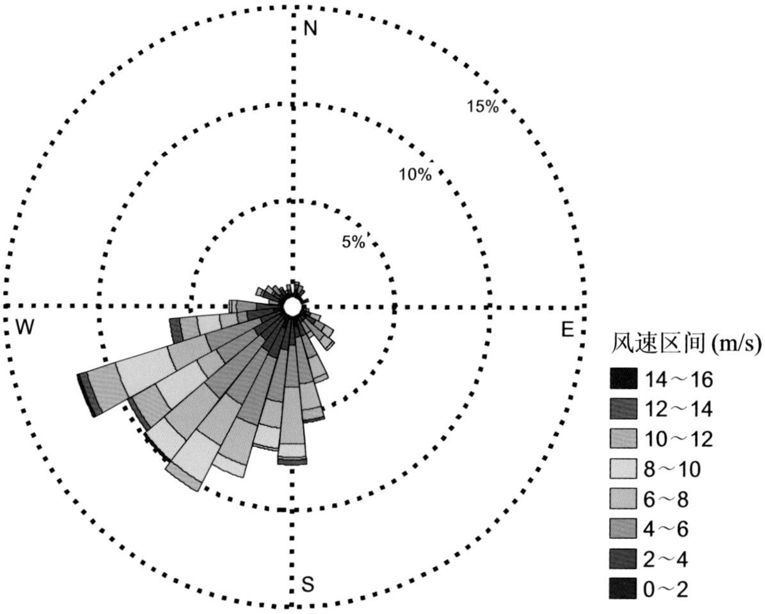

06 号浮标 2010 年 08 月风速、风向观测资料
WS and WD of 06 buoy in Aug 2010

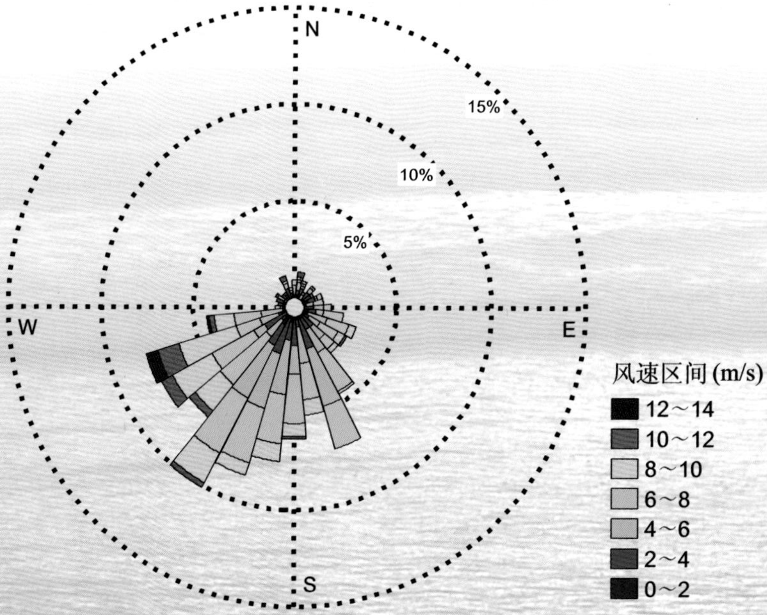

06 号浮标 2010 年 09 月风速、风向观测资料
WS and WD of 06 buoy in Sep 2010

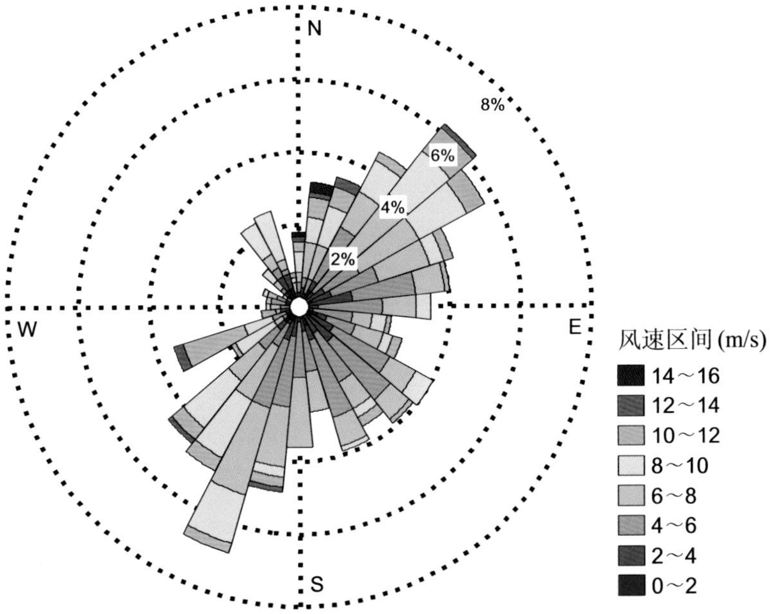

06 号浮标 2010 年 10 月风速、风向观测资料
WS and WD of 06 buoy in Oct 2010

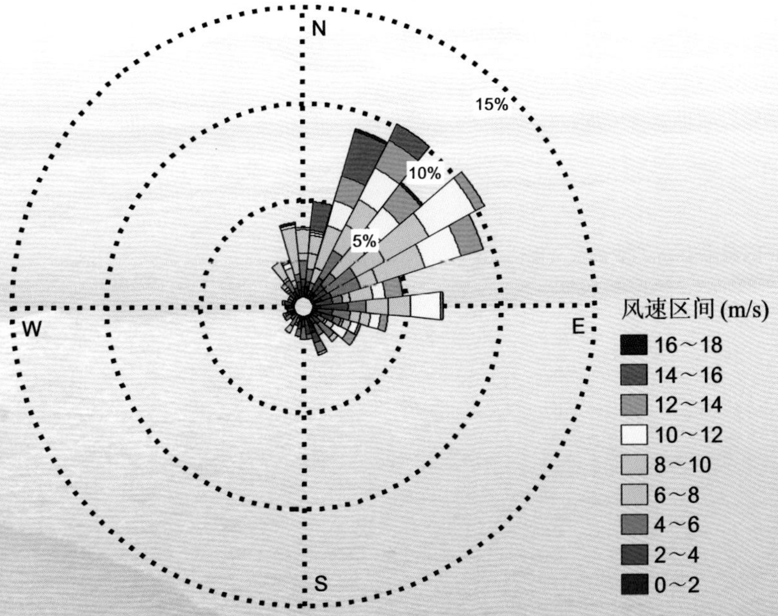

06 号浮标 2010 年 11 月风速、风向观测资料
WS and WD of 06 buoy in Nov 2010

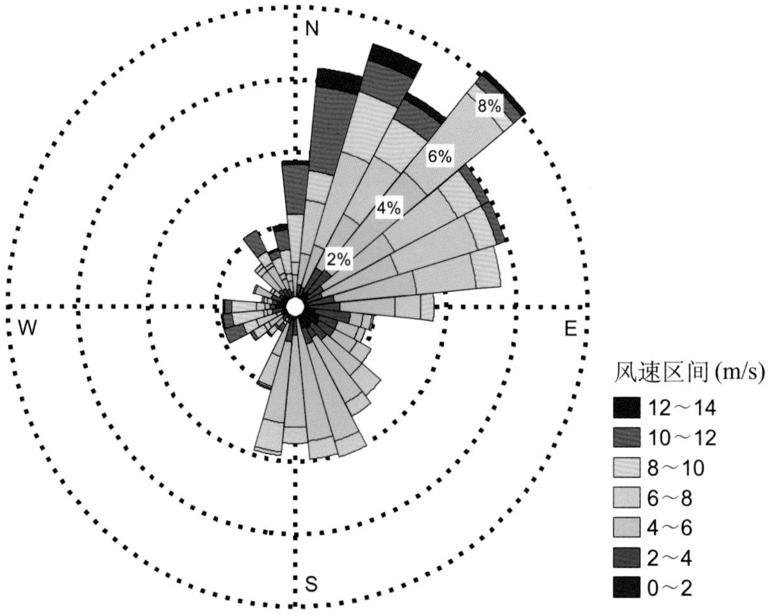

06 号浮标 2010 年 12 月风速、风向观测资料
WS and WD of 06 buoy in Dec 2010

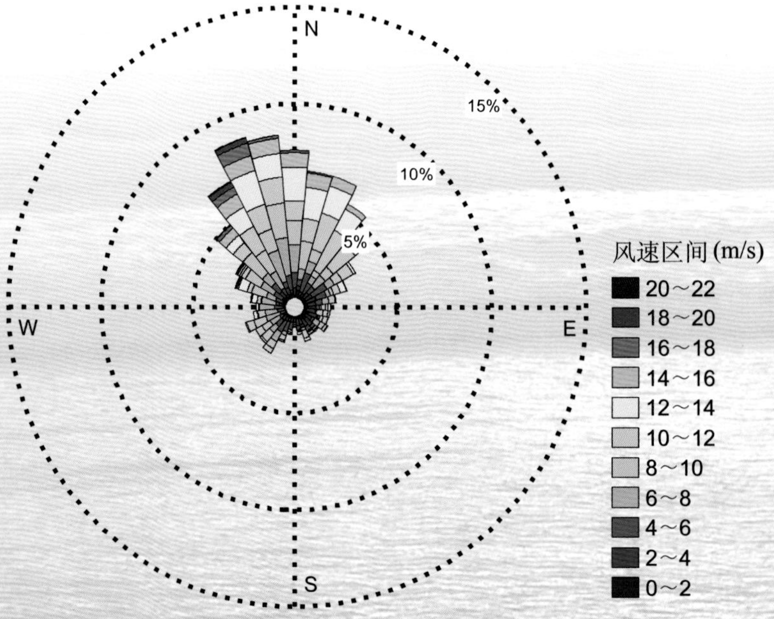

07 号浮标 2010 年风速、风向观测资料
WS and WD of 07 buoy in 2010

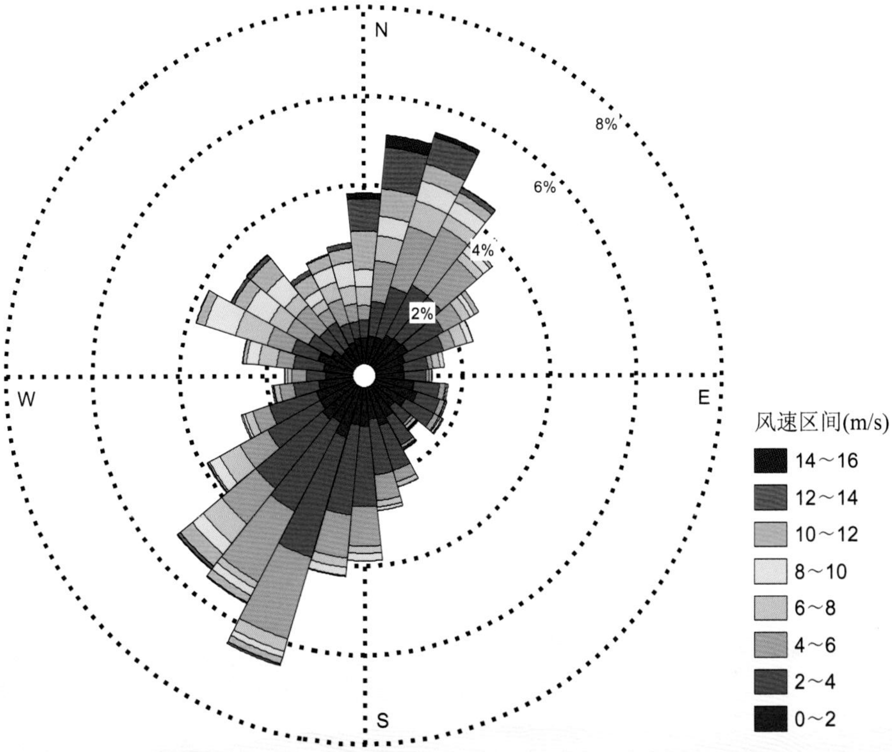

注：07 号浮标于 2010 年 6 月 23 日 10 点 45 分布放，2010 年 11 月 15 日至 11 月 31 日因传感器故障，对数据进行剔除。

07 号浮标 2010 年 07 月风速、风向观测资料
WS and WD of 07 buoy in July 2010

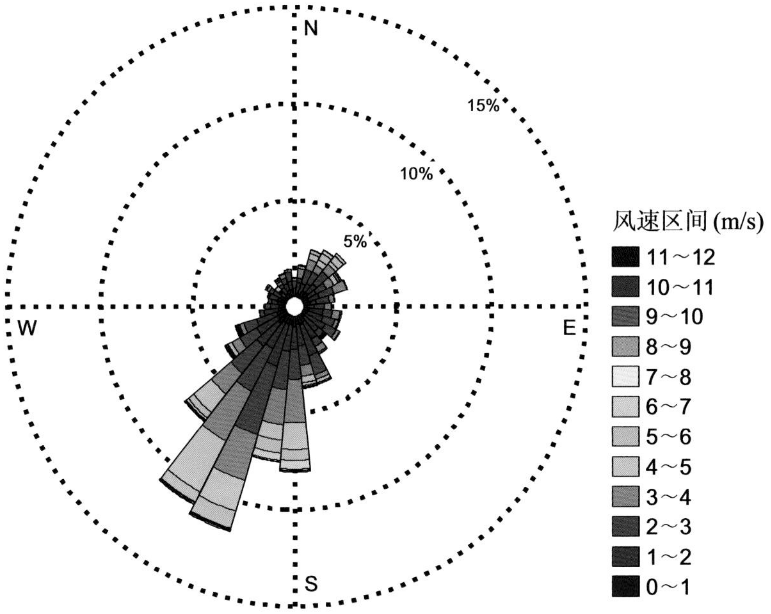

07 号浮标 2010 年 08 月风速、风向观测资料
WS and WD of 07 buoy in Aug 2010

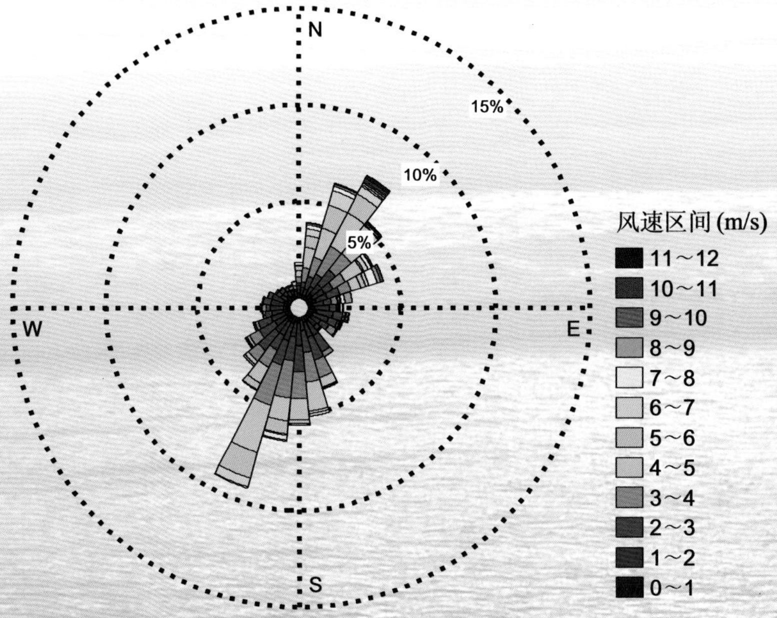

07 号浮标 2010 年 09 月风速、风向观测资料
WS and WD of 07 buoy in Sep 2010

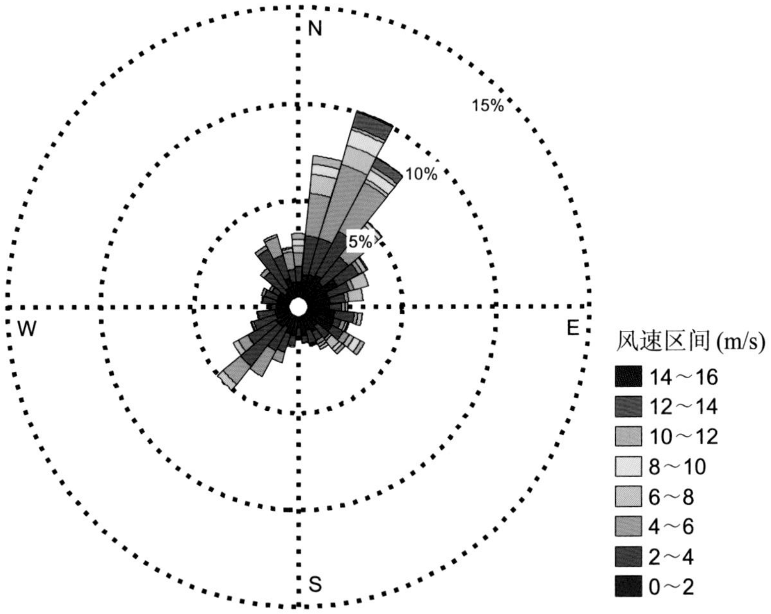

07 号浮标 2010 年 10 月风速、风向观测资料
WS and WD of 07 buoy in Oct 2010

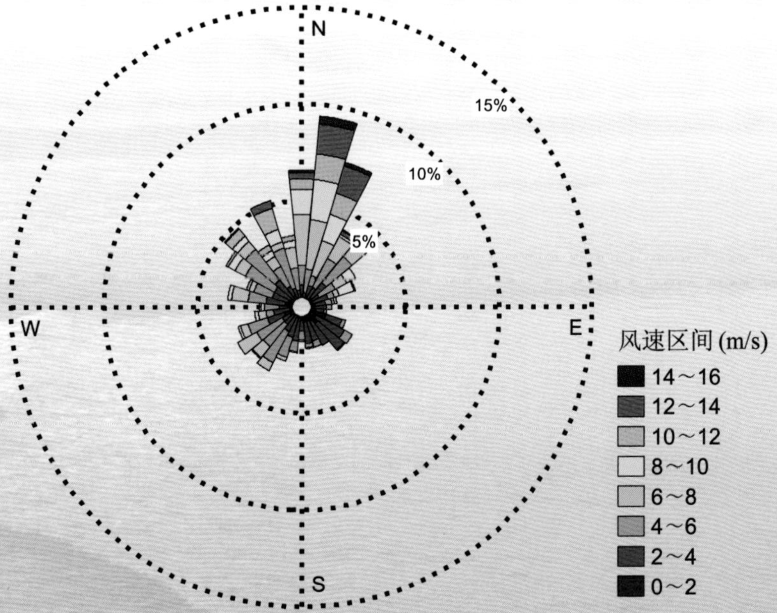

07 号浮标 2010 年 11 月风速、风向观测资料
WS and WD of 07 buoy in Nov 2010

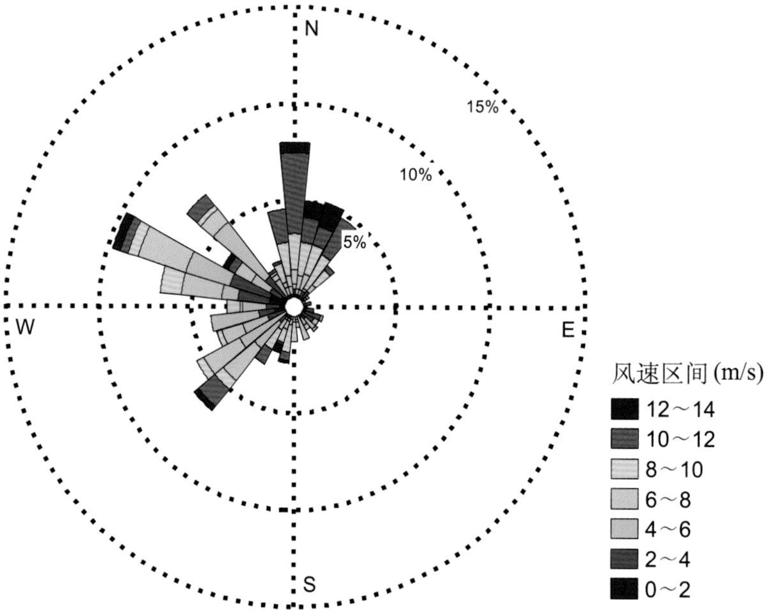

07 号浮标 2010 年 12 月风速、风向观测资料
WS and WD of 07 buoy in Dec 2010

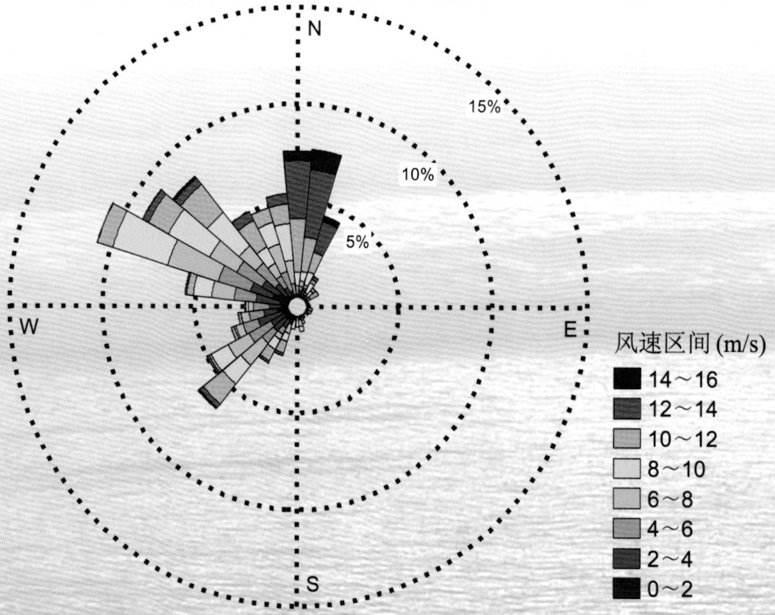

水文观测

01 号浮标 2009 年水温、盐度观测资料
WT and SL of 01 buoy in 2009

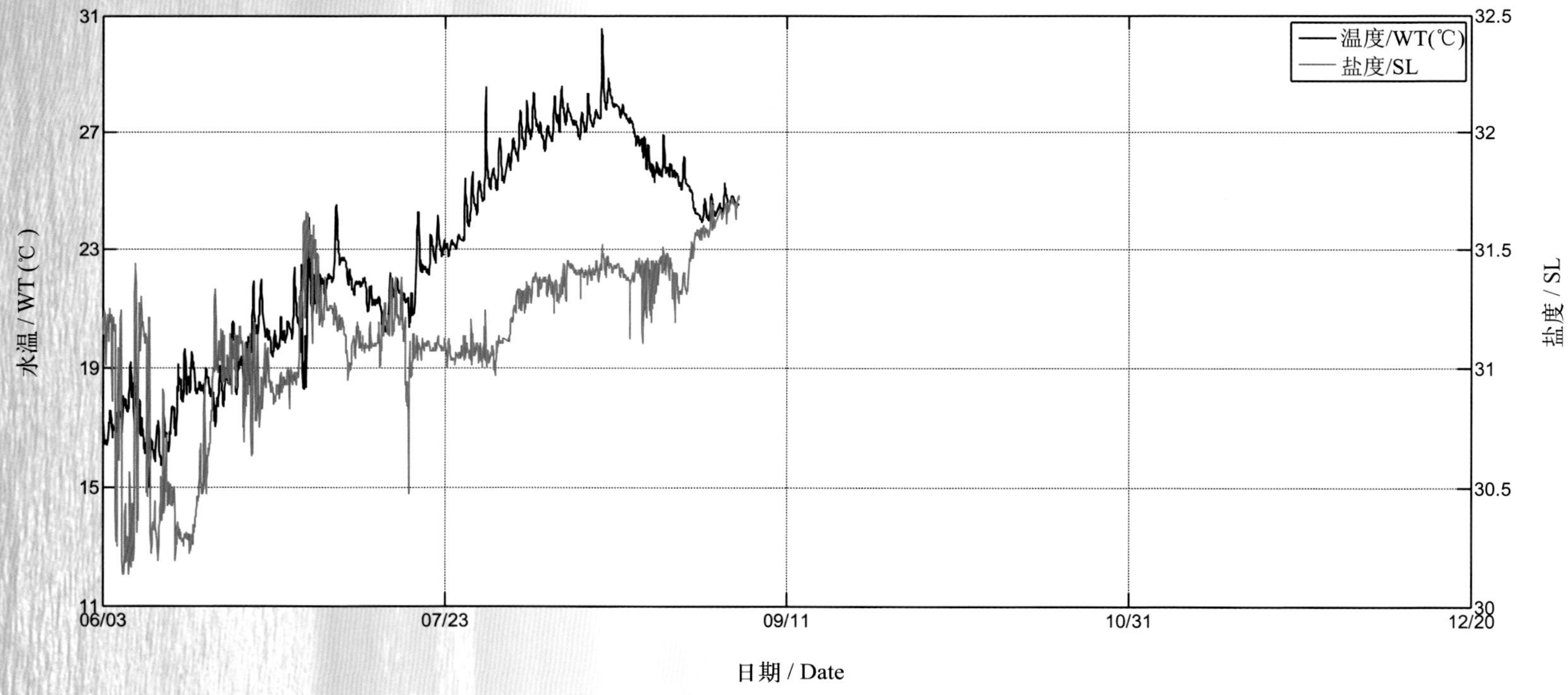

注：01 号浮标于 2009 年 6 月 3 日 13 点 18 分完成布放，2009 年 9 月至 12 月期间，因系统出现故障，经判断对数据进行剔除。

01 号浮标 2010 年水温、盐度观测资料
WT and SL of 01 buoy in 2010

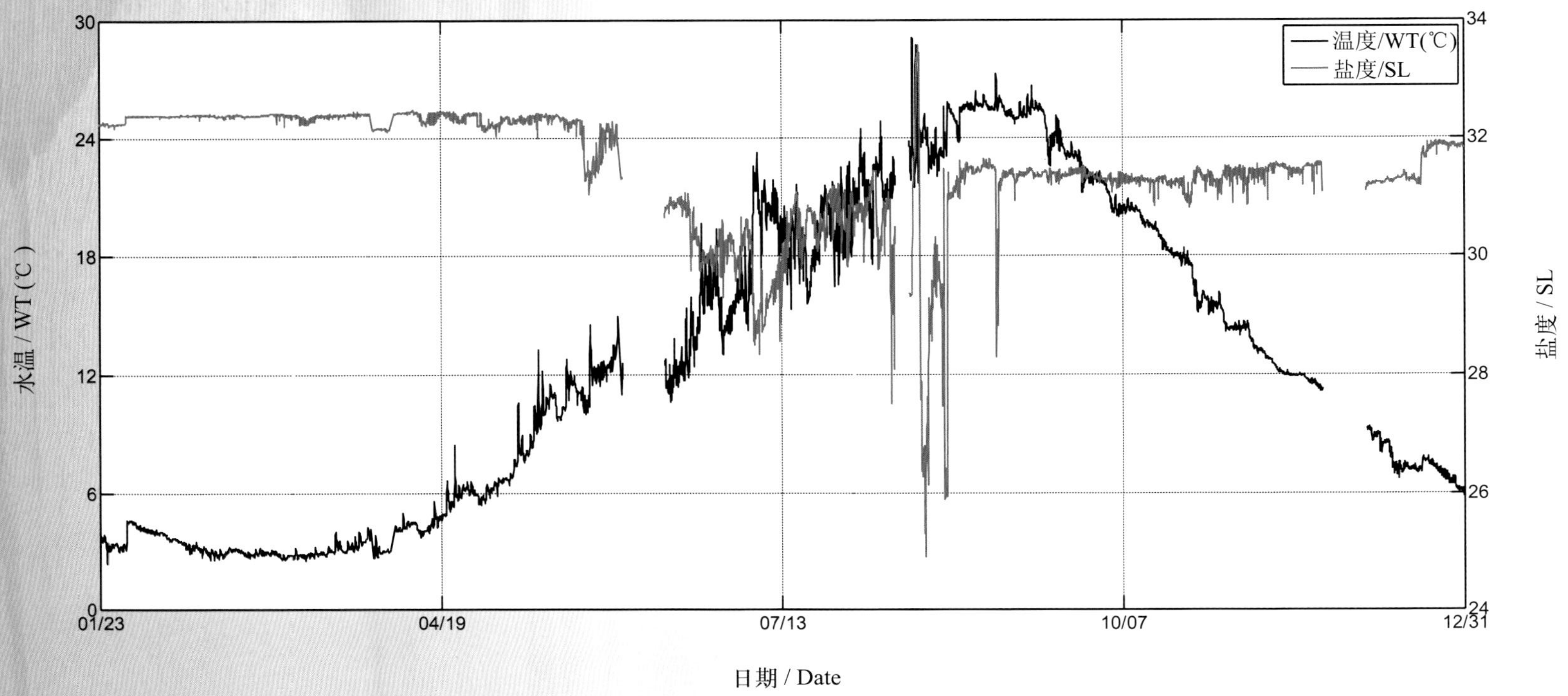

注：01 号浮标在 2010 年 6 月和 8 月份，因传感器故障，经判断对部分数据进行剔除。

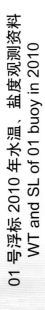

01 号浮标 2009 年 06 月水温、盐度观测资料
WT and SL of 01 buoy in June 2009

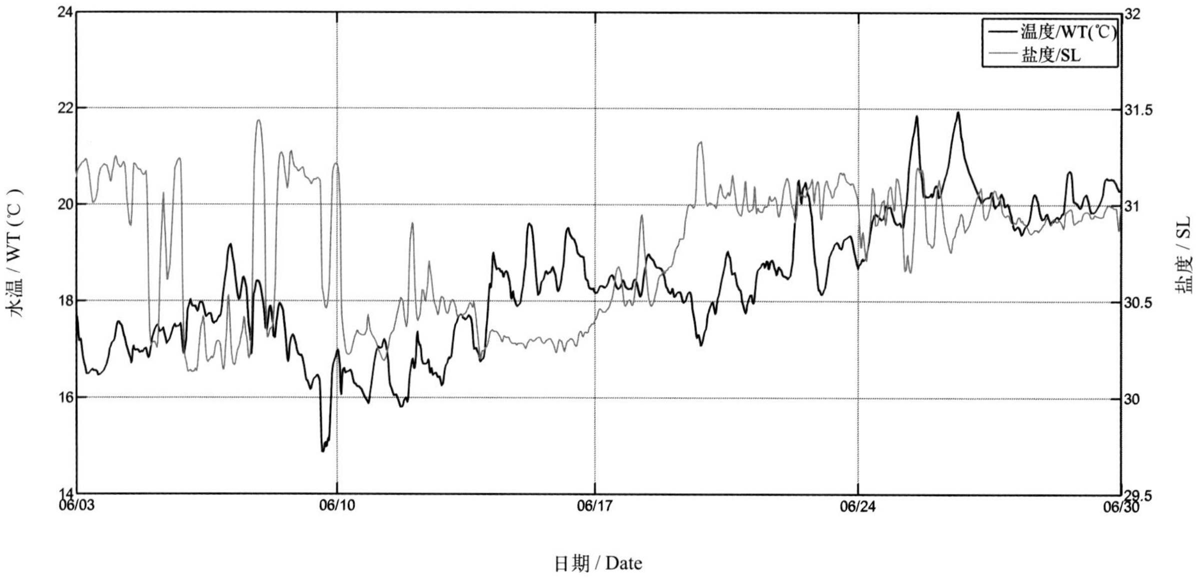

01 号浮标 2009 年 07 月水温、盐度观测资料
WT and SL of 01 buoy in July 2009

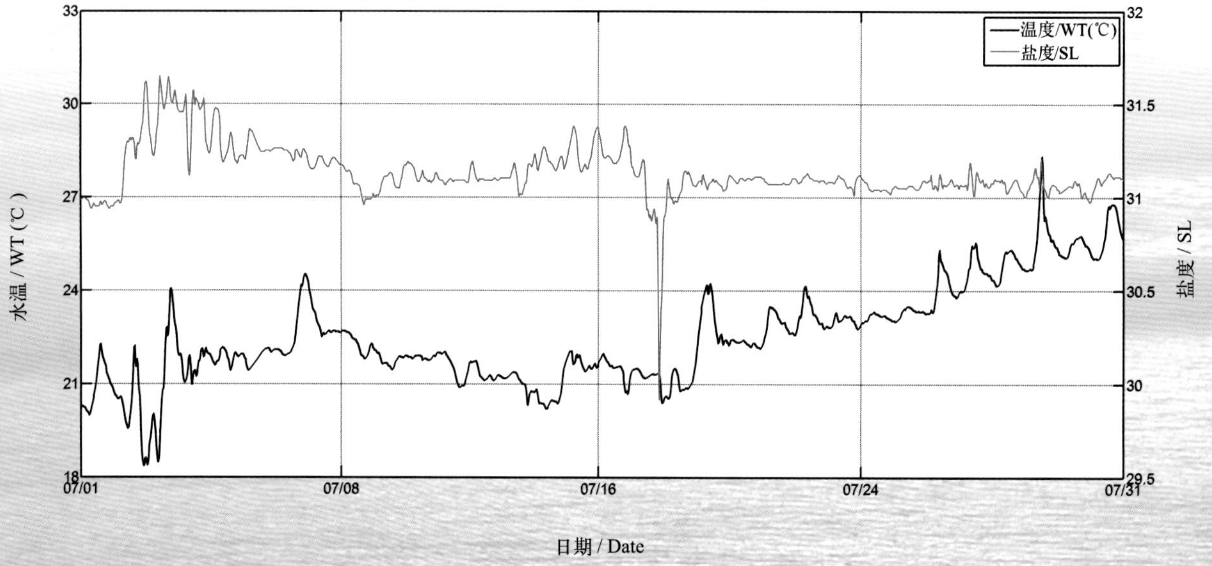

01号浮标2009年08月水温、盐度观测资料
WT and SL of 01 buoy in Aug 2009

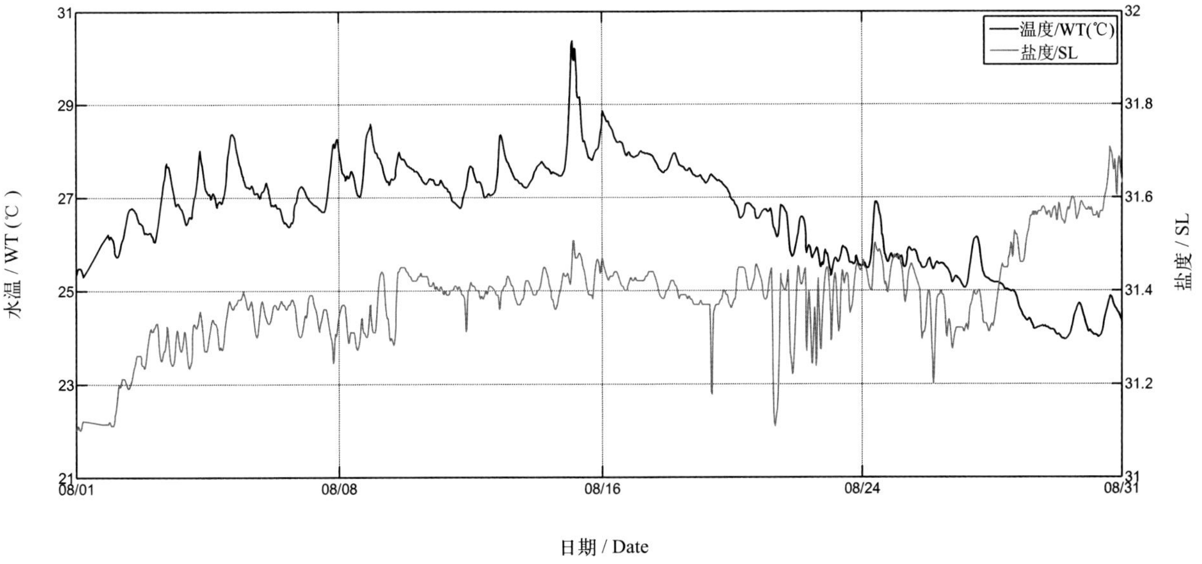

01号浮标2010年02月水温、盐度观测资料
WT and SL of 01 buoy in Feb 2010

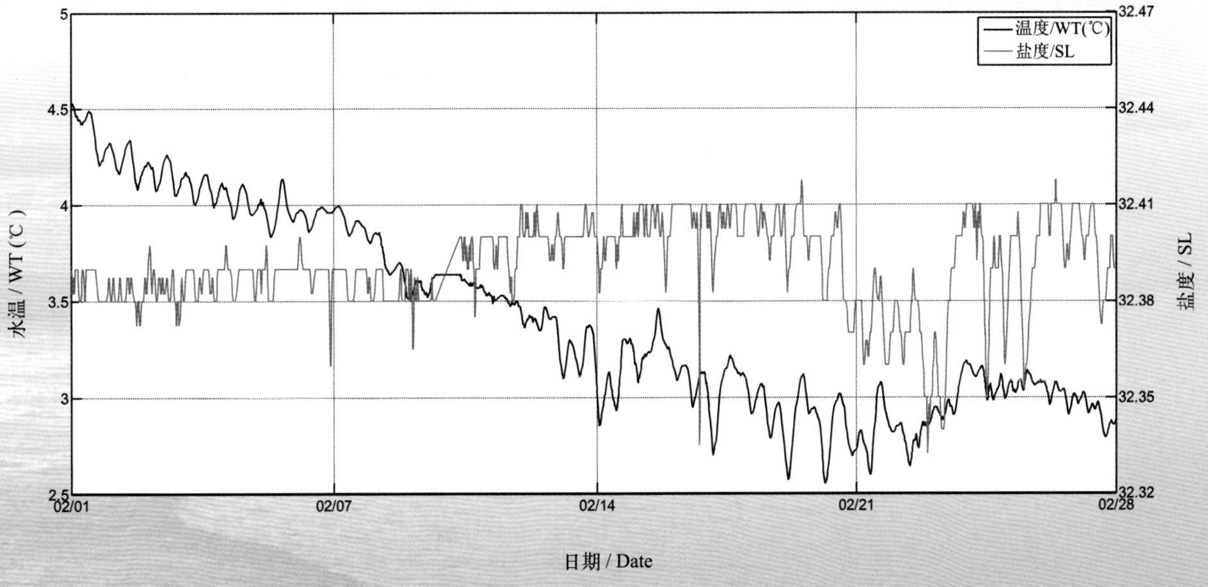

01 号浮标 2010 年 03 月水温、盐度观测资料
WT and SL of 01 buoy in Mar 2010

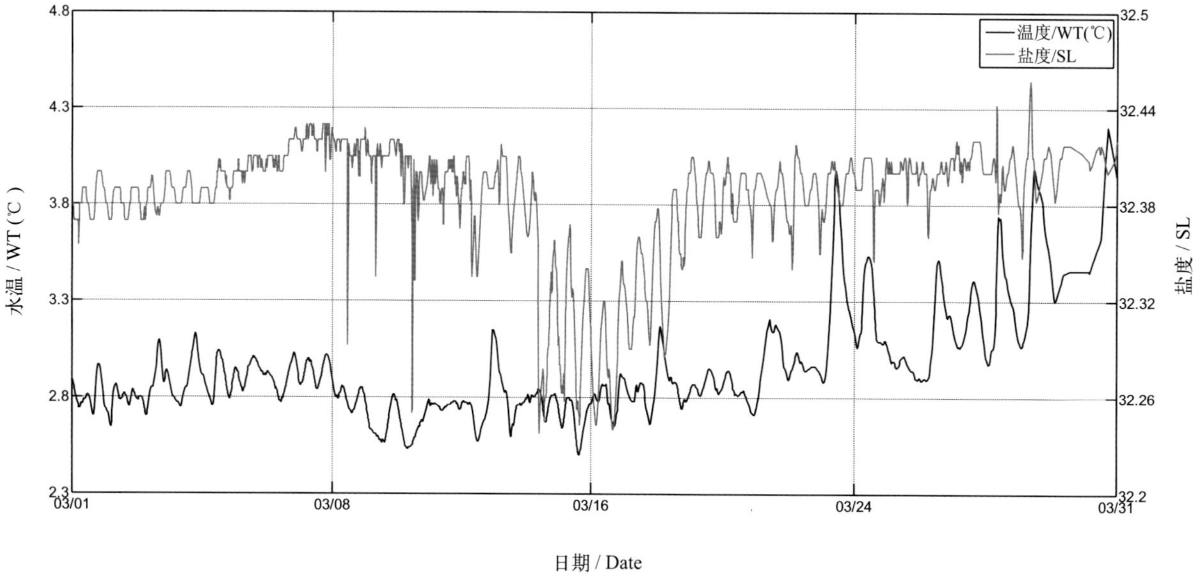

01 号浮标 2010 年 04 月水温、盐度观测资料
WT and SL of 01 buoy in April 2010

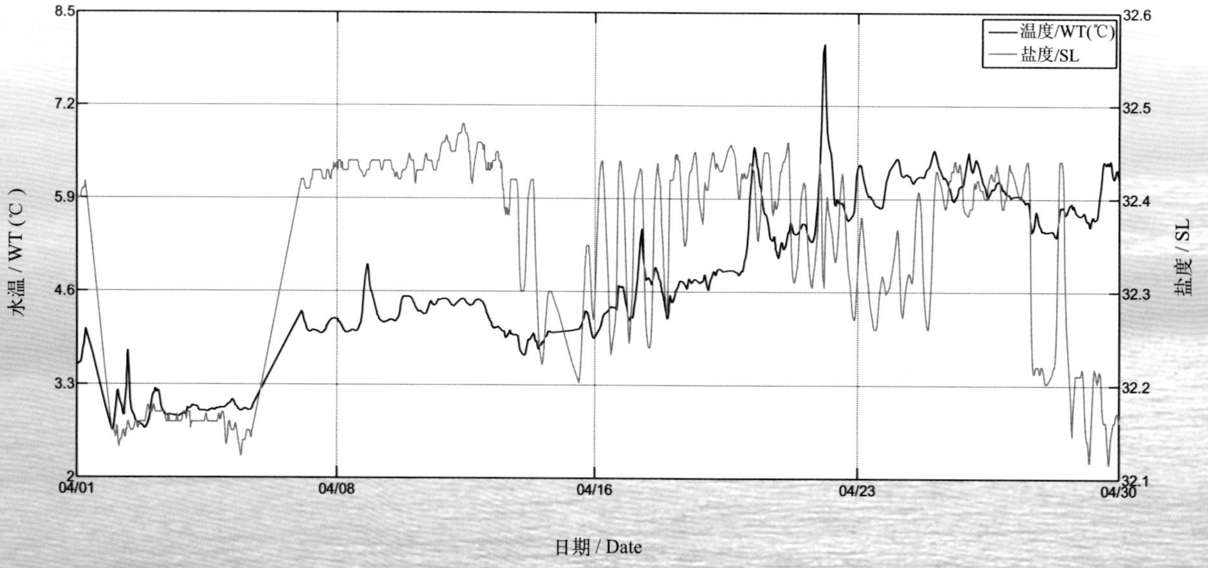

01 号浮标 2010 年 05 月水温、盐度观测资料
WT and SL of 01 buoy in May 2010

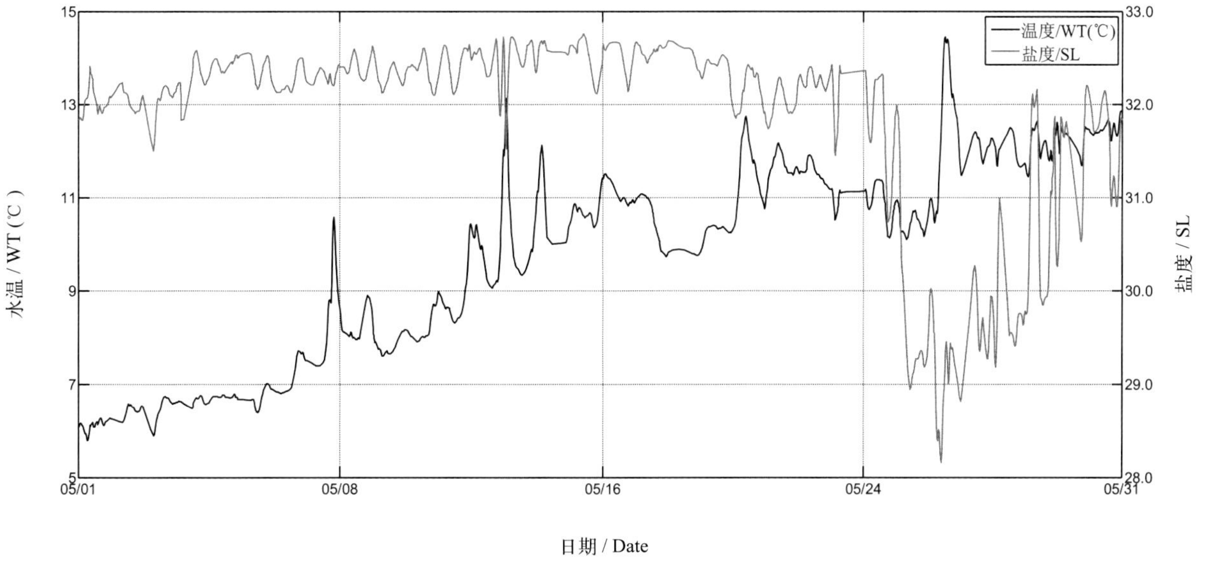

01 号浮标 2010 年 06 月水温、盐度观测资料
WT and SL of 01 buoy in June 2010

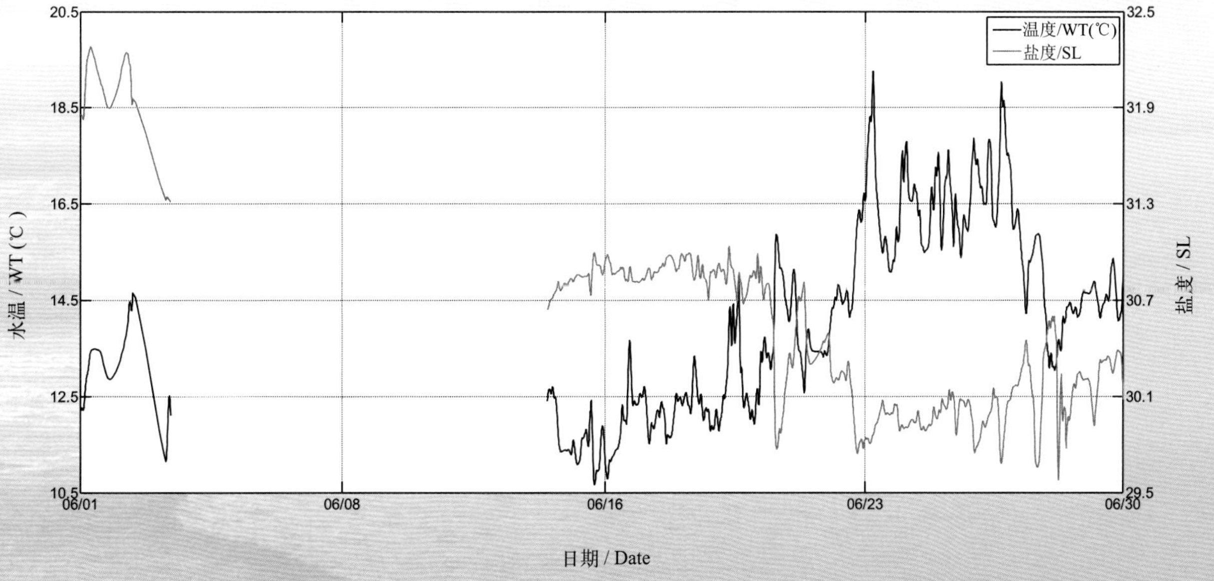

01 号浮标 2010 年 07 月水温、盐度观测资料
WT and SL of 01 buoy in July 2010

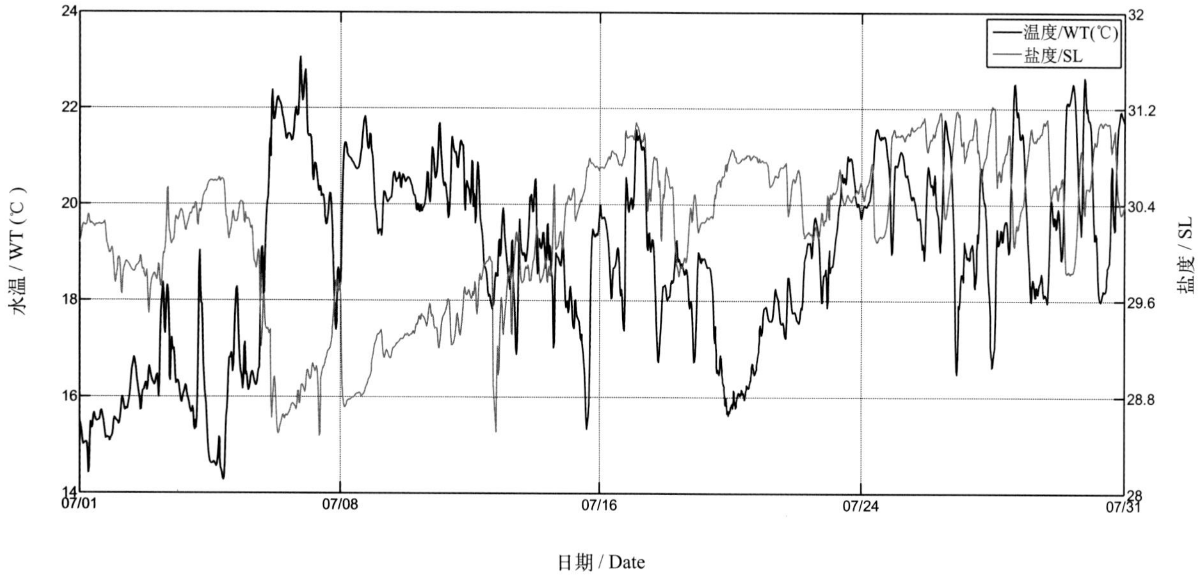

01 号浮标 2010 年 08 月水温、盐度观测资料
WT and SL of 01 buoy in Aug 2010

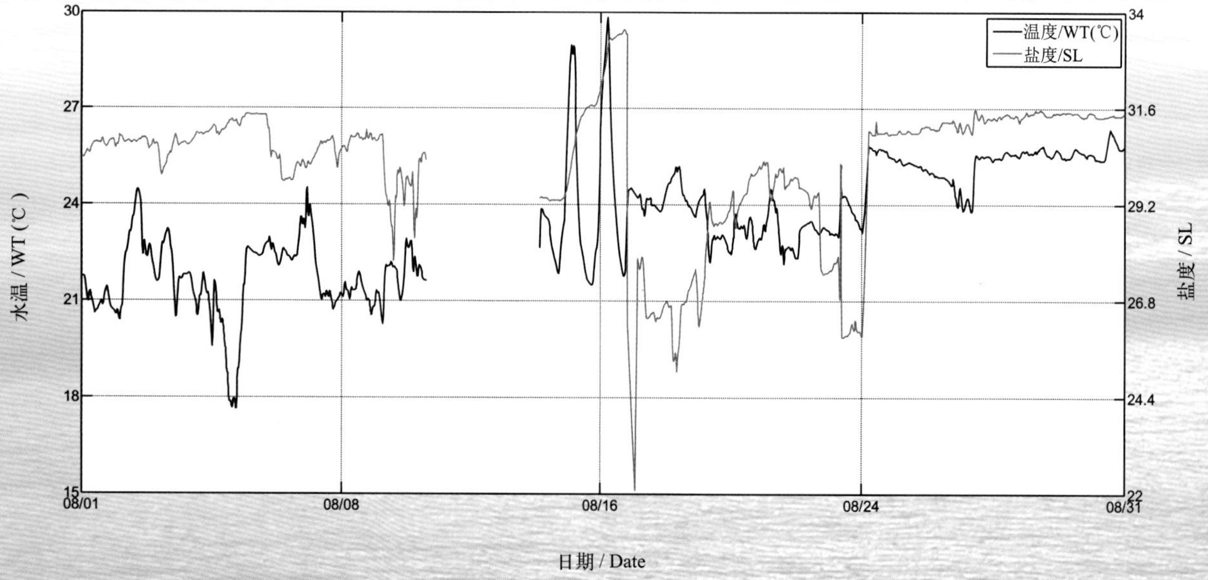

01 号浮标 2010 年 09 月水温、盐度观测资料
WT and SL of 01 buoy in Sep 2010

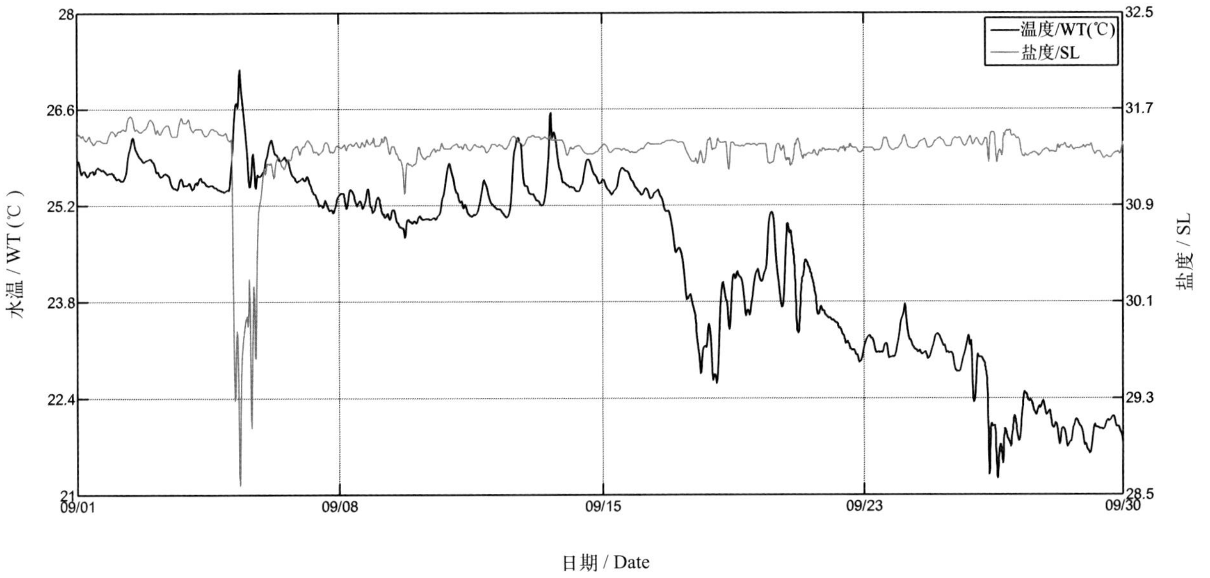

01 号浮标 2010 年 10 月水温、盐度观测资料
WT and SL of 01 buoy in Oct 2010

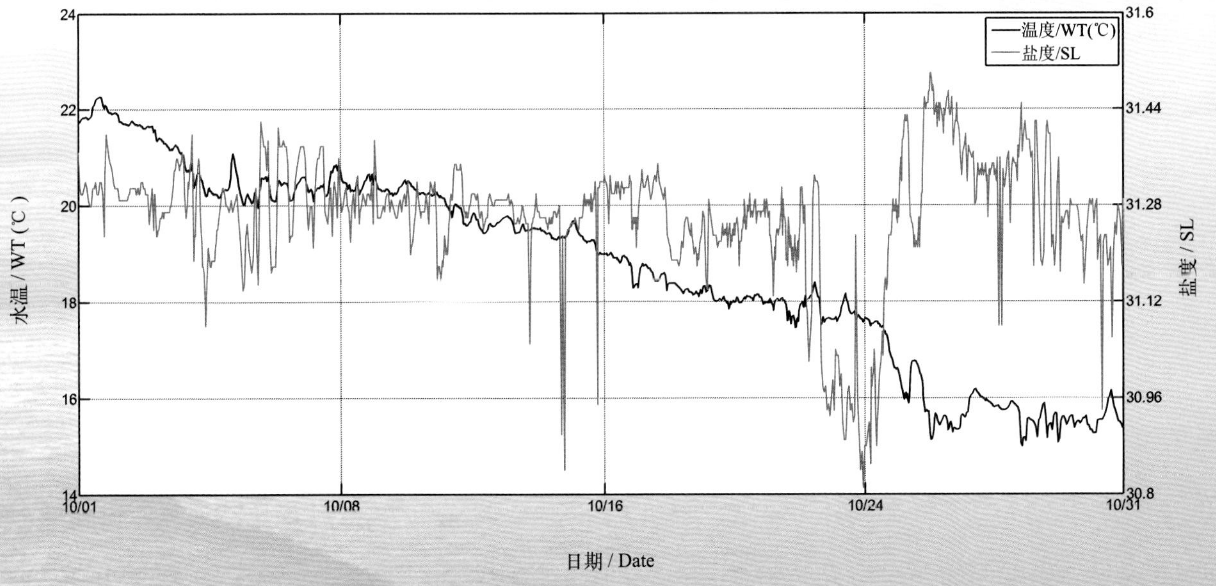

01 号浮标 2010 年 11 月水温、盐度观测资料
WT and SL of 01 buoy in Nov 2010

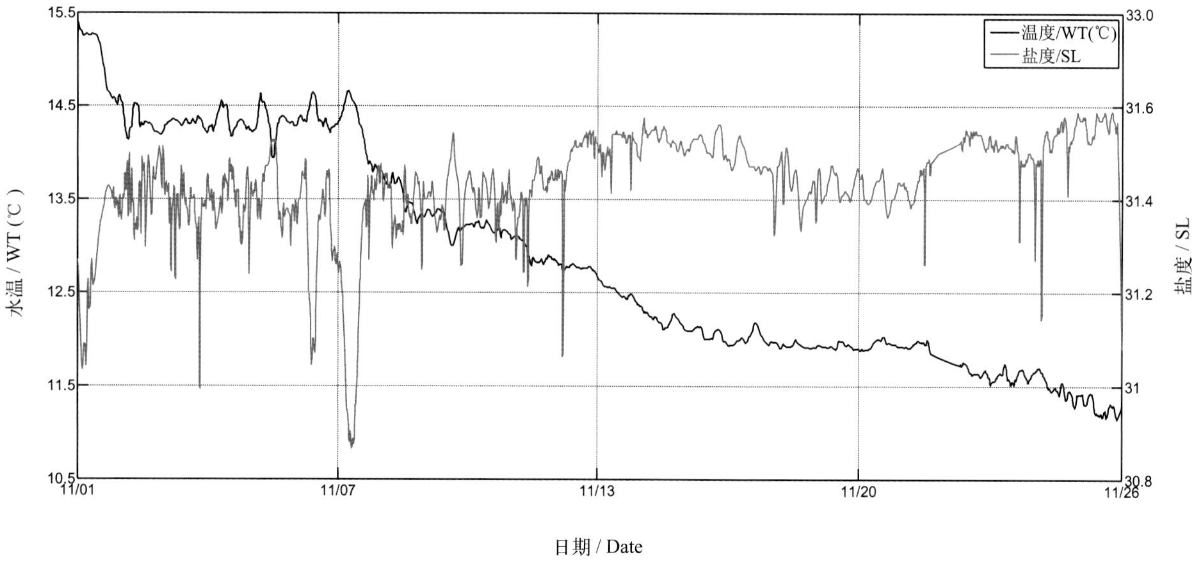

01 号浮标 2010 年 12 月水温、盐度观测资料
WT and SL of 01 buoy in Dec 2010

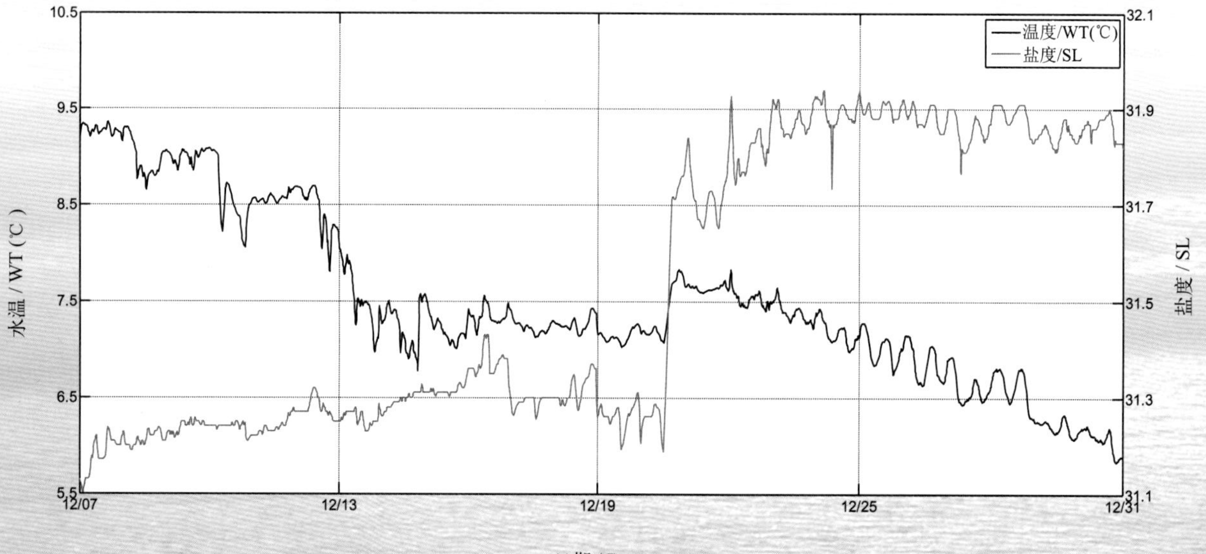

02 号浮标 2009 年水温、盐度观测资料
WT and SL of 02 buoy in 2009

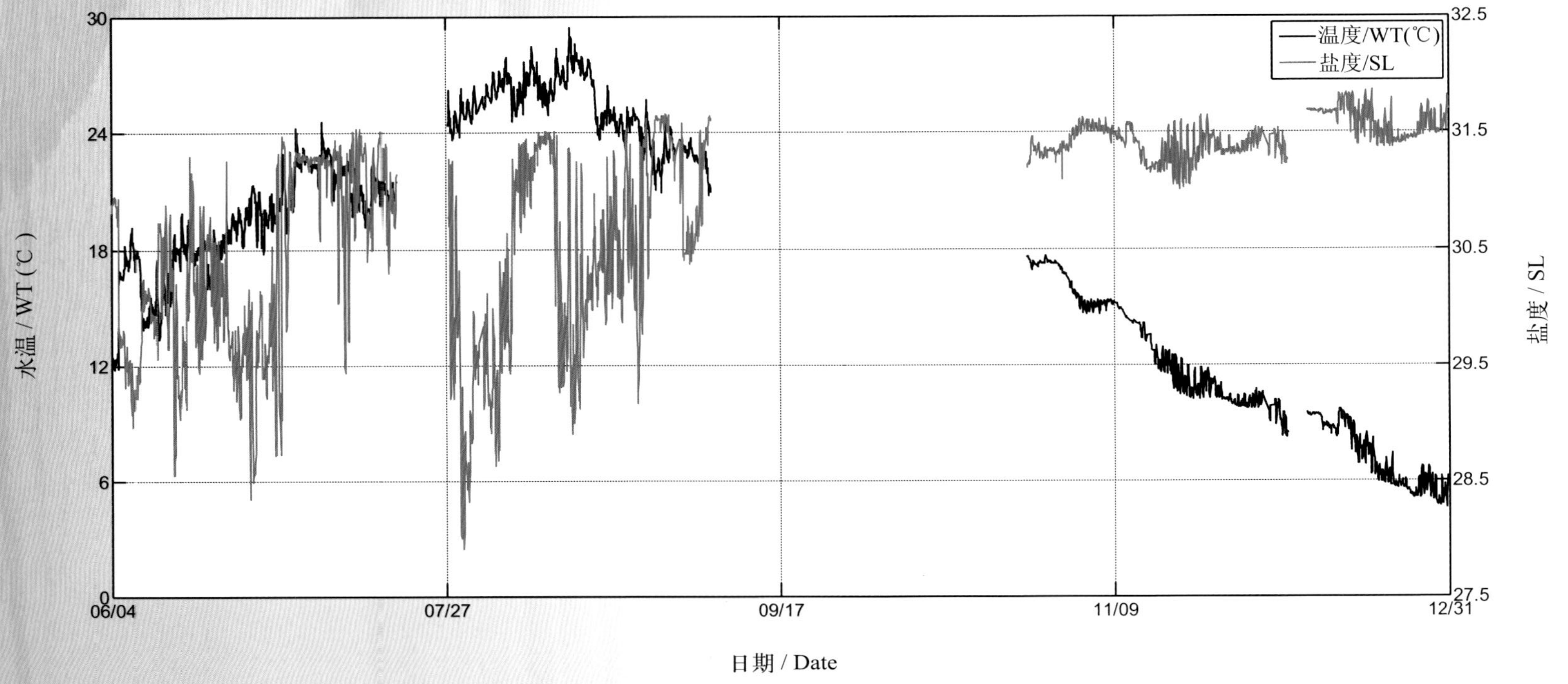

注：02 号浮标于 2009 年 6 月 4 日 10 点 25 分完成布放，2009 年 7 月和 12 月传感器工作异常，经判断对数据进行剔除，9 月和 10 月因系统故障，因此数据缺失。

02 号浮标 2010 年水温、盐度观测资料
WT and SL of 02 buoy in 2010

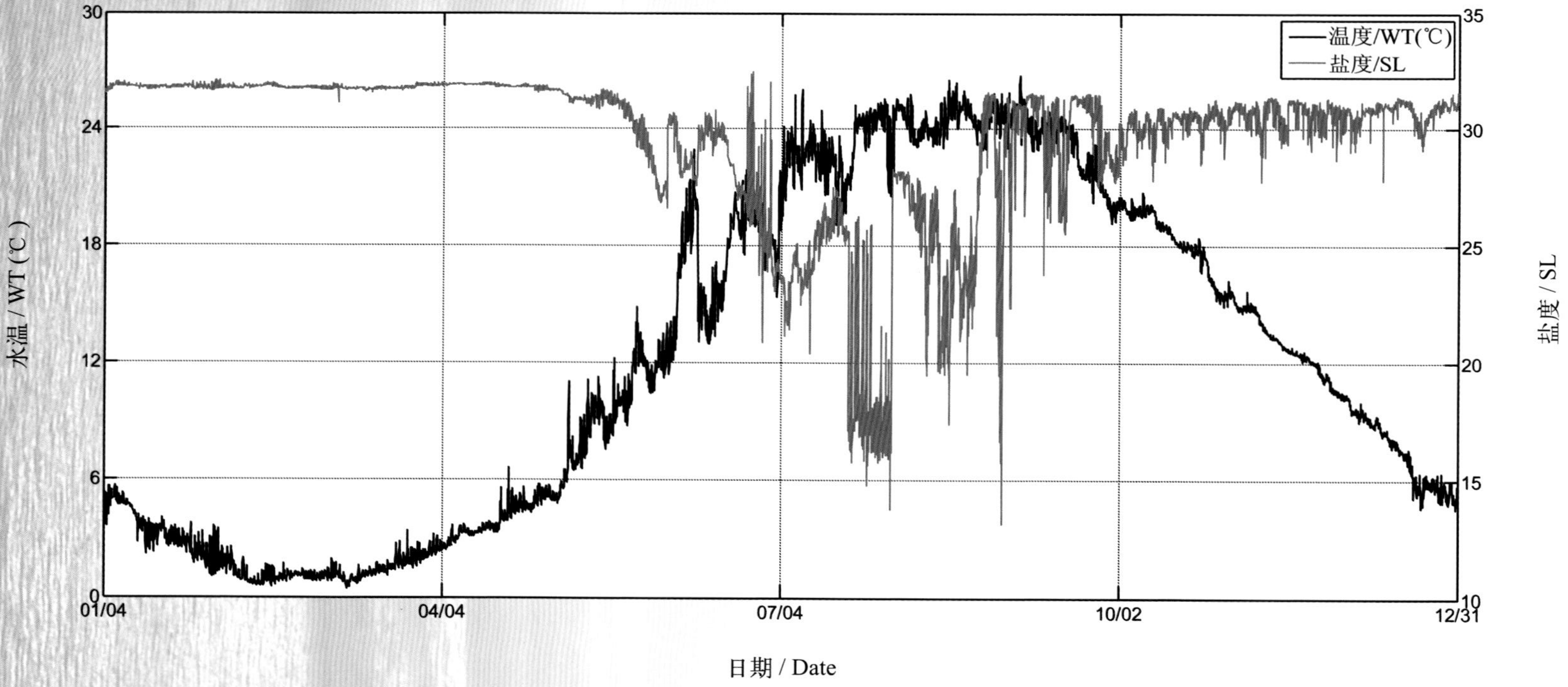

注：02 号浮标在 2010 年 6 月、7 月以及 8 月存在异常的盐度波动，远低于正常值范围，但在邻近海域的浮标同样也出现了异常波动，因此未对数据进行处理。

02 号浮标 2009 年 06 月水温、盐度观测资料
WT and SL of 02 buoy in June 2009

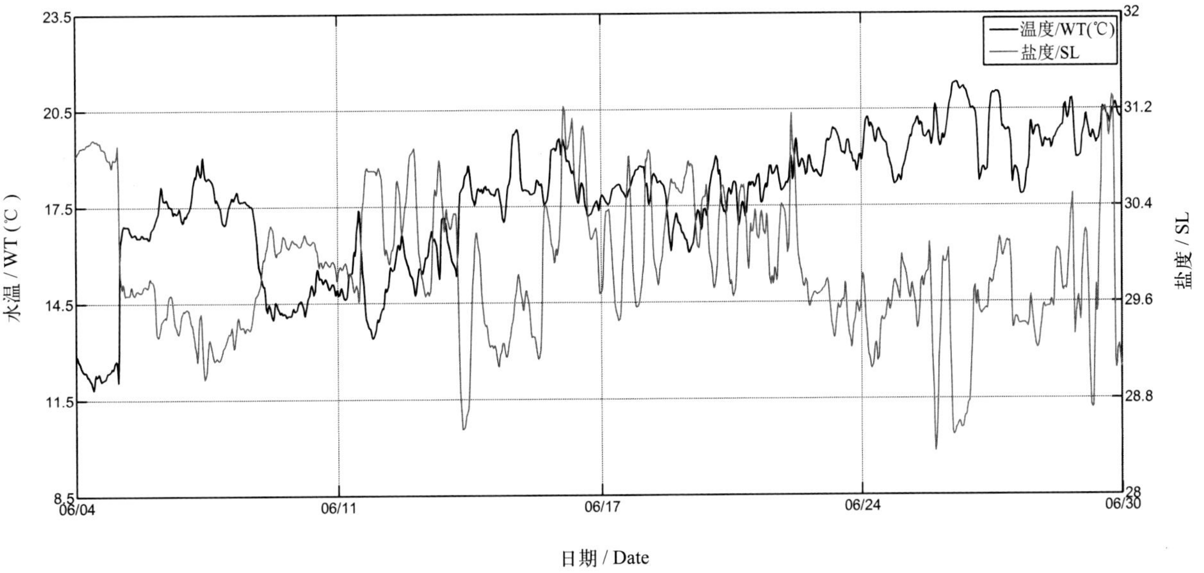

02 号浮标 2009 年 07 月水温、盐度观测资料
WT and SL of 02 buoy in July 2009

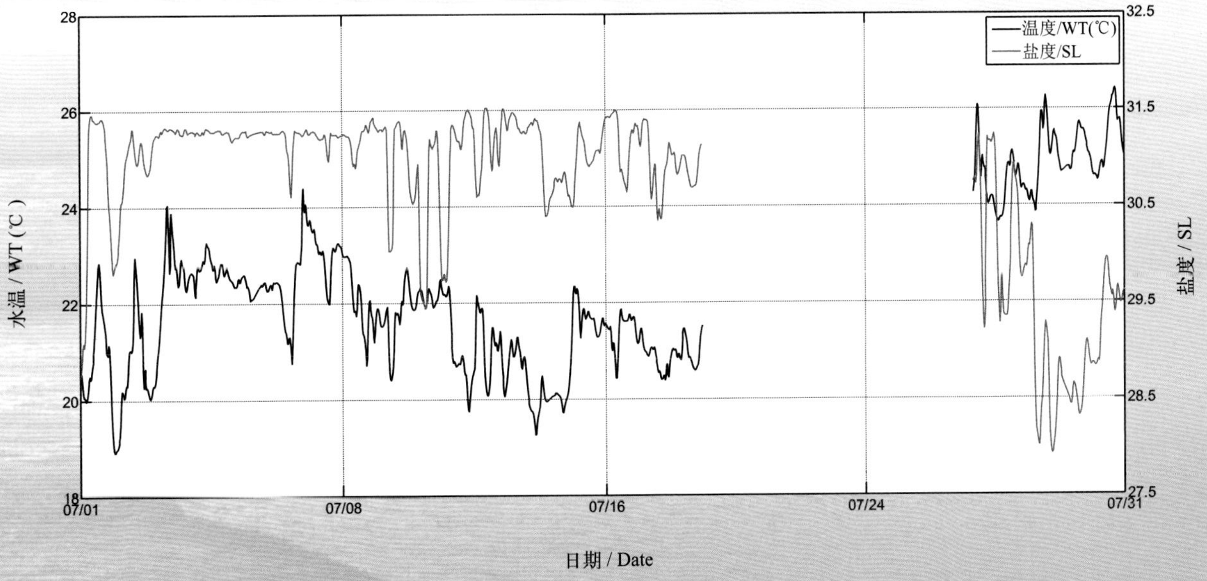

02 号浮标 2009 年 08 月水温、盐度观测资料
WT and SL of 02 buoy in Aug 2009

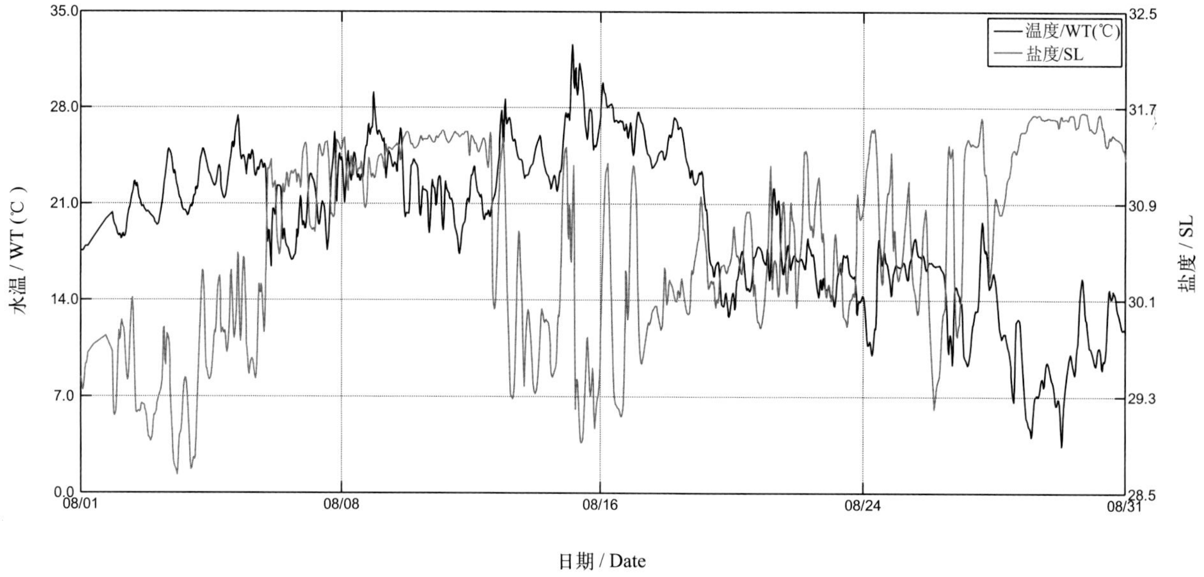

02 号浮标 2009 年 11 月水温、盐度观测资料
WT and SL of 02 buoy in Nov 2009

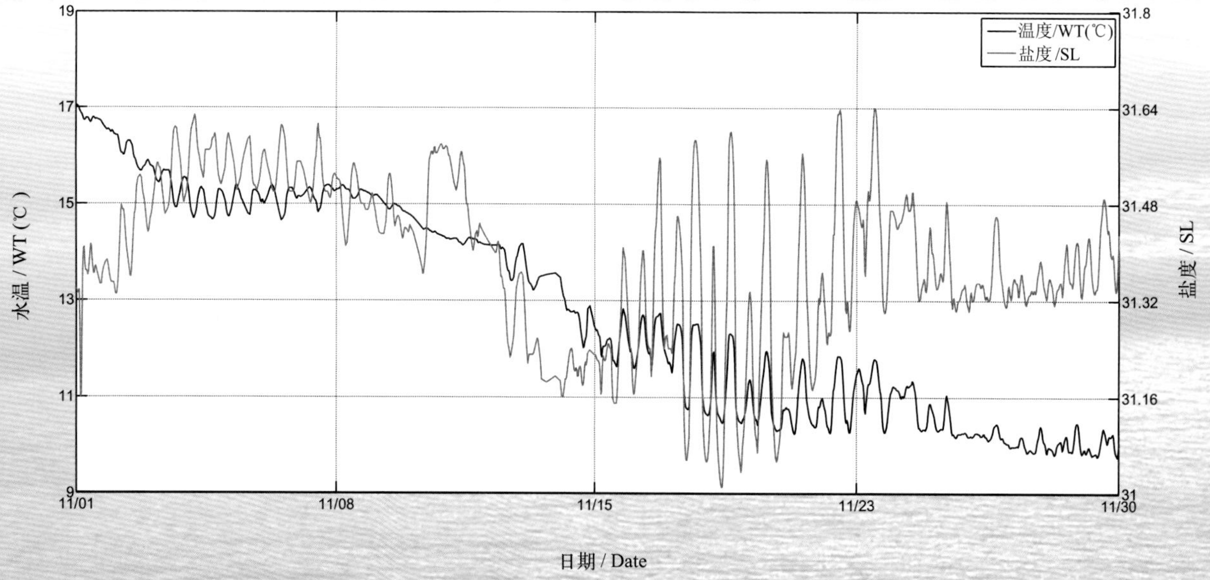

02 号浮标 2009 年 12 月水温、盐度观测资料
WT and SL of 02 buoy in Dec 2009

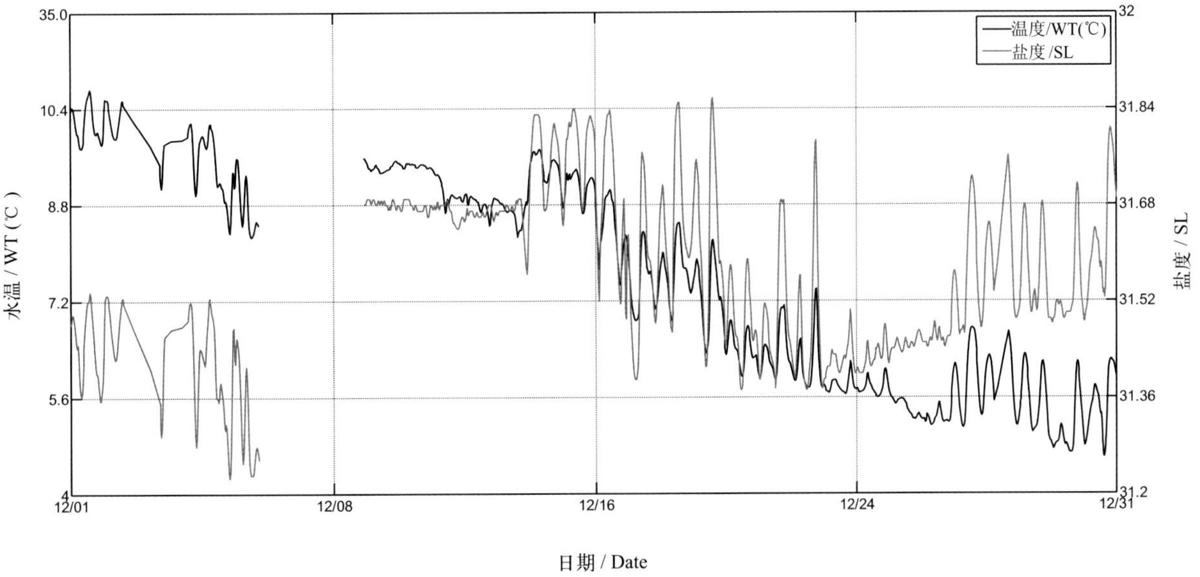

02 号浮标 2010 年 01 月水温、盐度观测资料
WT and SL of 02 buoy in Jan 2010

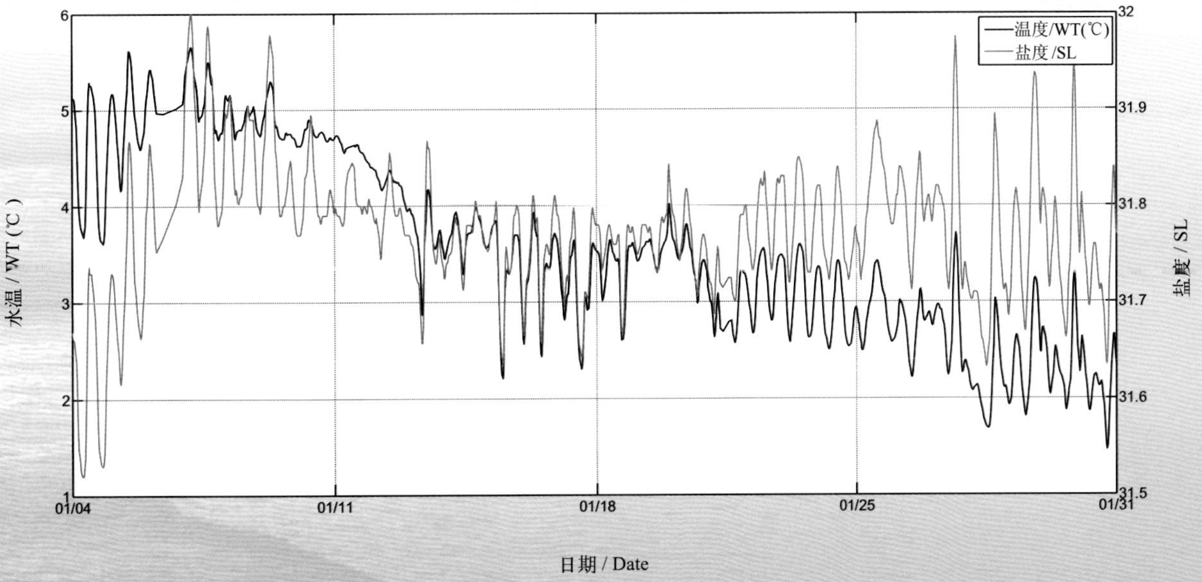

02 号浮标 2010 年 02 月水温、盐度观测资料
WT and SL of 02 buoy in Feb 2010

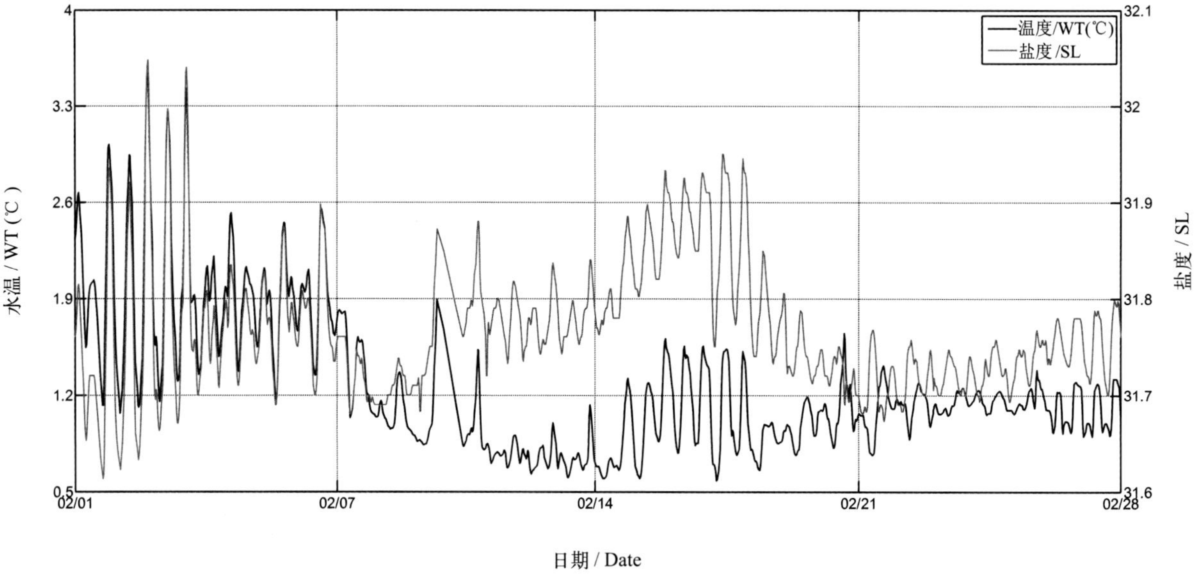

02 号浮标 2010 年 03 月水温、盐度观测资料
WT and SL of 02 buoy in Mar 2010

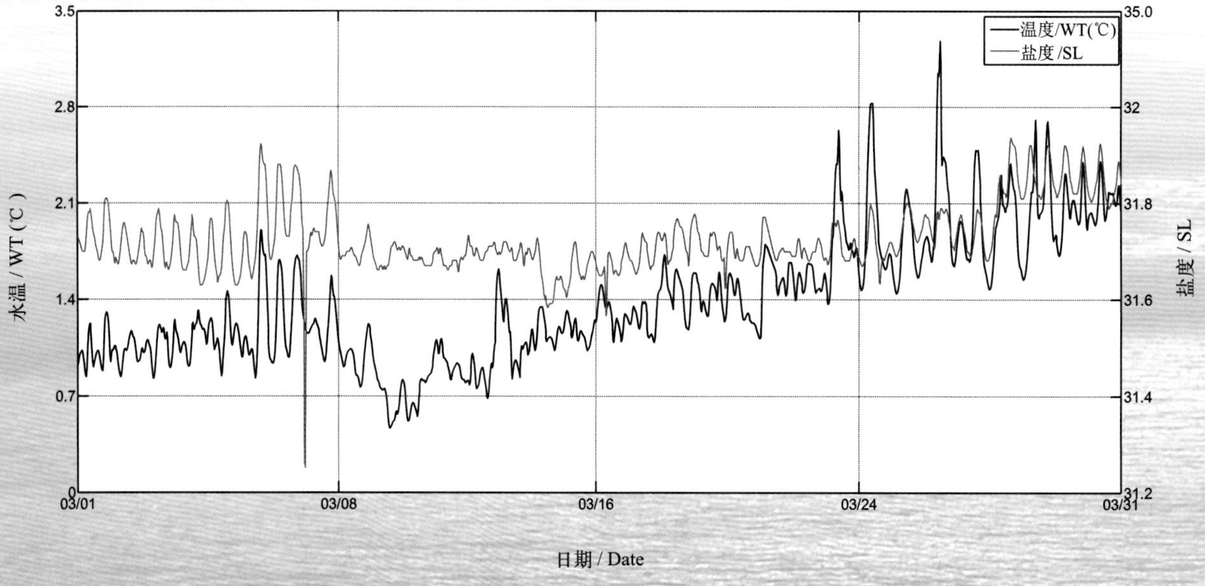

02号浮标2010年04月水温、盐度观测资料

WT and SL of 02 buoy in April 2010

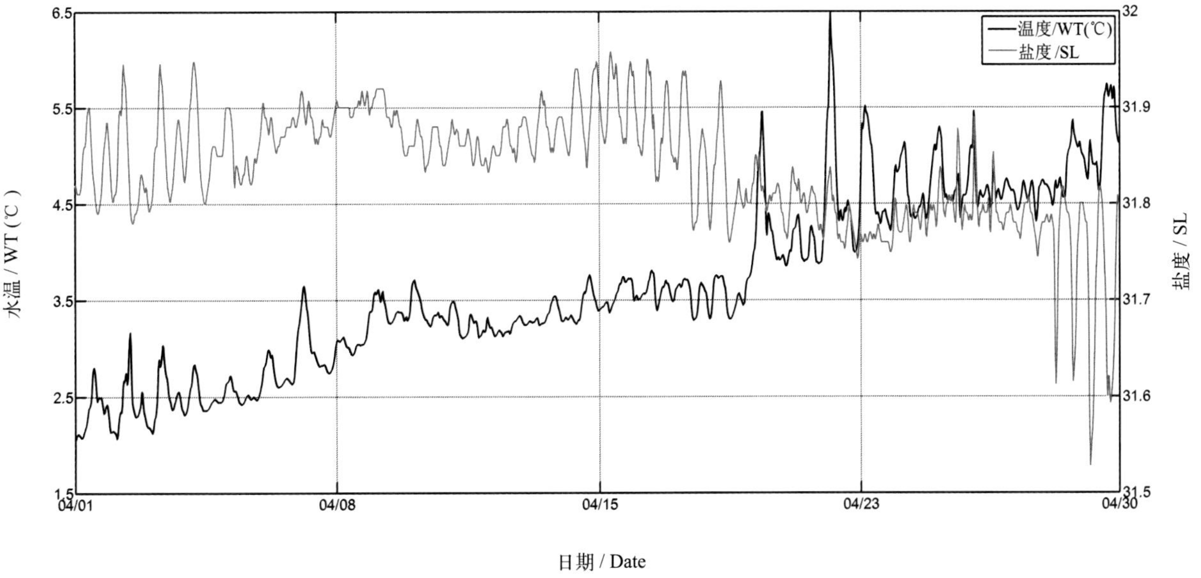

02号浮标2010年05月水温、盐度观测资料

WT and SL of 02 buoy in May 2010

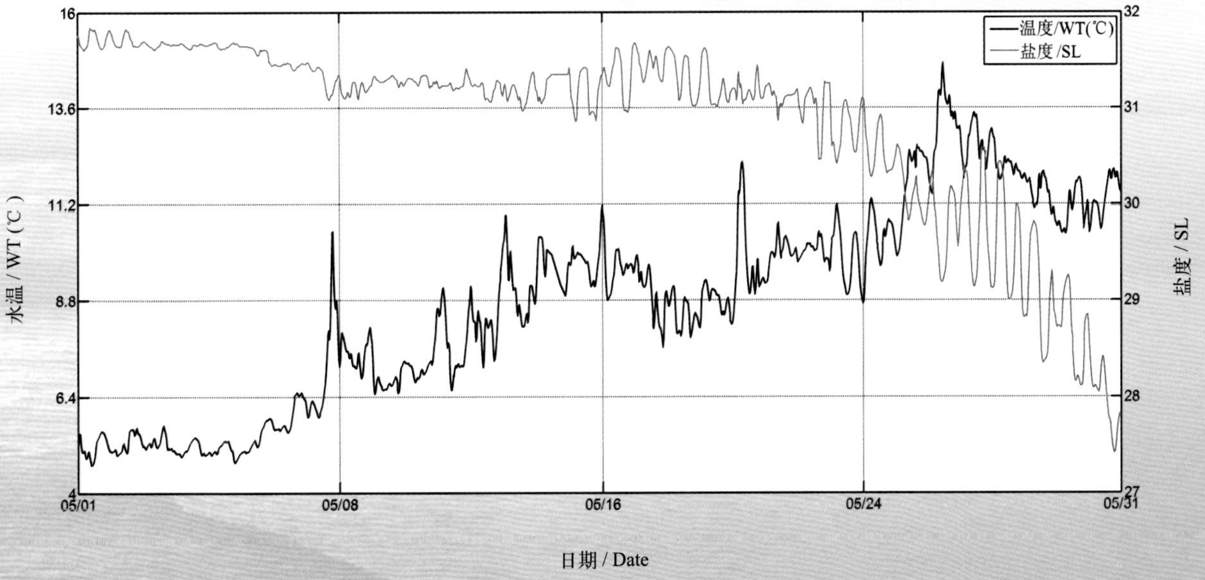

02 号浮标 2010 年 06 月水温、盐度观测资料
WT and SL of 02 buoy in June 2010

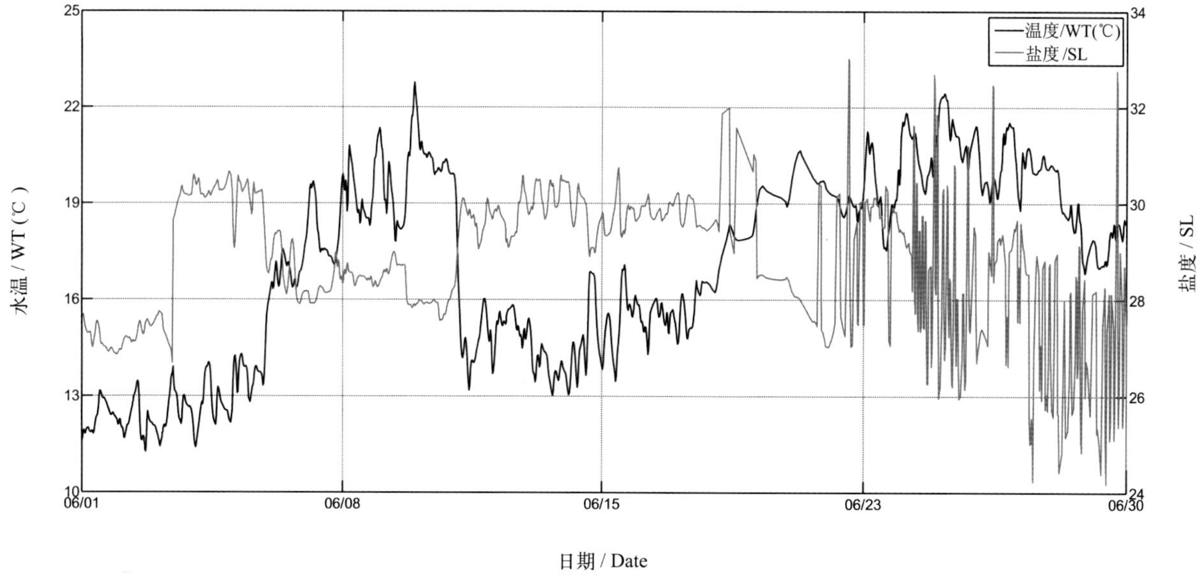

02 号浮标 2010 年 07 月水温、盐度观测资料
WT and SL of 02 buoy in July 2010

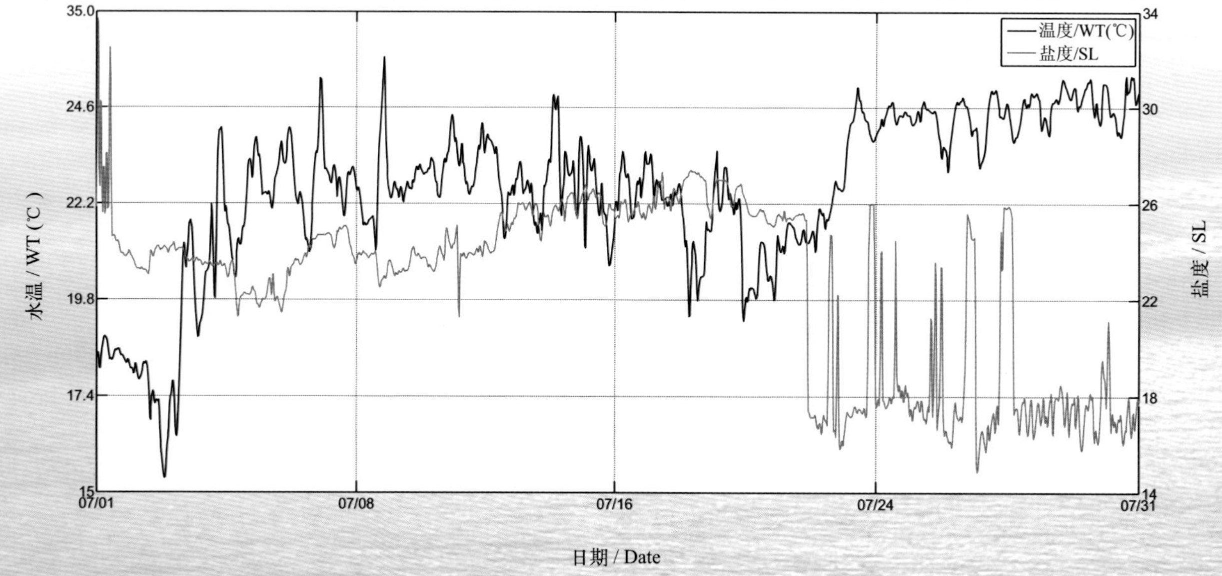

02 号浮标 2010 年 08 月水温、盐度观测资料
WT and SL of 02 buoy in Aug 2010

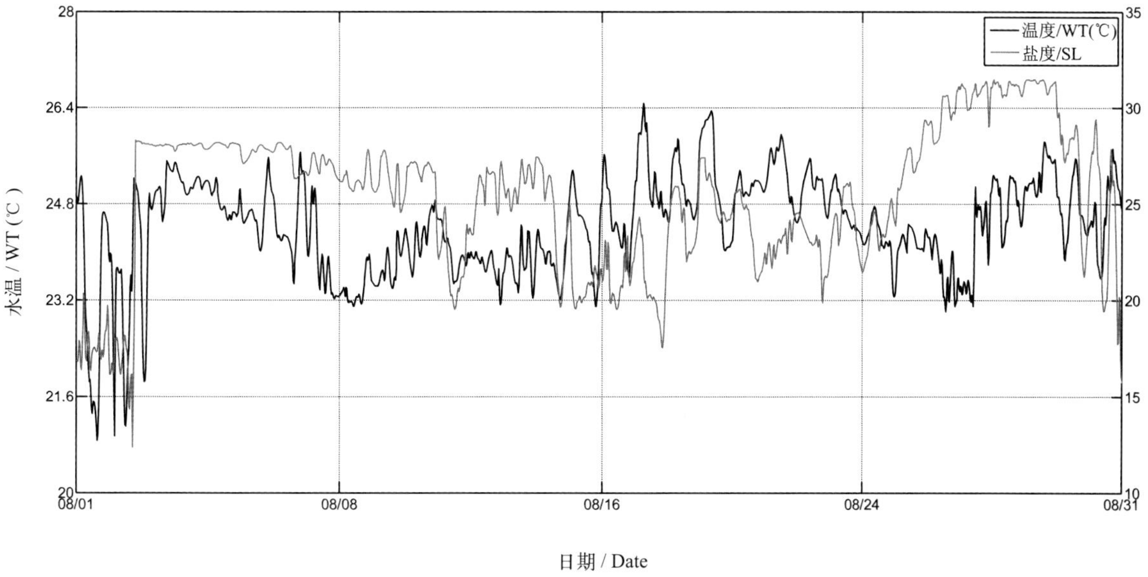

02 号浮标 2010 年 09 月水温、盐度观测资料
WT and SL of 02 buoy in Sep 2010

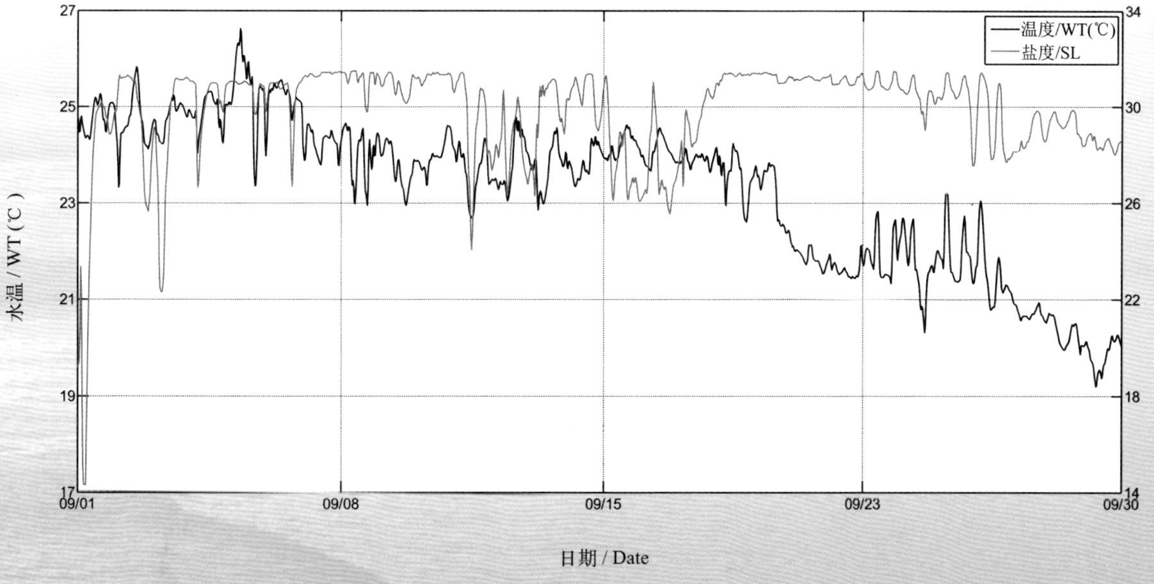

02 号浮标 2010 年 10 月水温、盐度观测资料
WT and SL of 02 buoy in Oct 2010

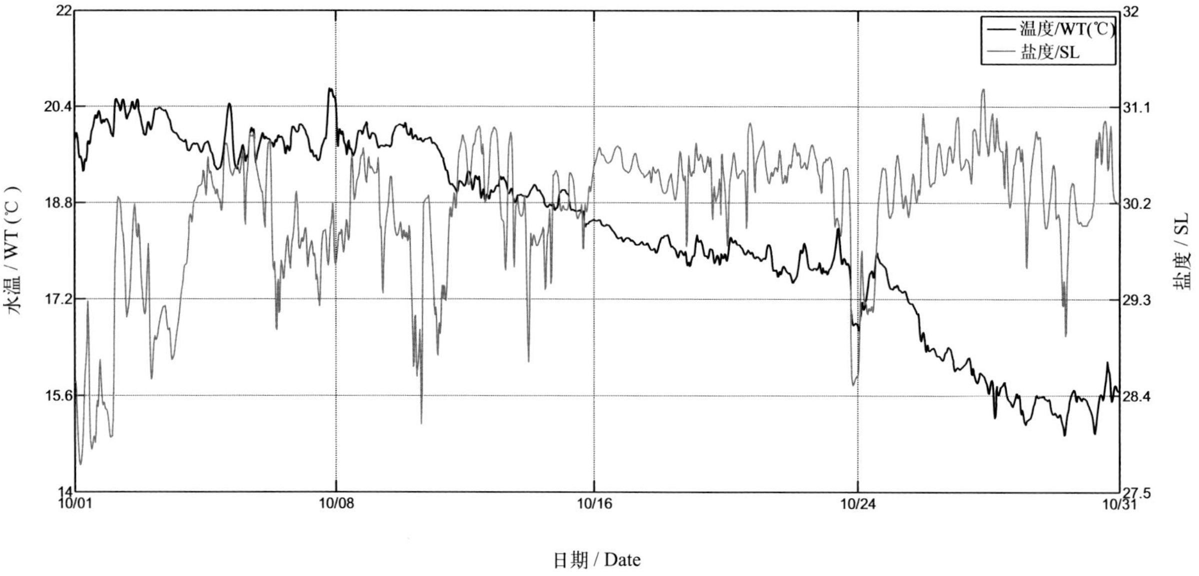

02 号浮标 2010 年 12 月水温、盐度观测资料
WT and SL of 02 buoy in Dec 2010

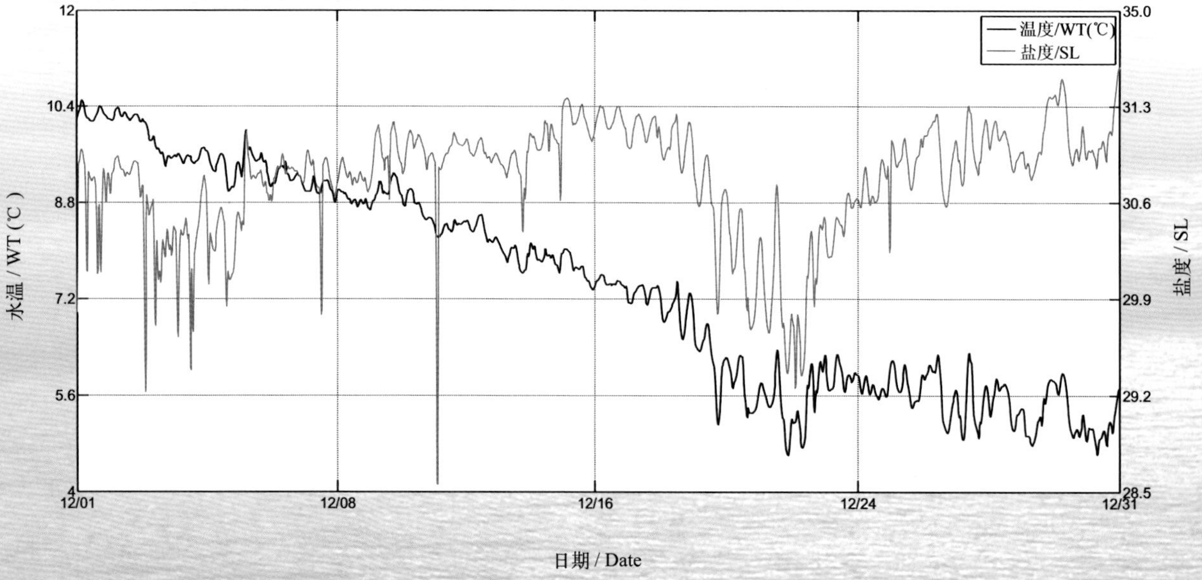

05 号浮标 2009 年水温、盐度观测资料
WT and SL of 05 buoy in 2009

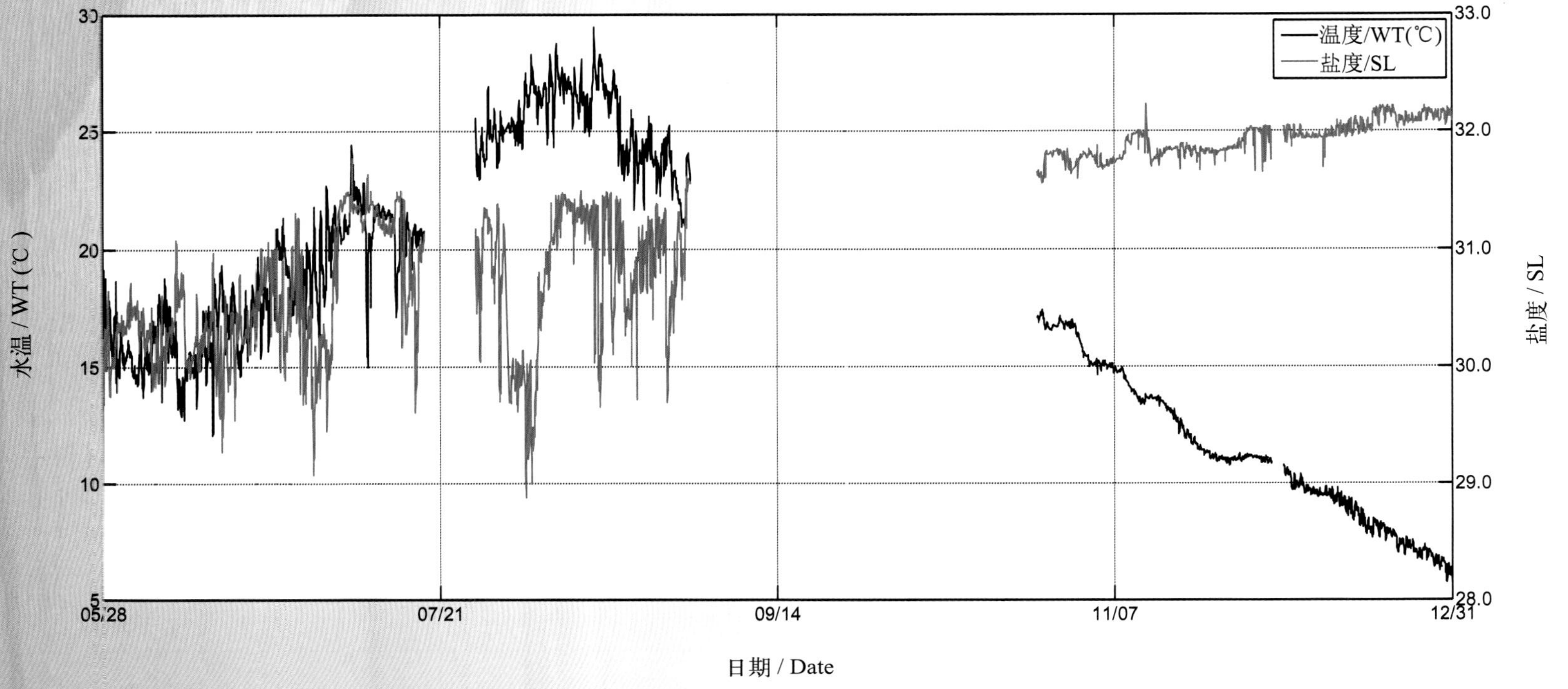

注：05 号浮标于 2009 年 5 月 28 日 11 点 58 分布放，2009 年 7 月、9 月、10 月三个月因传感器故障，经判定对数据进行剔除，12 月份部分数据因传感器故障对数据进行剔除。

05 号浮标 2010 年水温、盐度观测资料
WT and SL of 05 buoy in 2010

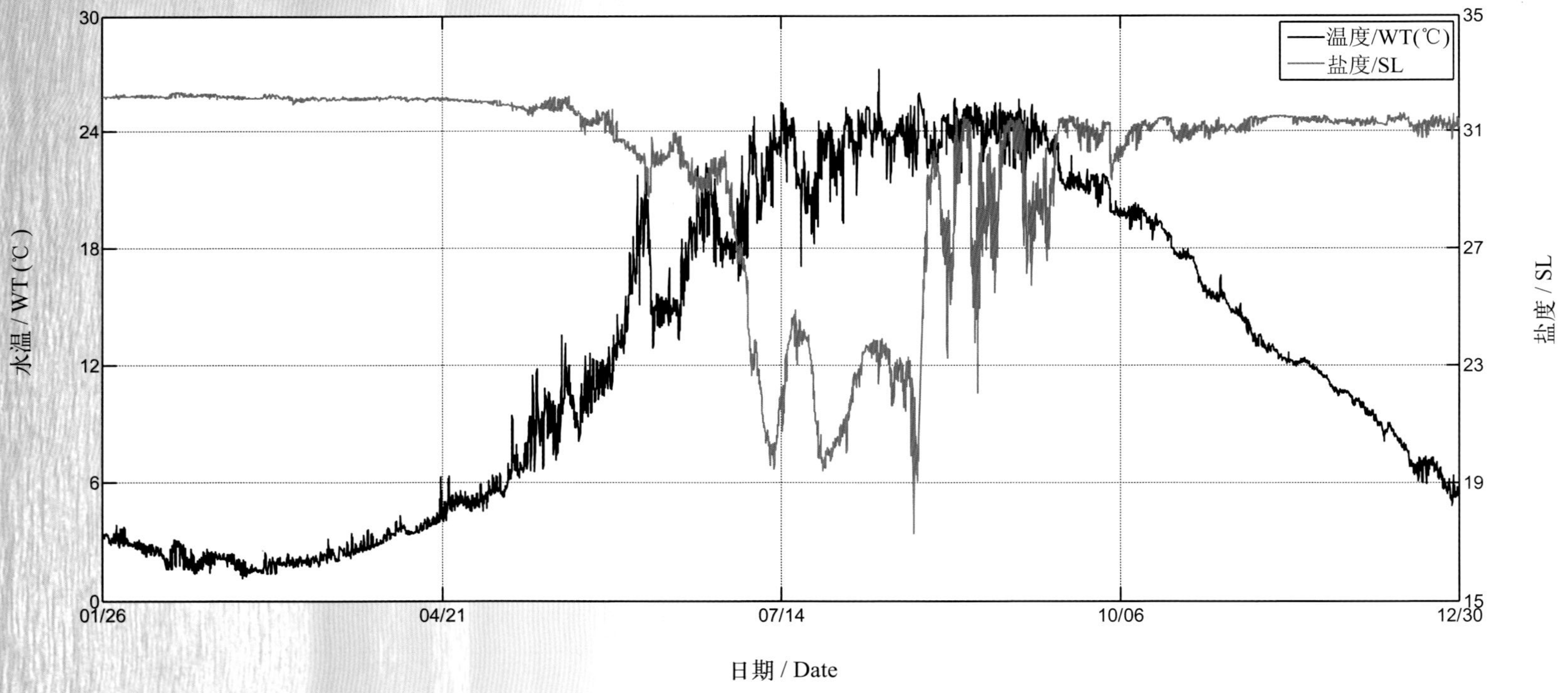

注：05 号浮标在 2010 年 6 月、7 月、8 月三个月盐度出现异常波动，但在邻近海域的其他浮标也出现异常波动，因此未对数据做处理。

05 号浮标 2009 年 06 月水温、盐度观测资料
WT and SL of 05 buoy in June 2009

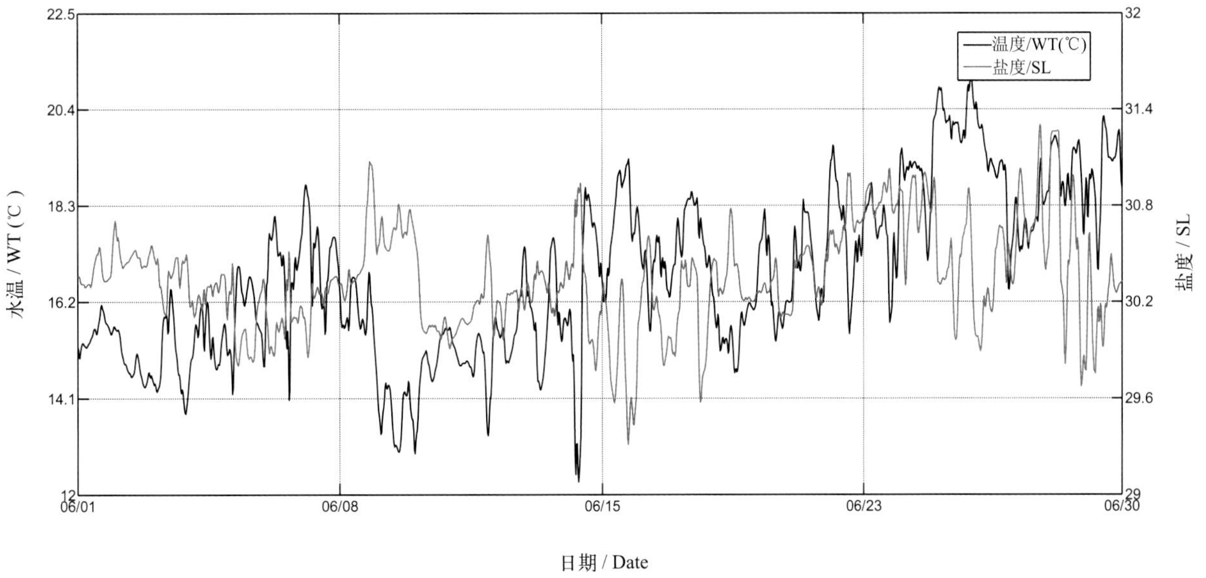

05 号浮标 2009 年 07 月水温、盐度观测资料
WT and SL of 05 buoy in July 2009

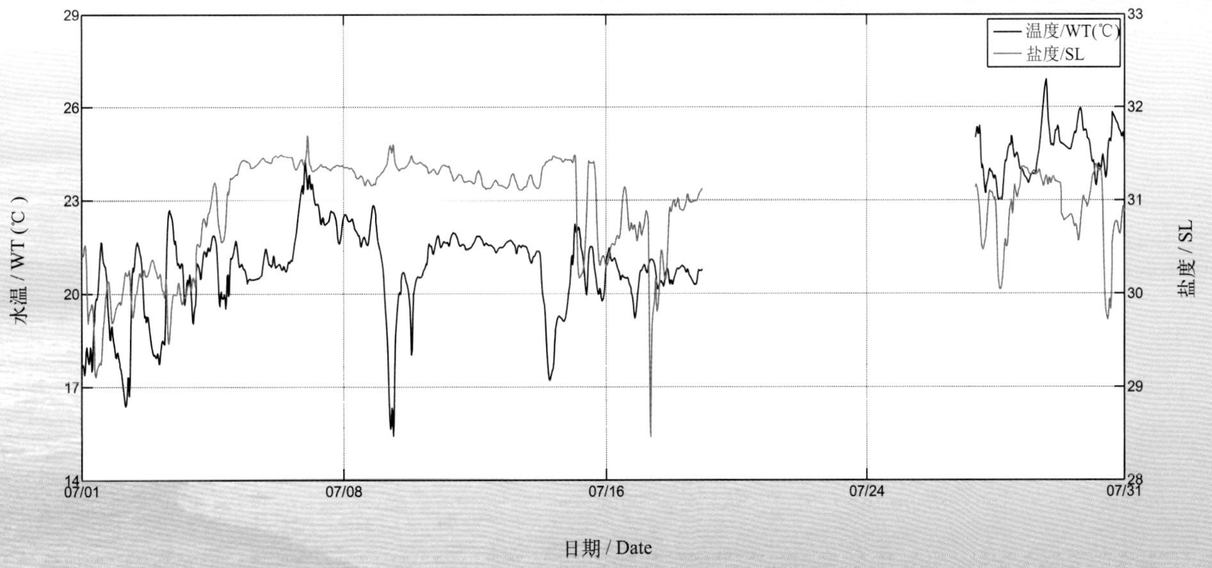

05 号浮标 2009 年 08 月水温、盐度观测资料
WT and SL of 05 buoy in Aug 2009

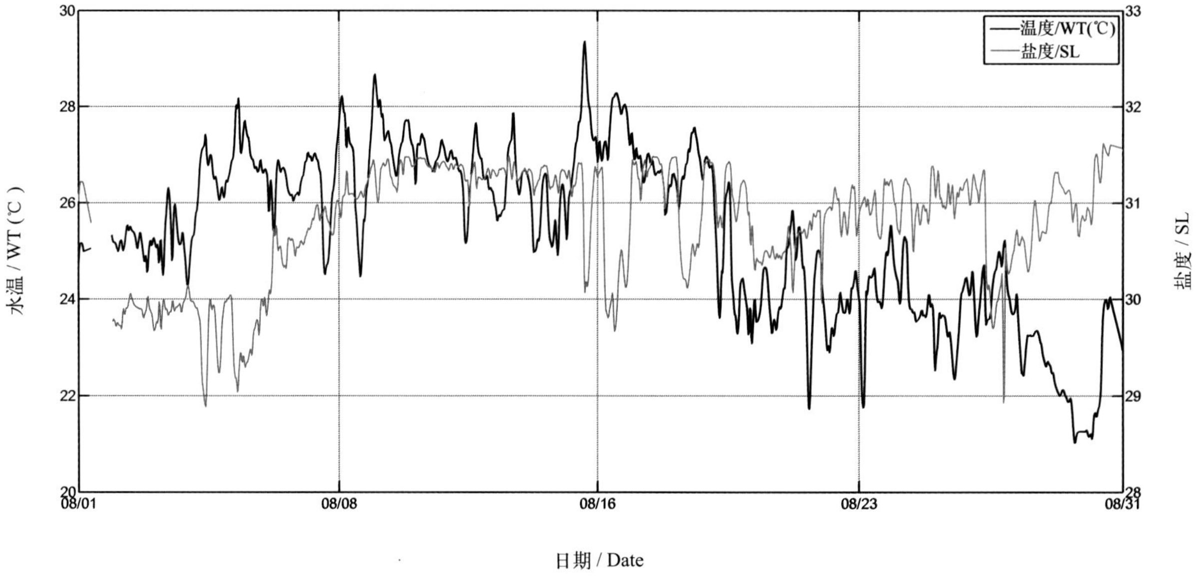

05 号浮标 2009 年 11 月水温、盐度观测资料
WT and SL of 05 buoy in Nov 2009

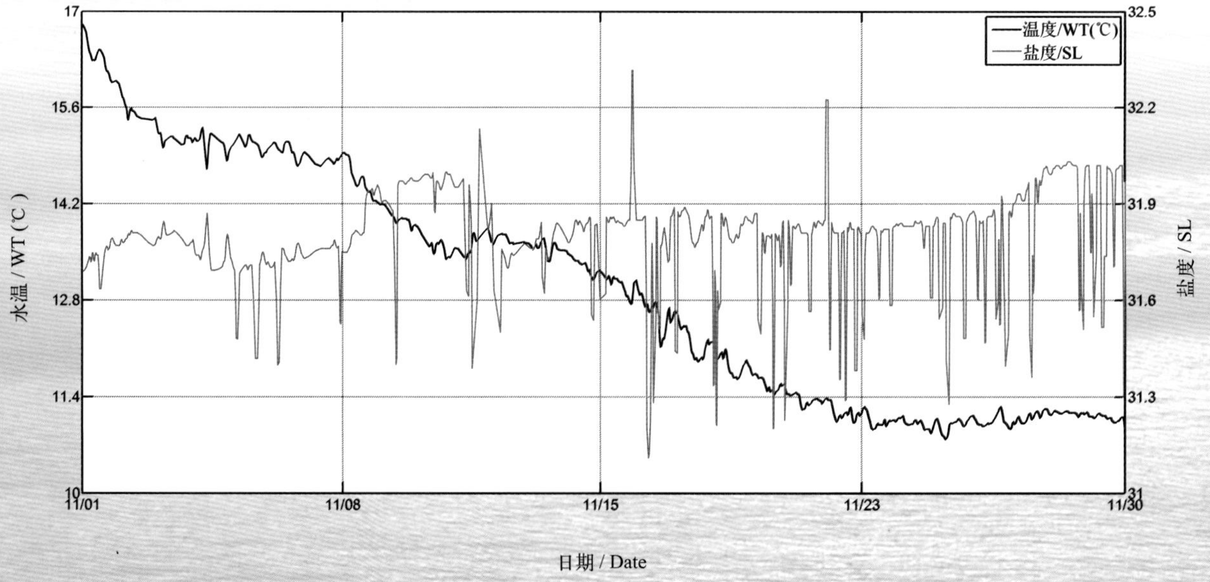

05 号浮标 2009 年 12 月水温、盐度观测资料
WT and SL of 05 buoy in Dec 2009

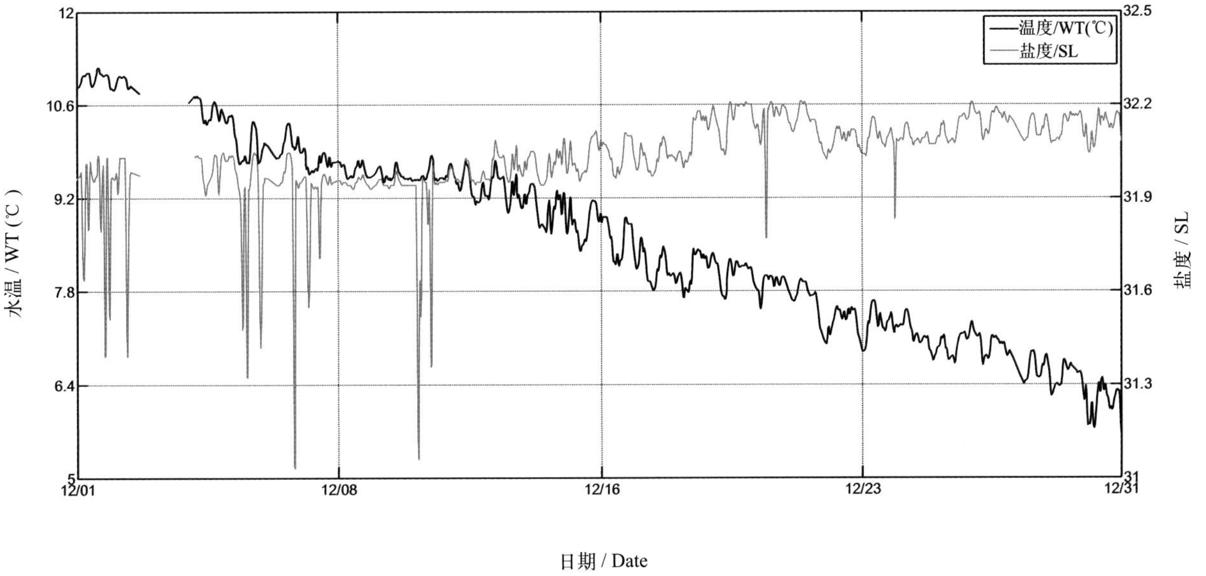

05 号浮标 2010 年 02 月水温、盐度观测资料
WT and SL of 05 buoy in Feb 2010

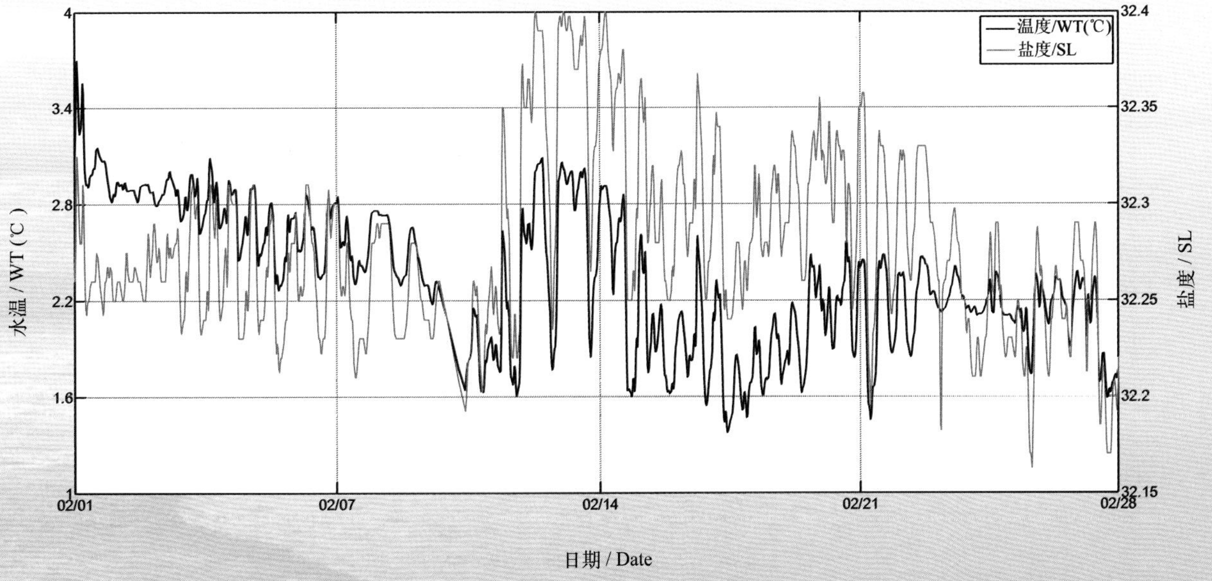

05 号浮标 2010 年 03 月水温、盐度观测资料
WT and SL of 05 buoy in Mar 2010

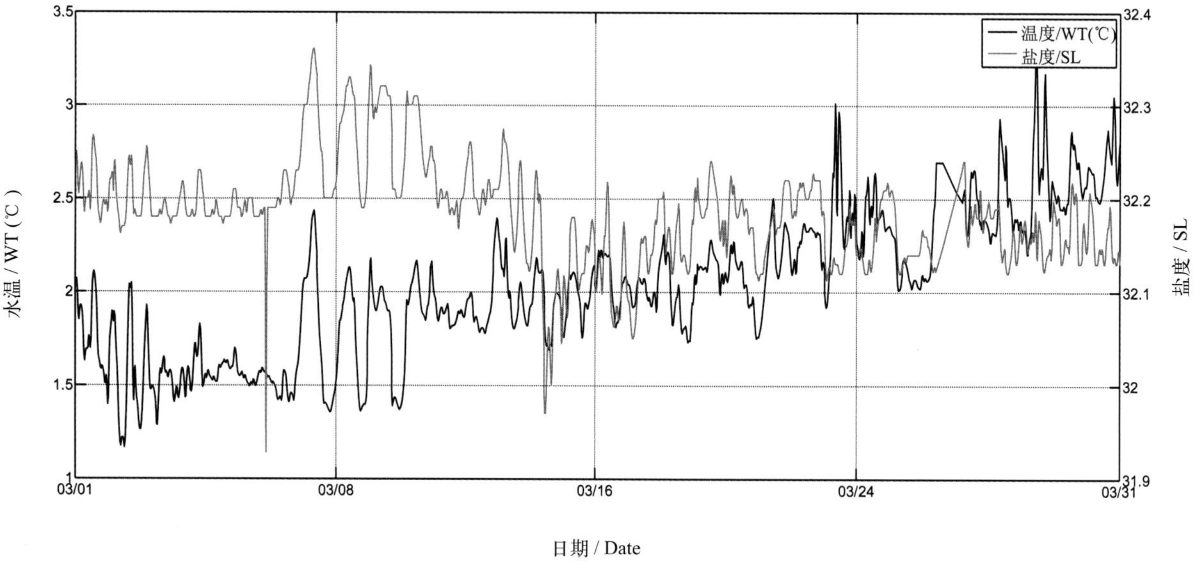

05 号浮标 2010 年 04 月水温、盐度观测资料
WT and SL of 05 buoy in April 2010

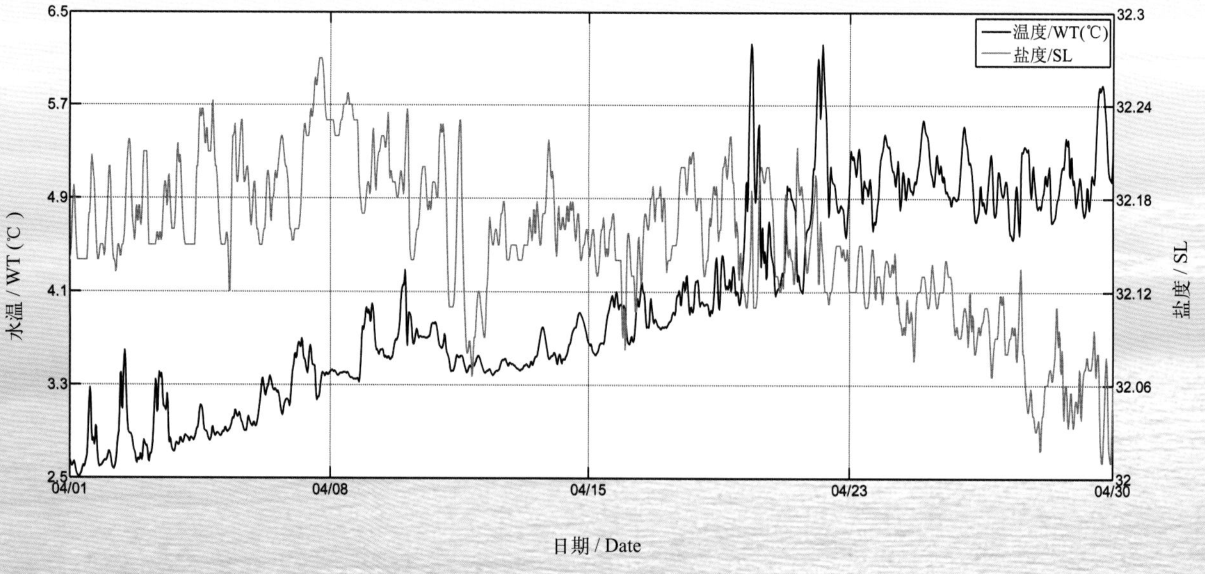

05 号浮标 2010 年 05 月水温、盐度观测资料
WT and SL of 05 buoy in May 2010

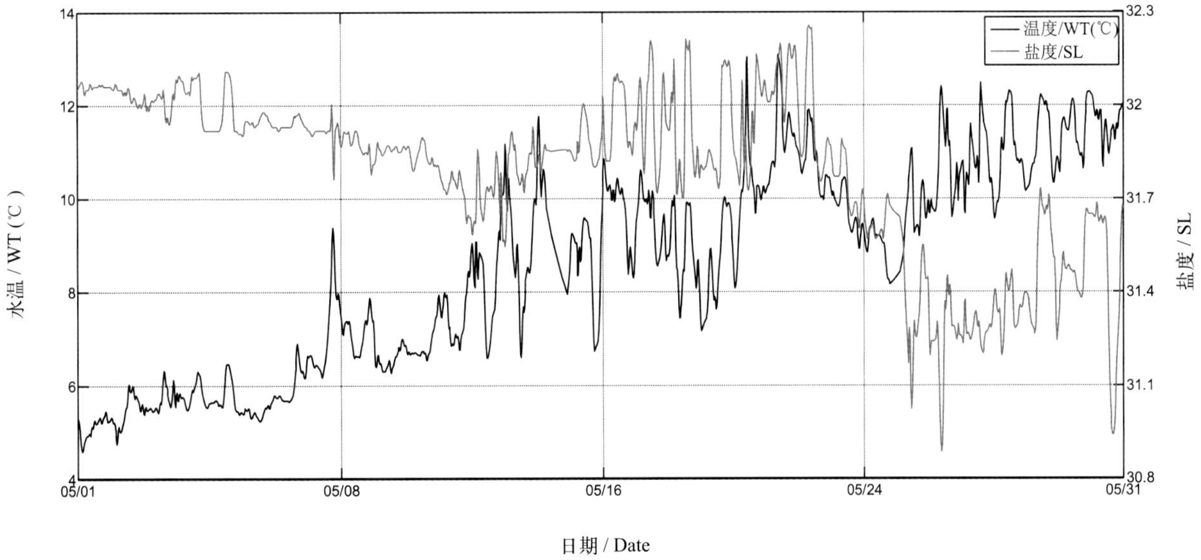

05 号浮标 2010 年 06 月水温、盐度观测资料
WT and SL of 05 buoy in June 2010

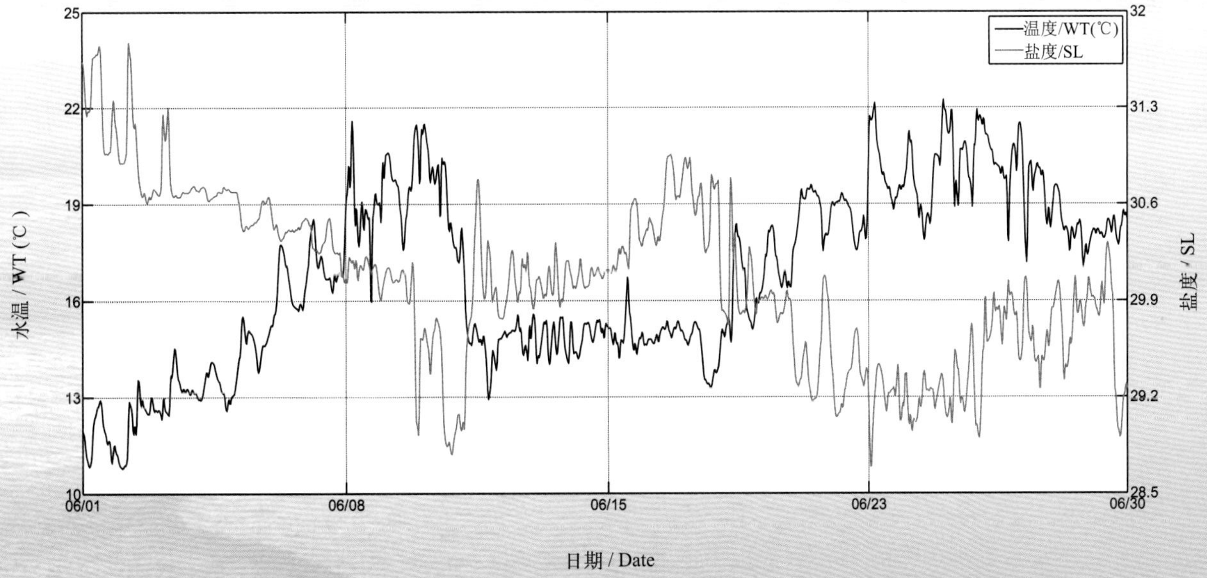

05 号浮标 2010 年 07 月水温、盐度观测资料
WT and SL of 05 buoy in July 2010

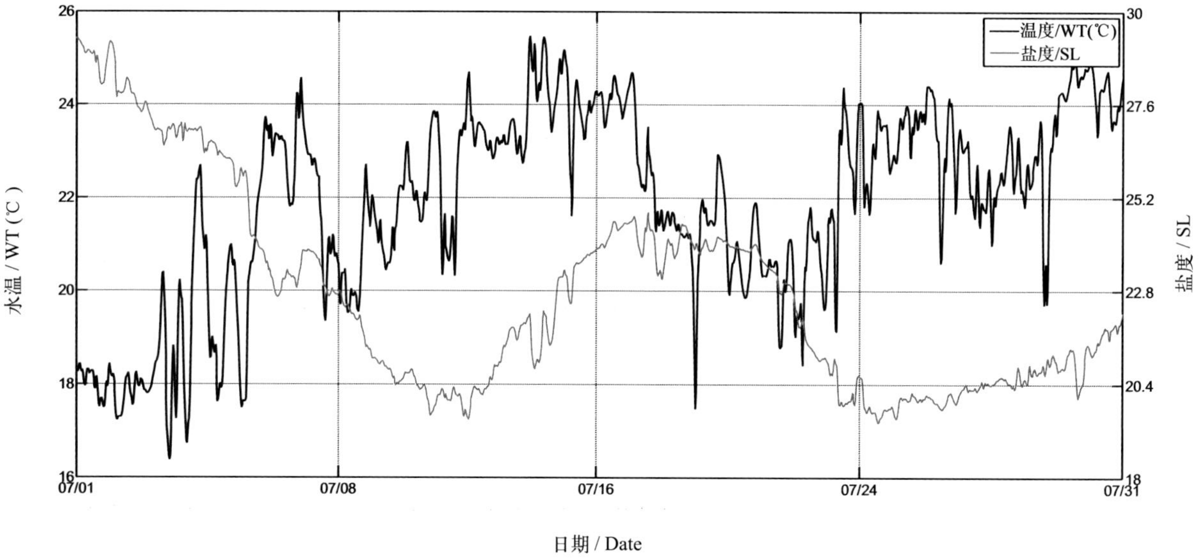

05 号浮标 2010 年 08 月水温、盐度观测资料
WT and SL of 05 buoy in Aug 2010

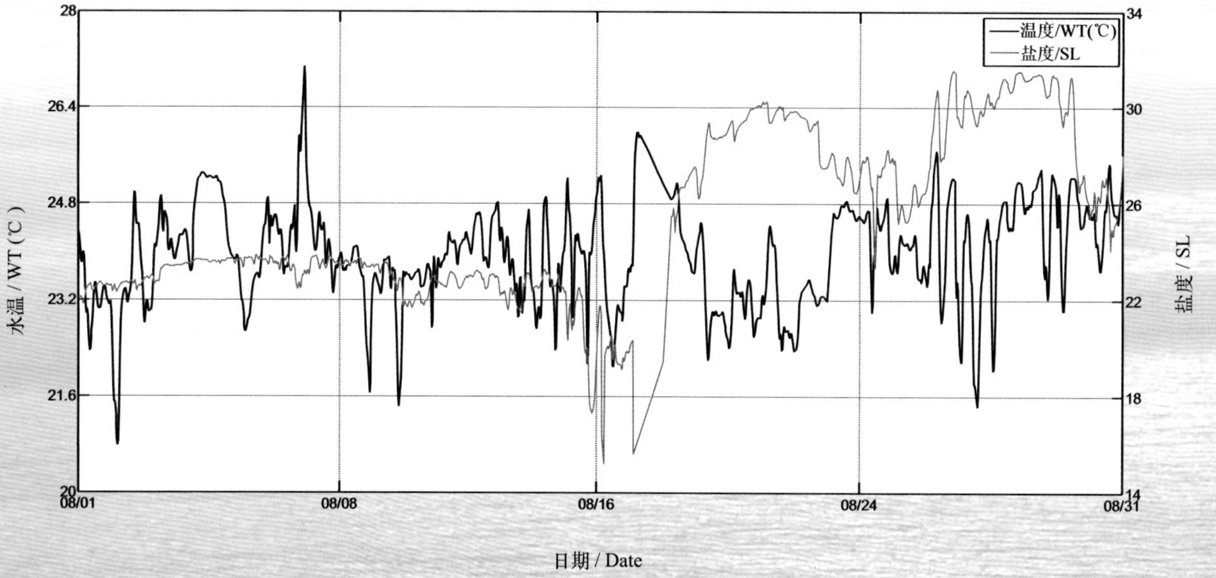

05 号浮标 2010 年 09 月水温、盐度观测资料

WT and SL of 05 buoy in Sep 2010

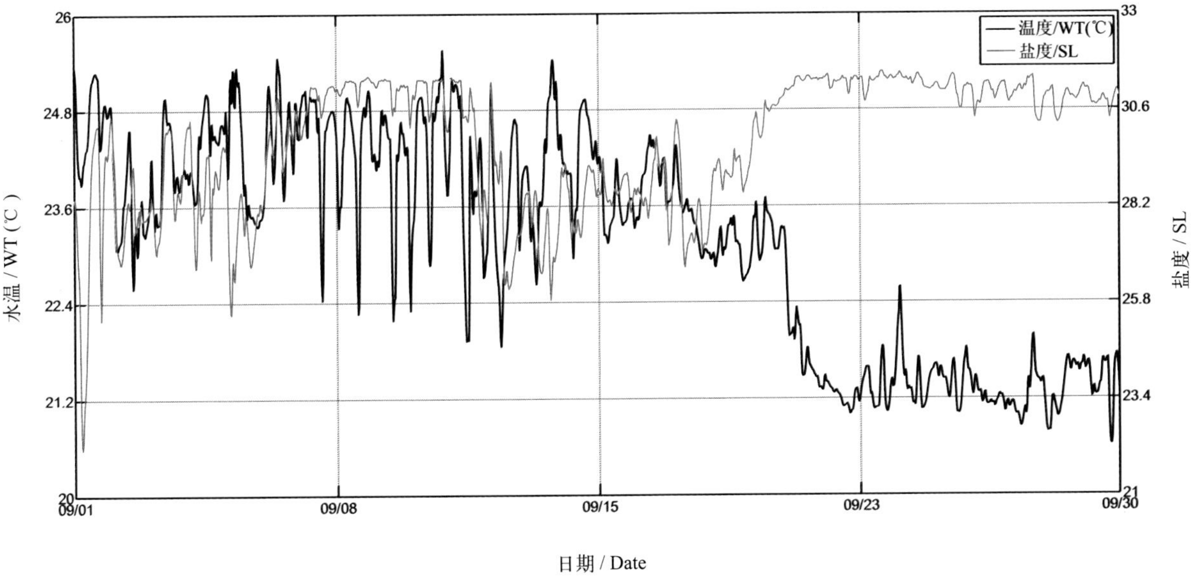

05 号浮标 2010 年 10 月水温、盐度观测资料

WT and SL of 05 buoy in Oct 2010

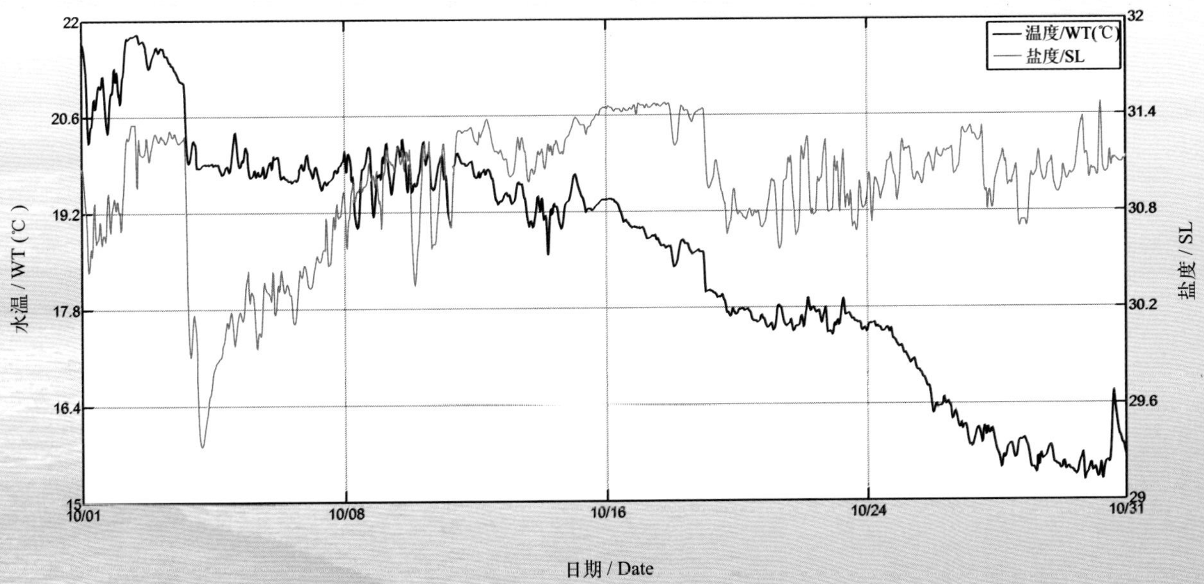

05 号浮标 2010 年 11 月水温、盐度观测资料
WT and SL of 05 buoy in Nov 2010

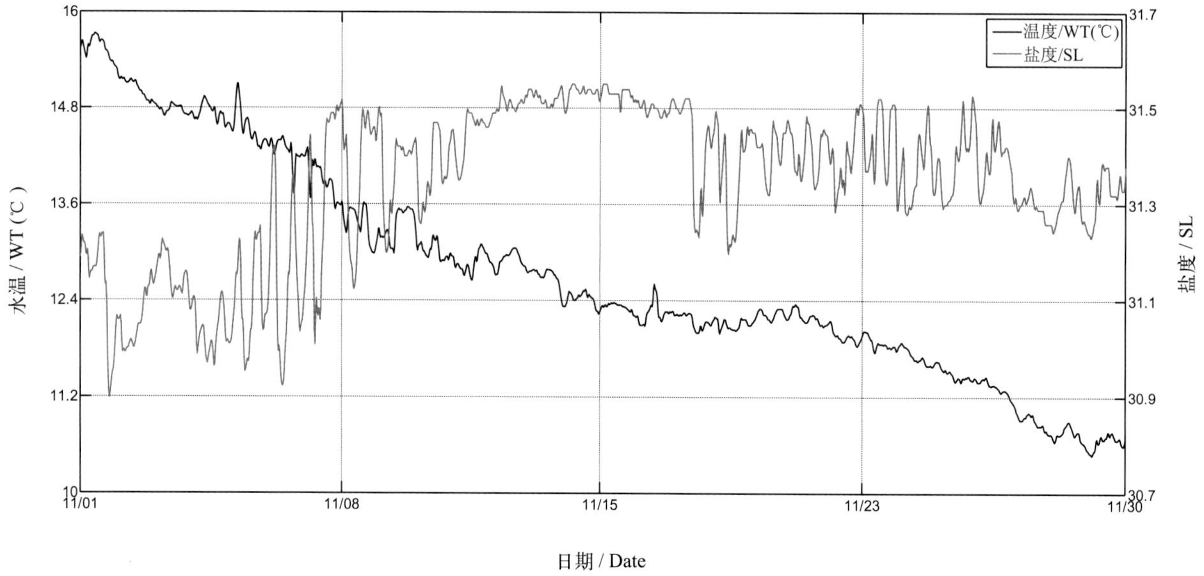

05 号浮标 2010 年 12 月水温、盐度观测资料
WT and SL of 05 buoy in Dec 2010

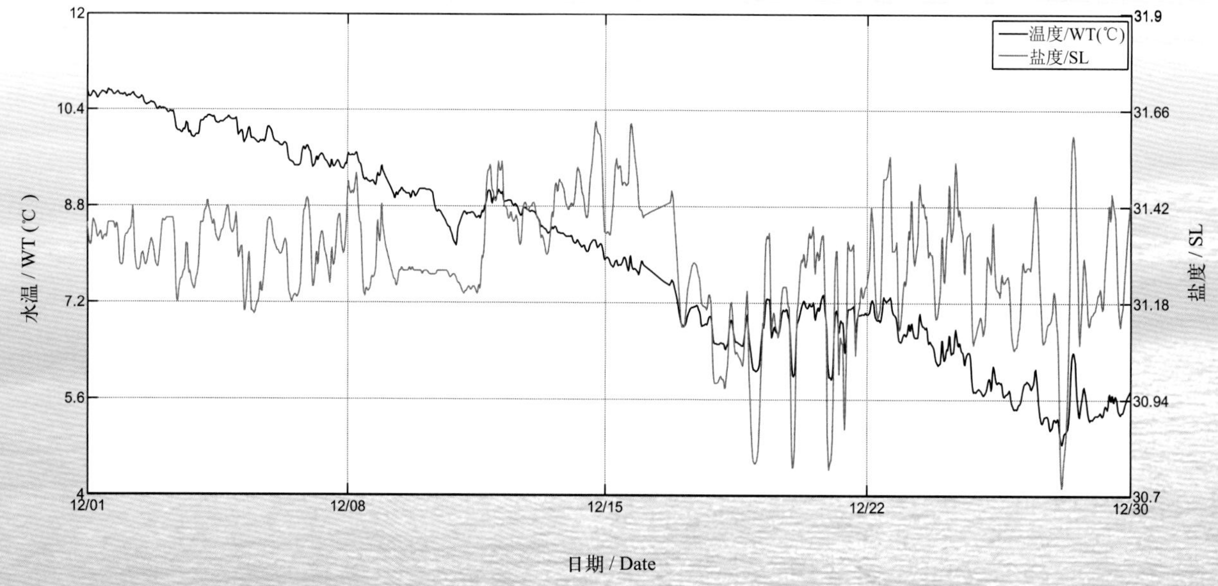

06 号浮标 2009 年水温、盐度观测资料
WT and SL of 06 buoy in 2009

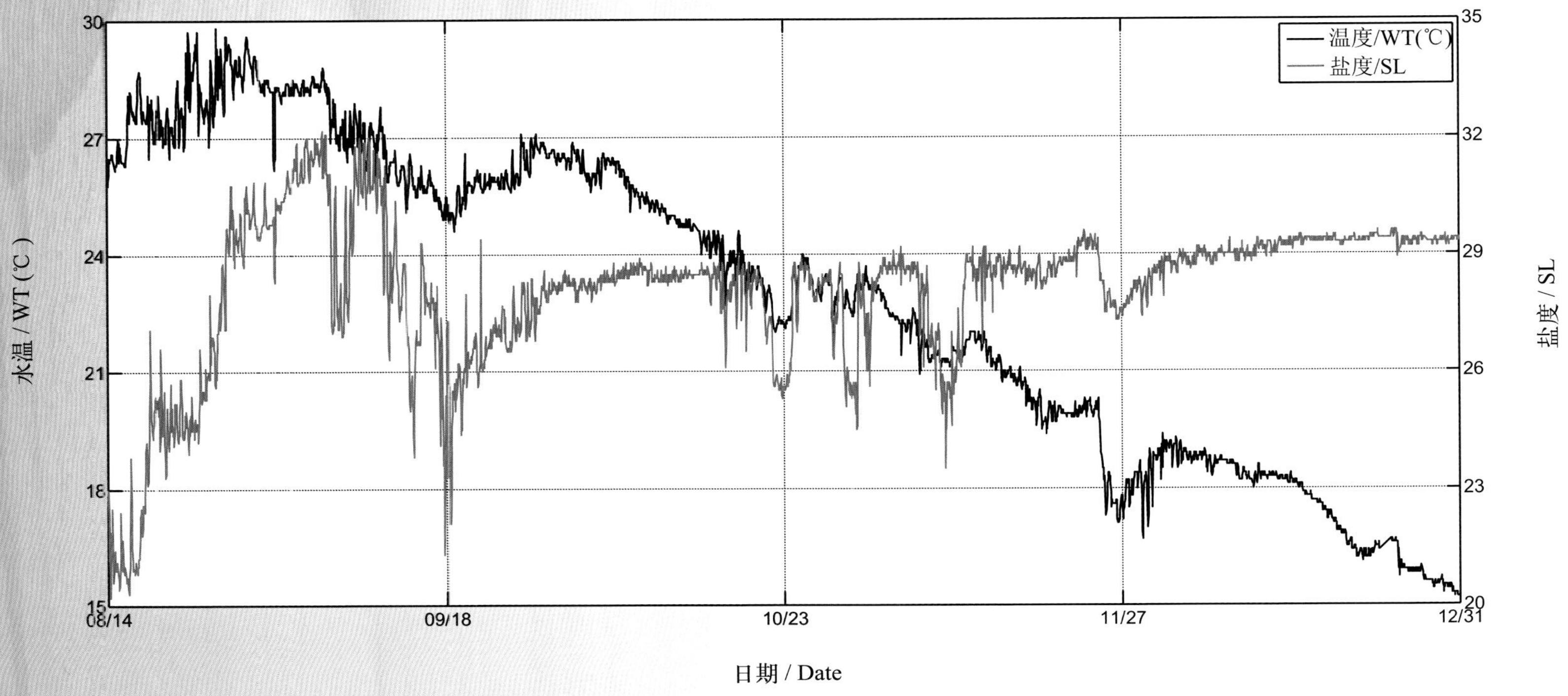

注：06 号浮标于 2009 年 8 月 14 日布放。

06 号浮标 2010 年水温、盐度观测资料
WT and SL of 06 buoy in 2010

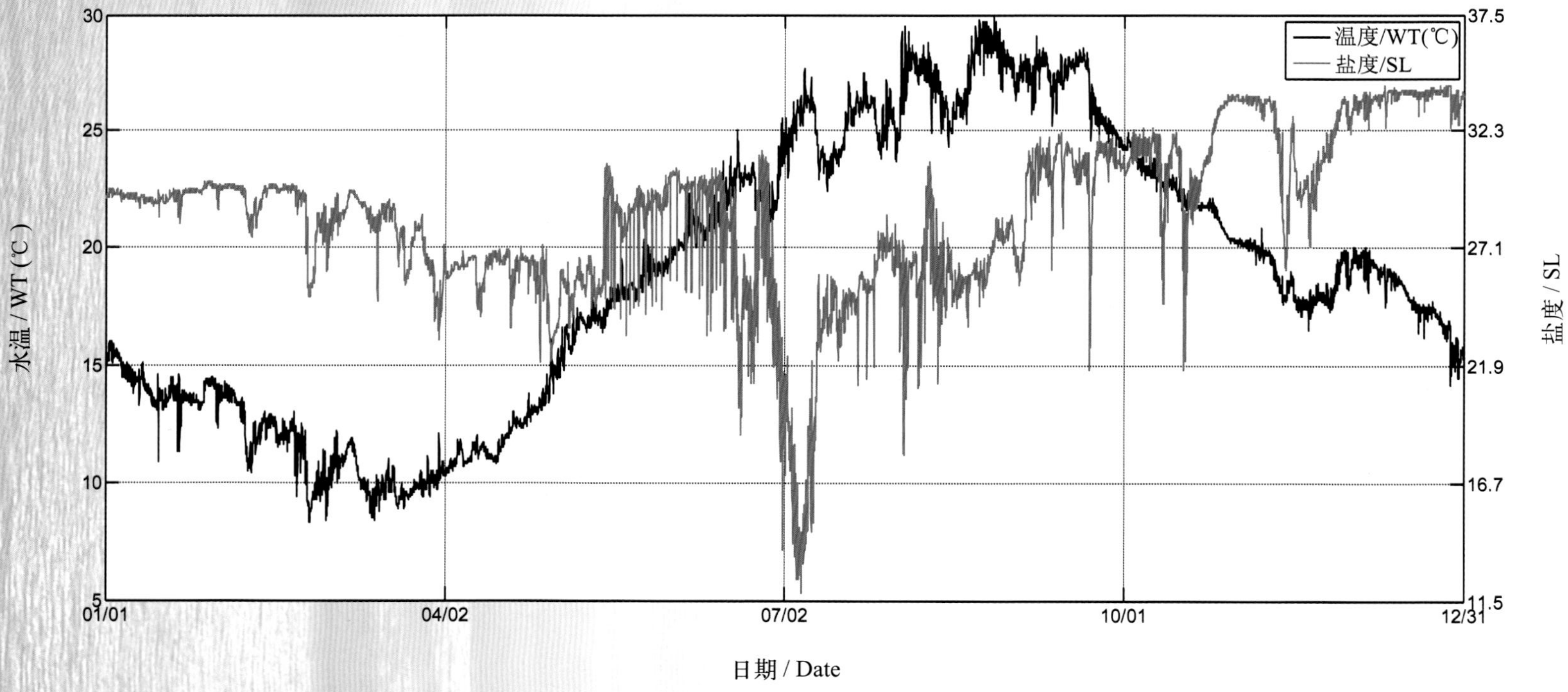

注：06 号浮标在 2010 年 6 月、7 月、8 月存在盐度波动异常，经判断为可能存在的值，因此未对数据处理。

06 号浮标 2009 年 08 月水温、盐度观测资料
WT and SL of 06 buoy in Aug 2009

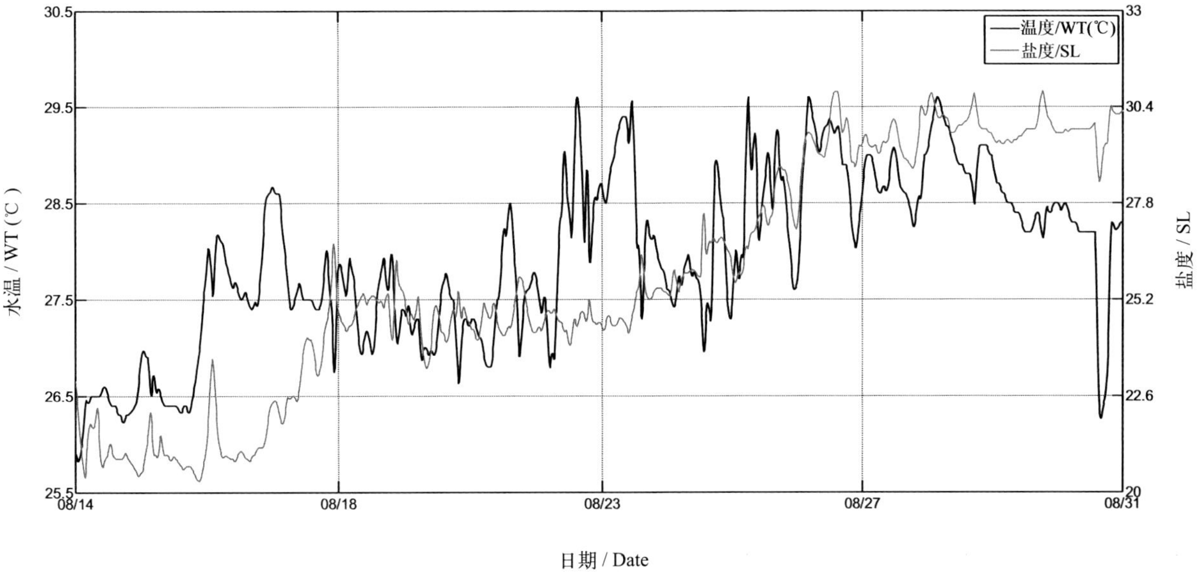

06 号浮标 2009 年 09 月水温、盐度观测资料
WT and SL of 06 buoy in Sep 2009

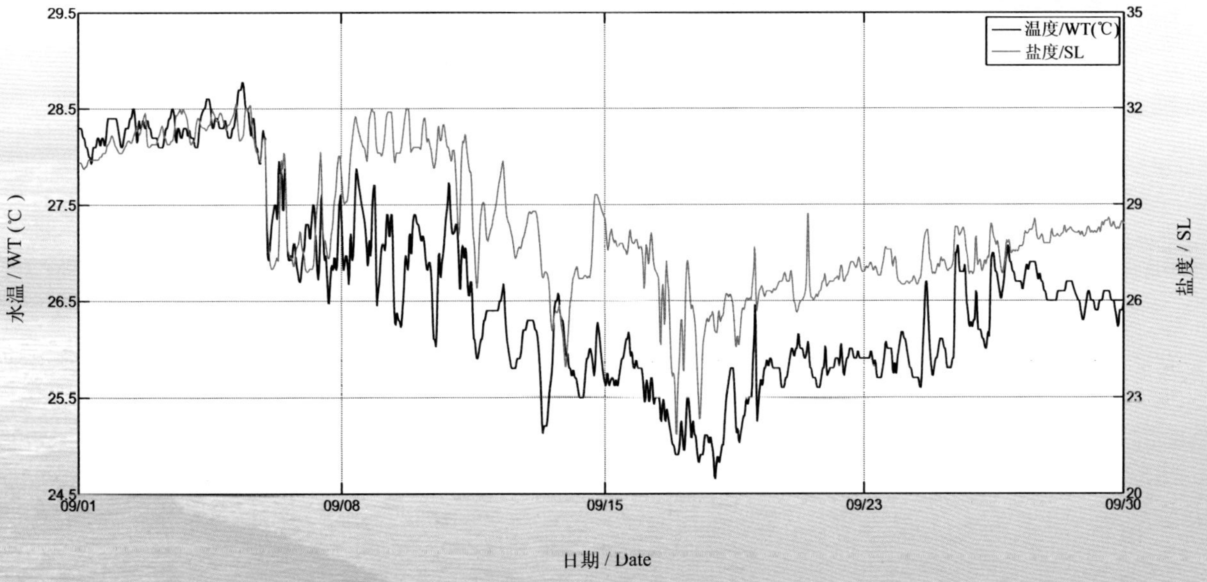

06 号浮标 2009 年 10 月水温、盐度观测资料
WT and SL of 06 buoy in Oct 2009

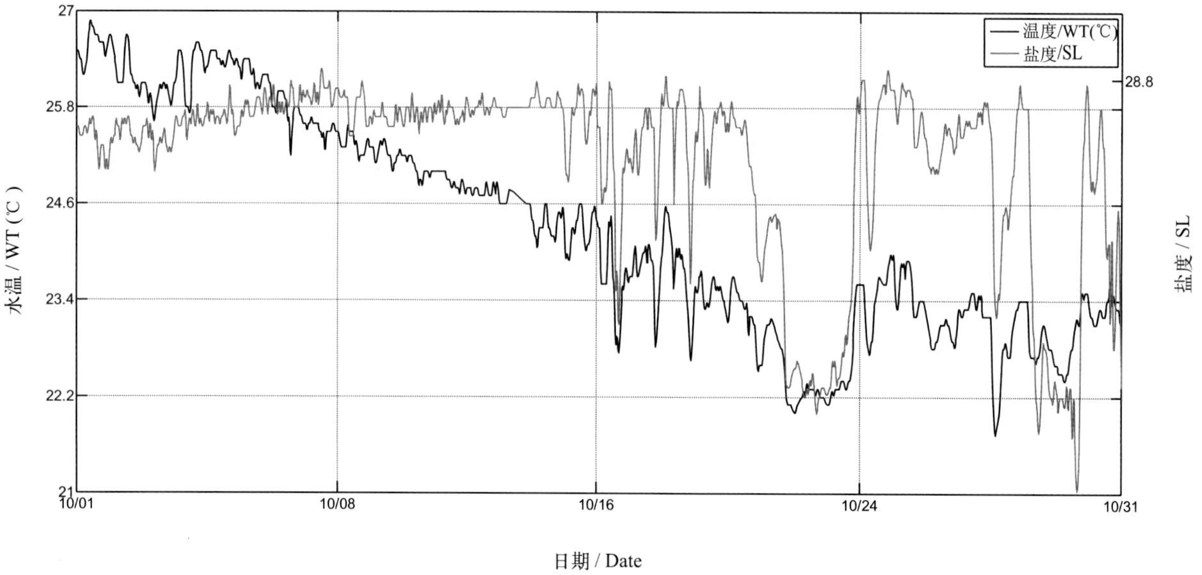

06 号浮标 2009 年 11 月水温、盐度观测资料
WT and SL of 06 buoy in Nov 2009

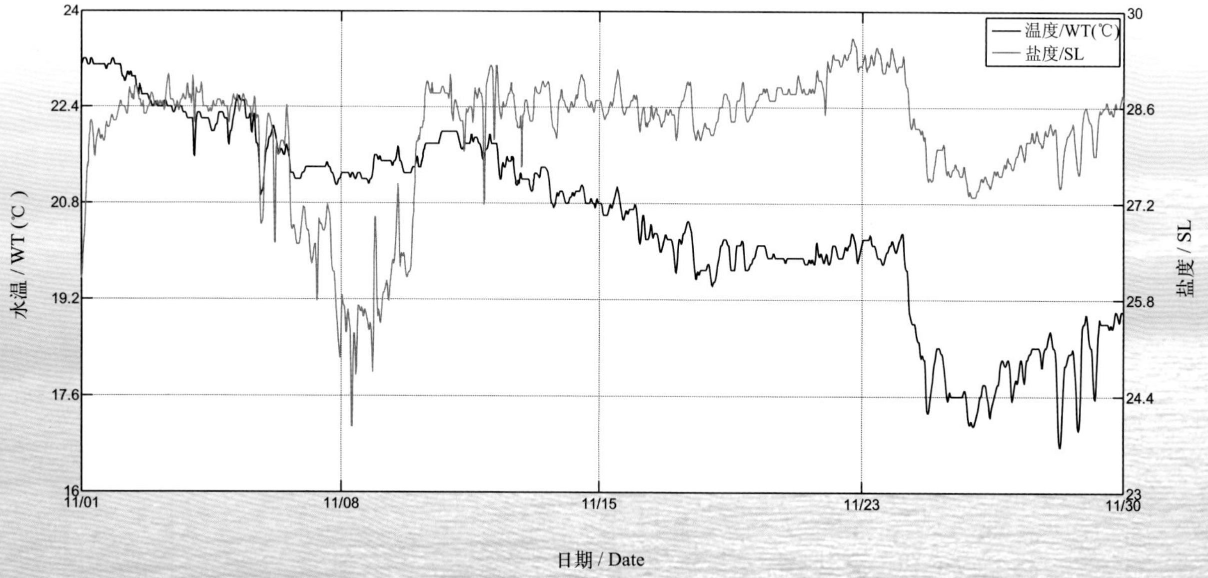

06 号浮标 2009 年 12 月水温、盐度观测资料
WT and SL of 06 buoy in Dec 2009

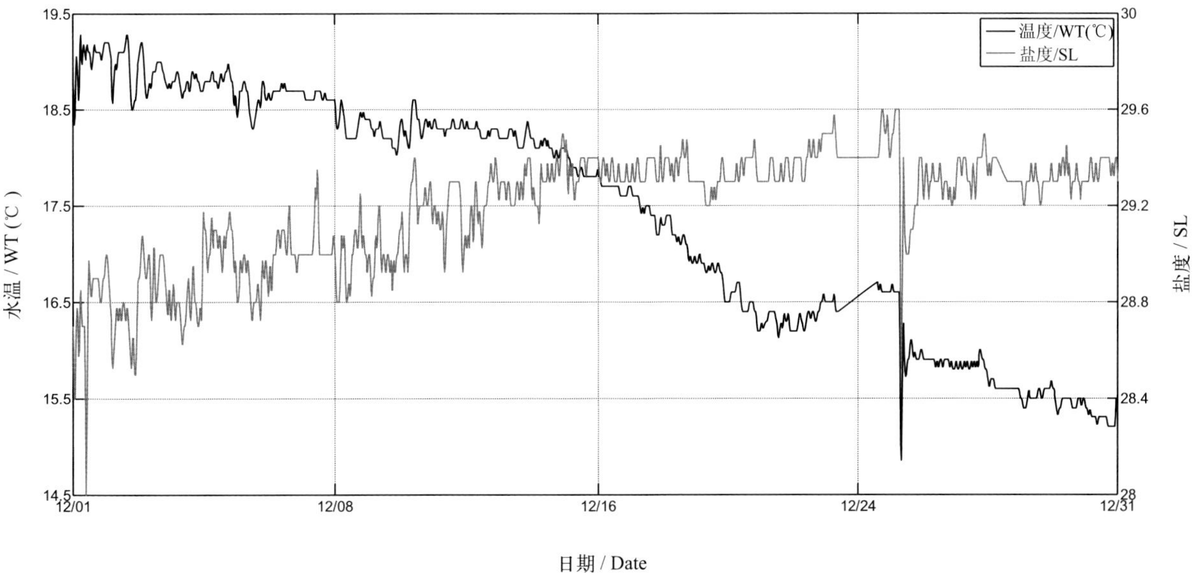

06 号浮标 2010 年 01 月水温、盐度观测资料
WT and SL of 06 buoy in Jan 2010

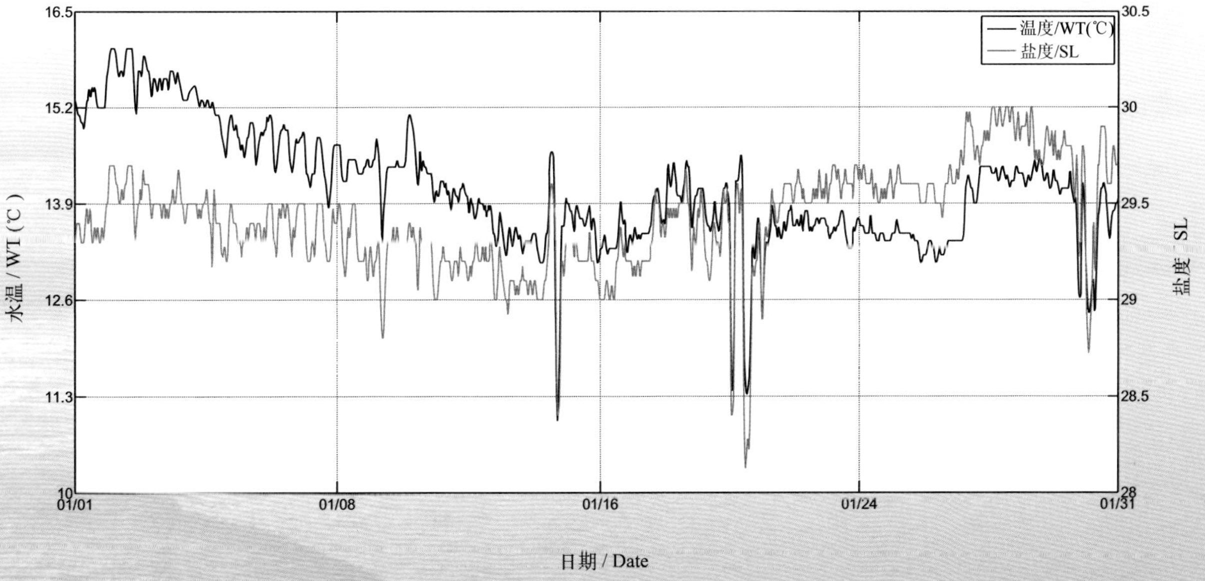

06 号浮标 2010 年 02 月水温、盐度观测资料
WT and SL of 06 buoy in Feb 2010

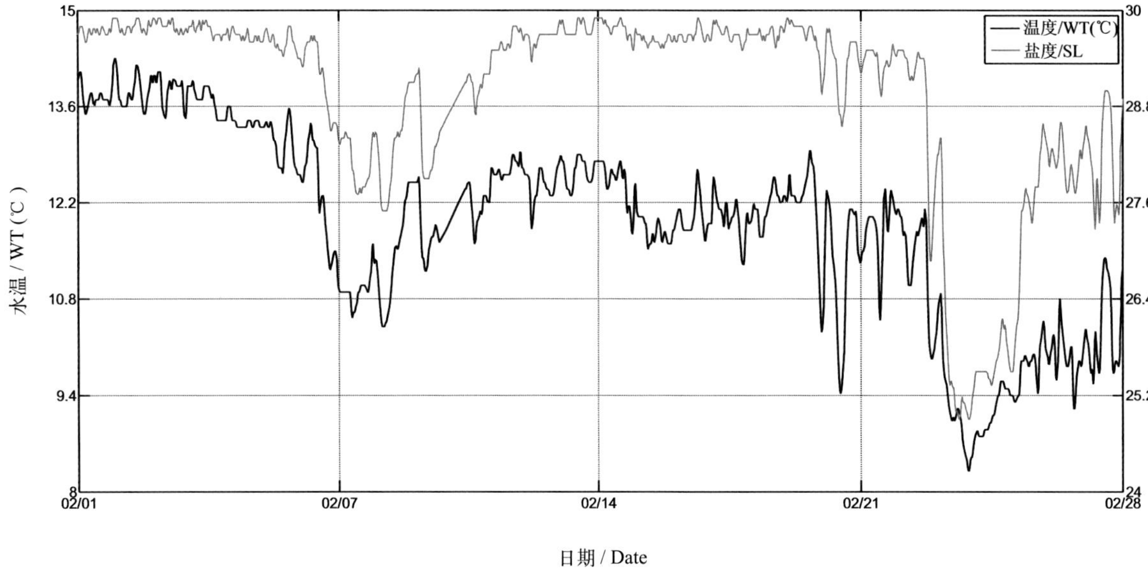

06 号浮标 2010 年 03 月水温、盐度观测资料
WT and SL of 06 buoy in Mar 2010

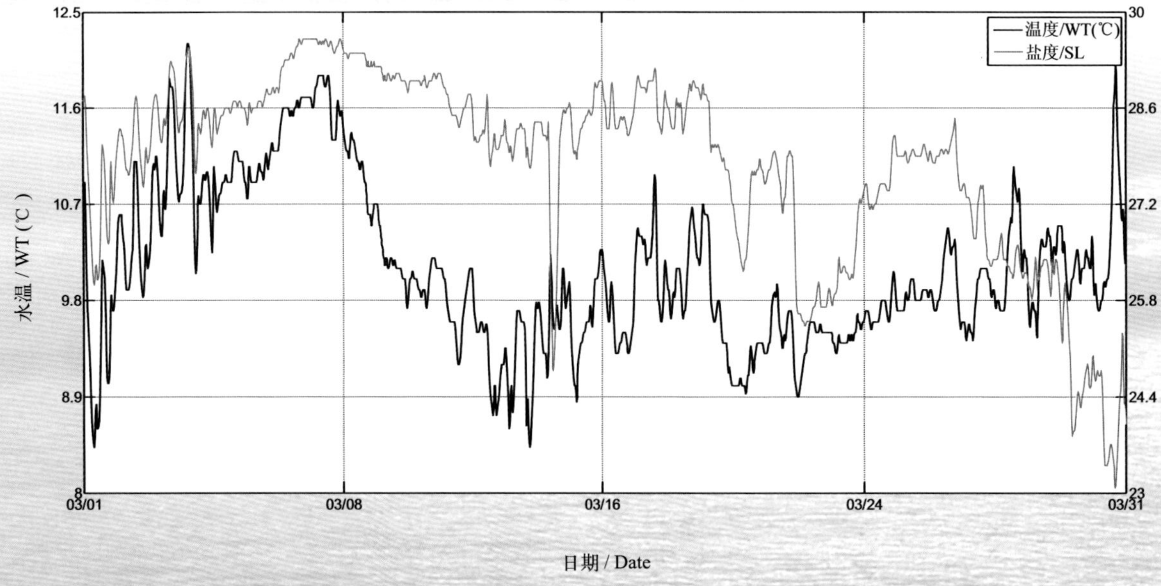

06号浮标2010年04月水温、盐度观测资料
WT and SL of 06 buoy in April 2010

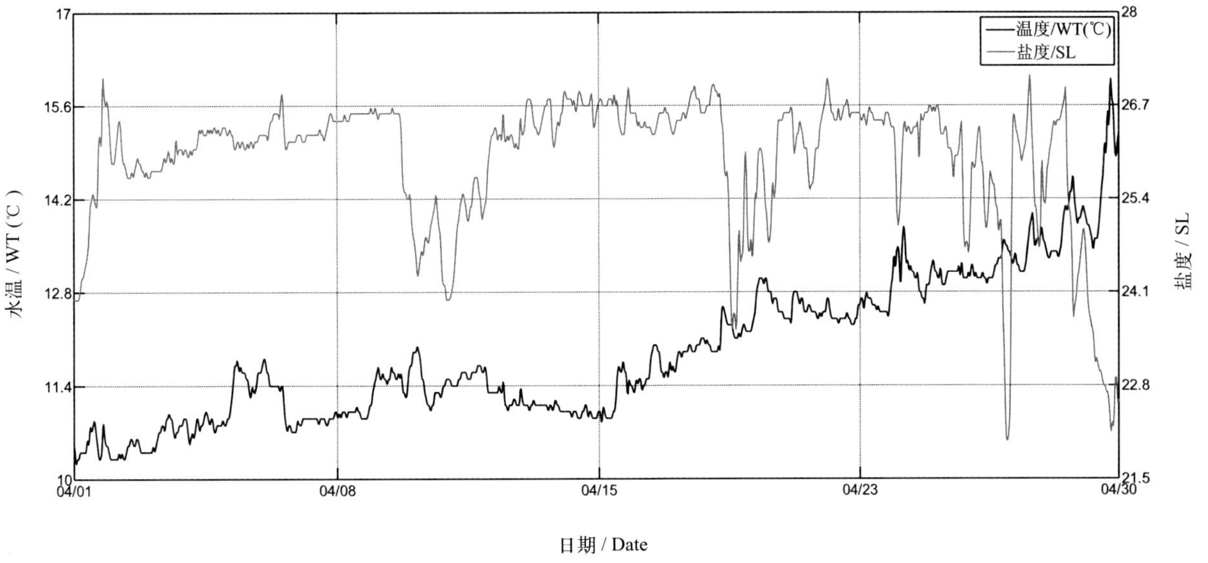

06号浮标2010年05月水温、盐度观测资料
WT and SL of 06 buoy in May 2010

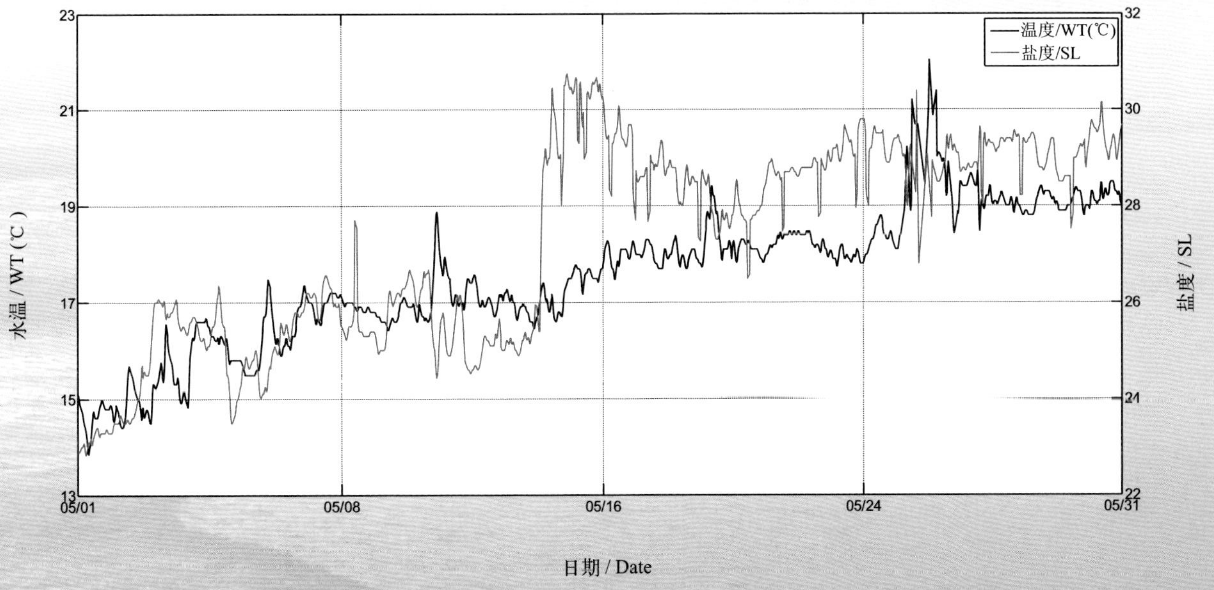

06 号浮标 2010 年 06 月水温、盐度观测资料
WT and SL of 06 buoy in June 2010

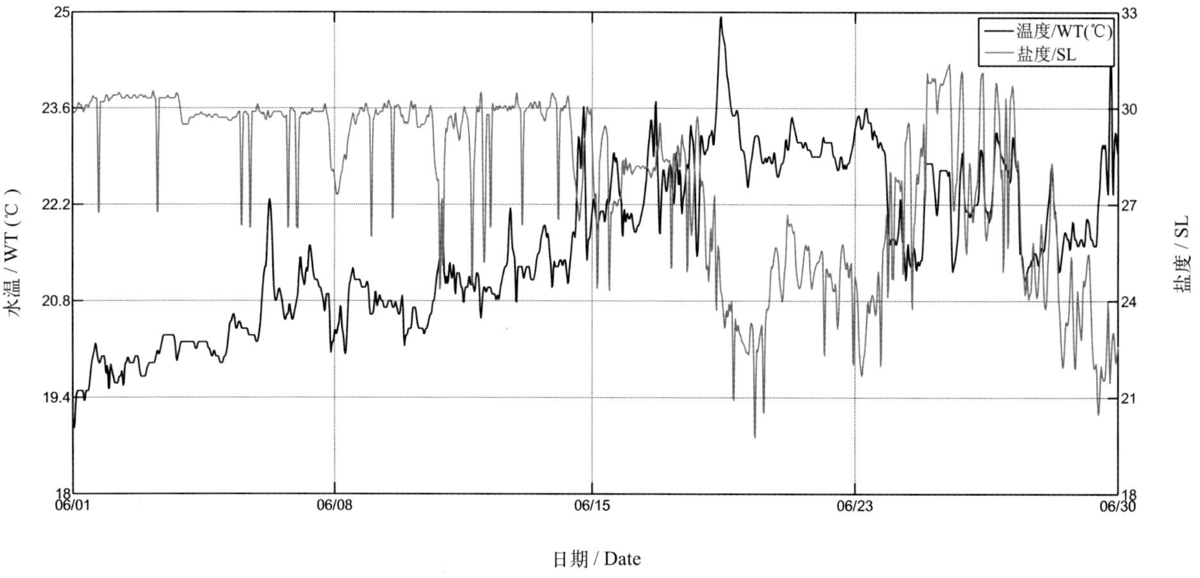

06 号浮标 2010 年 07 月水温、盐度观测资料
WT and SL of 06 buoy in July 2010

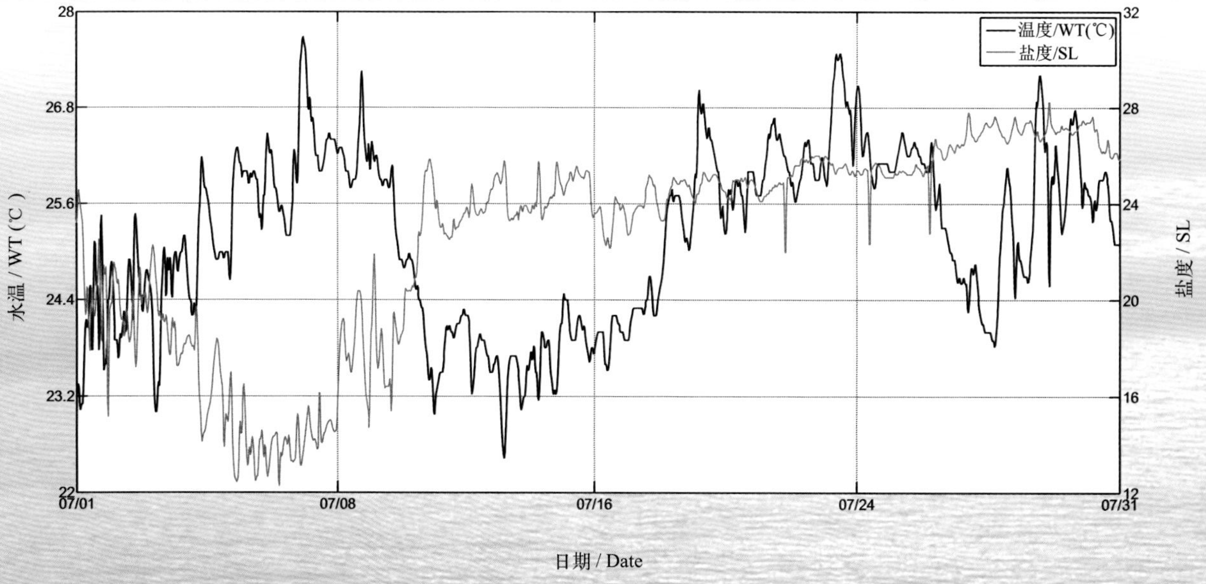

06 号浮标 2010 年 08 月水温、盐度观测资料
WT and SL of 06 buoy in Aug 2010

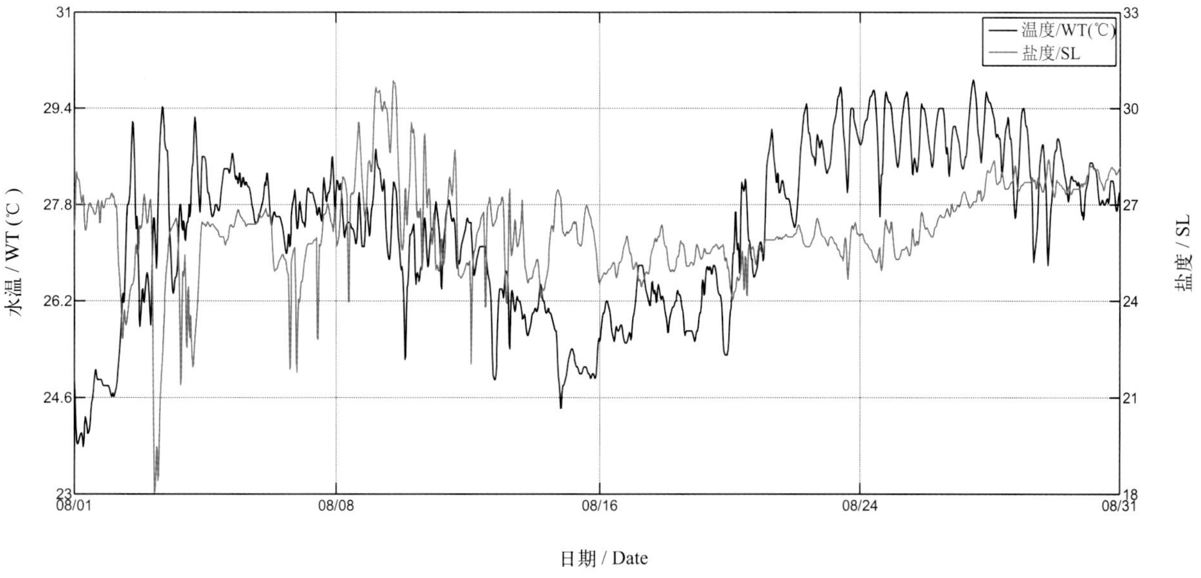

06 号浮标 2010 年 09 月水温、盐度观测资料
WT and SL of 06 buoy in Sep 2010

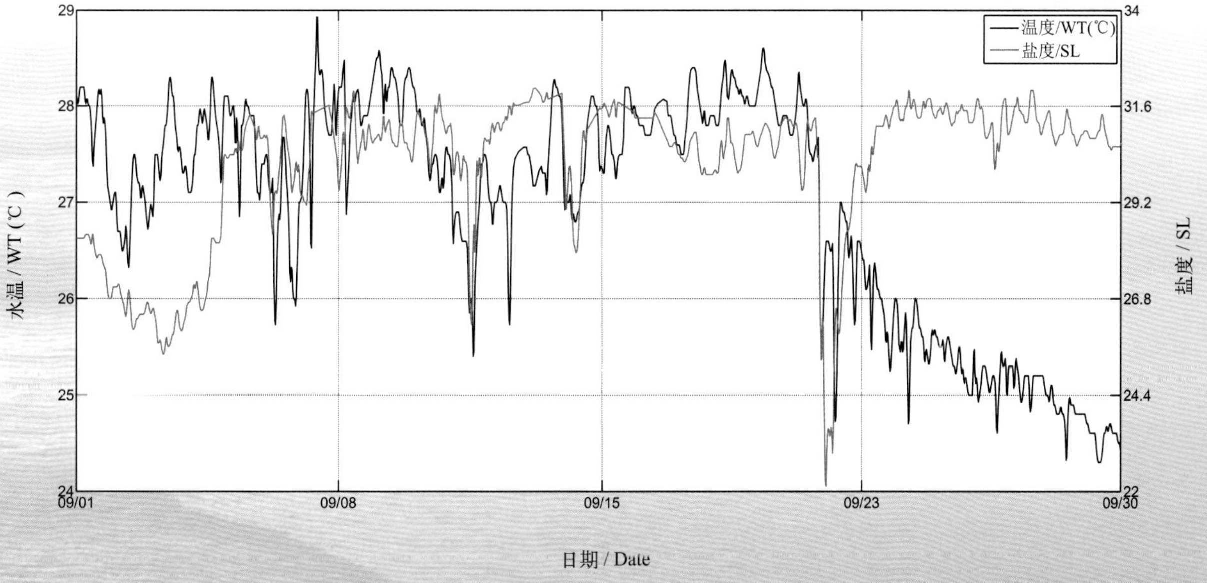

06 号浮标 2010 年 10 月水温、盐度观测资料
WT and SL of 06 buoy in Oct 2010

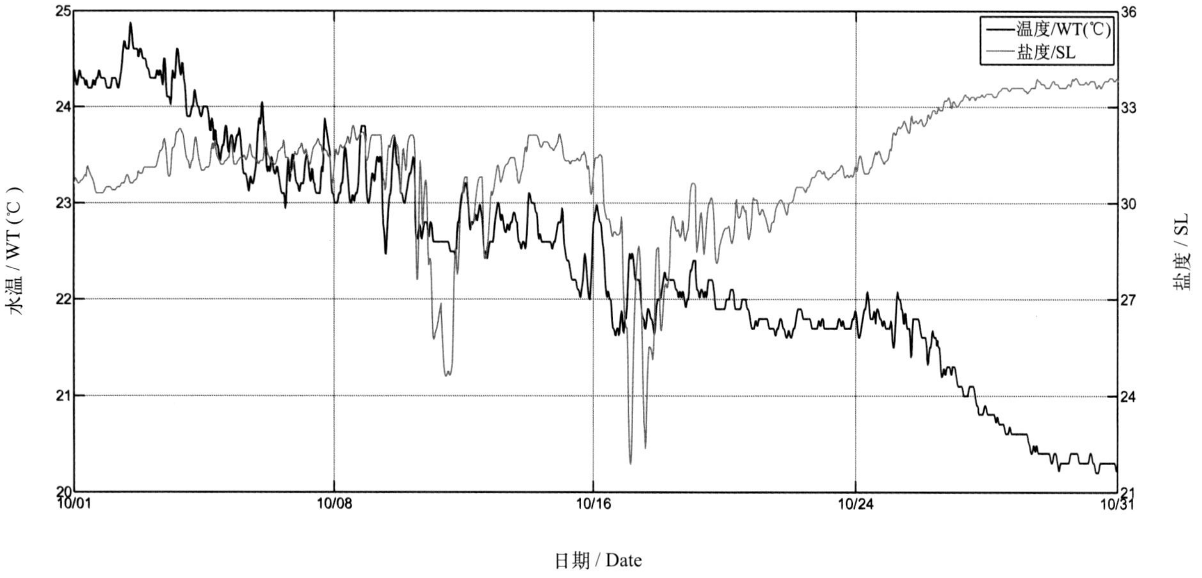

06 号浮标 2010 年 11 月水温、盐度观测资料
WT and SL of 06 buoy in Nov 2010

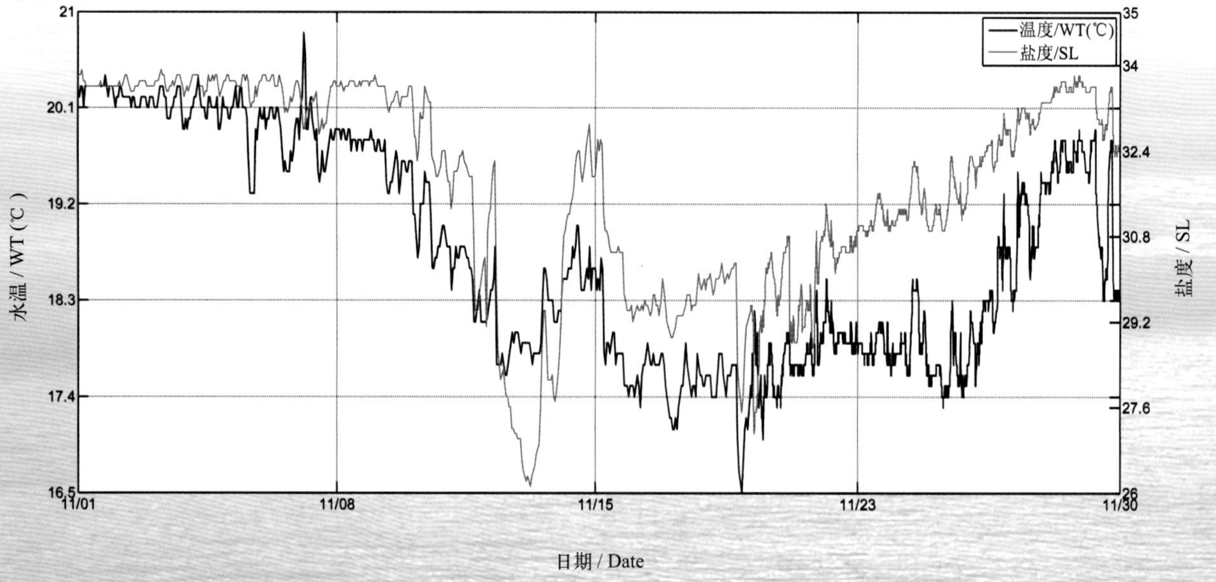

06 号浮标 2010 年 12 月水温、盐度观测资料
WT and SL of 06 buoy in Dec 2010

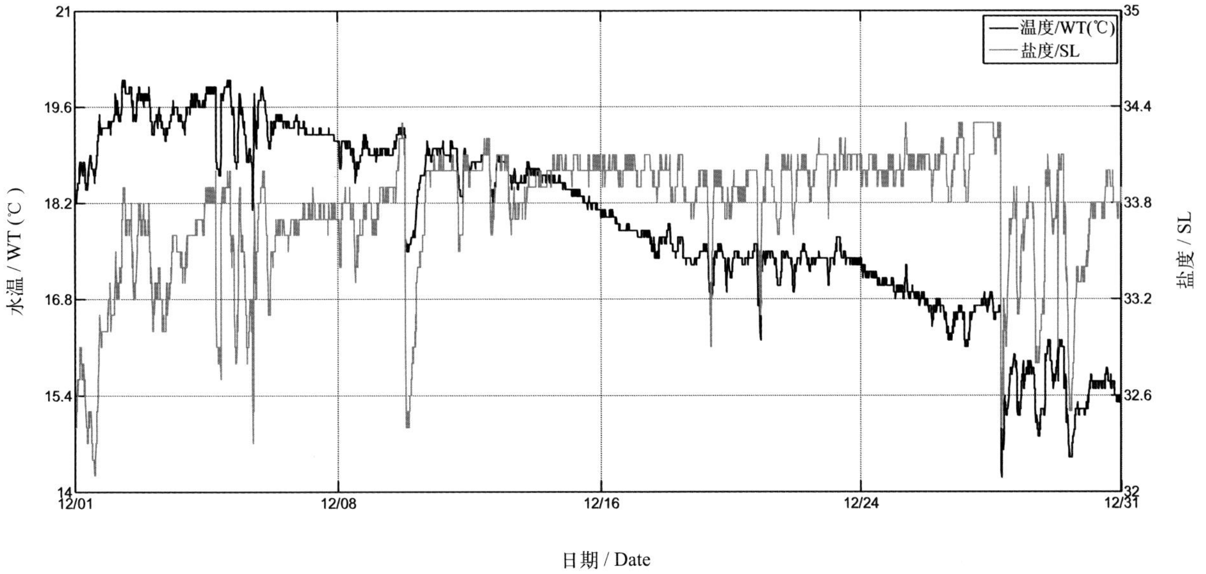

07 号浮标 2010 年水温、盐度观测资料
WT and SL of 07 buoy in 2010

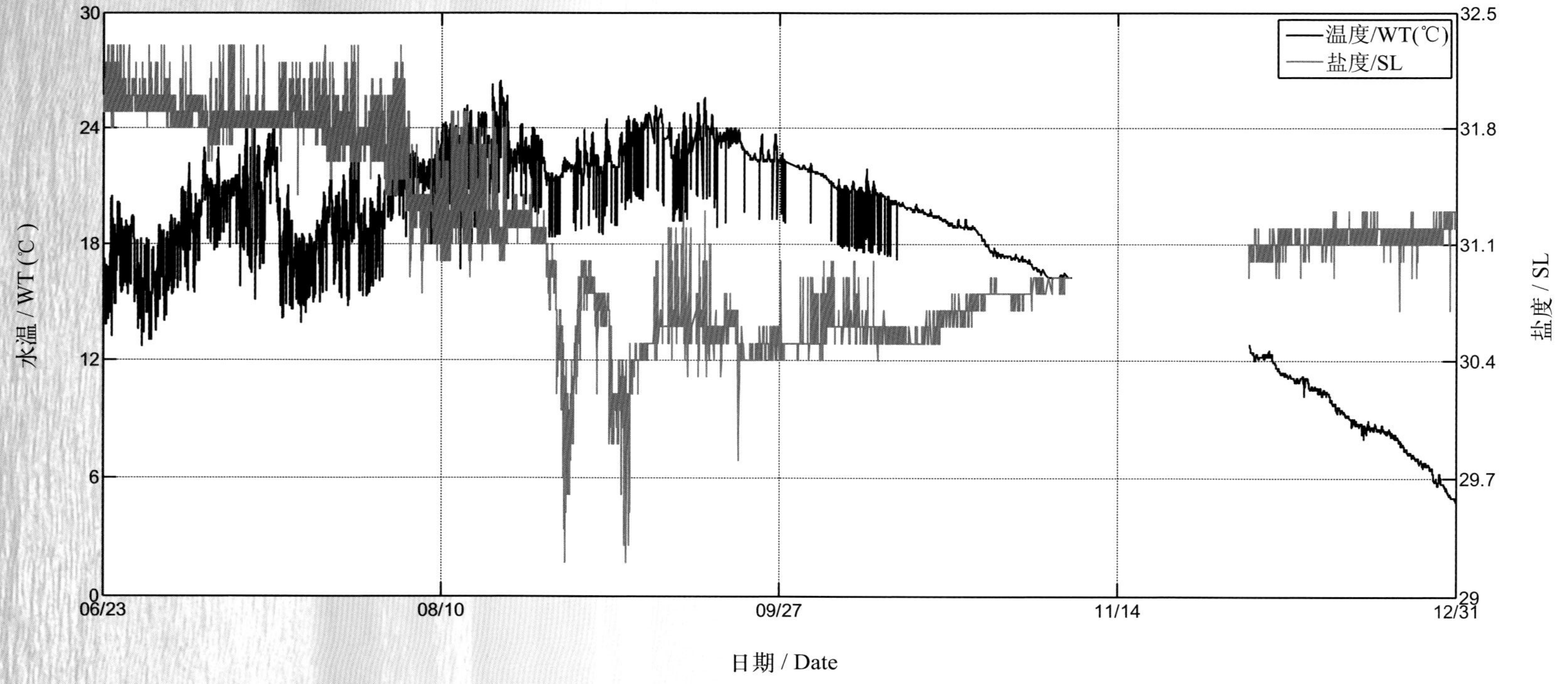

注：07 号浮标于 2010 年 6 月 23 日 10 点 45 分布放，传感器长期波动较大，因此未对数据做处理，11 月份传感器工作故障，经判定对数据进行剔除。

07 号浮标 2010 年 07 月水温、盐度观测资料
WT and SL of 07 buoy in July 2010

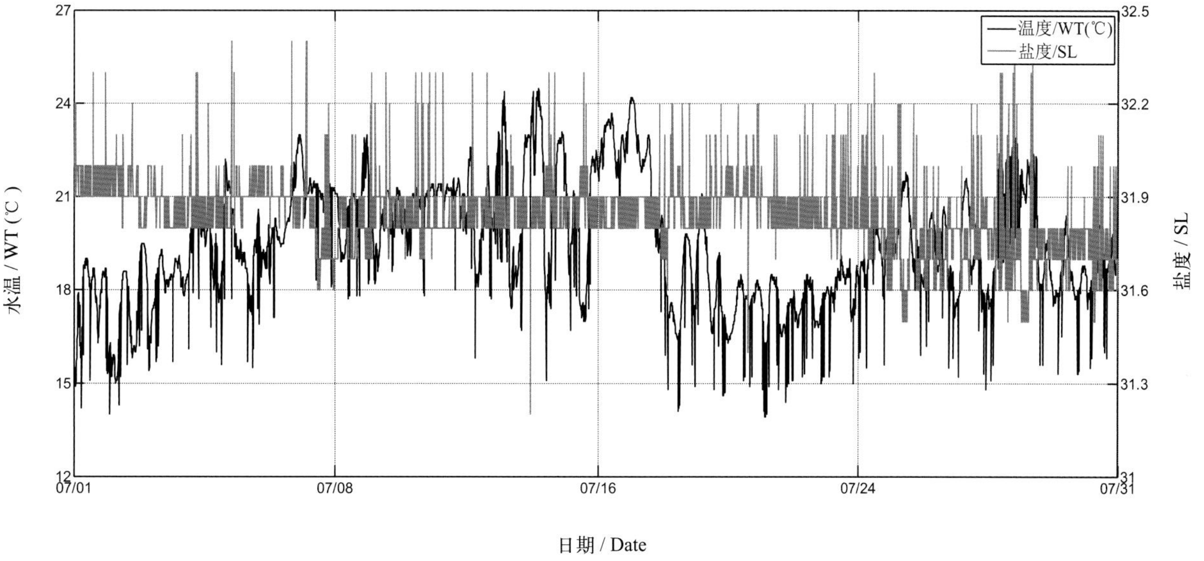

07 号浮标 2010 年 08 月水温、盐度观测资料
WT and SL of 07 buoy in Aug 2010

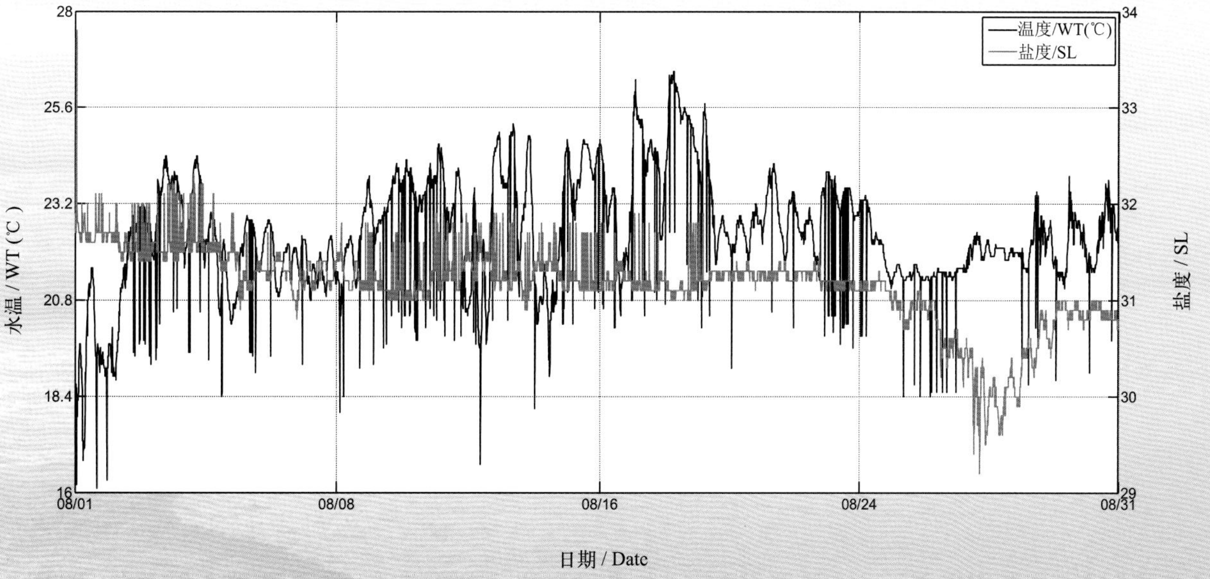

07 号浮标 2010 年 09 月水温、盐度观测资料
WT and SL of 07 buoy in Sep 2010

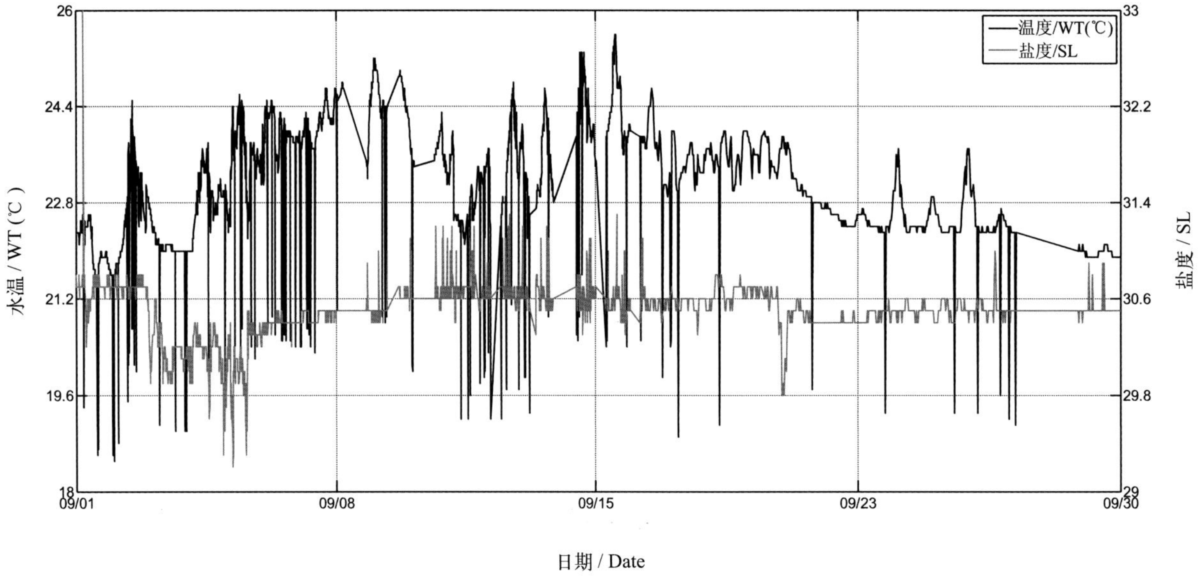

07 号浮标 2010 年 10 月水温、盐度观测资料
WT and SL of 07 buoy in Oct 2010

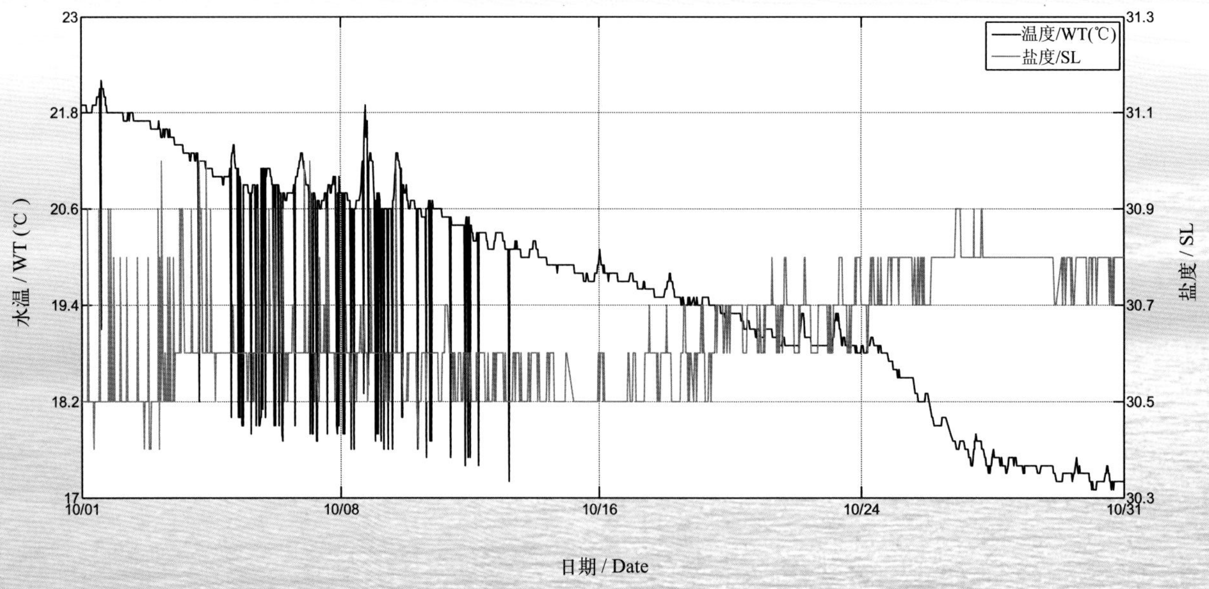

07 号浮标 2010 年 12 月水温、盐度观测资料
WT and SL of 07 buoy in Dec 2010

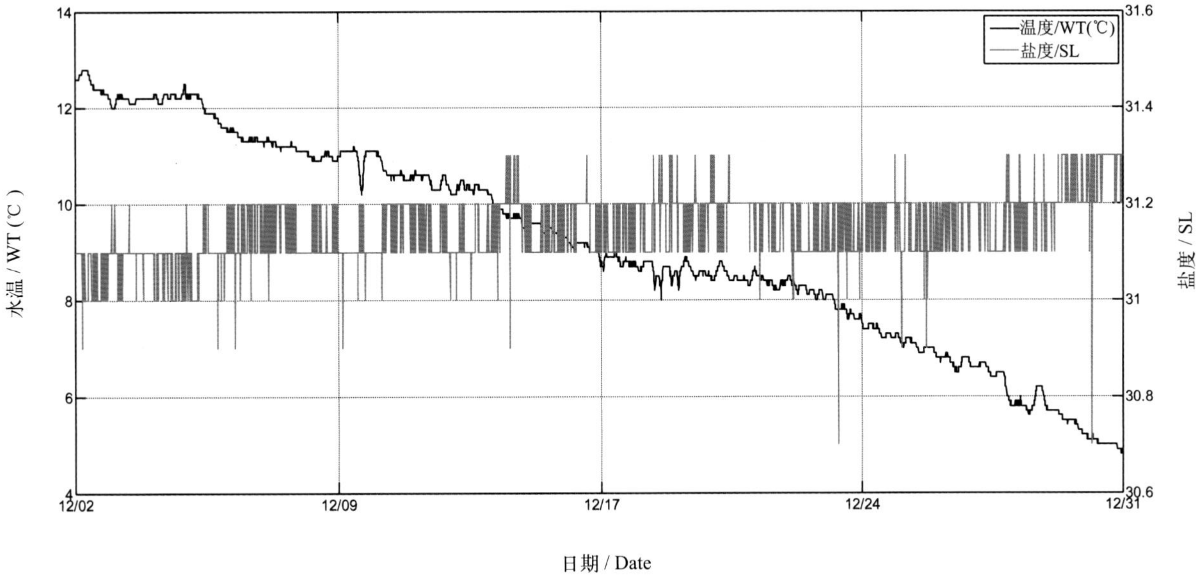

01 号浮标 2009 年有效波高、有效波周期观测资料
SignWH and SignWP of 01 buoy in 2009

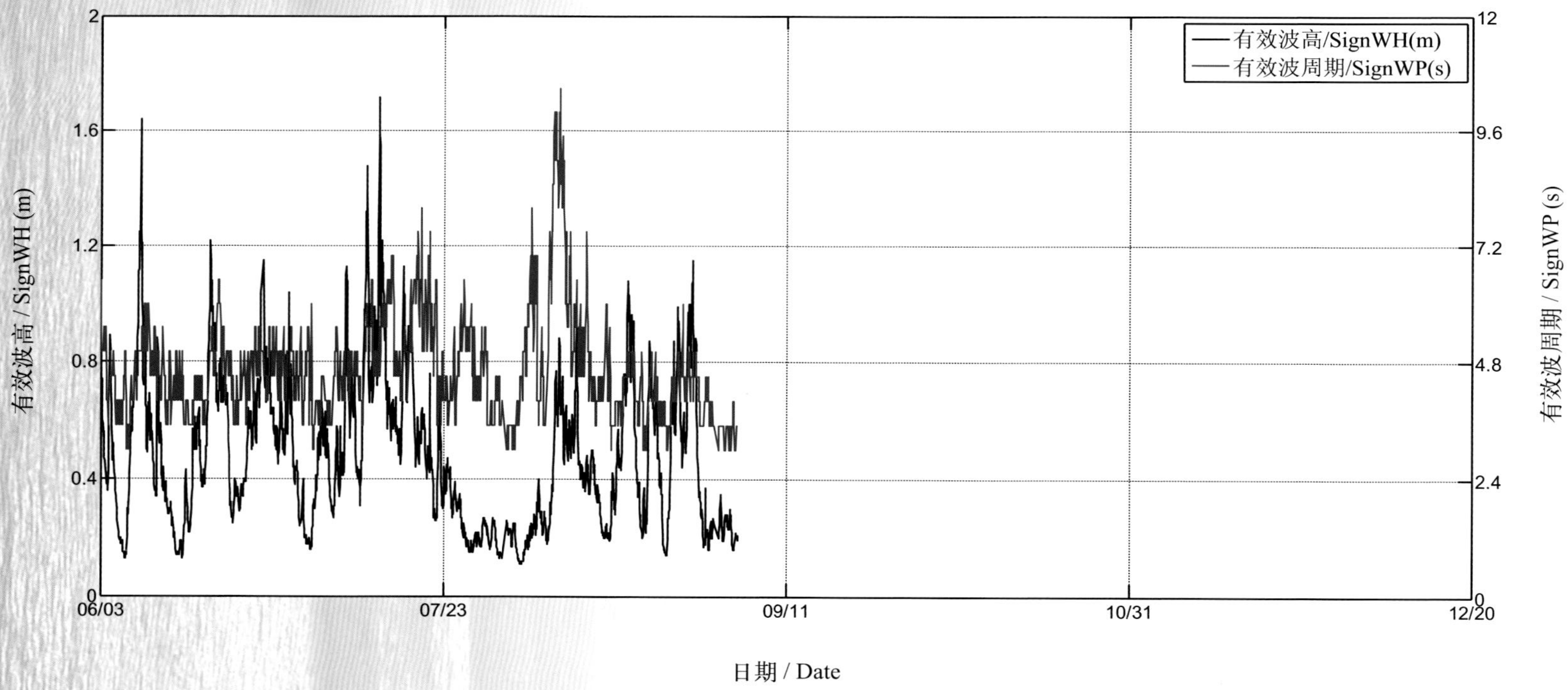

注：01 号浮标于 2009 年 6 月 3 日完成布放，9 月至 12 月期间，因 01 号标出现系统故障，导致数据缺失。

01 号浮标 2010 年有效波高、有效波周期观测资料
SignWH and SignWP of 01 buoy in 2010

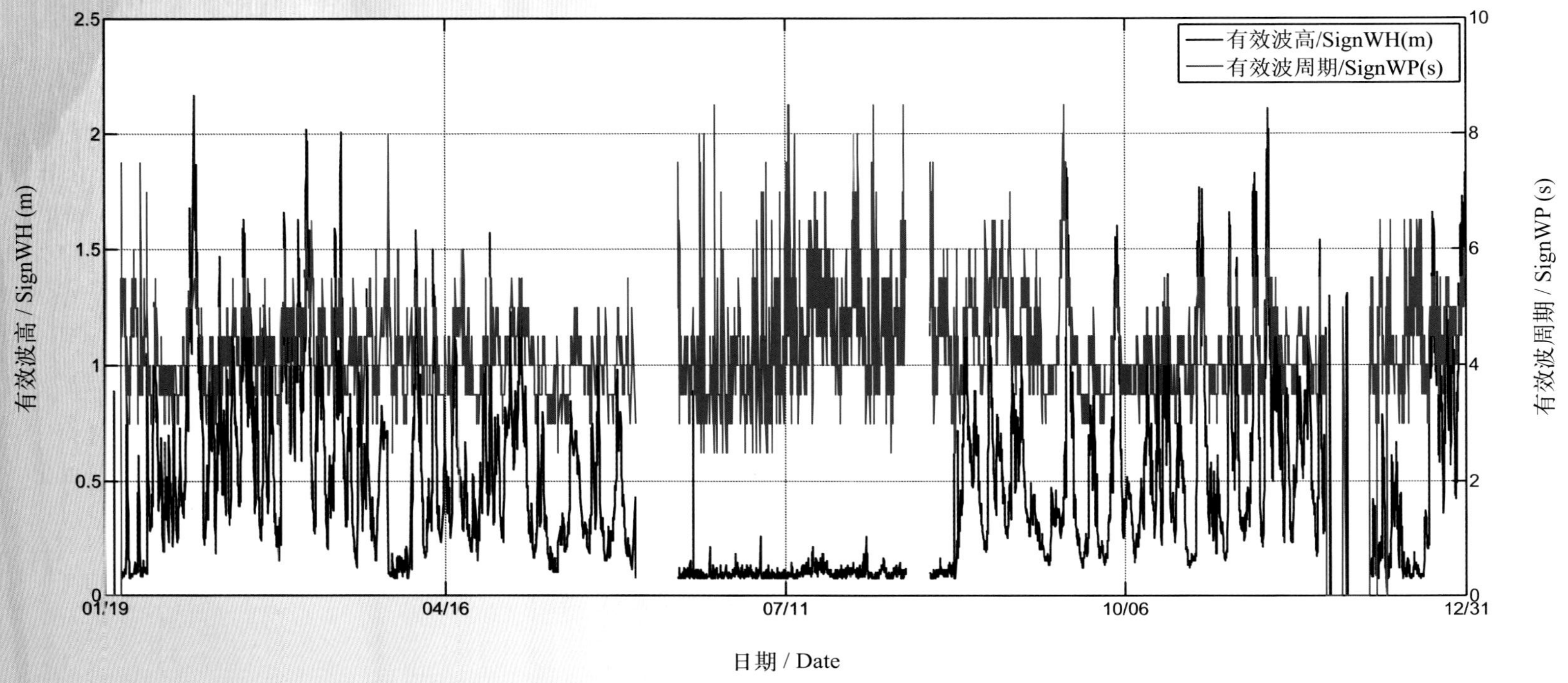

注：2010 年 6 月 4 日至 14 日，8 月 11 日至 17 日期间，因 01 号标出现系统故障，导致数据缺失。

01 号浮标 2009 年 06 月有效波高、有效波周期观测资料
SignWH and SignWP of 01 buoy in June 2009

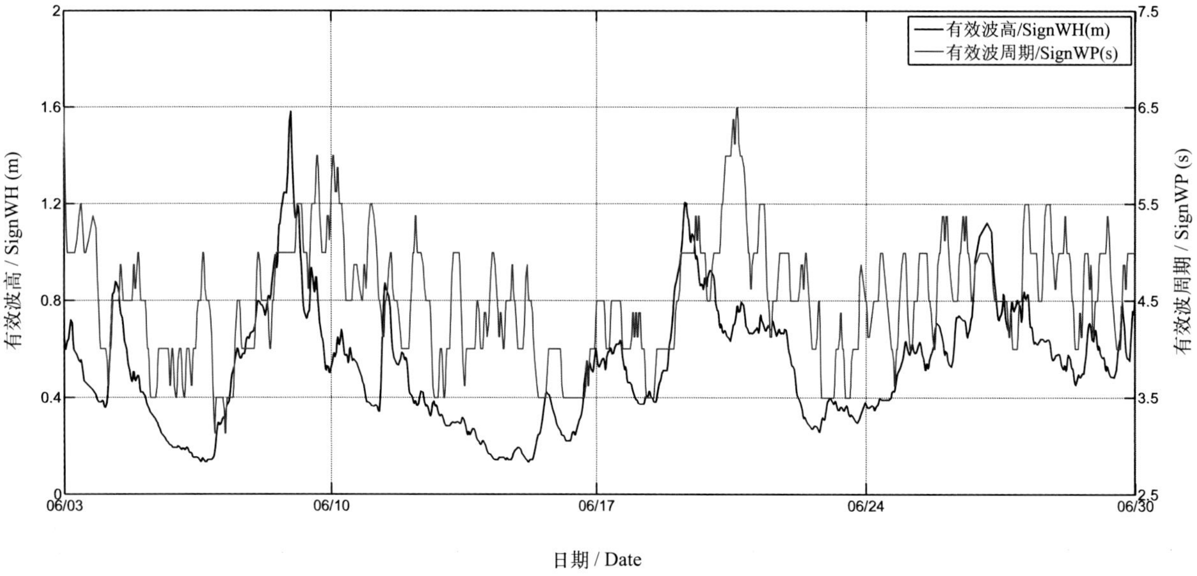

01 号浮标 2009 年 07 月有效波高、有效波周期观测资料
SignWH and SignWP of 01 buoy in July 2009

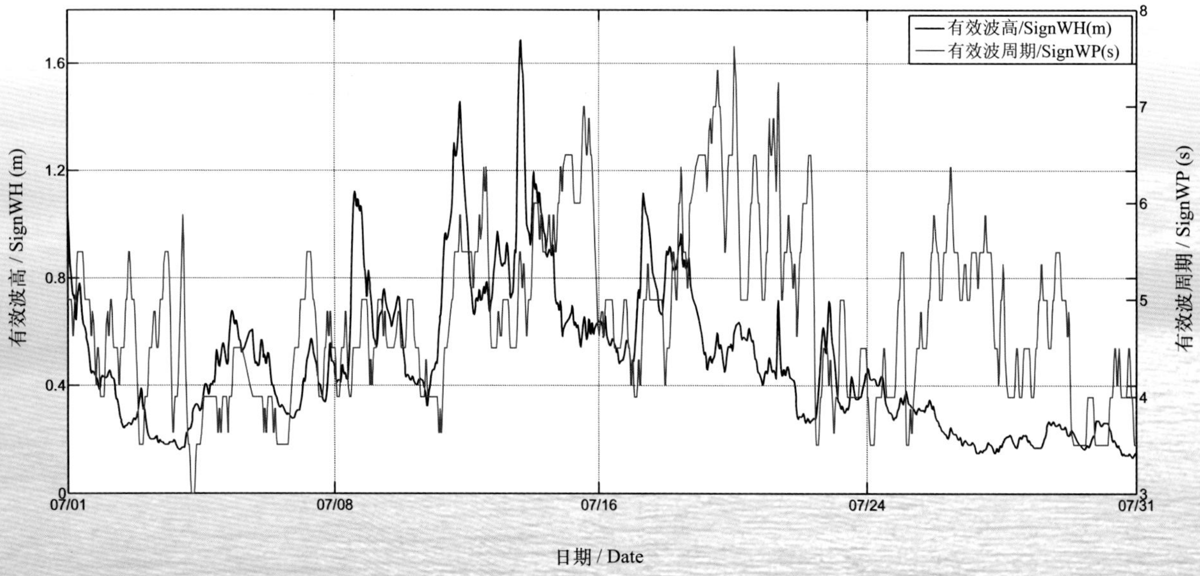

01号浮标2009年08月有效波高、有效波周期观测资料
SignWH and SignWP of 01 buoy in Aug 2009

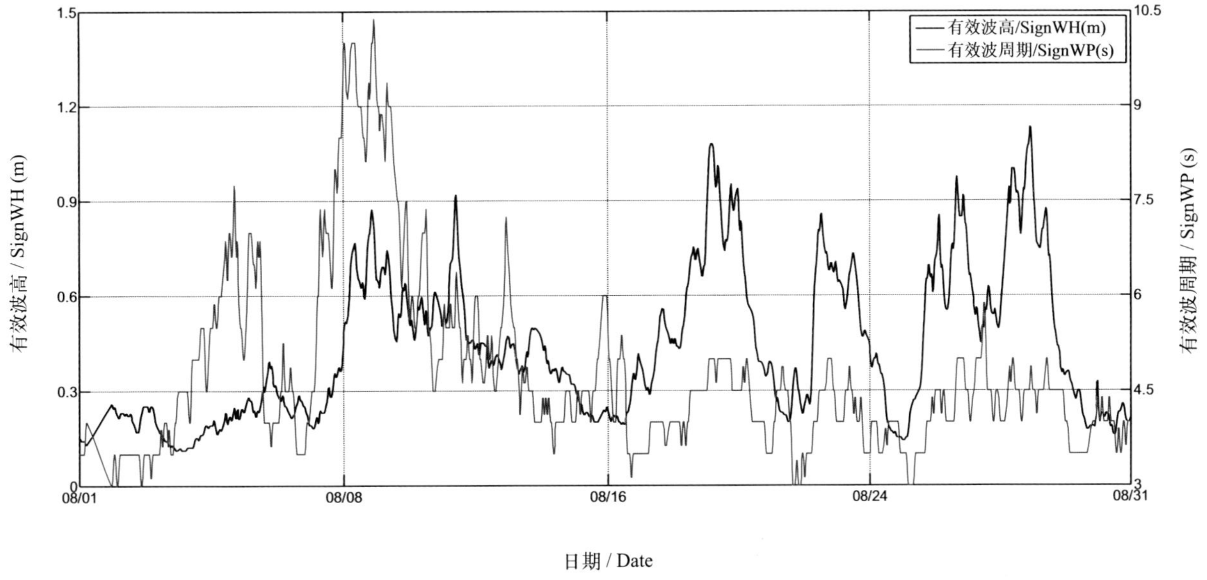

01号浮标2010年01月有效波高、有效波周期观测资料
SignWH and SignWP of 01 buoy in Jan 2010

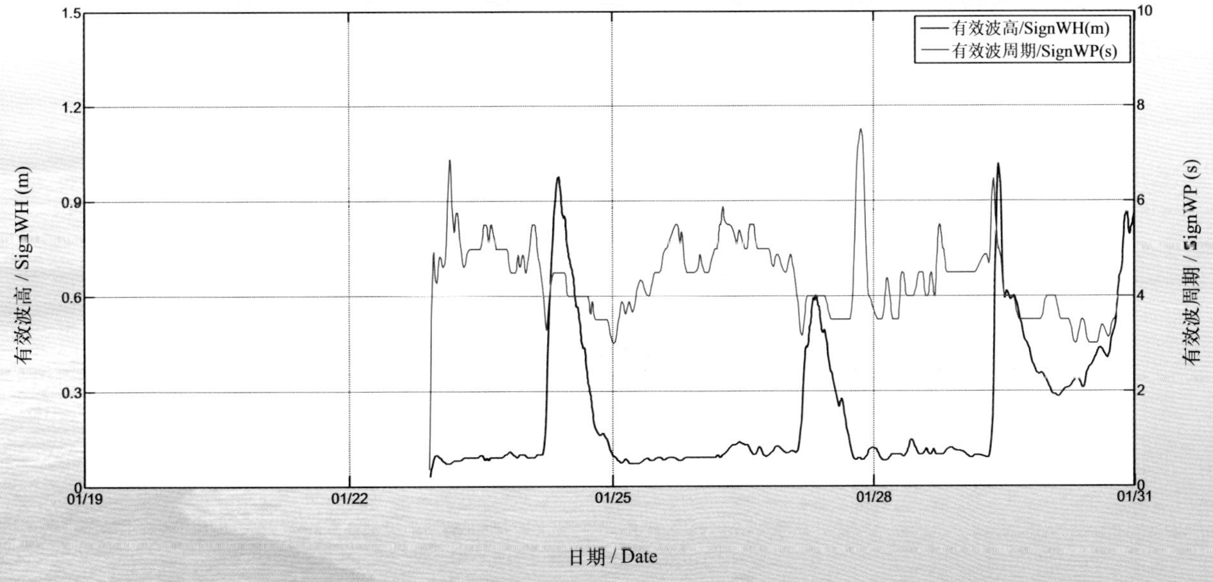

01 号浮标 2010 年 02 月有效波高、有效波周期观测资料
SignWH and SignWP of 01 buoy in Feb 2010

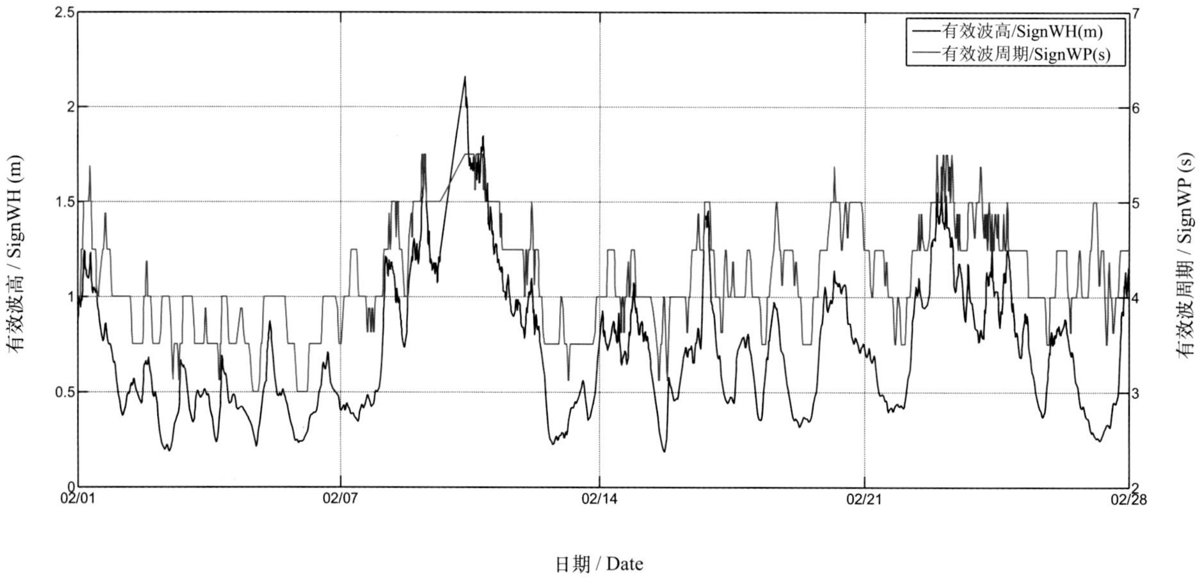

01 号浮标 2010 年 03 月有效波高、有效波周期观测资料
SignWH and SignWP of 01 buoy in Mar 2010

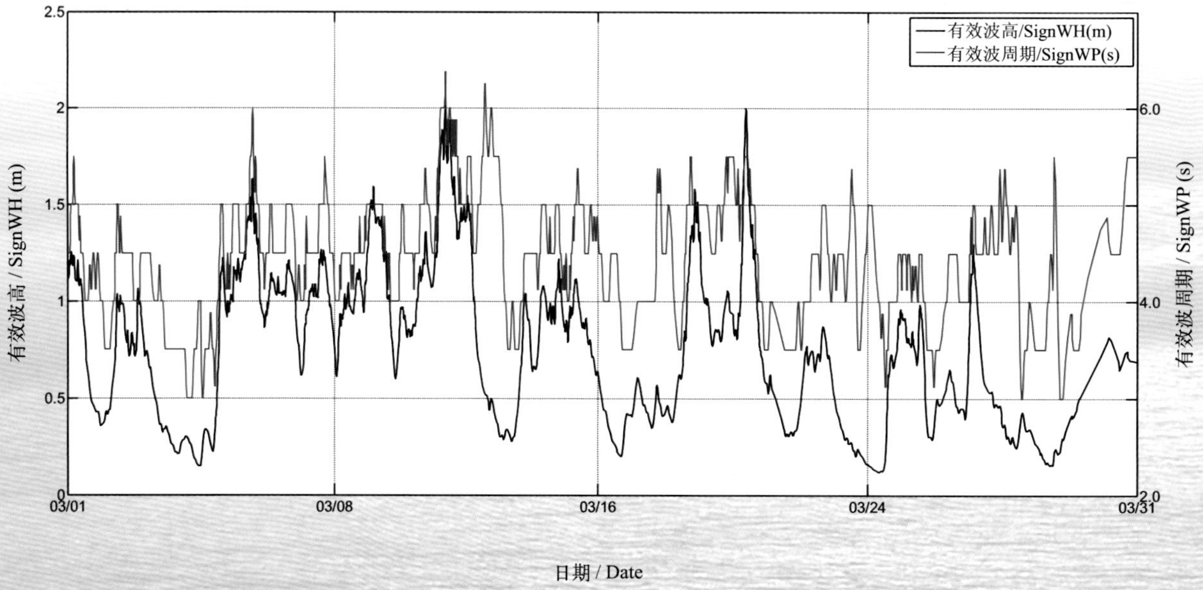

01 号浮标 2010 年 04 月有效波高、有效波周期观测资料
SignWH and SignWP of 01 buoy in April 2010

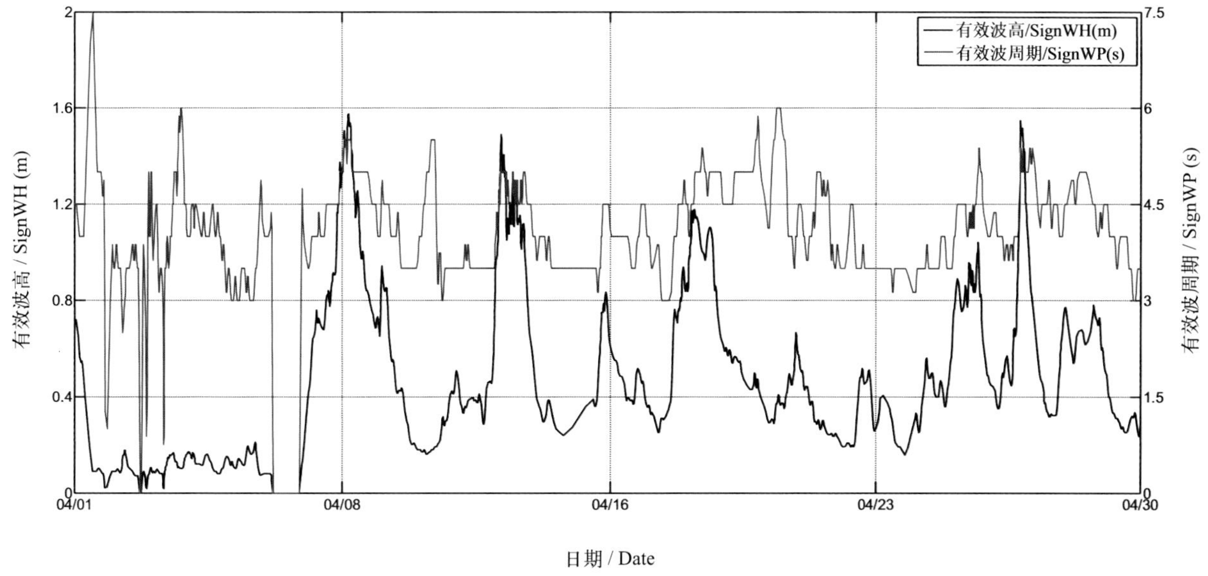

01 号浮标 2010 年 05 月有效波高、有效波周期观测资料
SignWH and SignWP of 01 buoy in May 2010

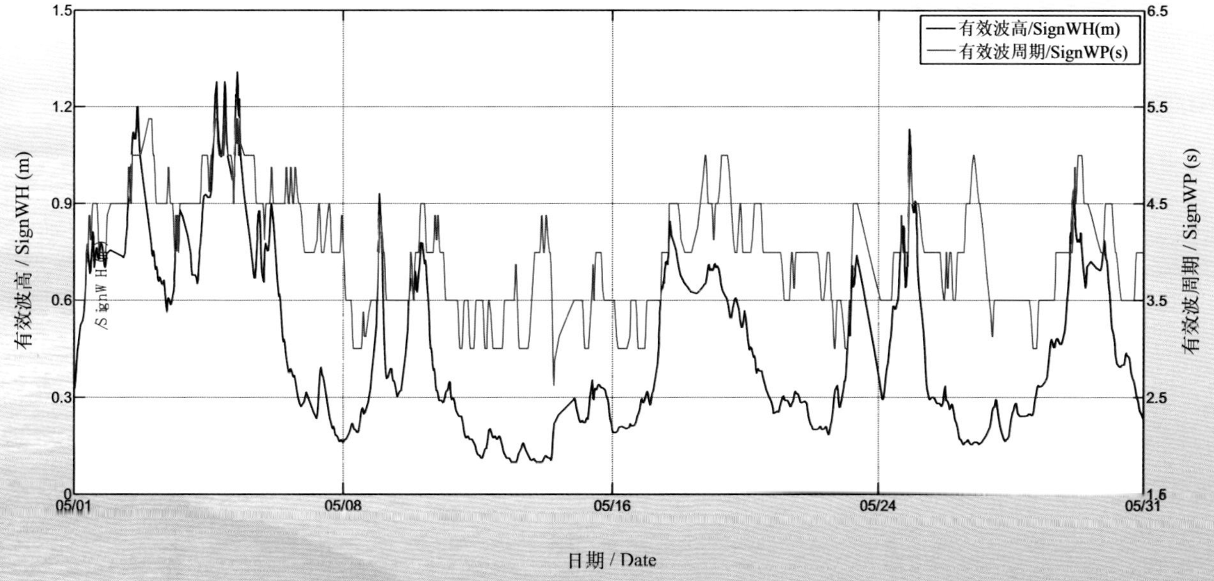

01 号浮标 2010 年 06 月有效波高、有效波周期观测资料
SignWH and SignWP of 01 buoy in June 2010

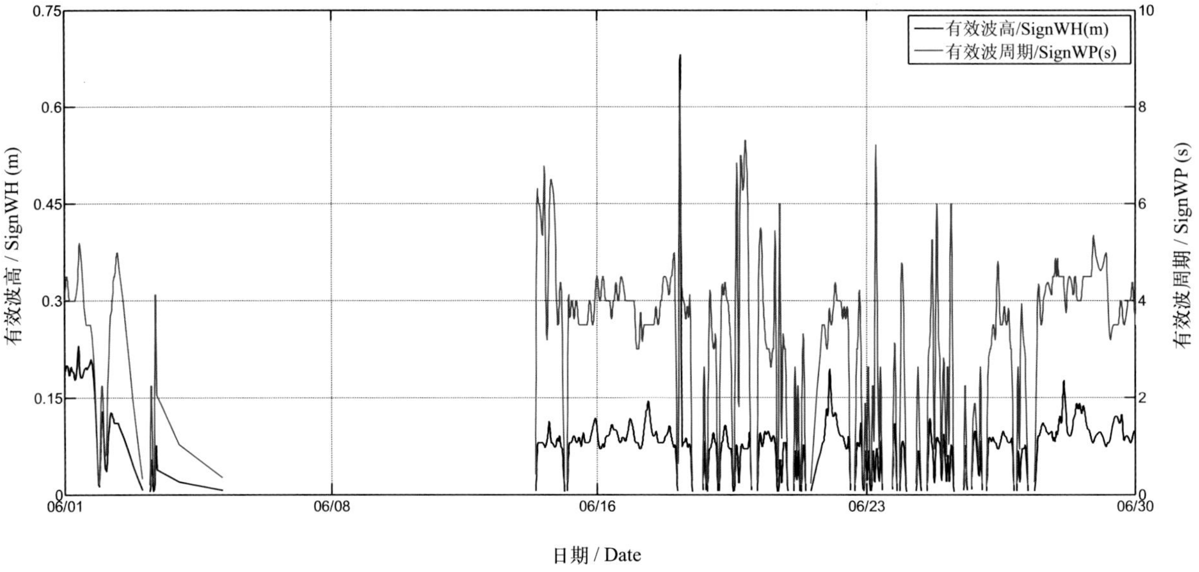

01 号浮标 2010 年 07 月有效波高、有效波周期观测资料
SignWH and SignWP of 01 buoy in July 2010

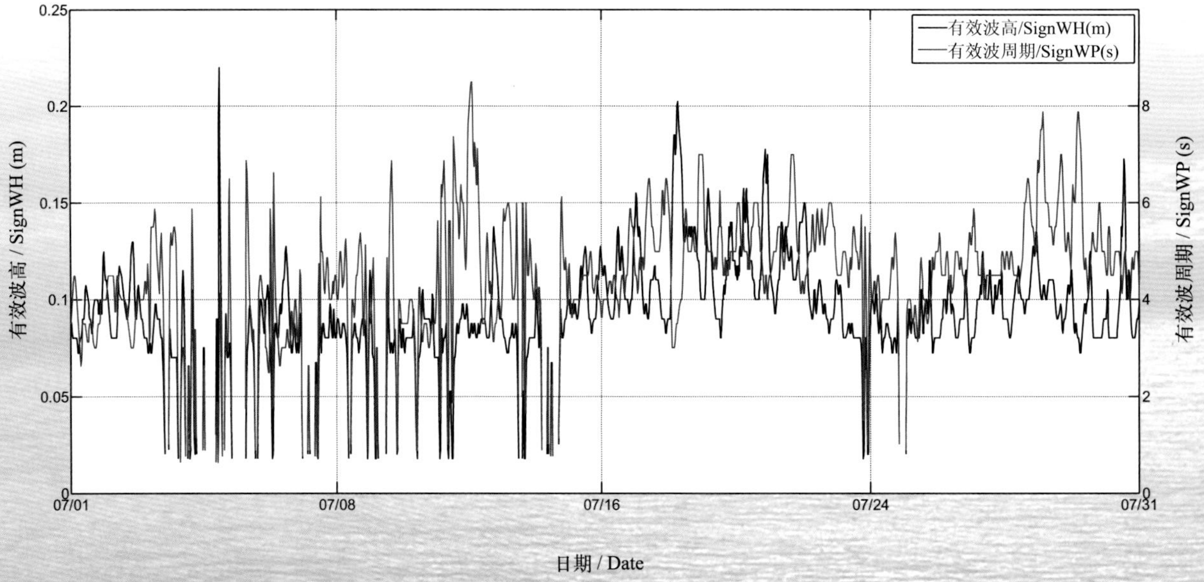

01 号浮标 2010 年 08 月有效波高、有效波周期观测资料
SignWH and SignWP of 01 buoy in Aug 2010

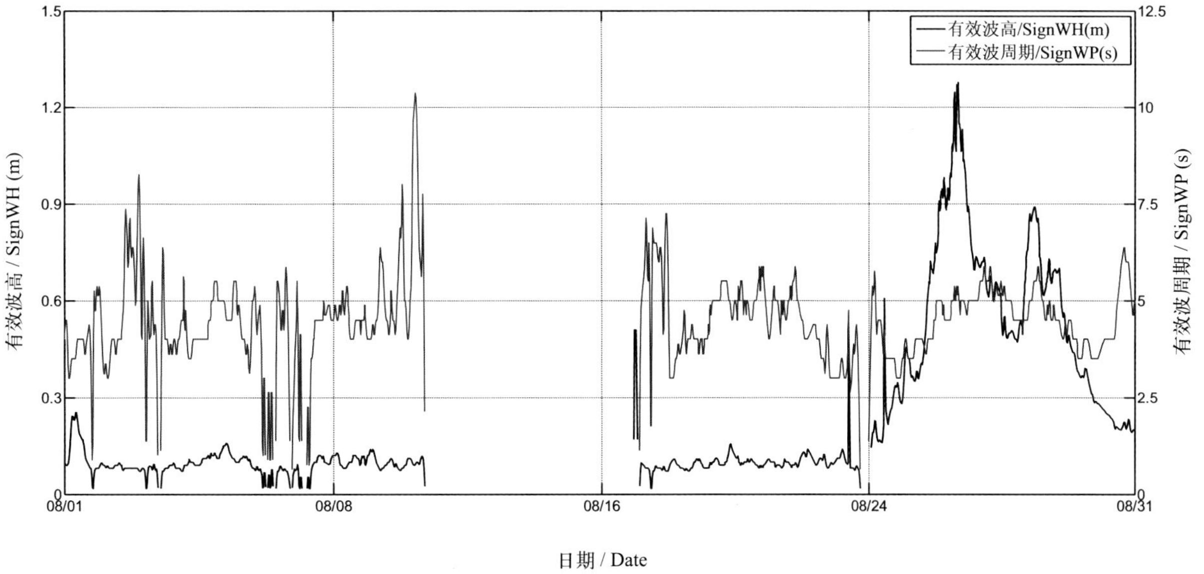

01 号浮标 2010 年 09 月有效波高、有效波周期观测资料
SignWH and SignWP of 01 buoy in Sep 2010

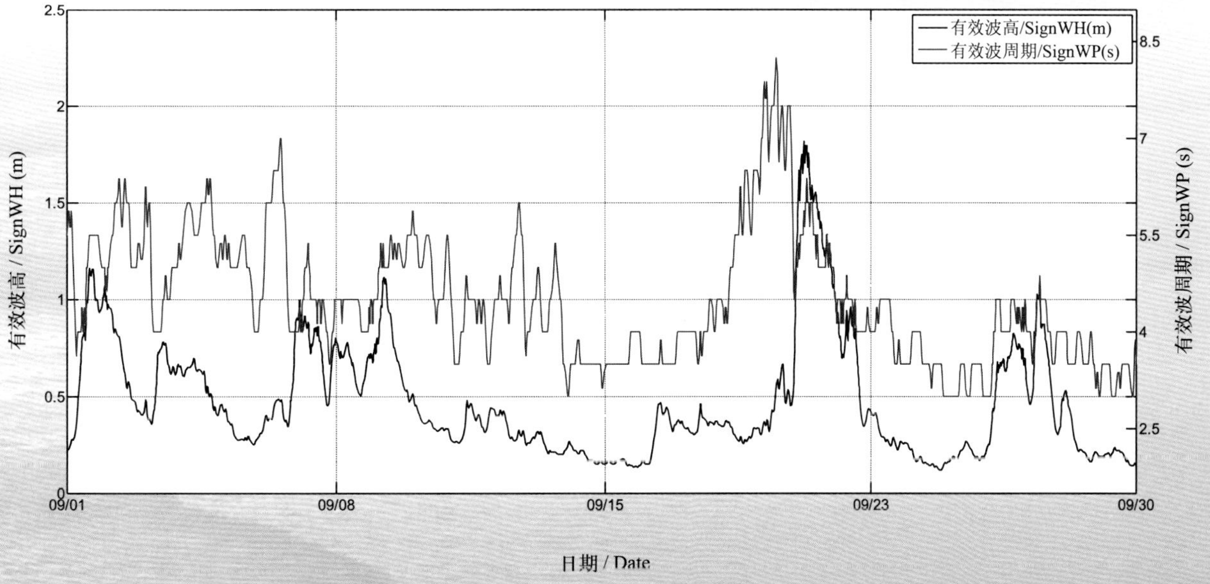

01 号浮标 2010 年 10 月有效波高、有效波周期观测资料
SignWH and SignWP of 01 buoy in Oct 2010

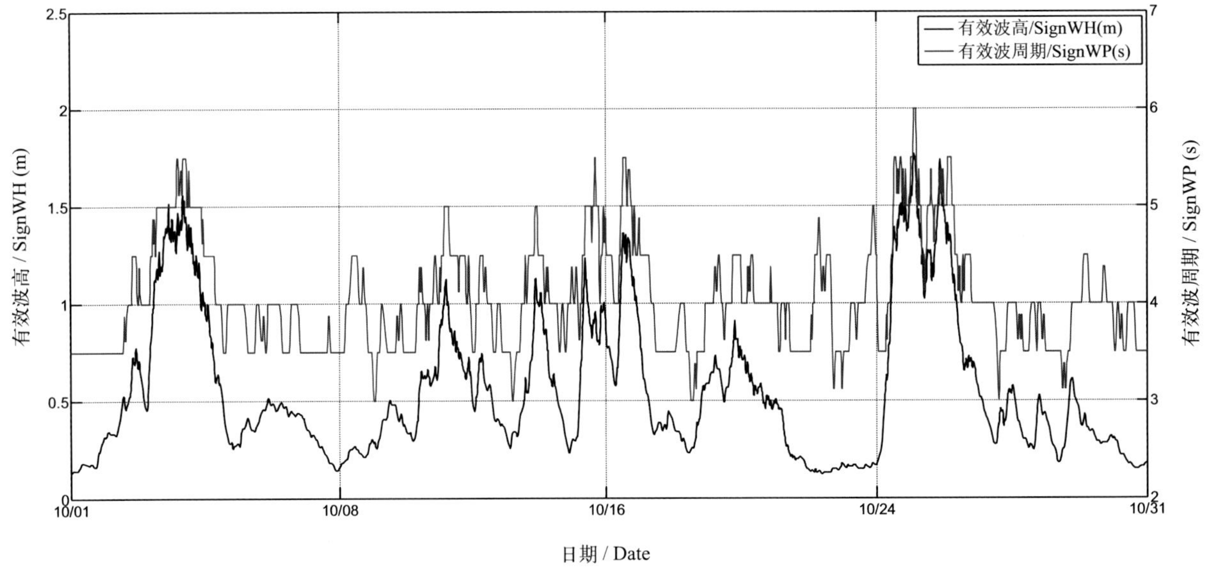

01 号浮标 2010 年 11 月有效波高、有效波周期观测资料
SignWH and SignWP of 01 buoy in Nov 2010

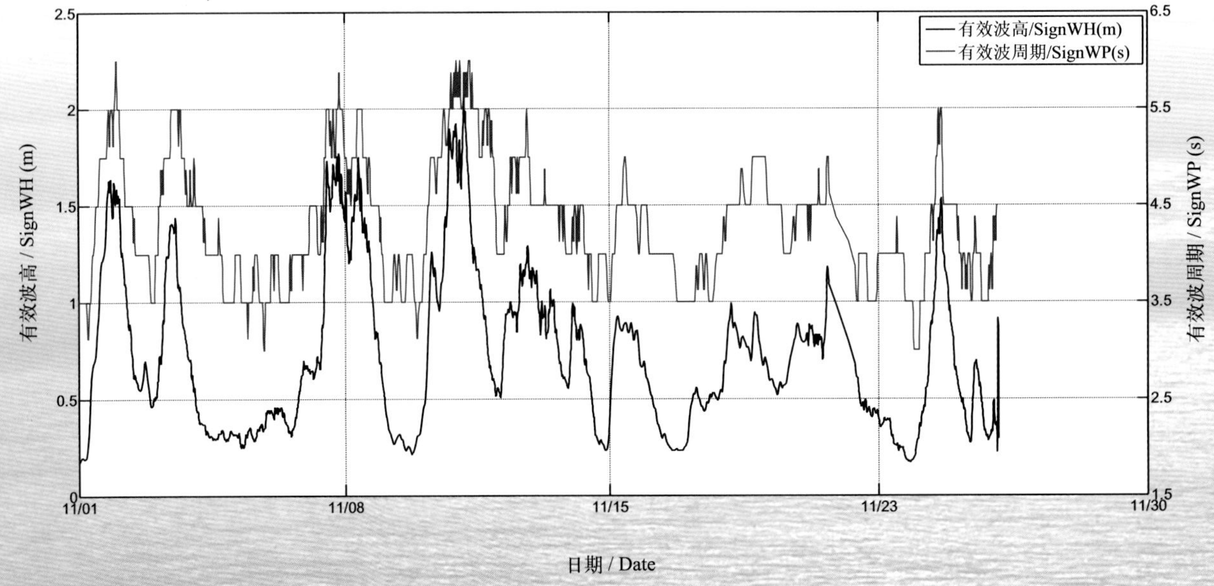

01号浮标2010年12月有效波高、有效波周期观测资料
SignWH and SignWP of 01 buoy in Dec 2010

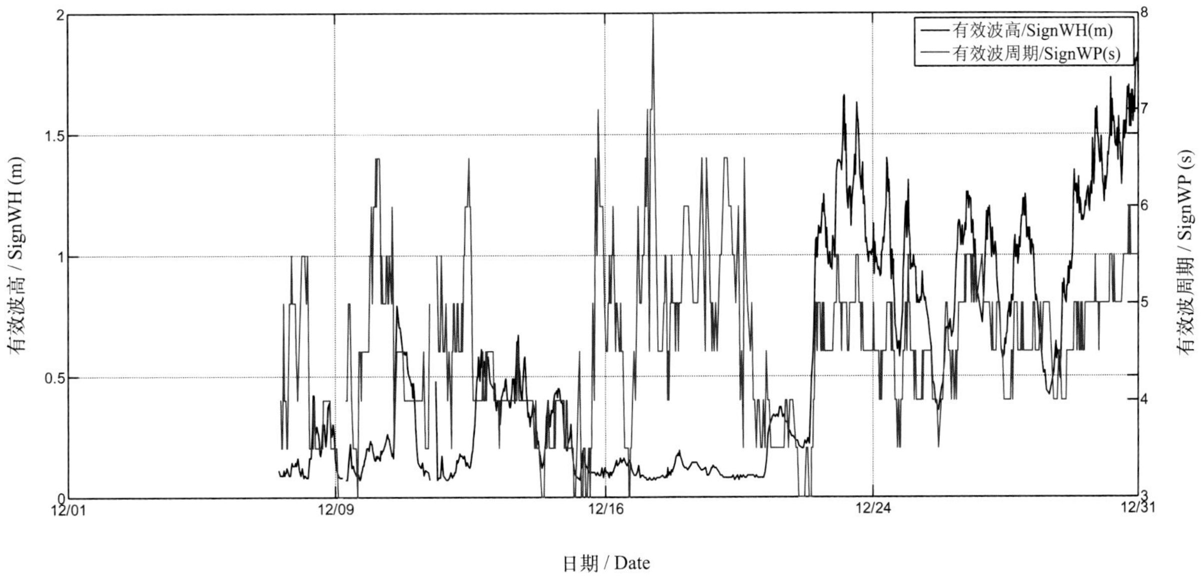

02 号浮标 2009 年有效波高、有效波周期观测资料
SignWH and SignWP of 02 buoy in 2009

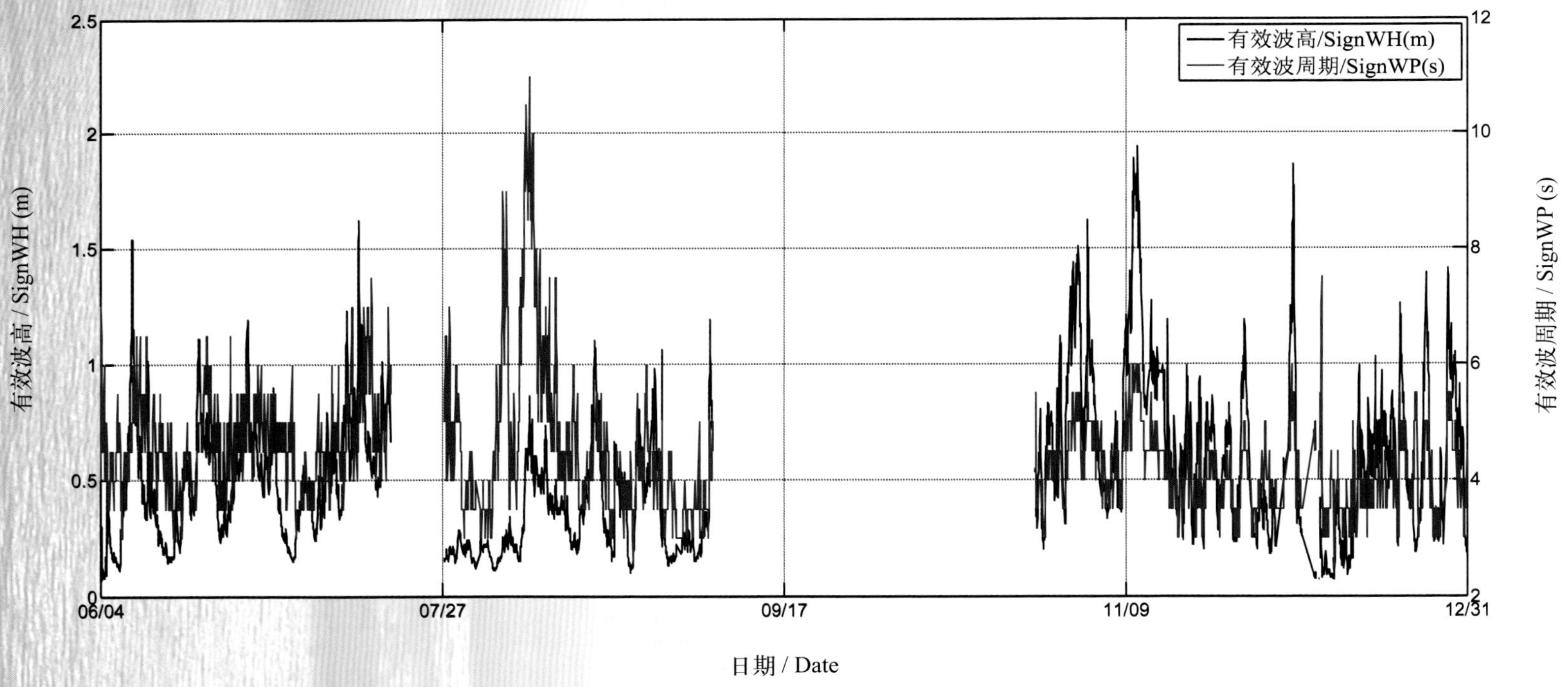

注：02 号浮标于 2009 年 6 月 4 日完成布放，9 月至 10 月期间，因 02 标出现系统故障，导致数据缺失。

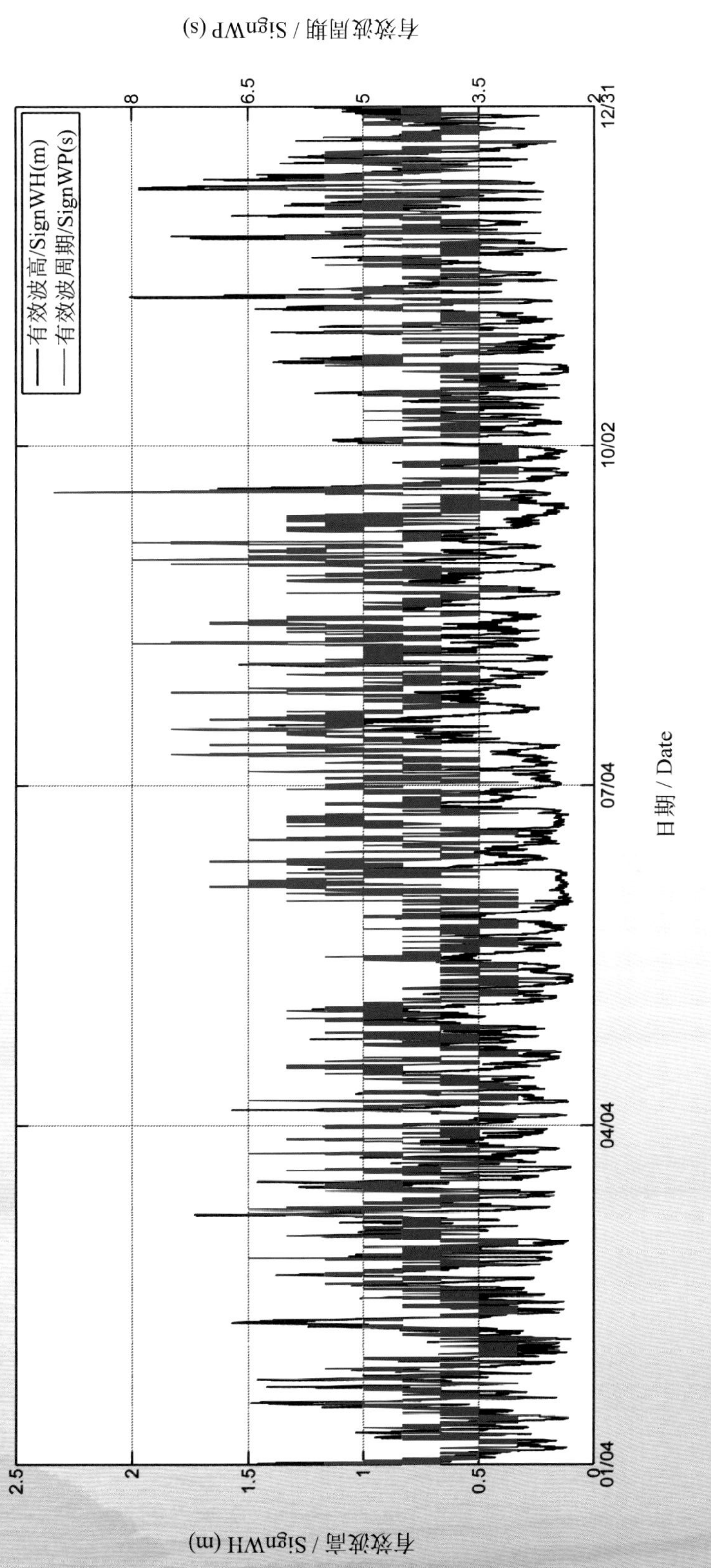

02 号浮标 2010 年有效波高、有效波周期观测资料
SignWH and SignWP of 02 buoy in 2010

02 号浮标 2009 年 06 月有效波高、有效波周期观测资料
SignWH and SignWP of 02 buoy in June 2009

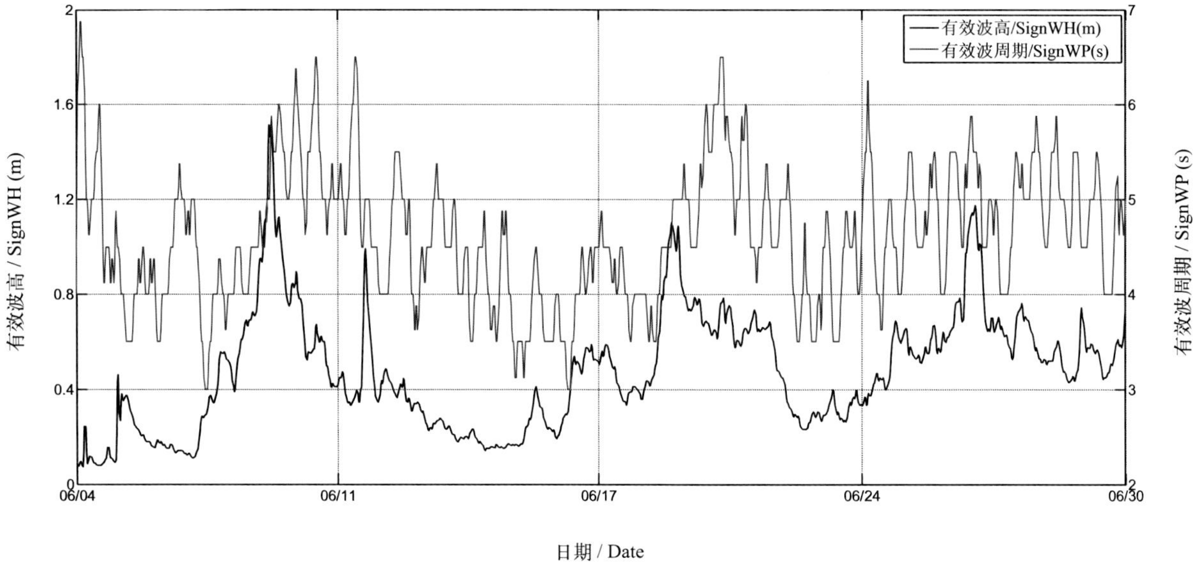

02 号浮标 2009 年 07 月有效波高、有效波周期观测资料
SignWH and SignWP of 02 buoy in July 2009

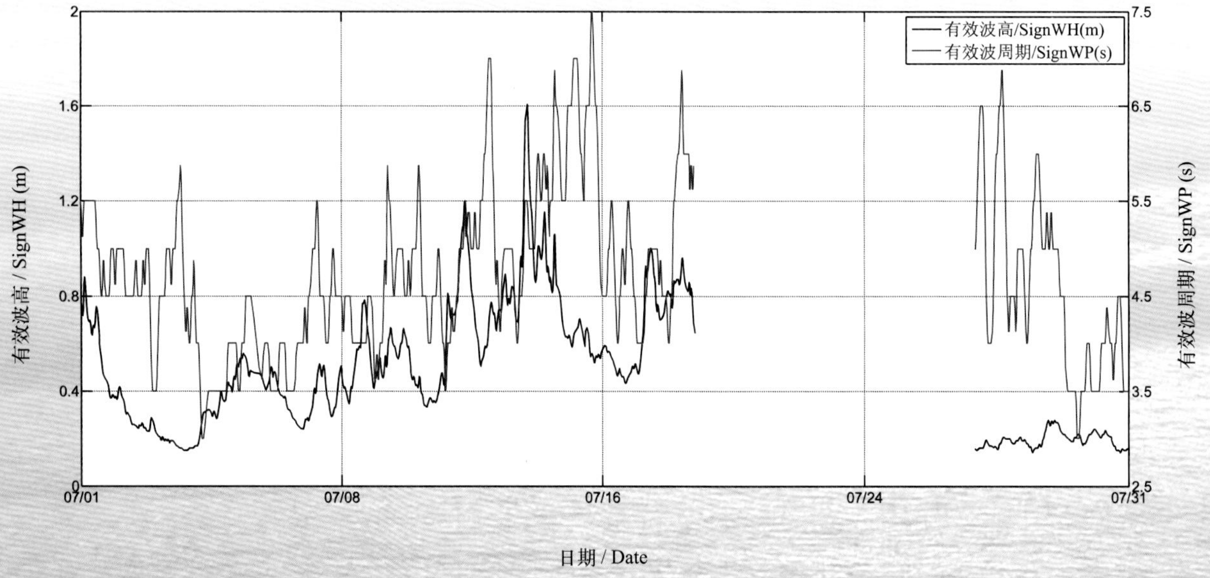

02 号浮标 2009 年 08 月有效波高、有效波周期观测资料
SignWH and SignWP of 02 buoy in Aug 2009

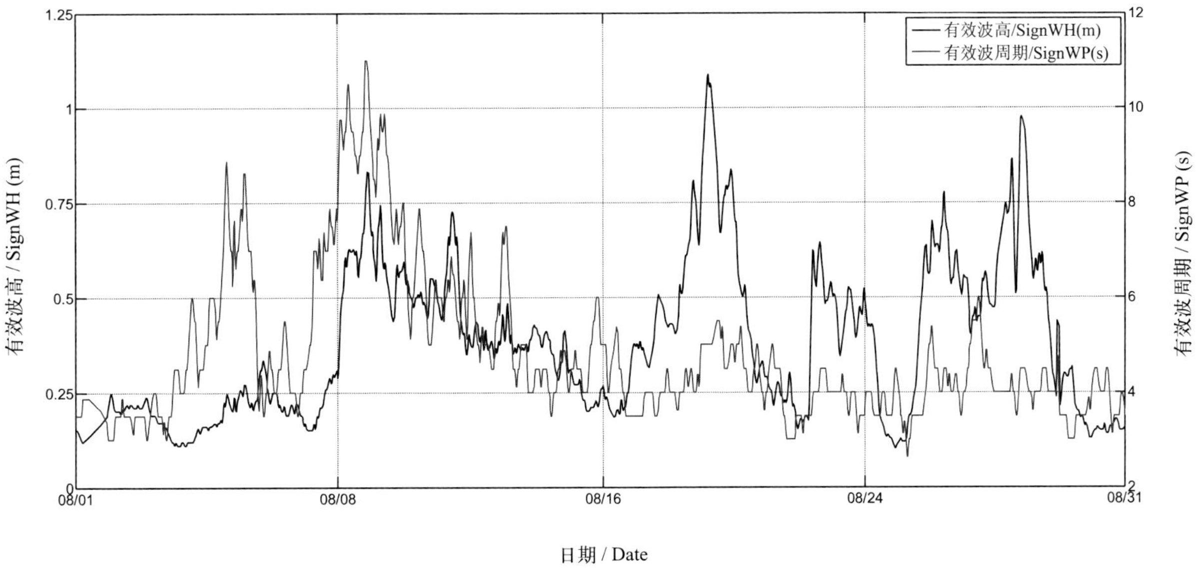

02 号浮标 2009 年 11 月有效波高、有效波周期观测资料
SignWH and SignWP of 02 buoy in Nov 2009

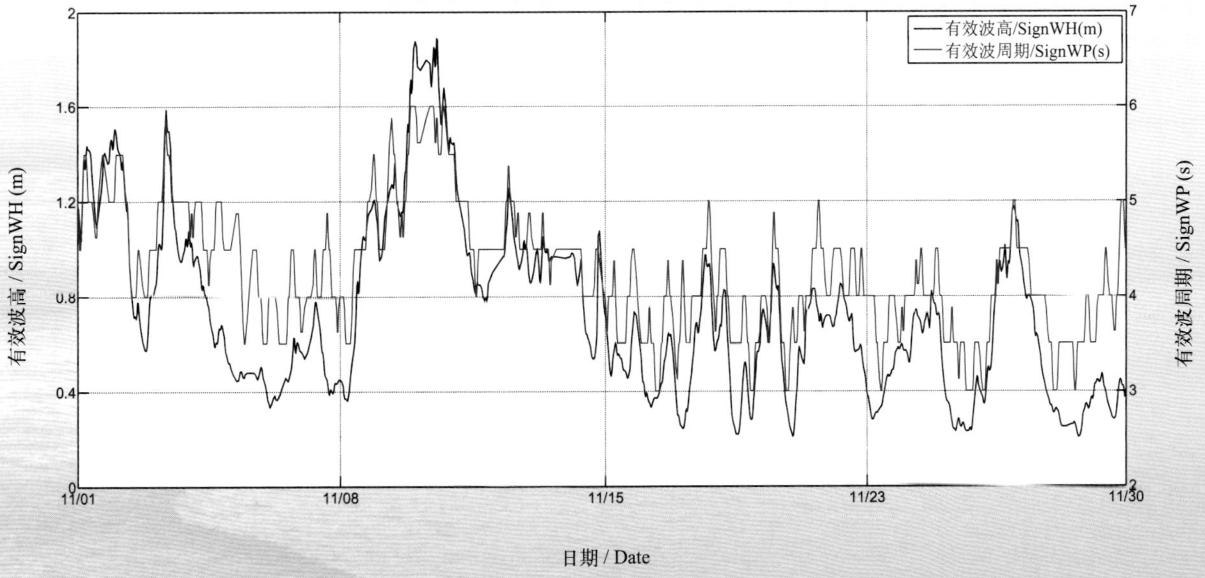

02 号浮标 2009 年 12 月有效波高、有效波周期观测资料
SignWH and SignWP of 02 buoy in Dec 2009

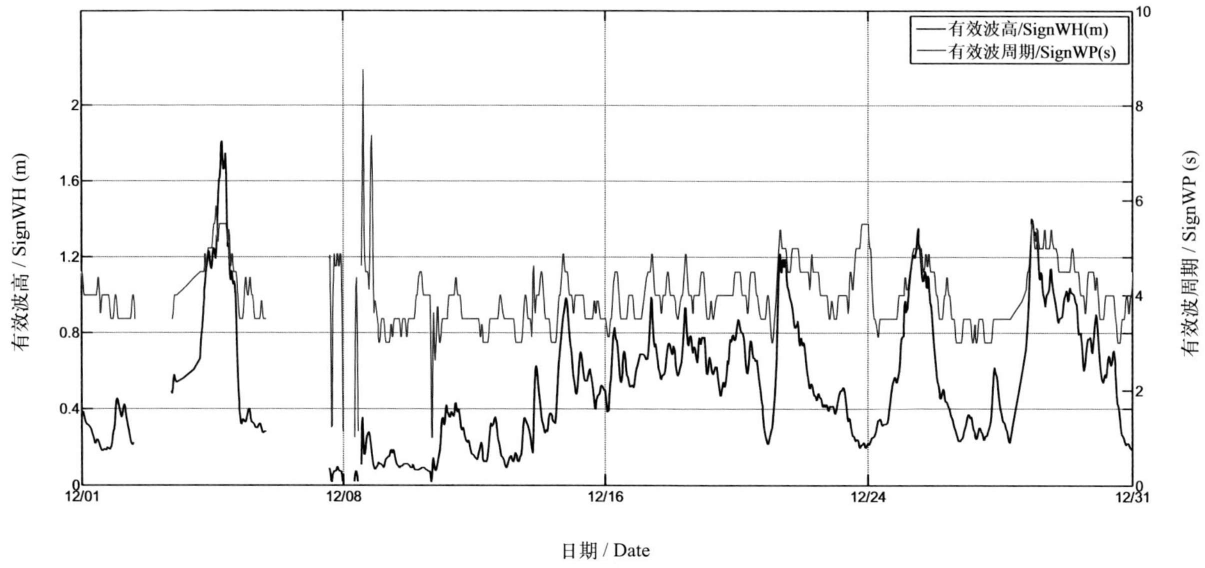

02 号浮标 2010 年 01 月有效波高、有效波周期观测资料
SignWH and SignWP of 02 buoy in Jan 2010

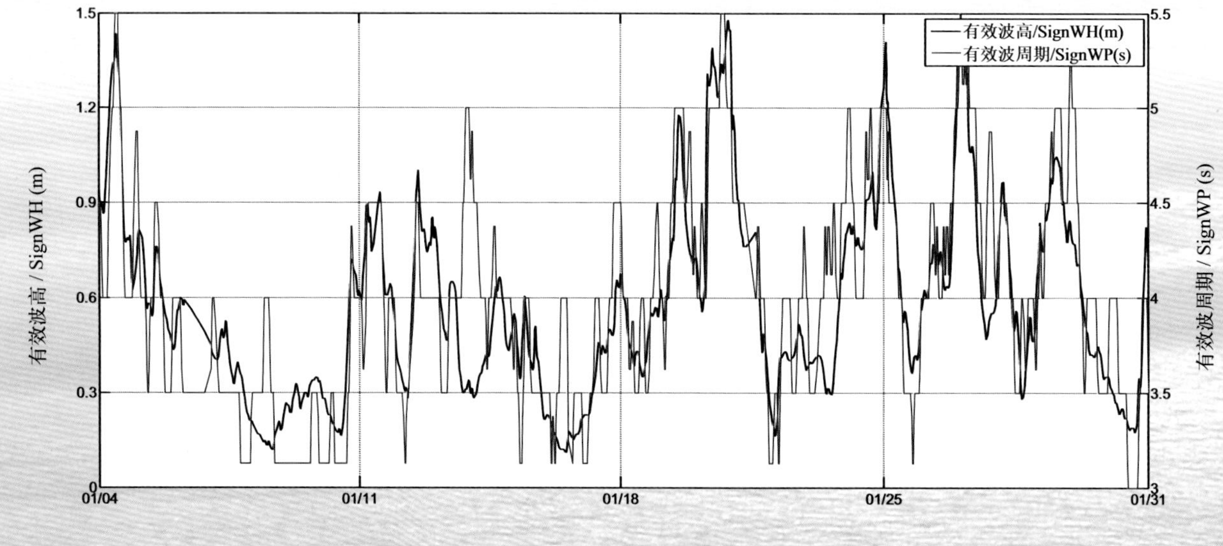

02 号浮标 2010 年 02 月有效波高、有效波周期观测资料
SignWH and SignWP of 02 buoy in Feb 2010

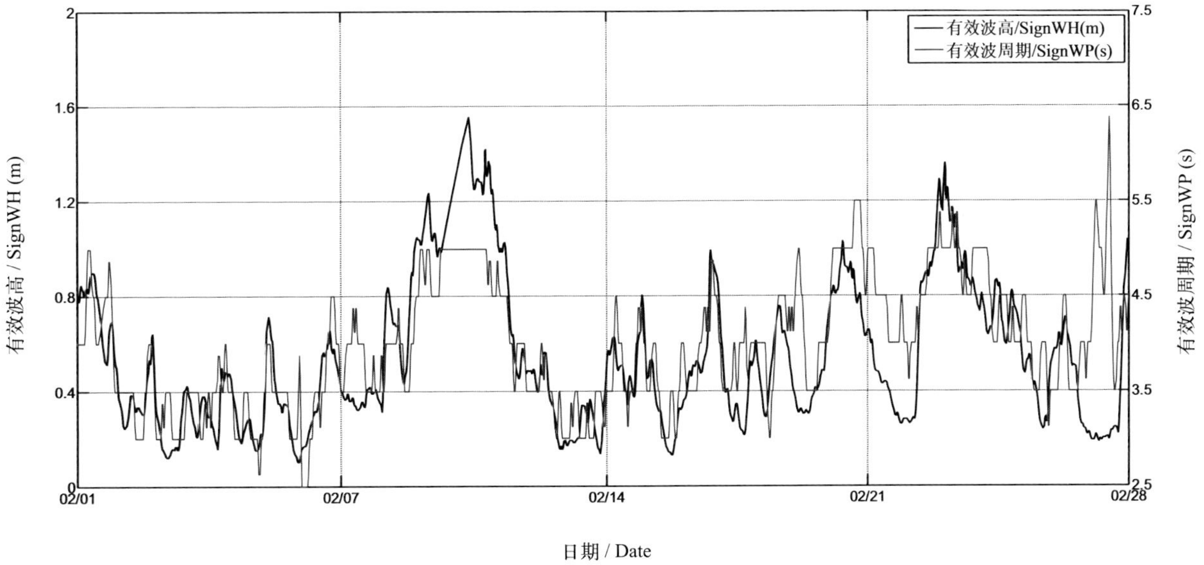

02 号浮标 2010 年 03 月有效波高、有效波周期观测资料
SignWH and SignWP of 02 buoy in Mar 2010

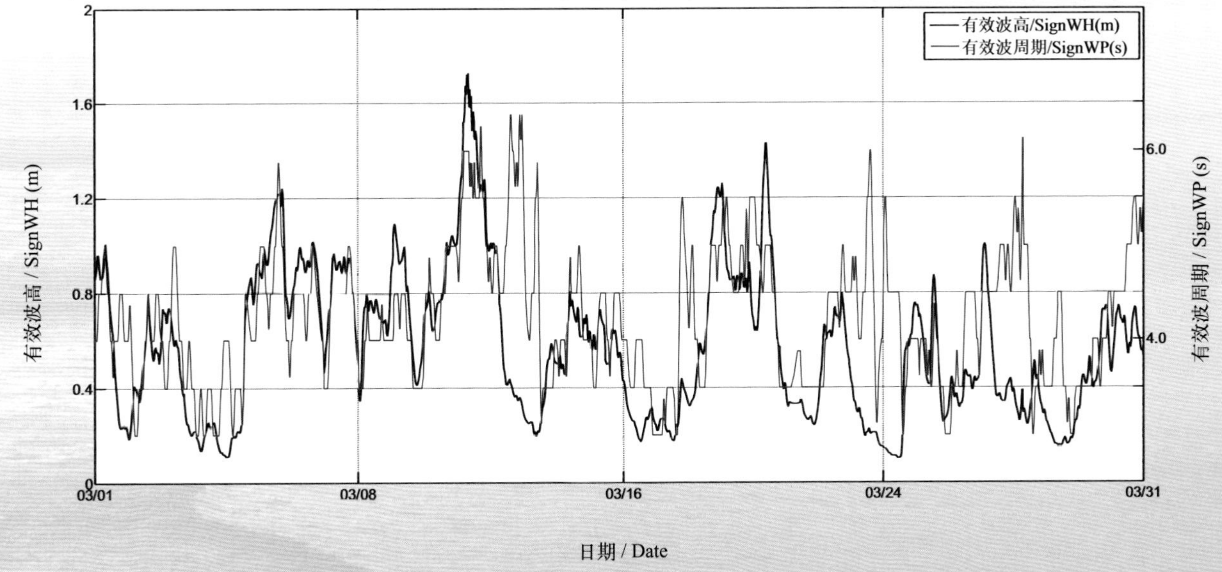

02 号浮标 2010 年 04 月有效波高、有效波周期观测资料
SignWH and SignWP of 02 buoy in April 2010

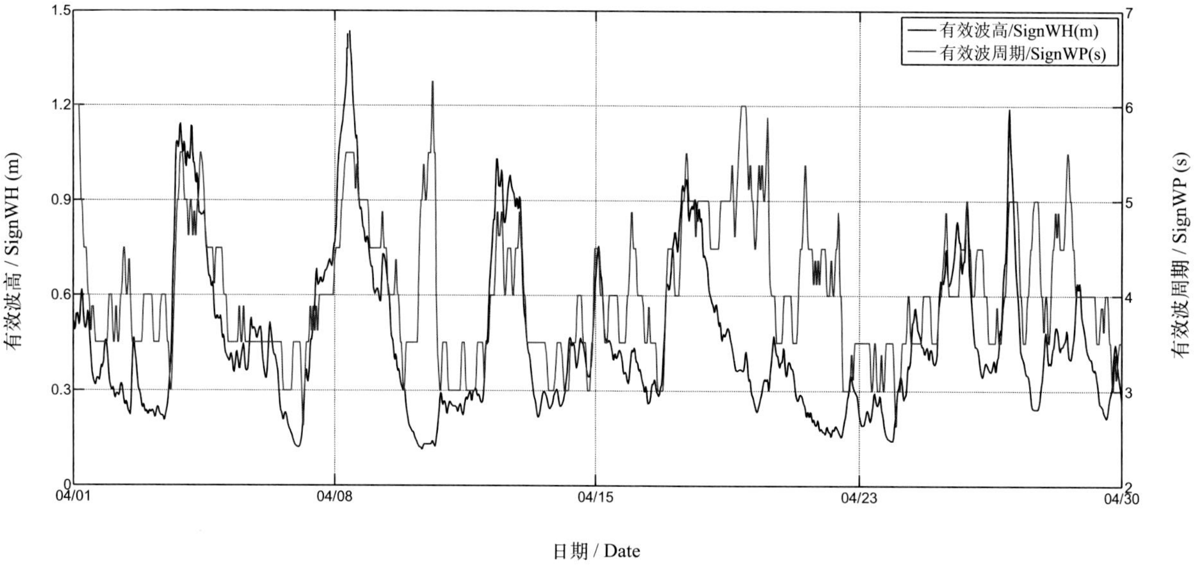

02 号浮标 2010 年 05 月有效波高、有效波周期观测资料
SignWH and SignWP of 02 buoy in May 2010

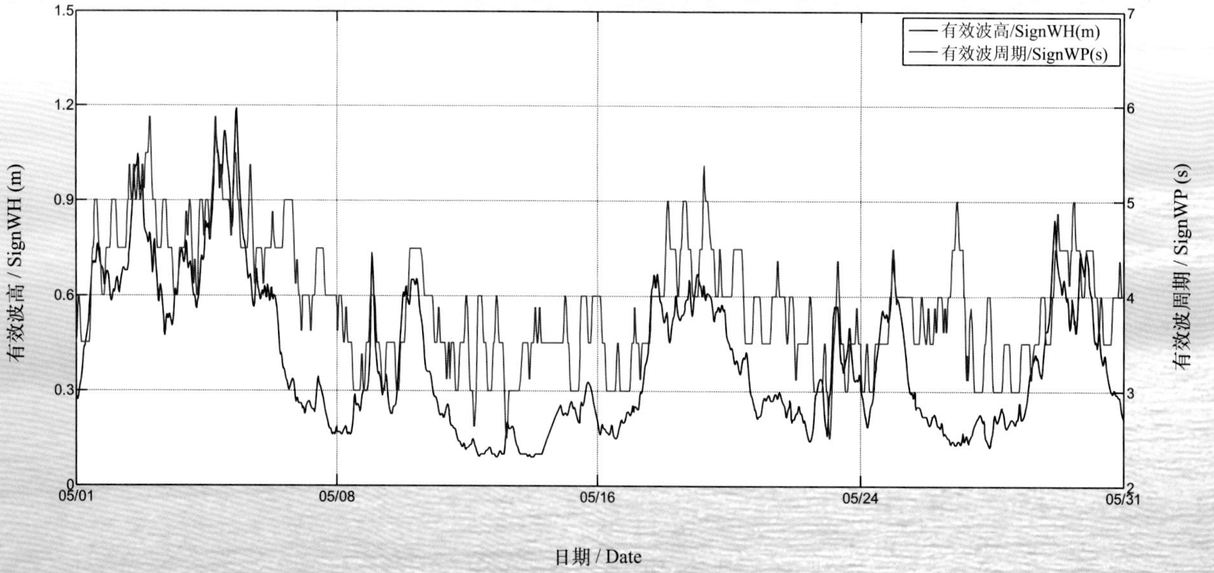

02 号浮标 2010 年 06 月有效波高、有效波周期观测资料
SignWH and SignWP of 02 buoy in June 2010

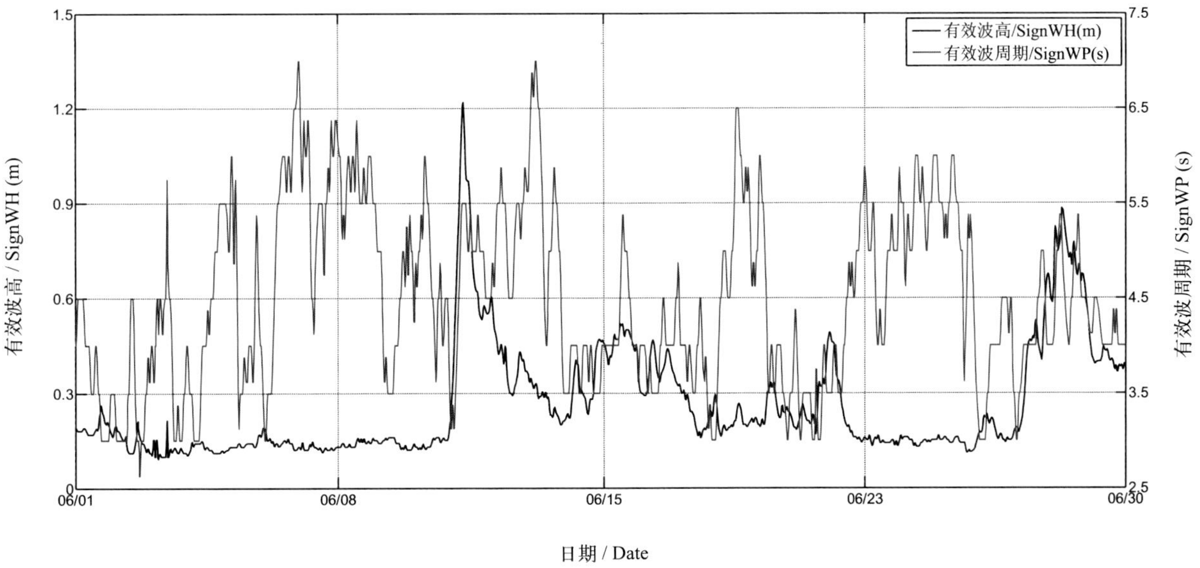

02 号浮标 2010 年 07 月有效波高、有效波周期观测资料
SignWH and SignWP of 02 buoy in July 2010

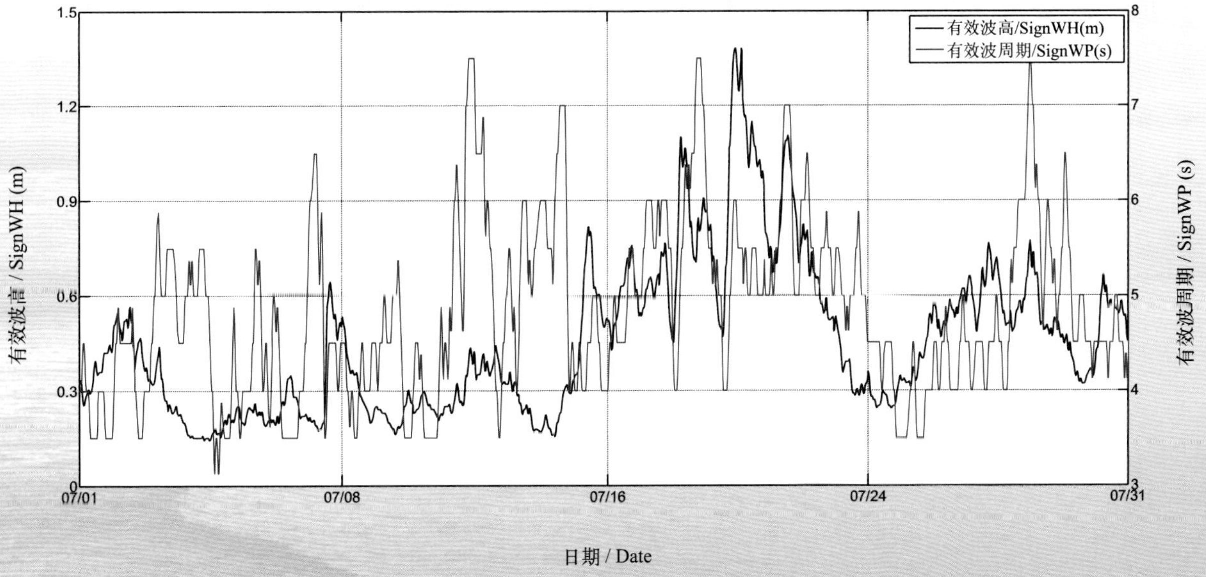

02 号浮标 2010 年 08 月有效波高、有效波周期观测资料
SignWH and SignWP of 02 buoy in Aug 2010

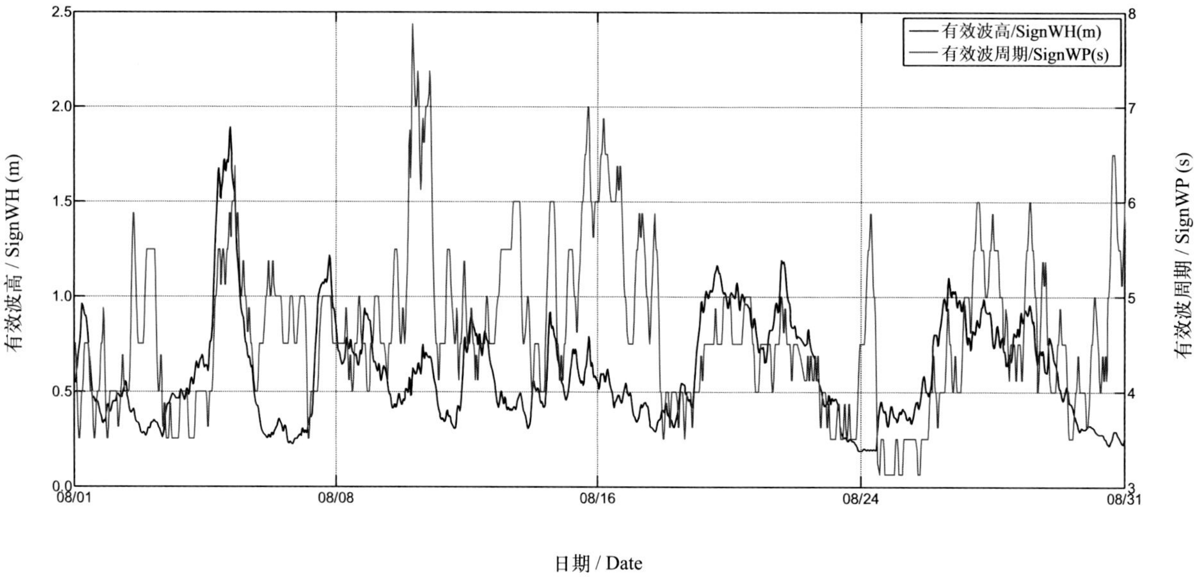

02 号浮标 2010 年 09 月有效波高、有效波周期观测资料
SignWH and SignWP of 02 buoy in Sep 2010

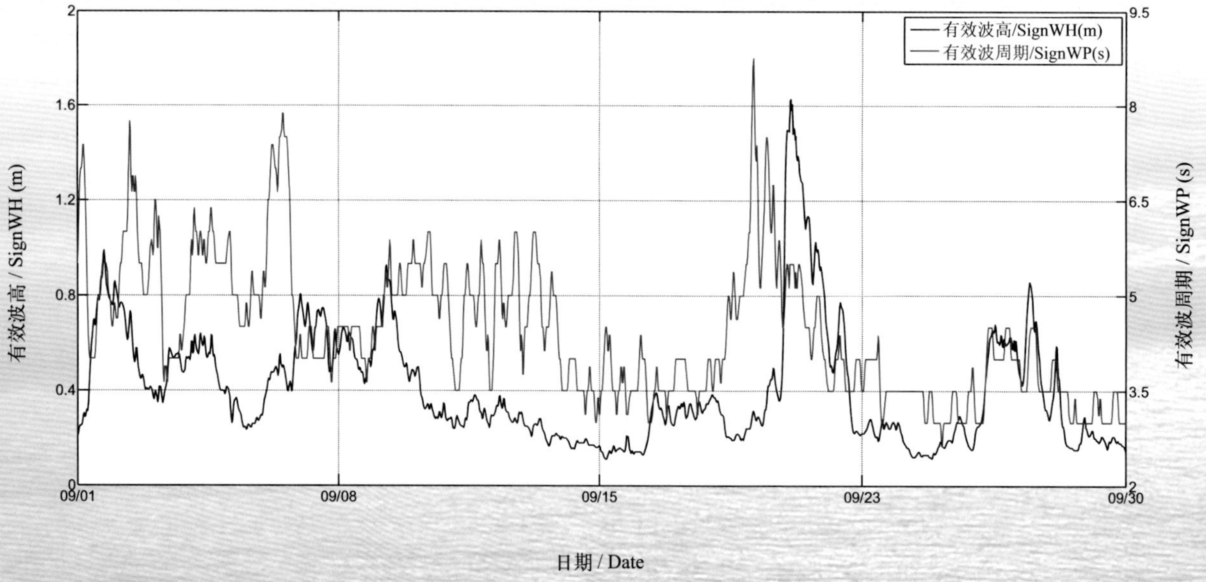

02 号浮标 2010 年 10 月有效波高、有效波周期观测资料
SignWH and SignWP of 02 buoy in Oct 2010

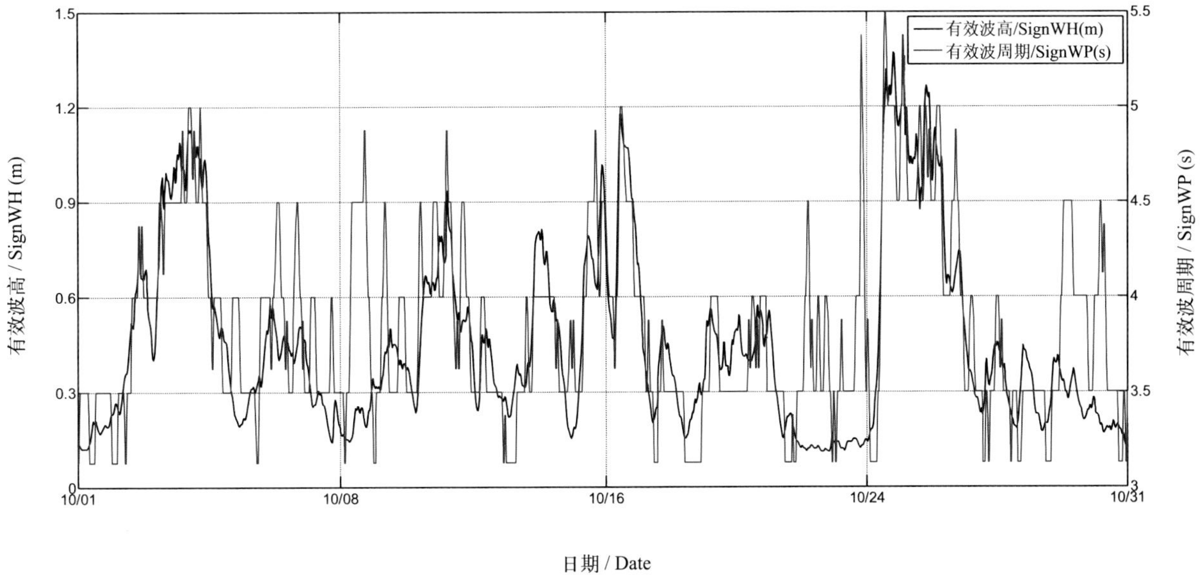

02 号浮标 2010 年 11 月有效波高、有效波周期观测资料
SignWH and SignWP of 02 buoy in Nov 2010

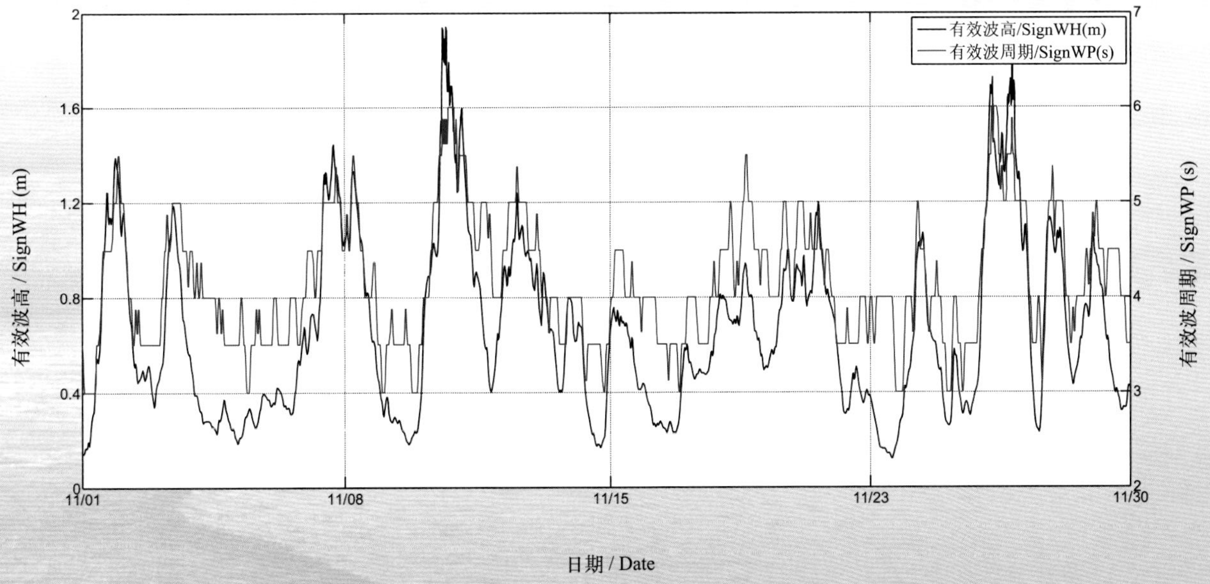

02 号浮标 2010 年 12 月有效波高、有效波周期观测资料
SignWH and SignWP of 02 buoy in Dec 2010

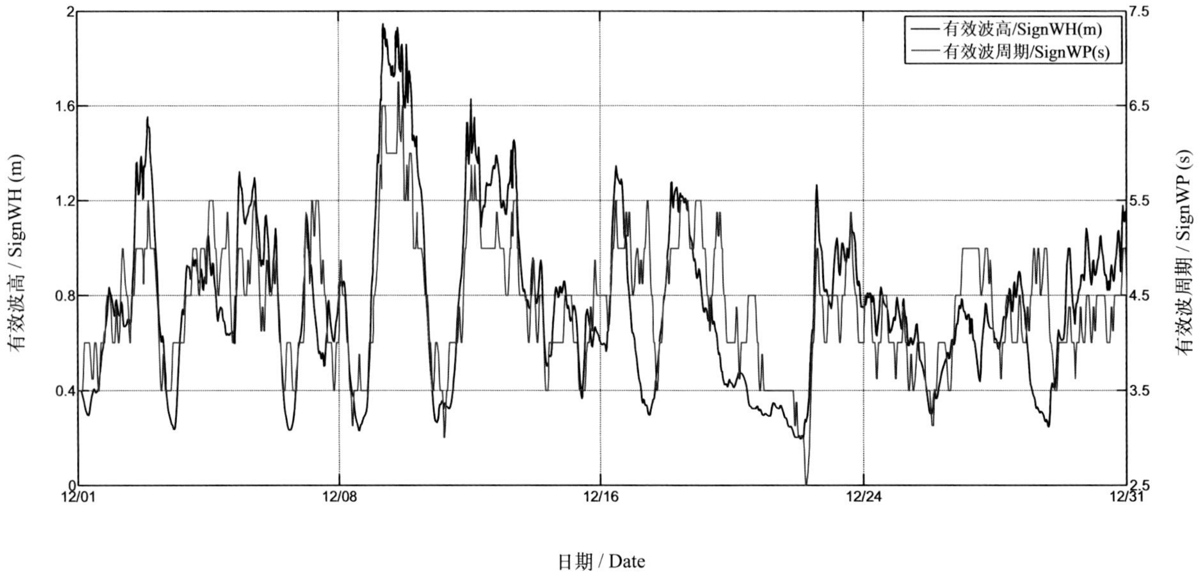

06 号浮标 2009 年有效波高、有效波周期观测资料
SignWH and SignWP of 06 buoy in 2009

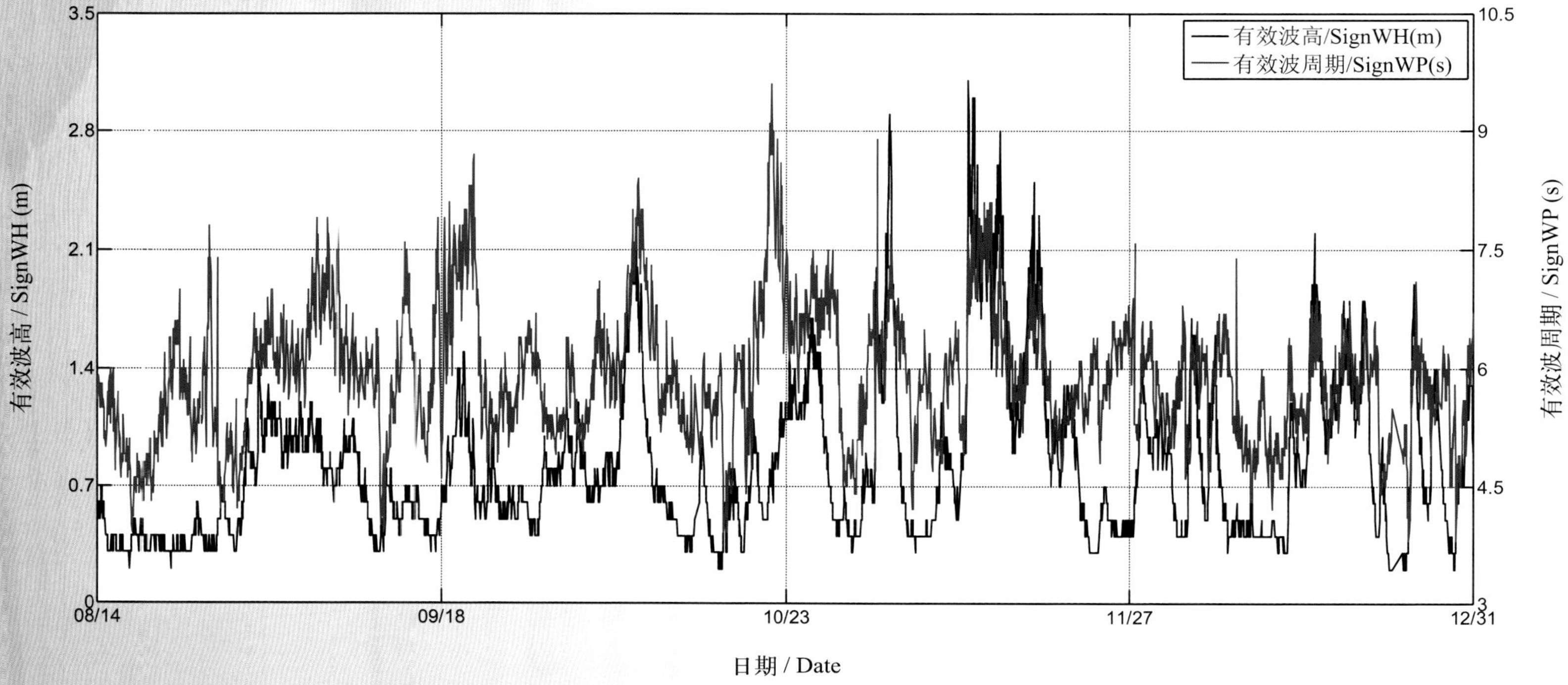

注：06 号浮标于 2009 年 8 月 14 日完成布放。

06 号浮标 2010 年有效波高、有效波周期观测资料
SignWH and SignWP of 06 buoy in 2010

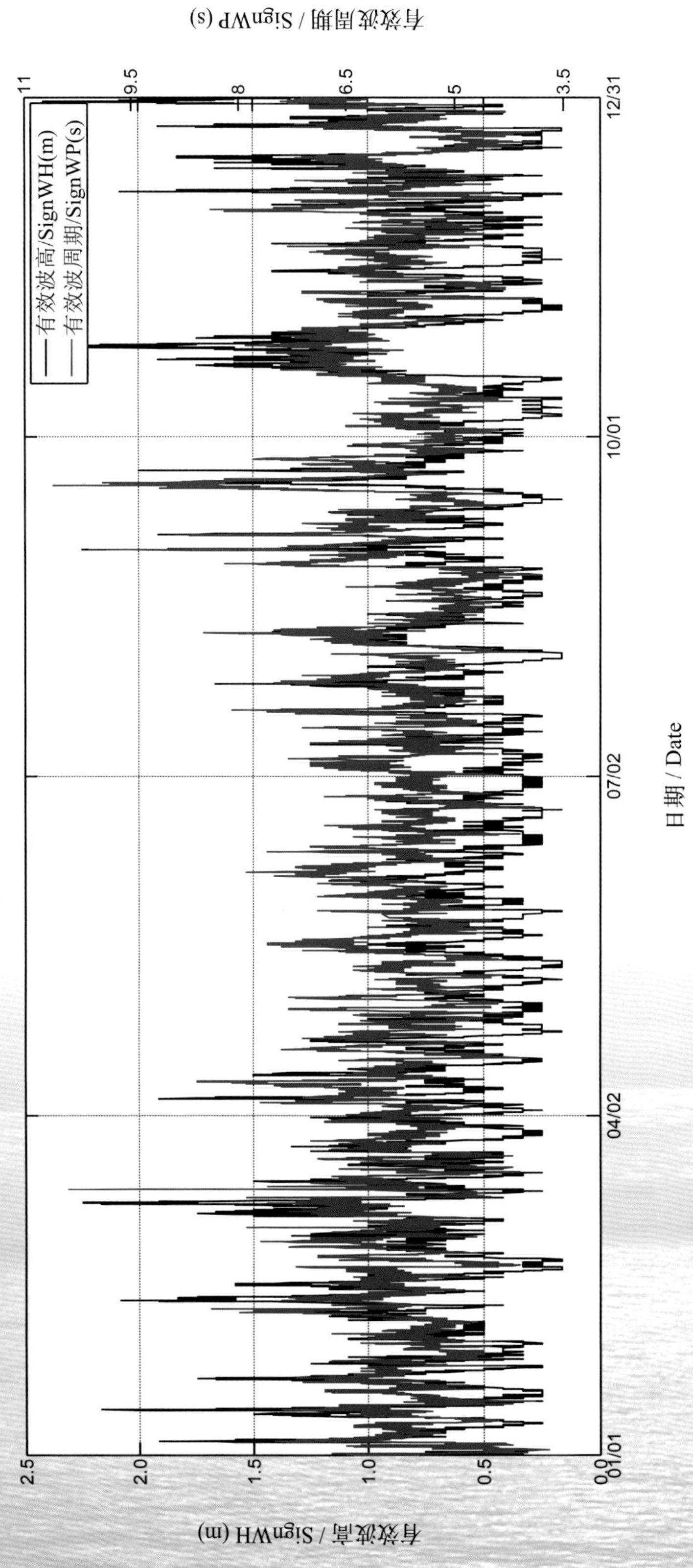

06 号浮标 2009 年 08 月有效波高、有效波周期观测资料
SignWH and SignWP of 06 buoy in Aug 2009

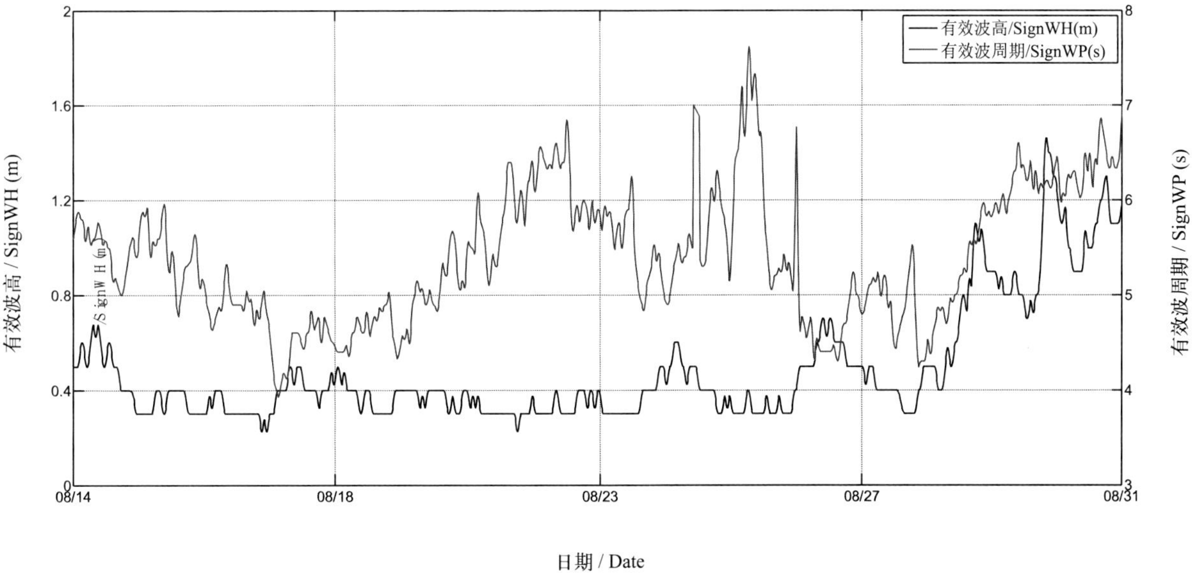

06 号浮标 2009 年 09 月有效波高、有效波周期观测资料
SignWH and SignWP of 06 buoy in Sep 2009

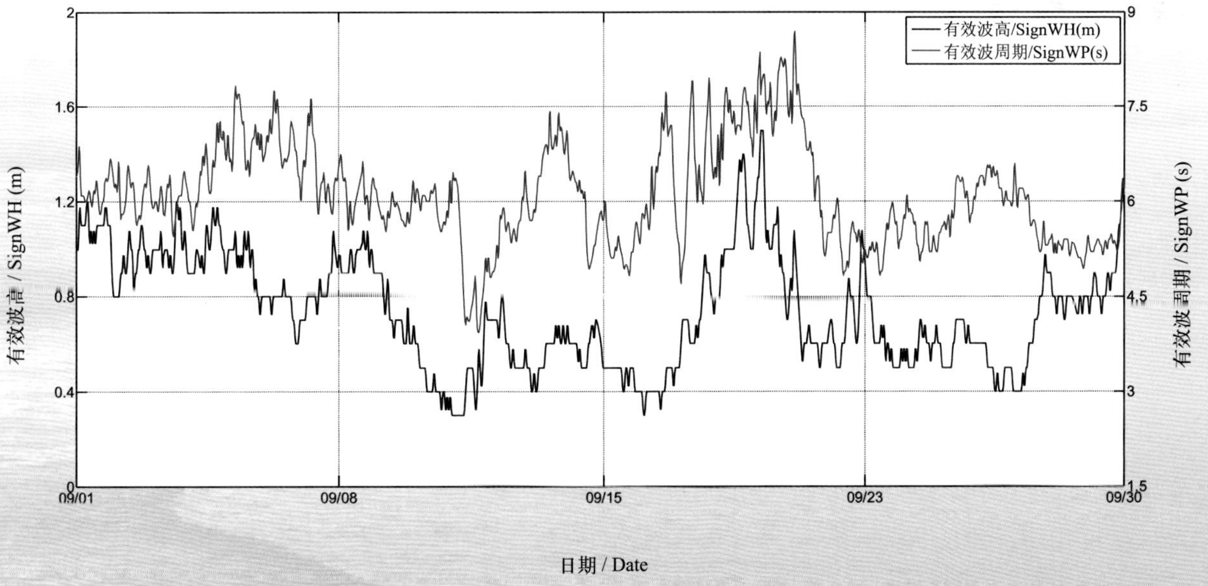

06 号浮标 2009 年 10 月有效波高、有效波周期观测资料
SignWH and SignWP of 06 buoy in Oct 2009

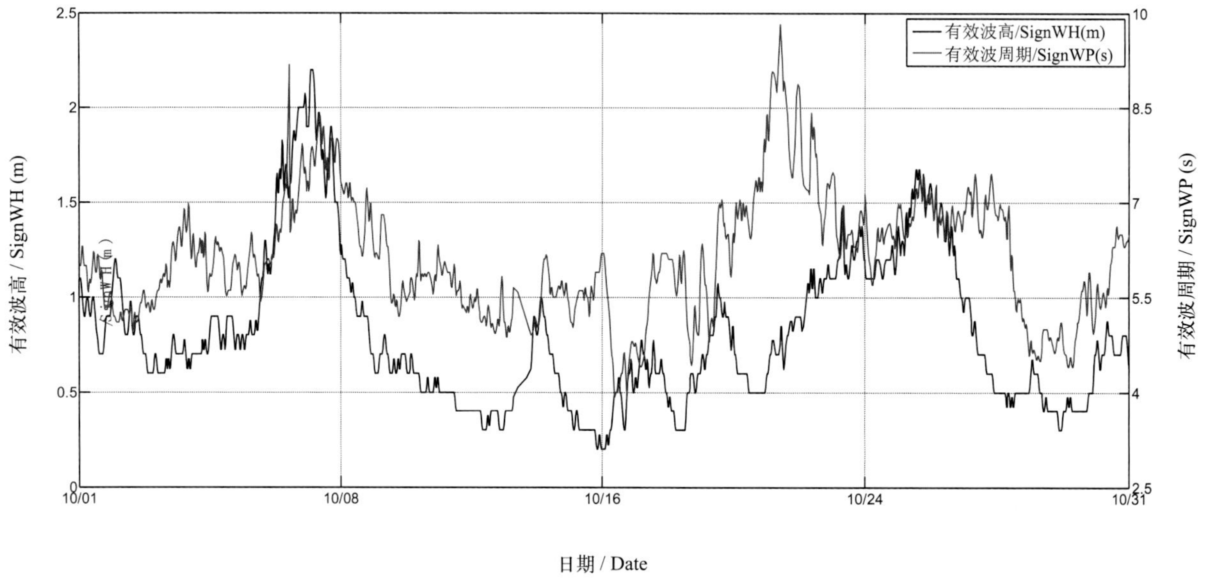

06 号浮标 2009 年 11 月有效波高、有效波周期观测资料
SignWH and SignWP of 06 buoy in Nov 2009

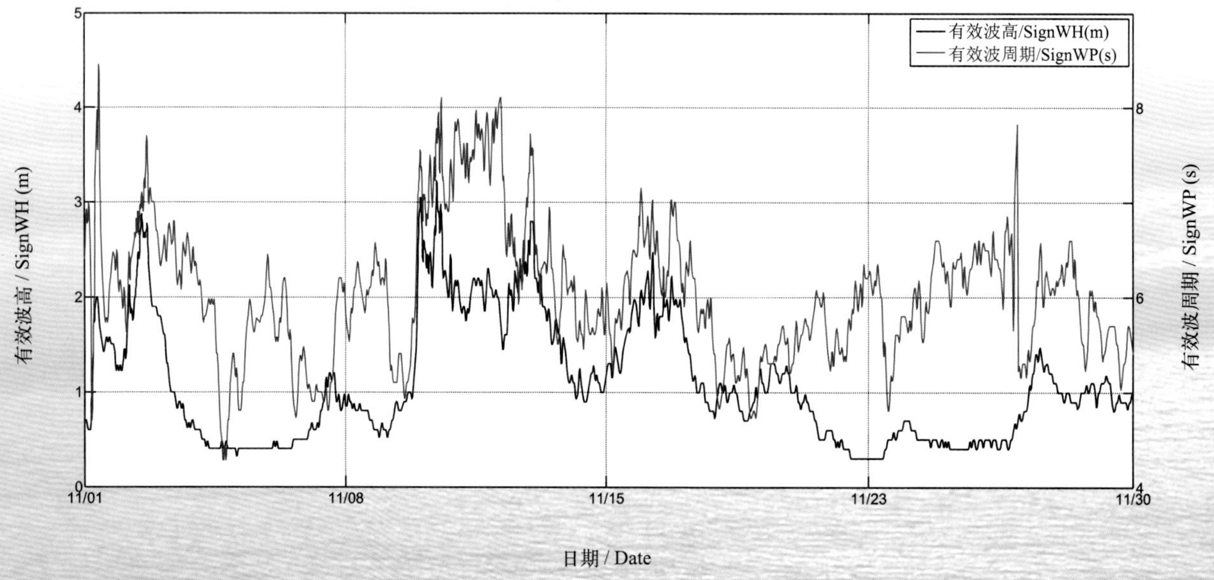

06 号浮标 2009 年 12 月有效波高、有效波周期观测资料
SignWH and SignWP of 06 buoy in Dec 2009

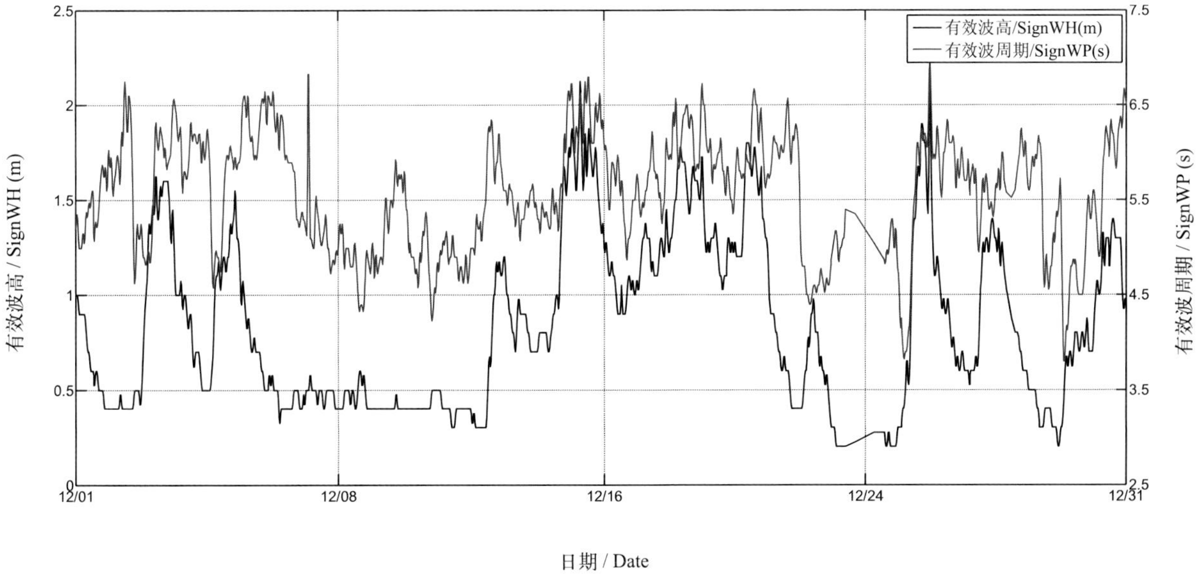

06 号浮标 2010 年 01 月有效波高、有效波周期观测资料
SignWH and SignWP of 06 buoy in Jan 2010

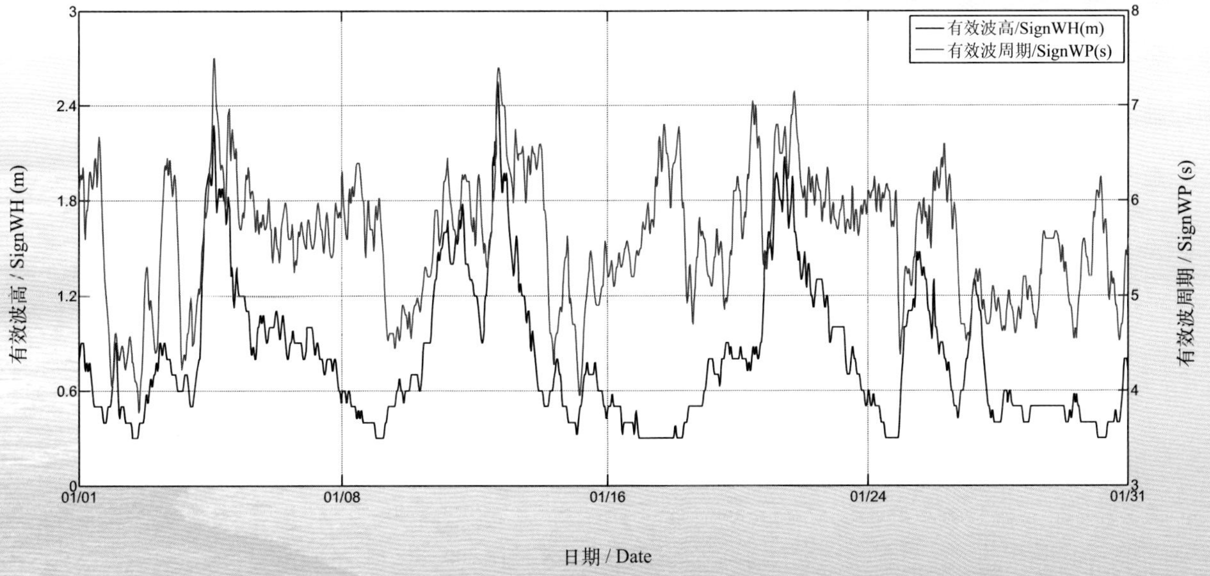

06 号浮标 2010 年 02 月有效波高、有效波周期观测资料

SignWH and SignWP of 06 buoy in Feb 2010

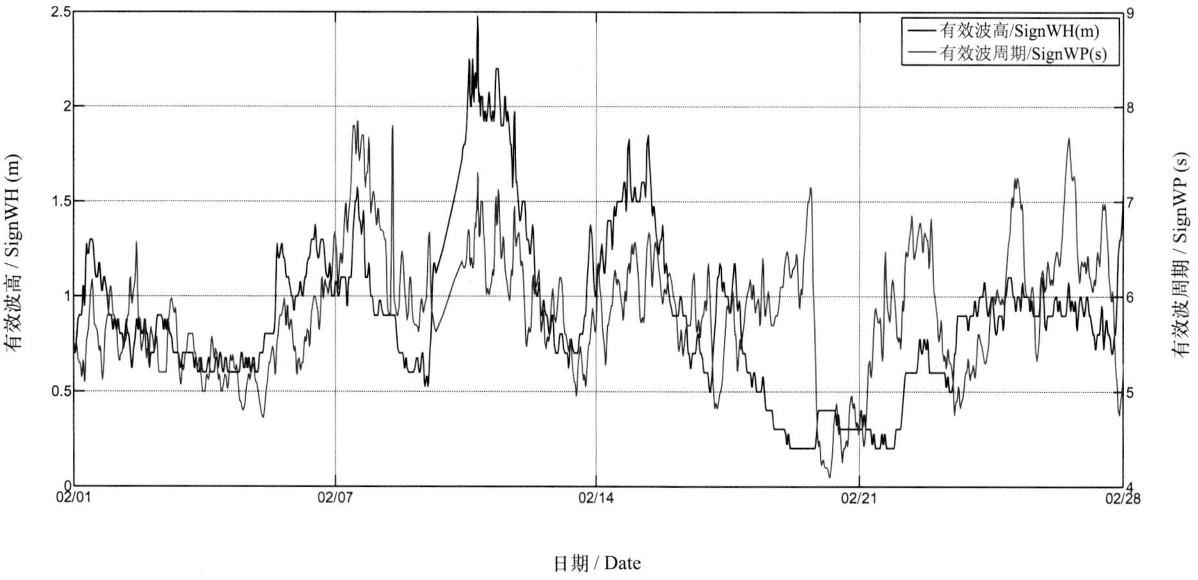

06 号浮标 2010 年 03 月有效波高、有效波周期观测资料

SignWH and SignWP of 06 buoy in Mar 2010

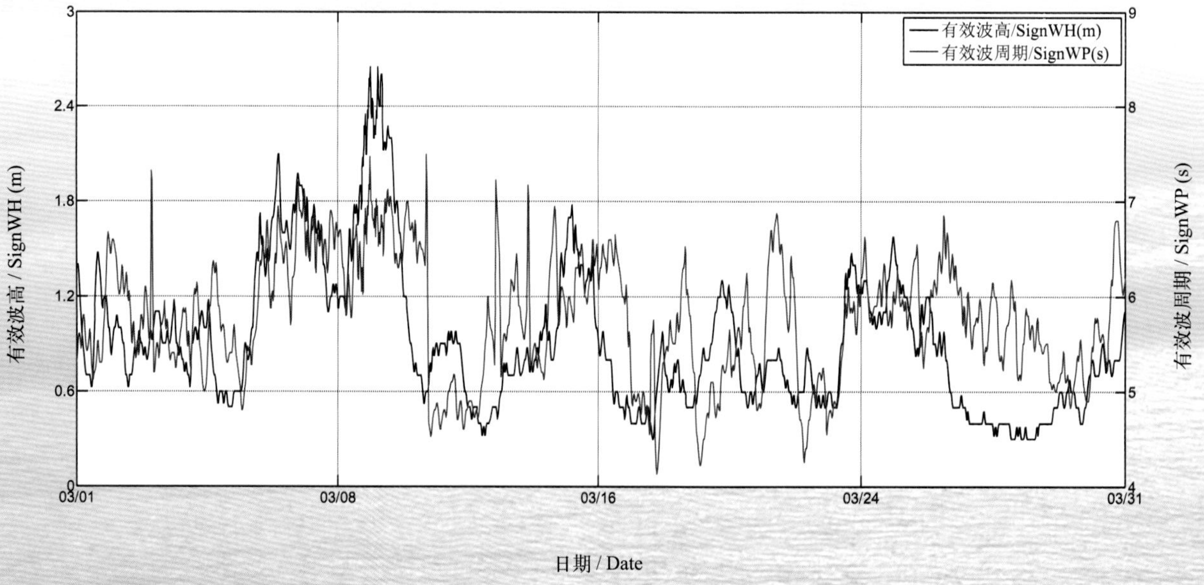

06 号浮标 2010 年 04 月有效波高、有效波周期观测资料

SignWH and SignWP of 06 buoy in April 2010

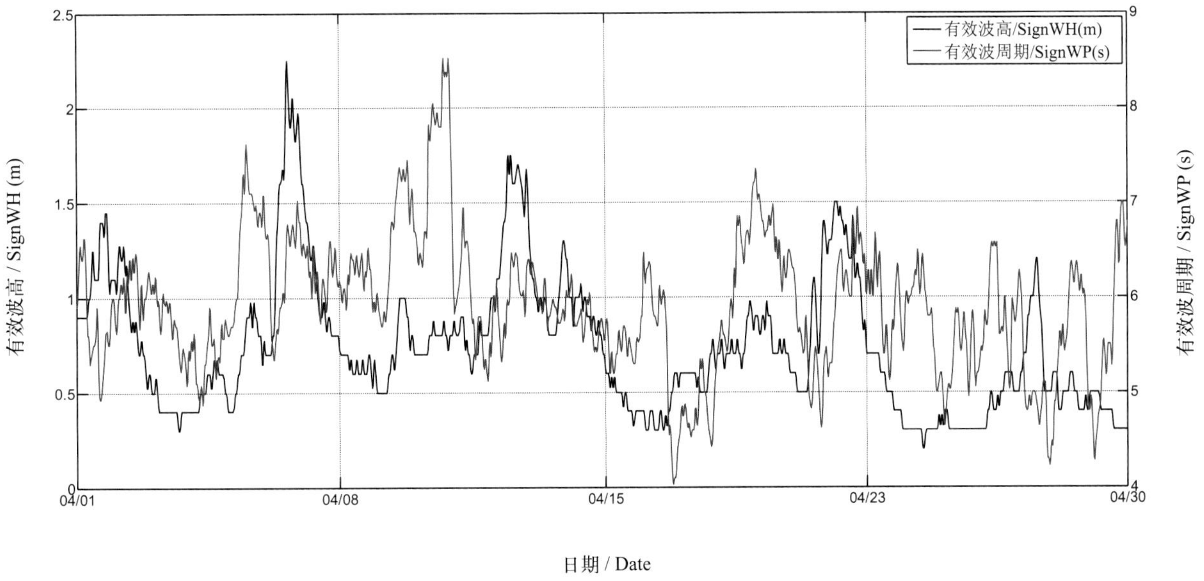

06 号浮标 2010 年 05 月有效波高、有效波周期观测资料

SignWH and SignWP of 06 buoy in May 2010

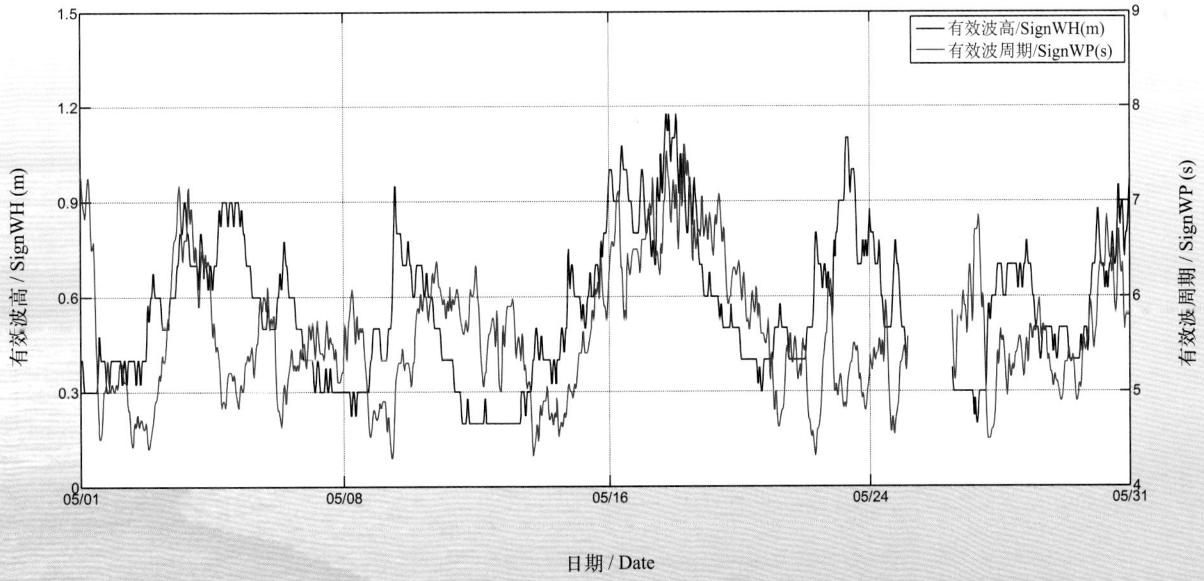

06 号浮标 2010 年 06 月有效波高、有效波周期观测资料
SignWH and SignWP of 06 buoy in June 2010

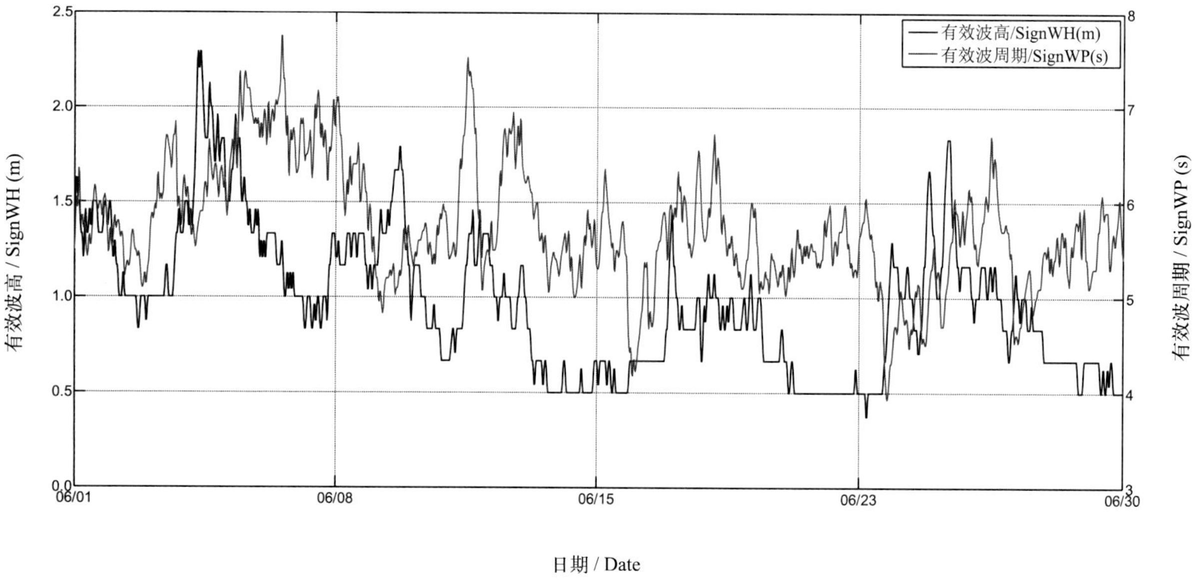

06 号浮标 2010 年 07 月有效波高、有效波周期观测资料
SignWH and SignWP of 06 buoy in July 2010

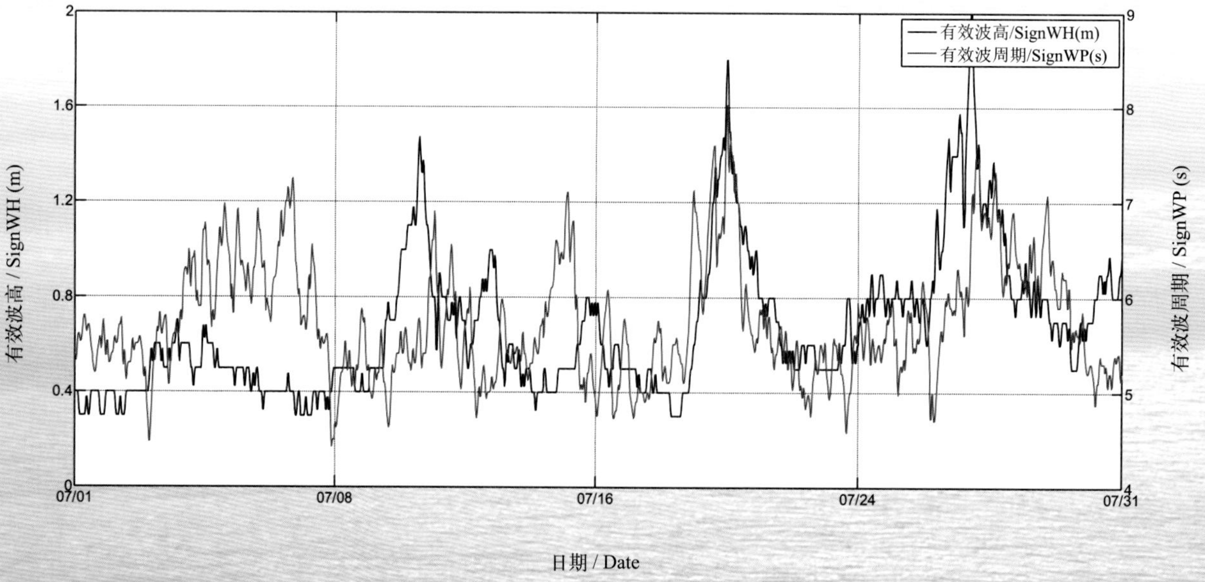

06 号浮标 2010 年 08 月有效波高、有效波周期观测资料
SignWH and SignWP of 06 buoy in Aug 2010

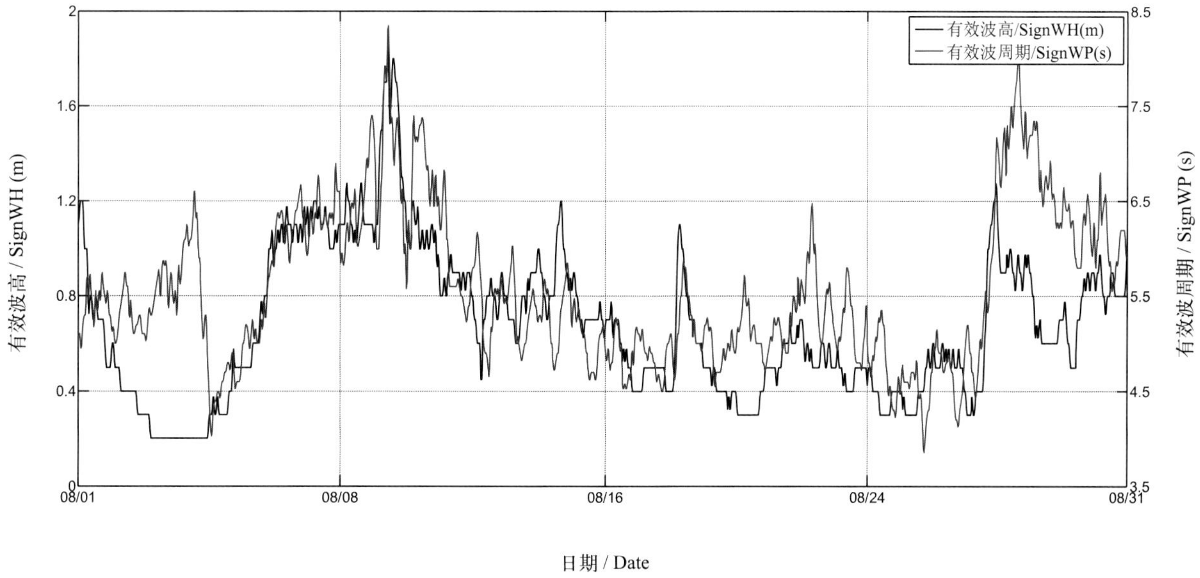

06 号浮标 2010 年 09 月有效波高、有效波周期观测资料
SignWH and SignWP of 06 buoy in Sep 2010

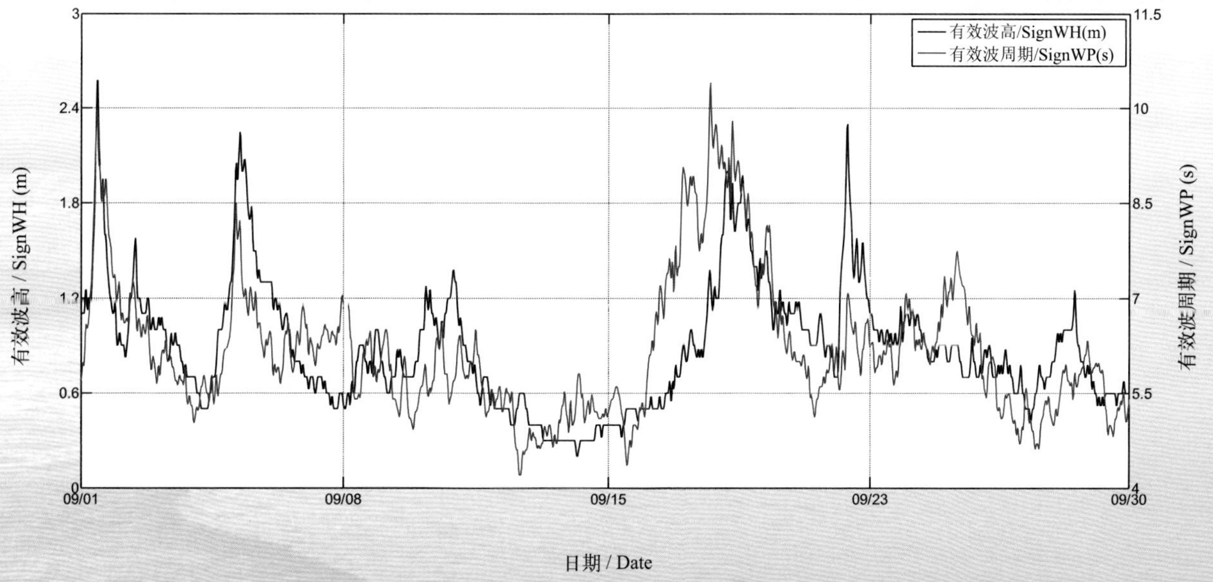

06 号浮标 2010 年 10 月有效波高、有效波周期观测资料
SignWH and SignWP of 06 buoy in Oct 2010

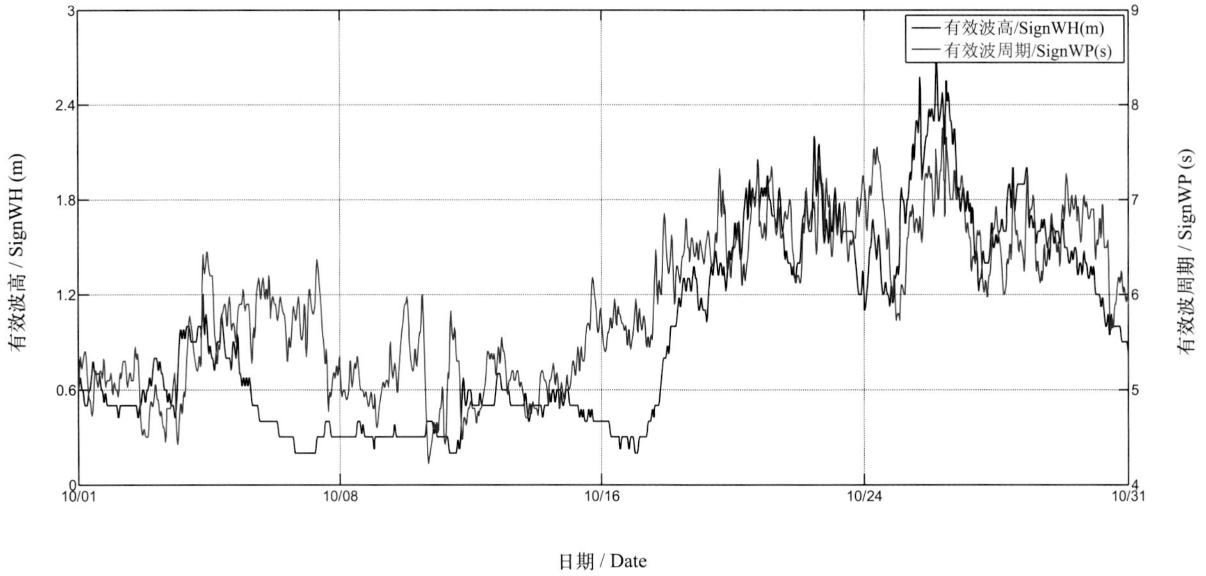

06 号浮标 2010 年 11 月有效波高、有效波周期观测资料
SignWH and SignWP of 06 buoy in Nov 2010

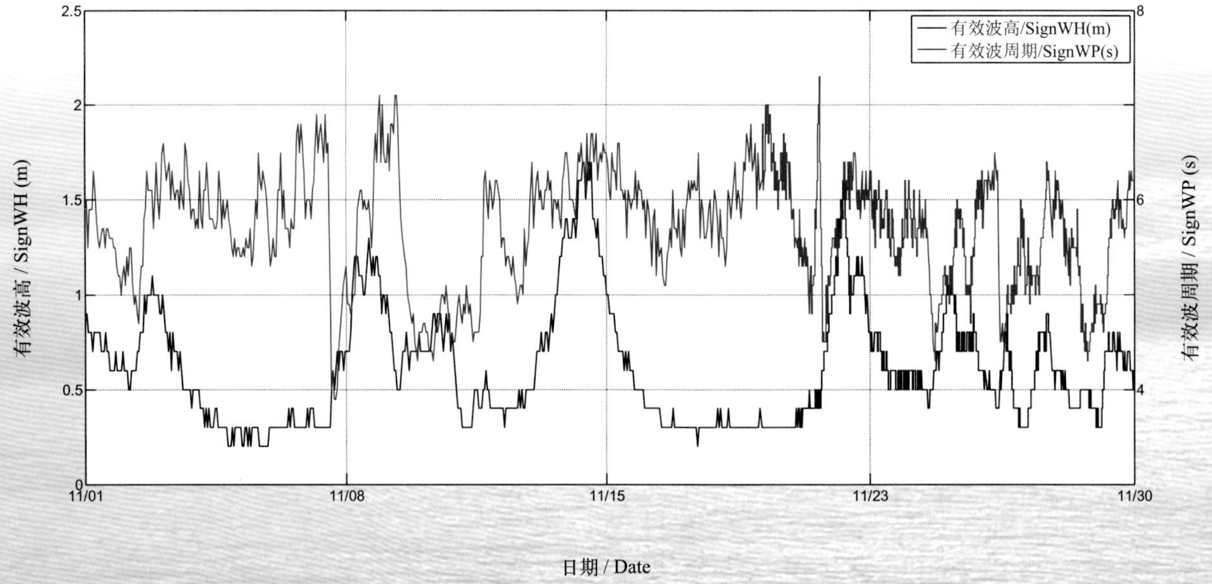

06 号浮标 2010 年 12 月有效波高、有效波周期观测资料
SignWH and SignWP of 06 buoy in Dec 2010

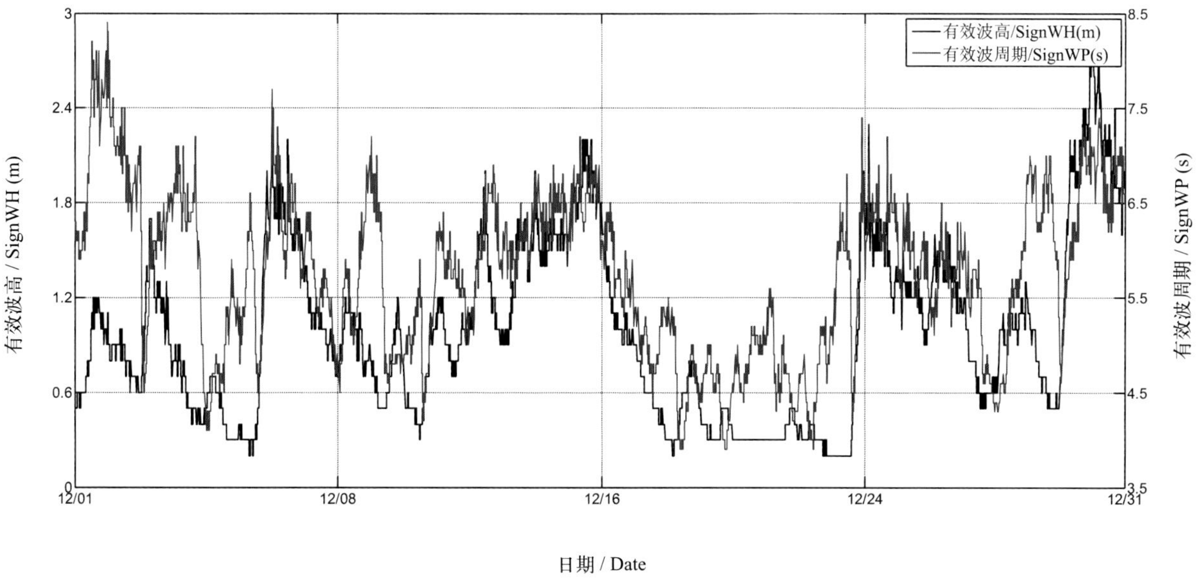

07 号浮标 2010 年有效波高、有效波周期观测资料
SignWH and SignWP of 07 buoy in 2010

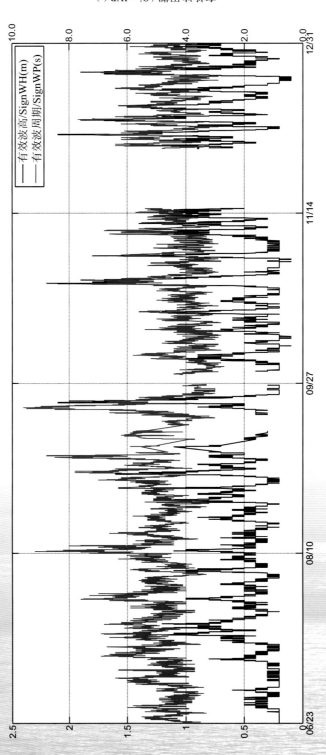

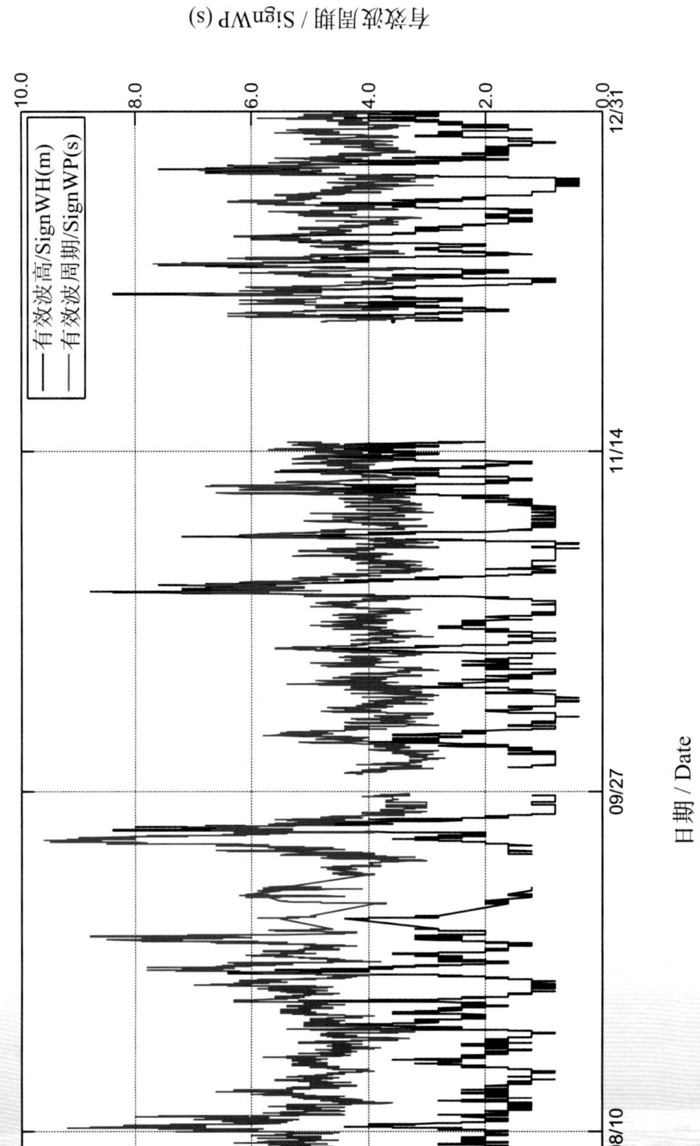

注：07 号浮标于 2010 年 6 月 23 日完成布放。

07 号浮标 2010 年 07 月有效波高、有效波周期观测资料
SignWH and SignWP of 07 buoy in July 2010

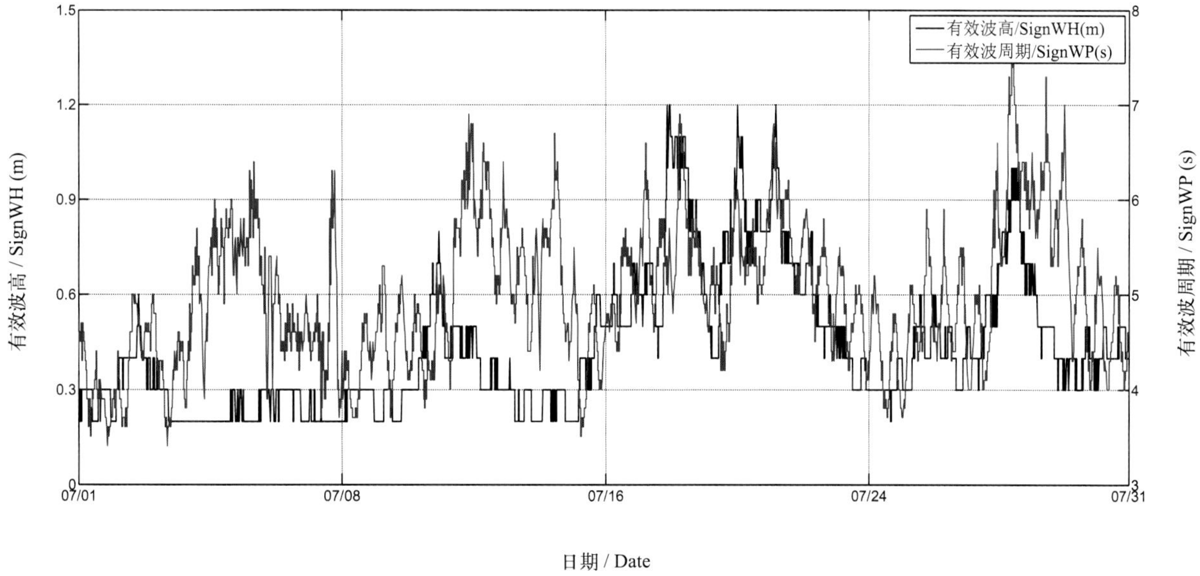

07 号浮标 2010 年 08 月有效波高、有效波周期观测资料
SignWH and SignWP of 07 buoy in Aug 2010

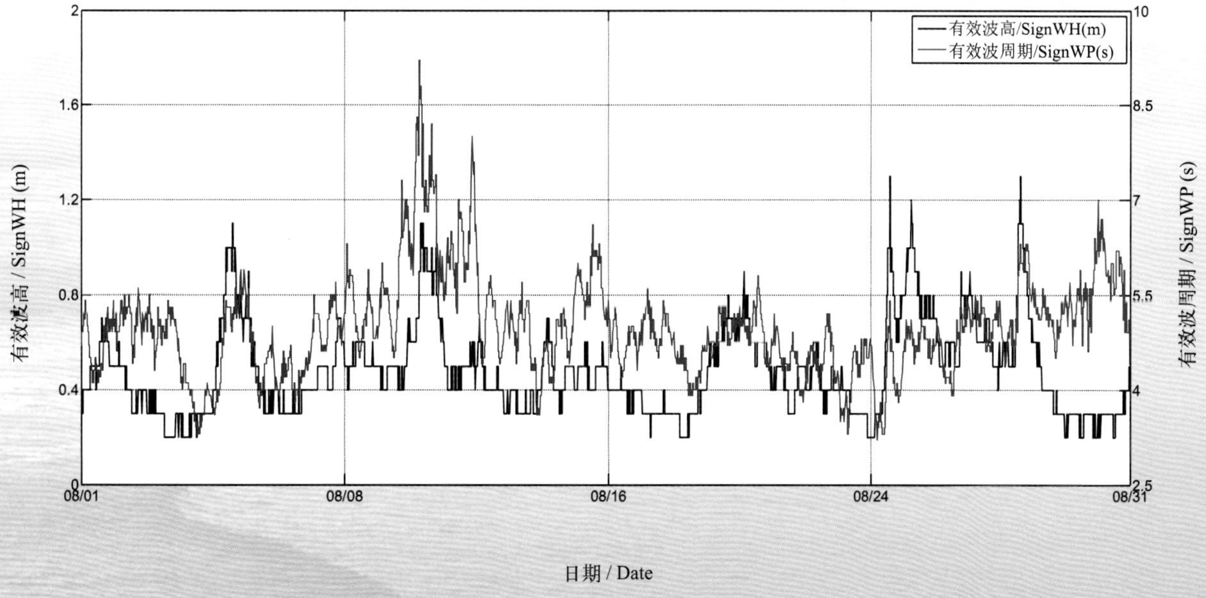

07 号浮标 2010 年 09 月有效波高、有效波周期观测资料
SignWH and SignWP of 07 buoy in Sep 2010

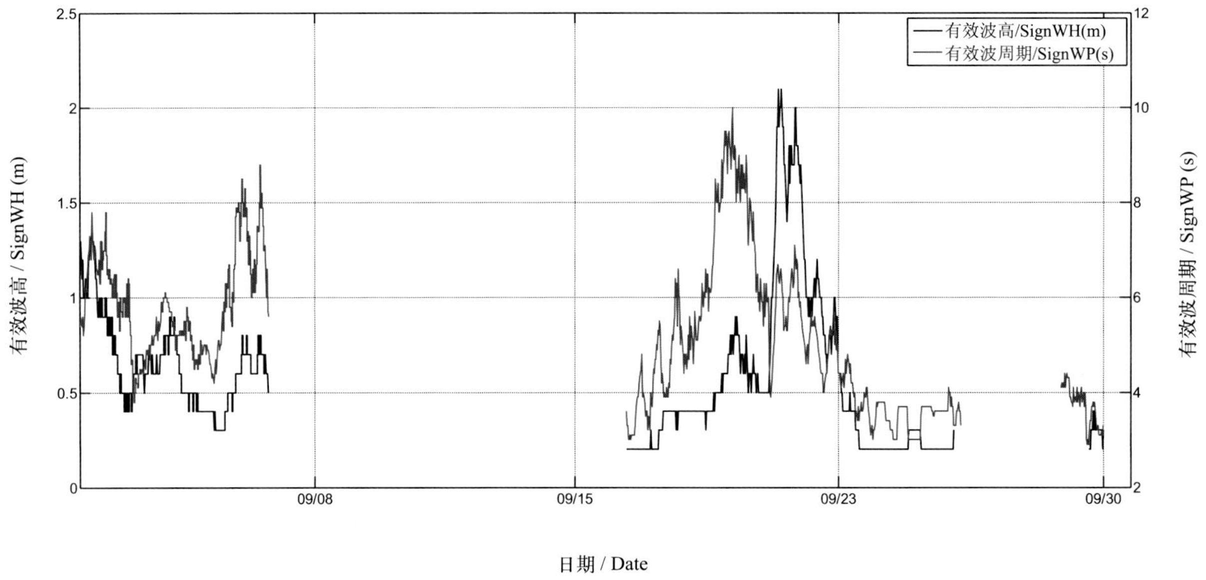

07 号浮标 2010 年 10 月有效波高、有效波周期观测资料
SignWH and SignWP of 07 buoy in Oct 2010

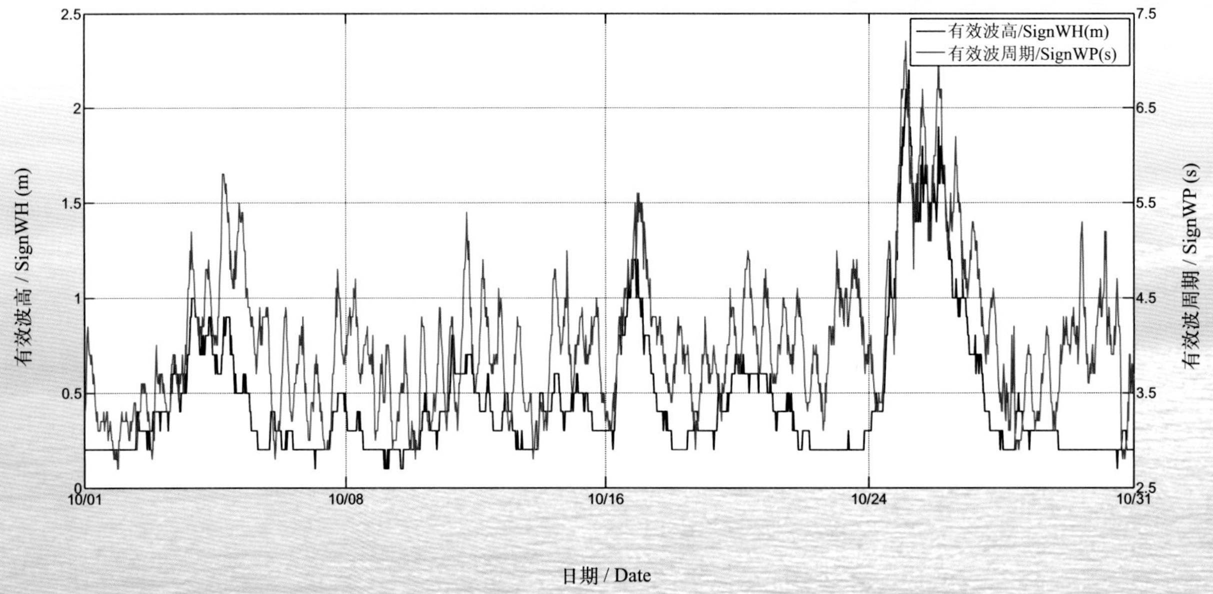

07 号浮标 2010 年 11 月有效波高、有效波周期观测资料
SignWH and SignWP of 07 buoy in Nov 2010

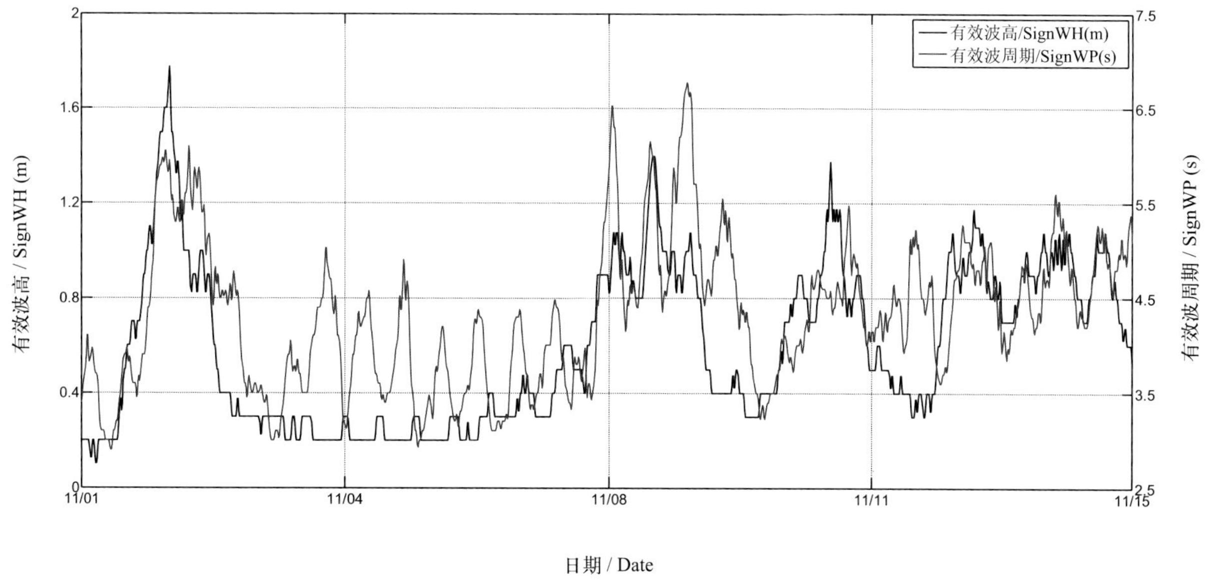

07 号浮标 2010 年 12 月有效波高、有效波周期观测资料
SignWH and SignWP of 07 buoy in Dec 2010

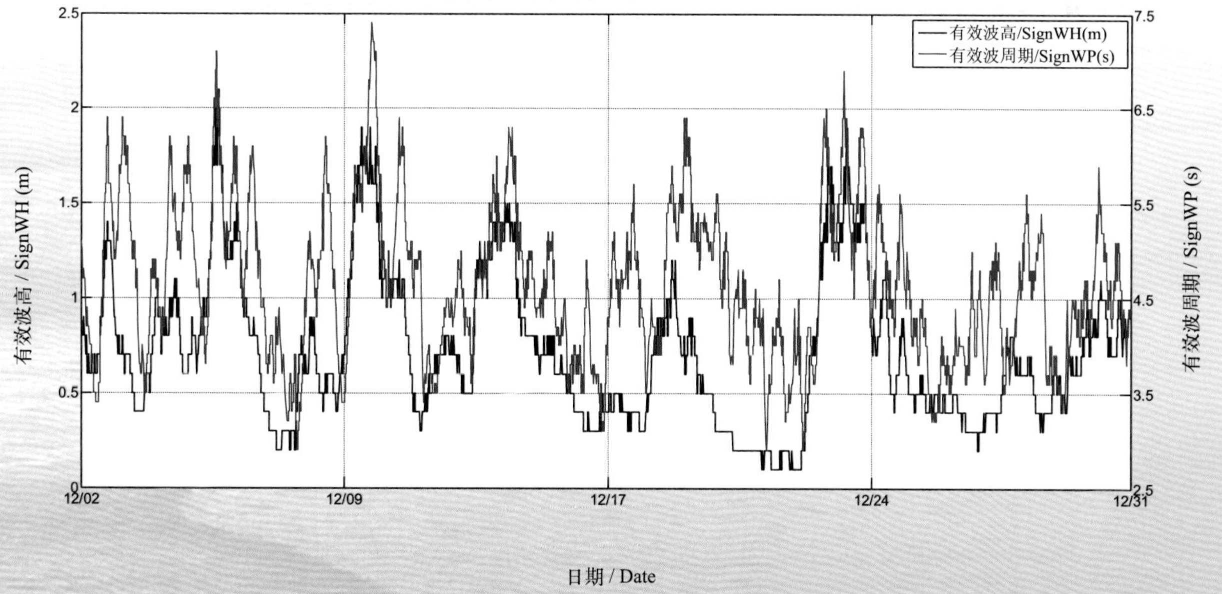

01 号浮标 2009 年最大波高、最大波周期观测资料
MaxWH and MaxWP of 01 buoy in 2009

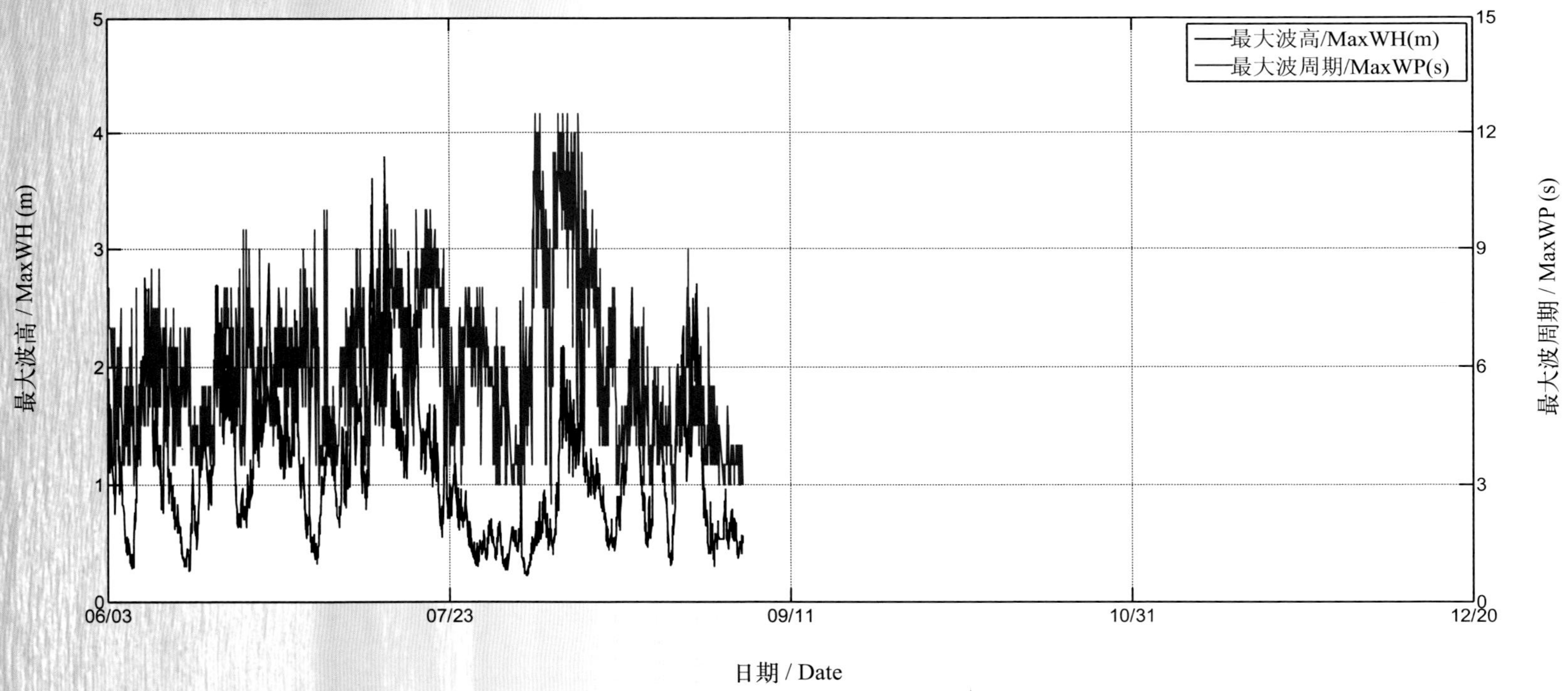

注：01 号浮标于 2009 年 6 月 3 日完成布放，9 月至 12 月期间，因 01 号标出现系统故障，导致数据缺失。

01 号浮标 2010 年最大波高、最大波周期观测资料
MaxWH and MaxWP of 01 buoy in 2010

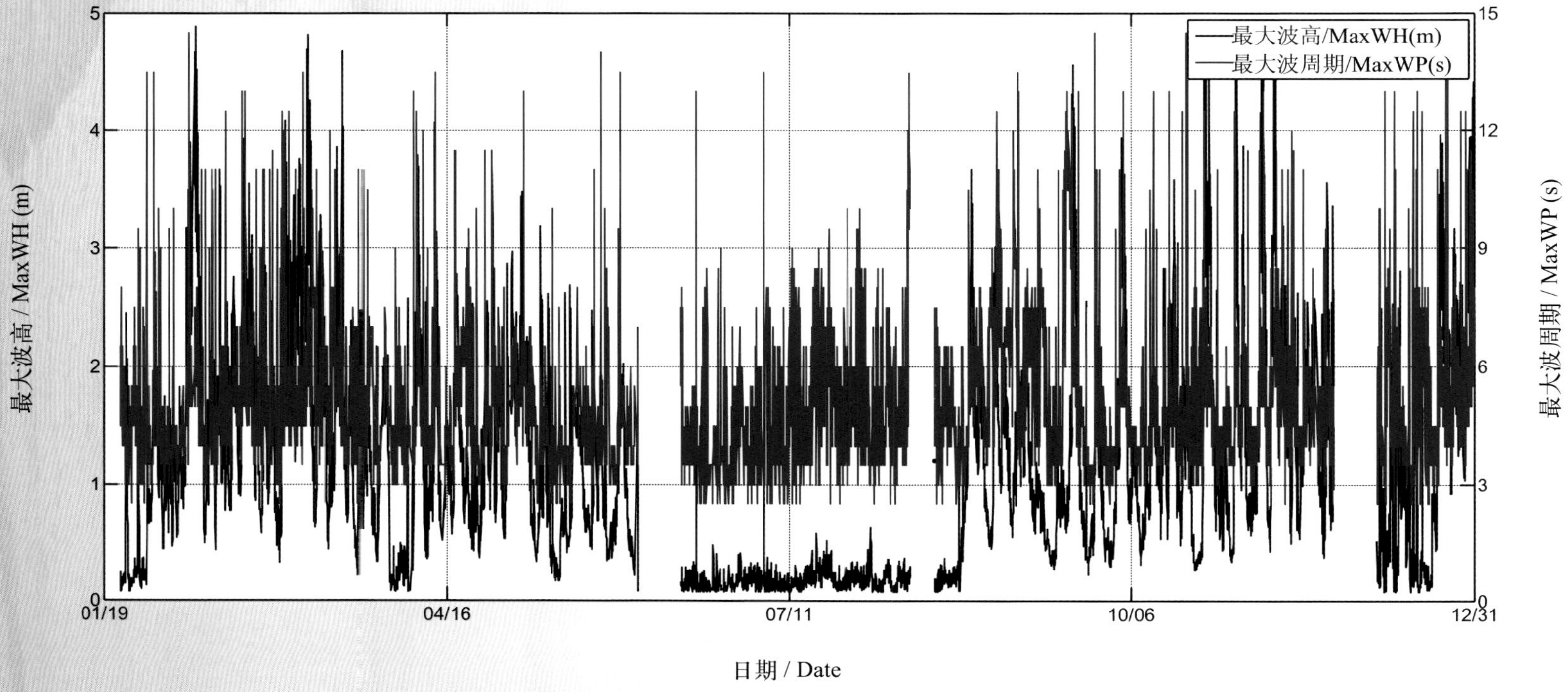

注：01 号浮标 2010 年 6 月 3 日至 15 日，8 月 11 日至 8 月 17 日，11 月 26 日至 12 月 6 日因出现系统故障，导致数据缺失。

01 号浮标 2009 年 06 月最大波高、最大波周期观测资料
MaxWH and MaxWP of 01 buoy in June 2009

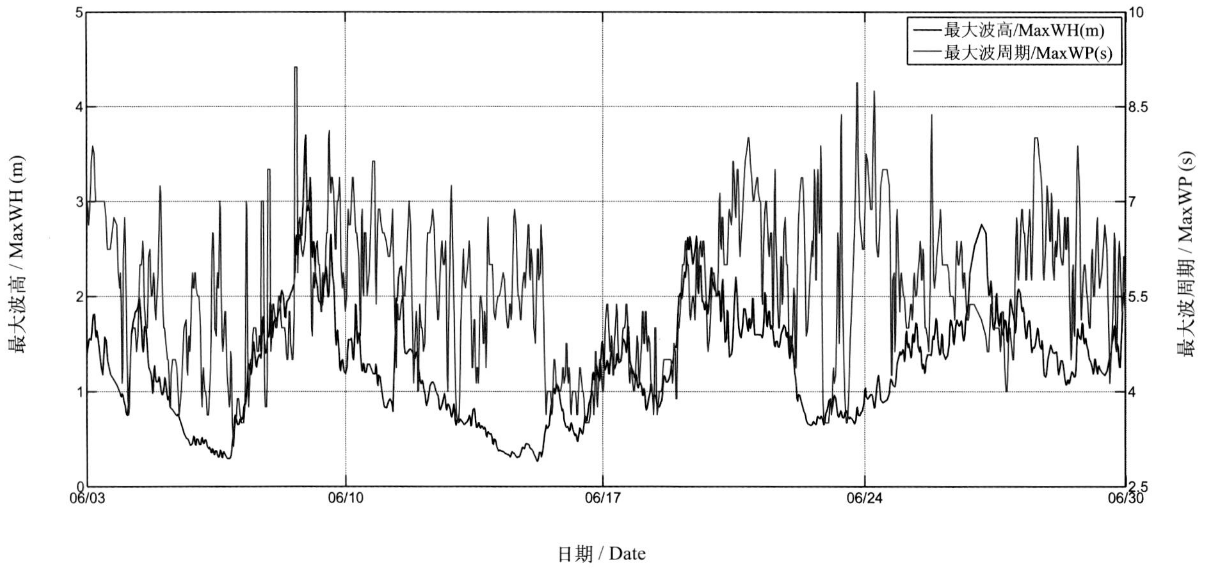

01 号浮标 2009 年 07 月最大波高、最大波周期观测资料
MaxWH and MaxWP of 01 buoy in July 2009

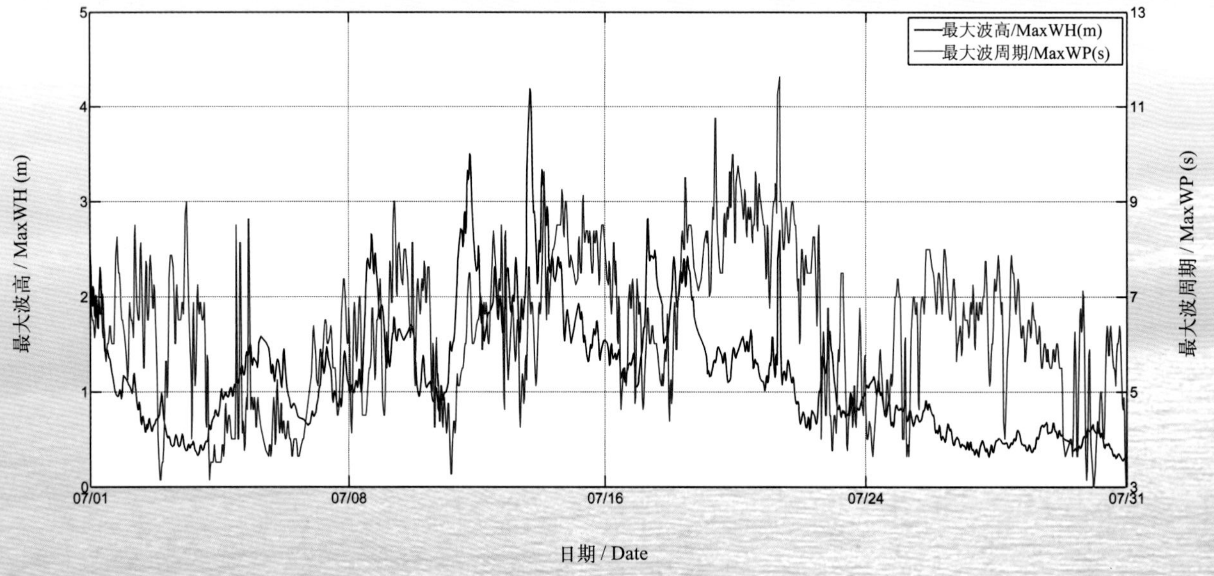

01 号浮标 2009 年 08 月最大波高、最大波周期观测资料
MaxWH and MaxWP of 01 buoy in Aug 2009

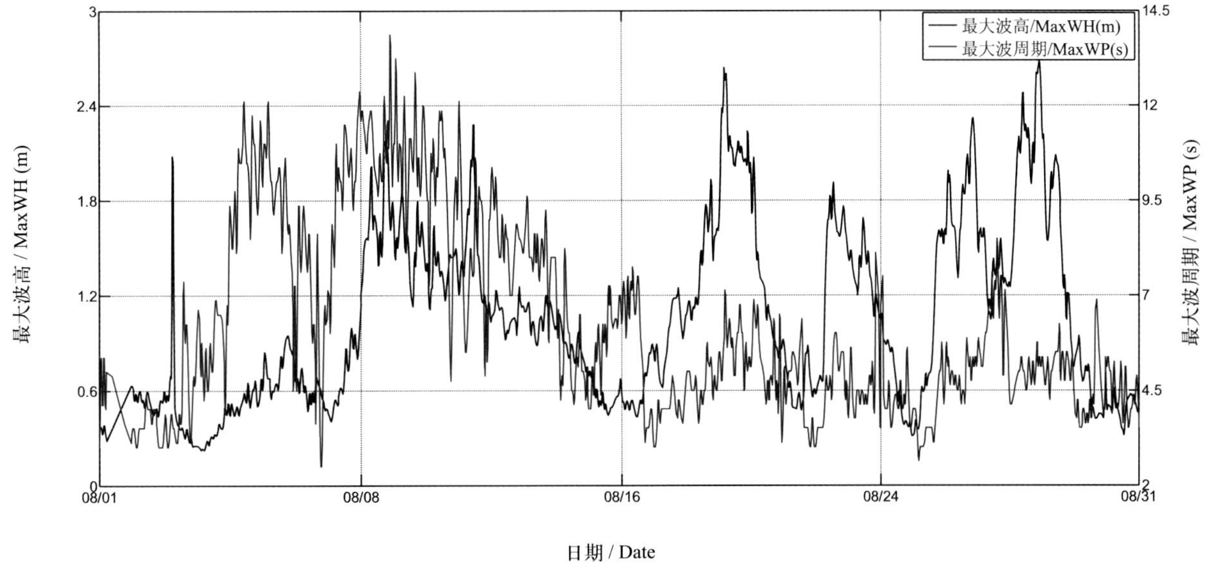

01 号浮标 2010 年 01 月最大波高、最大波周期观测资料
MaxWH and MaxWP of 01 buoy in Jan 2010

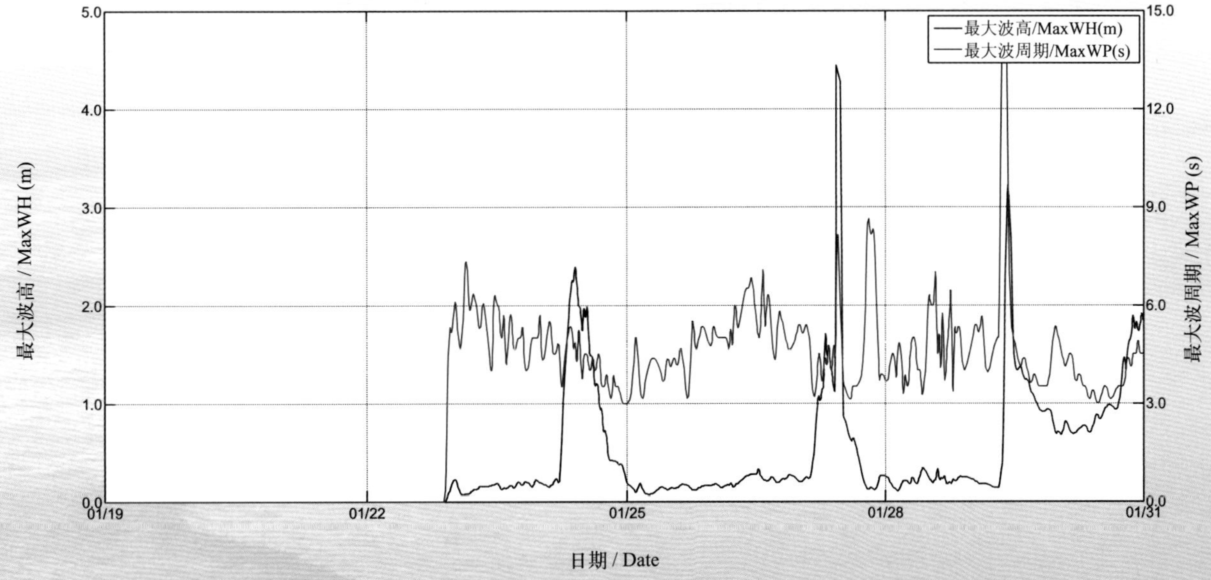

01 号浮标 2010 年 02 月最大波高、最大波周期观测资料
MaxWH and MaxWP of 01 buoy in Feb 2010

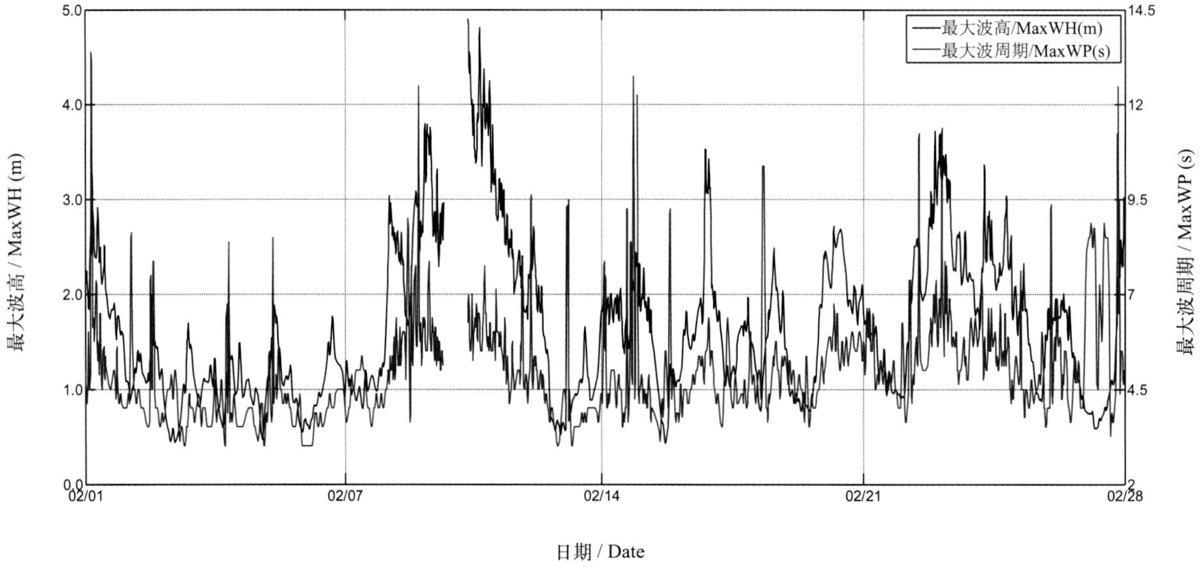

01 号浮标 2010 年 03 月最大波高、最大波周期观测资料
MaxWH and MaxWP of 01 buoy in Mar 2010

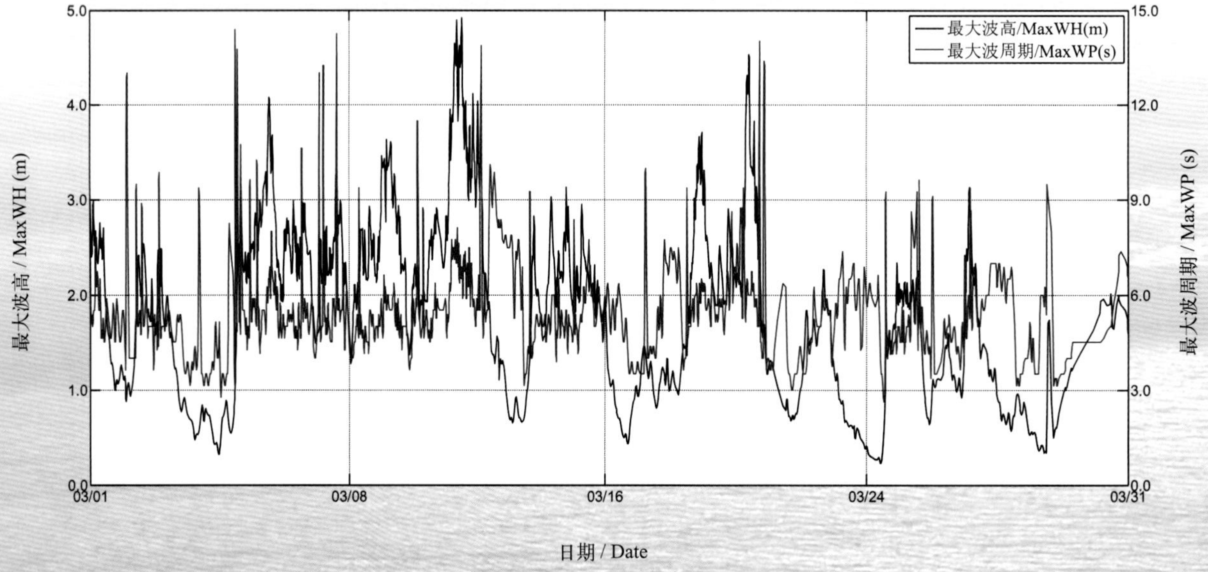

01 号浮标 2010 年 04 月最大波高、最大波周期观测资料
MaxWH and MaxWP of 01 buoy in April 2010

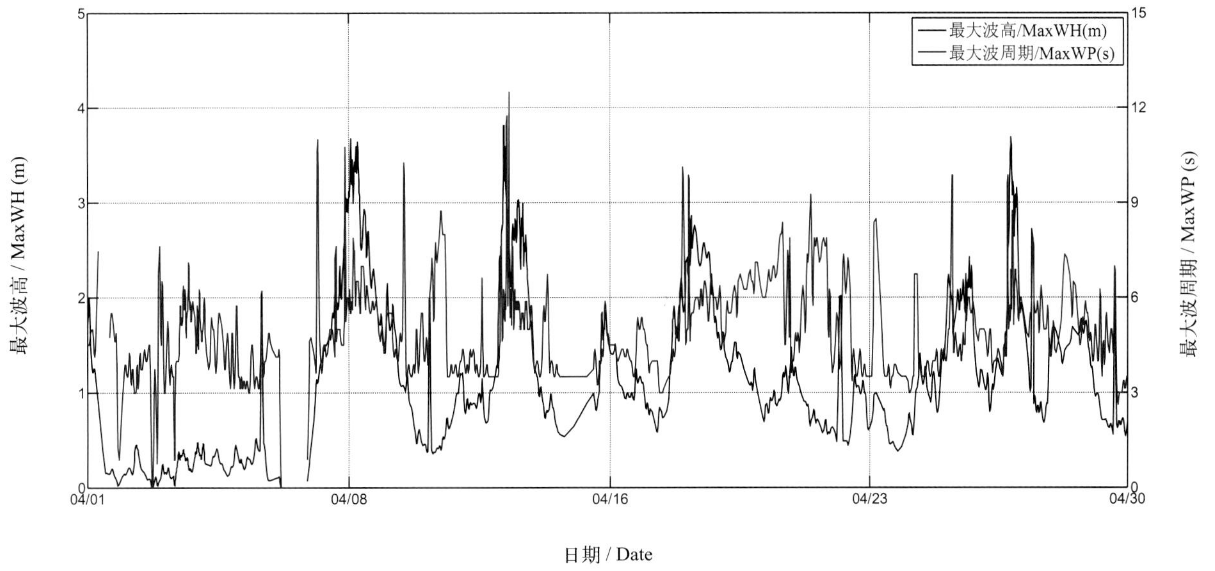

01 号浮标 2010 年 05 月最大波高、最大波周期观测资料
MaxWH and MaxWP of 01 buoy in May 2010

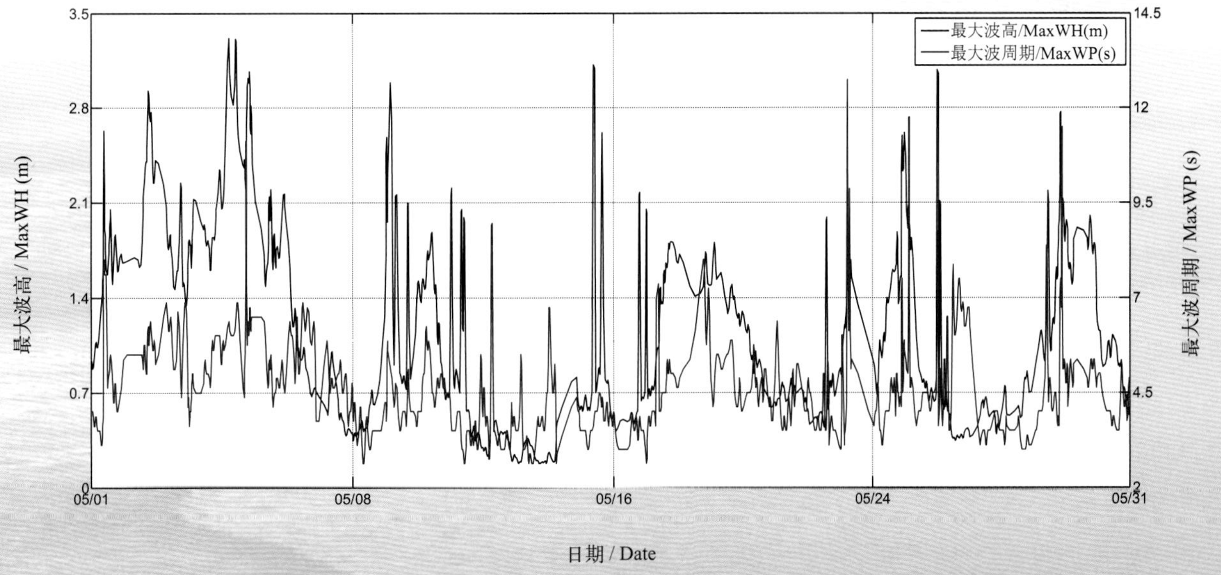

01 号浮标 2010 年 06 月最大波高、最大波周期观测资料
MaxWH and MaxWP of 01 buoy in June 2010

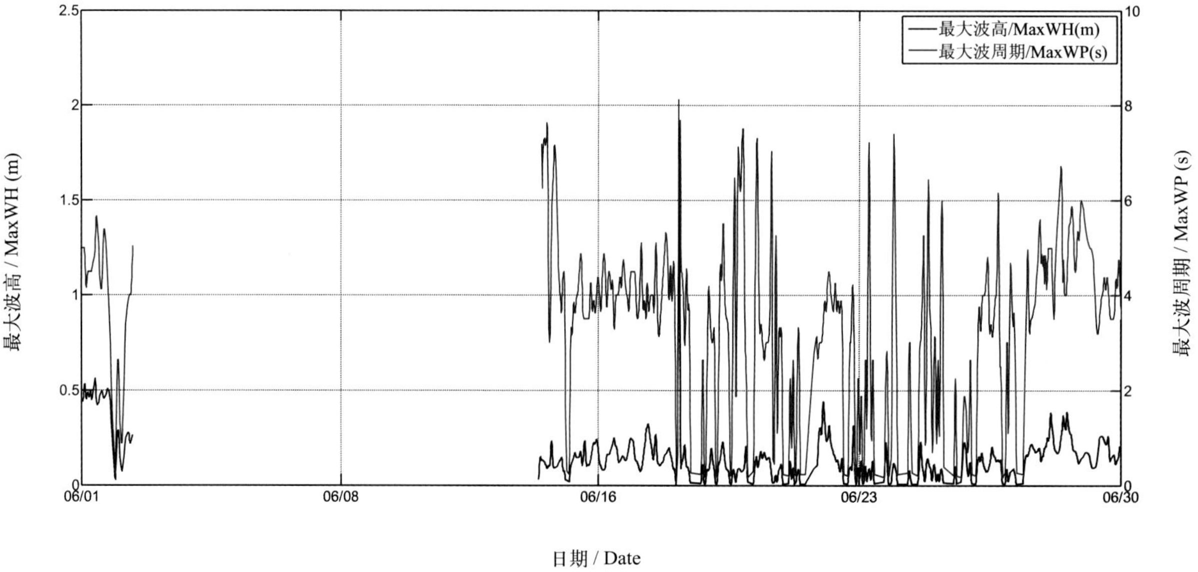

01 号浮标 2010 年 07 月最大波高、最大波周期观测资料
MaxWH and MaxWP of 01 buoy in July 2010

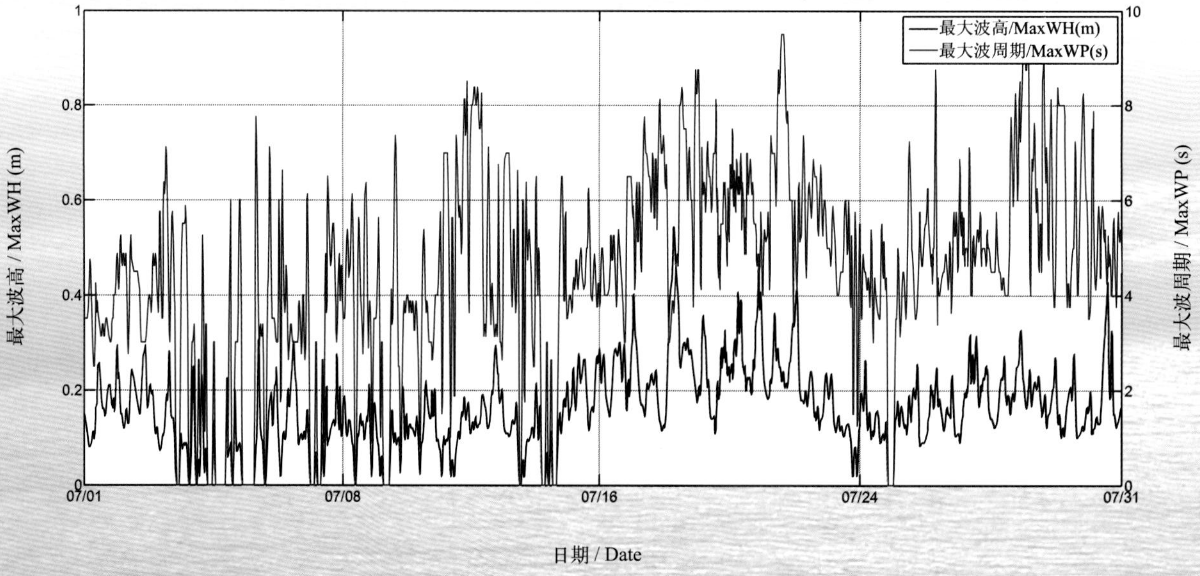

01 号浮标 2010 年 08 月最大波高、最大波周期观测资料
MaxWH and MaxWP of 01 buoy in Aug 2010

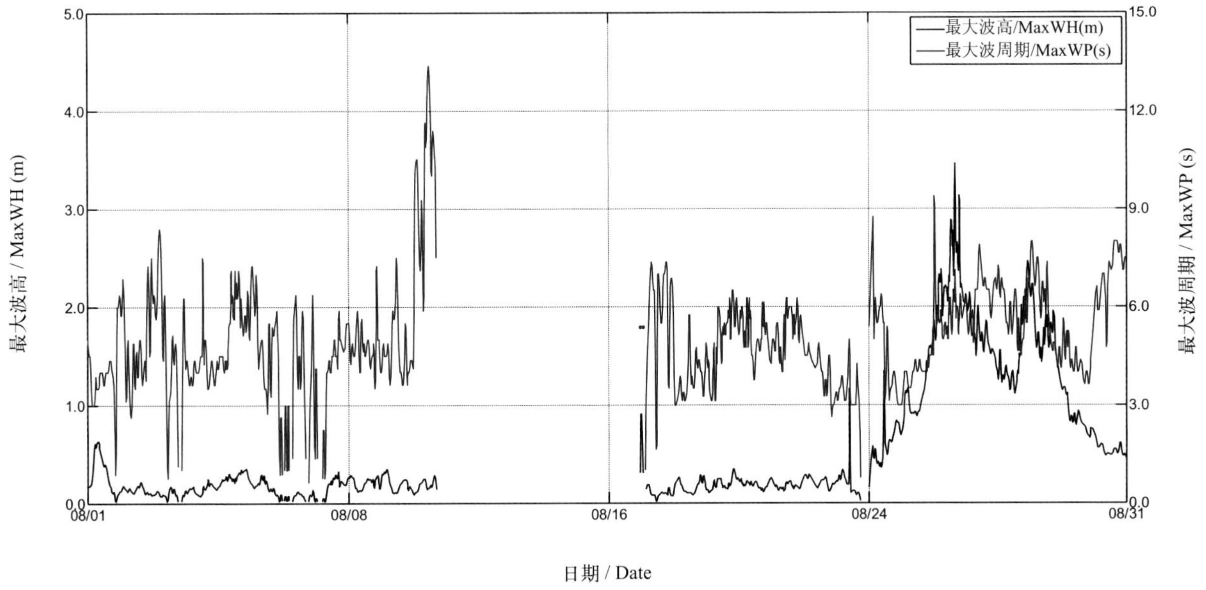

01 号浮标 2010 年 09 月最大波高、最大波周期观测资料
MaxWH and MaxWP of 01 buoy in Sep 2010

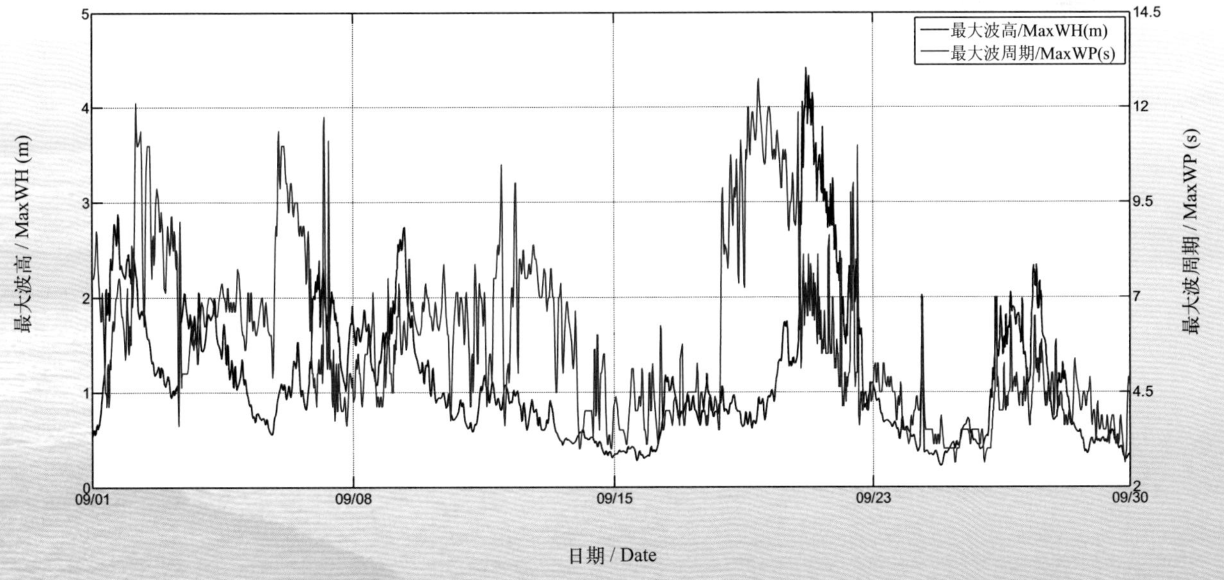

01 号浮标 2010 年 10 月最大波高、最大波周期观测资料
MaxWH and MaxWP of 01 buoy in Oct 2010

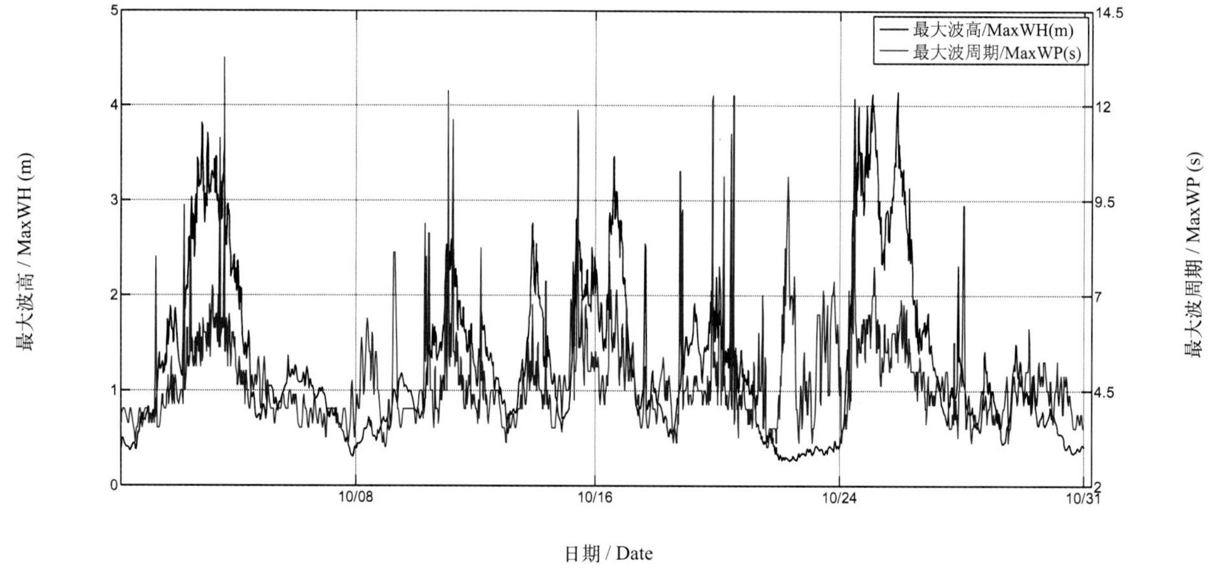

01 号浮标 2010 年 11 月最大波高、最大波周期观测资料
MaxWH and MaxWP of 01 buoy in Nov 2010

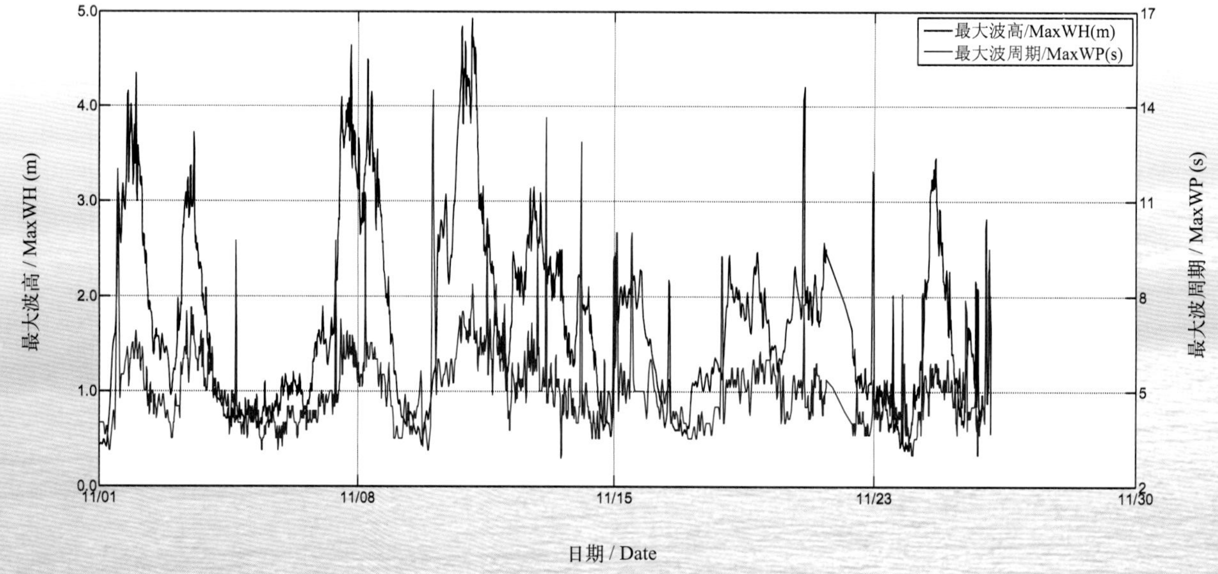

01 号浮标 2010 年 12 月最大波高、最大波周期观测资料
MaxWH and MaxWP of 01 buoy in Dec 2010

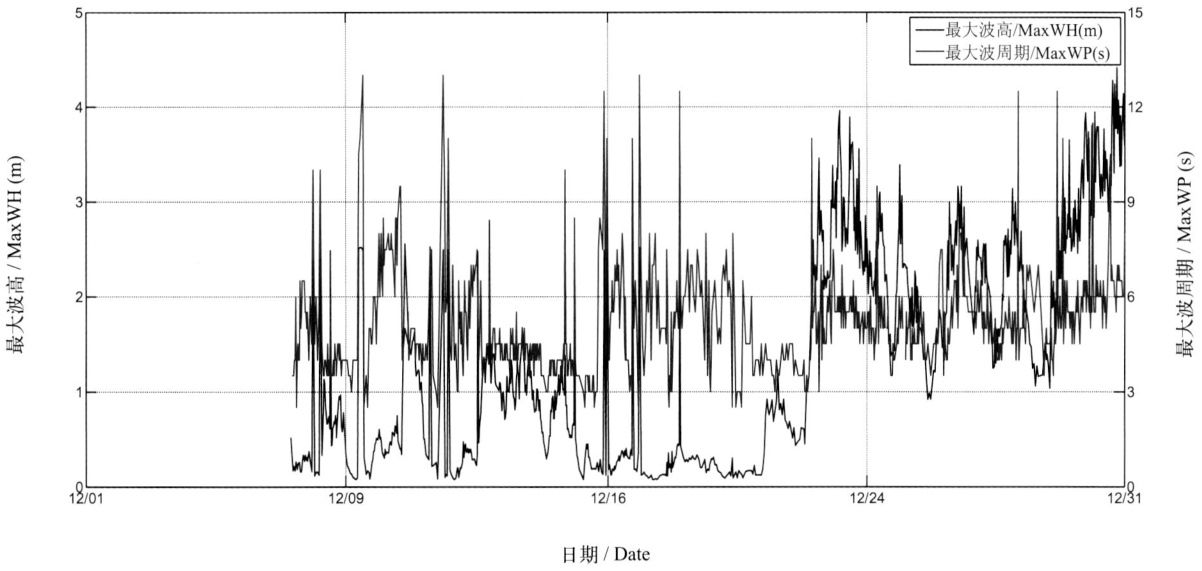

02 号浮标 2009 年最大波高、最大波周期观测资料
MaxWH and MaxWP of 02 buoy in 2009

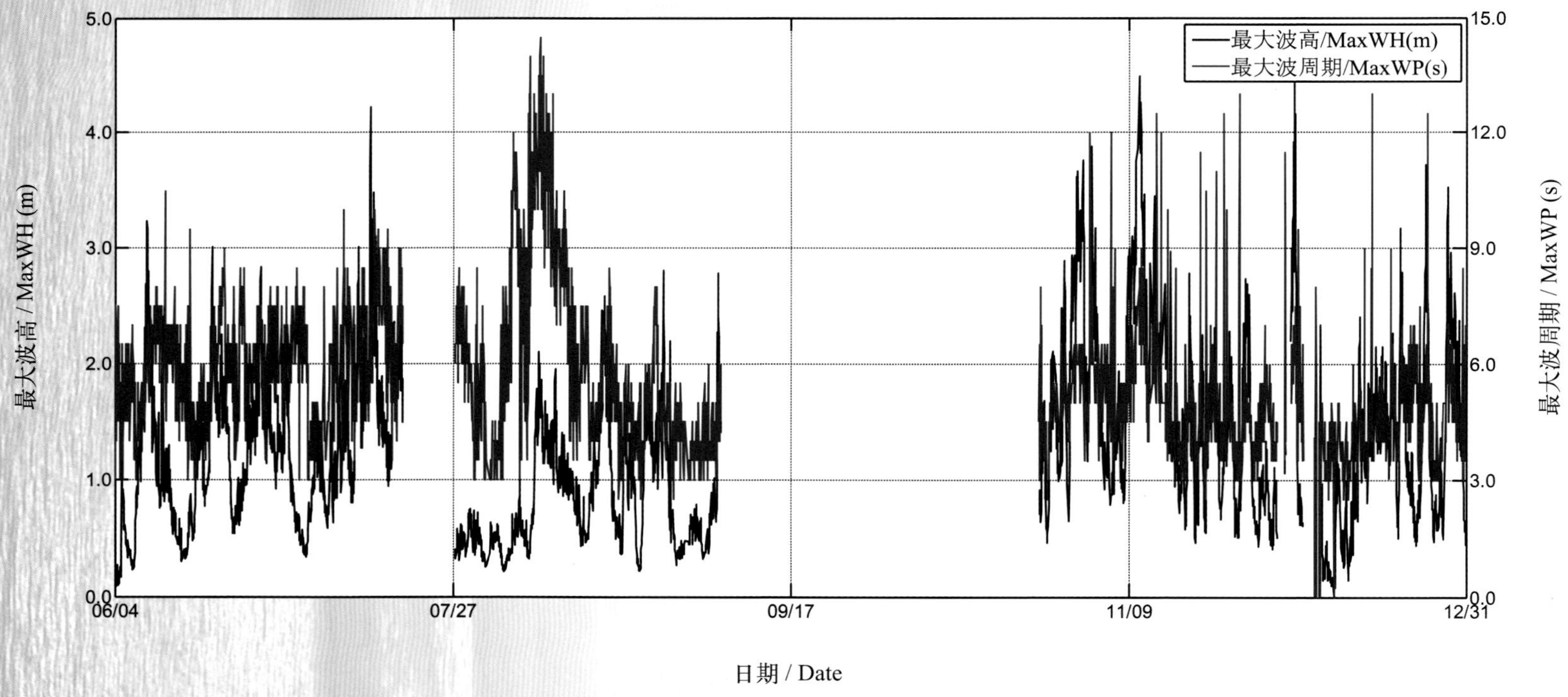

注：02 号浮标于 2009 年 6 月 4 日完成布放，7 月 21 日到 7 月 27 日，以及 9 到 10 月份因系统故障，导致数据缺失。

02 号浮标 2010 年最大波高、最大波周期观测资料
MaxWH and MaxWP of 02 buoy in 2010

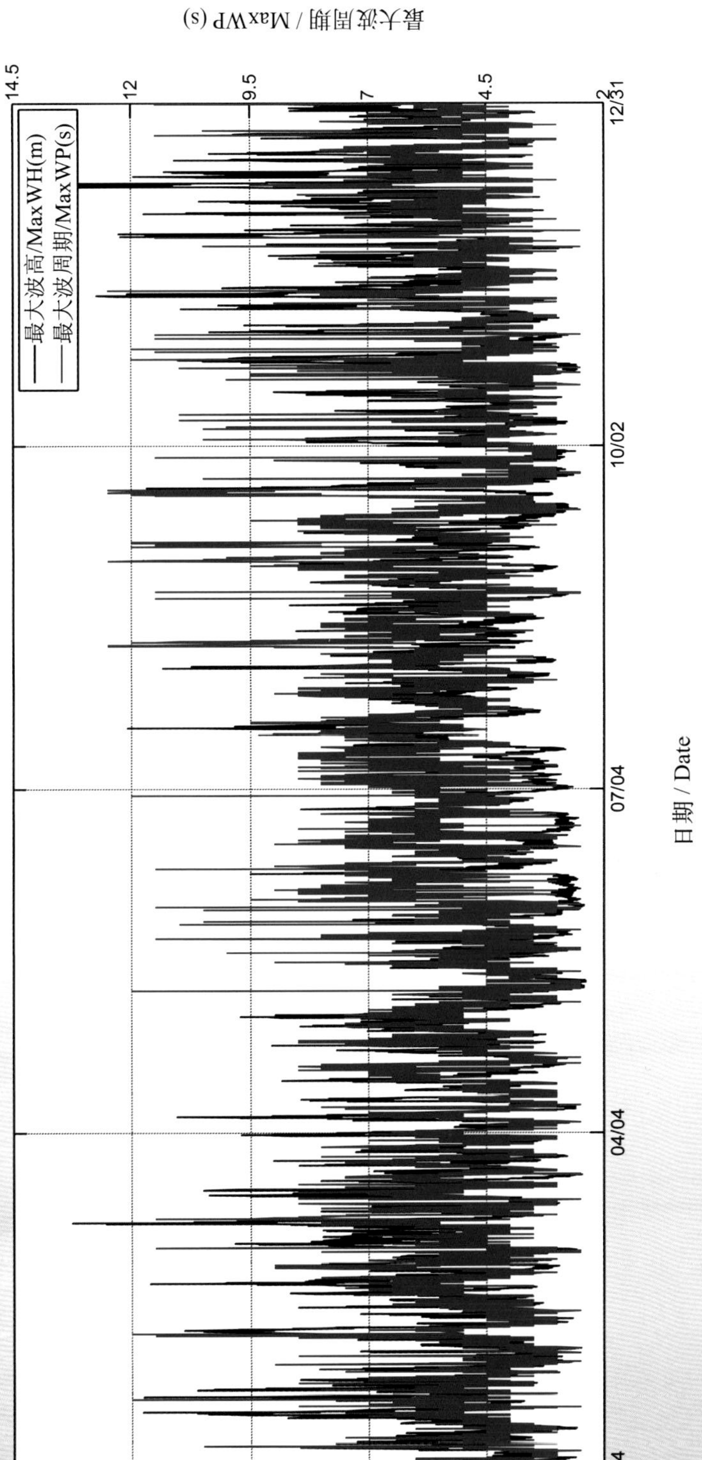

02 号浮标 2009 年 06 月最大波高、最大波周期观测资料
MaxWH and MaxWP of 02 buoy in June 2009

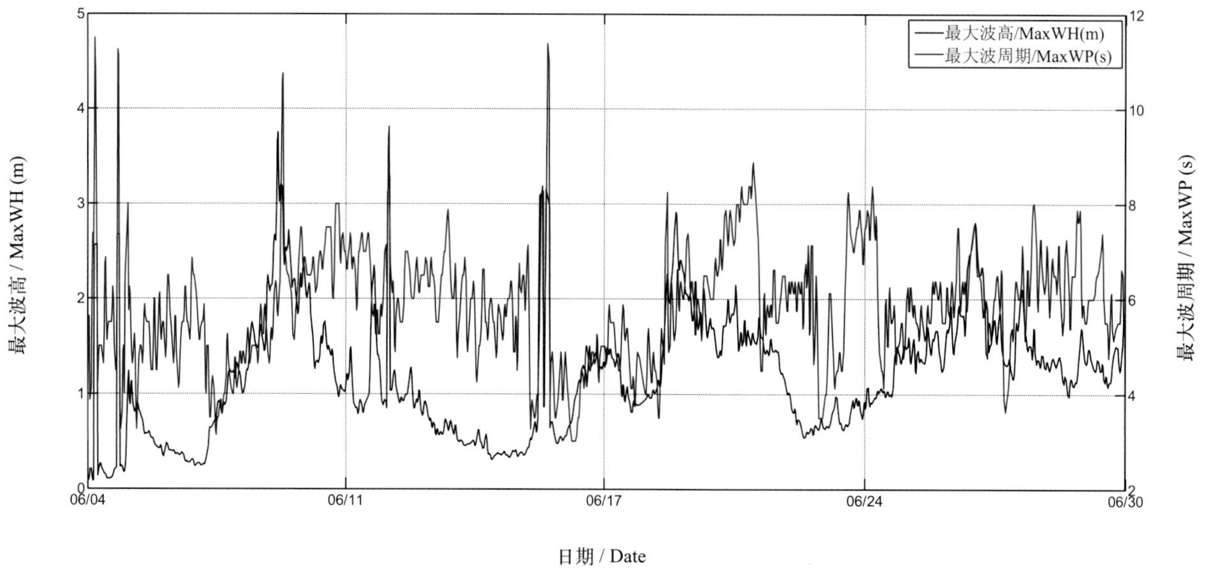

02 号浮标 2009 年 07 月最大波高、最大波周期观测资料
MaxWH and MaxWP of 02 buoy in July 2009

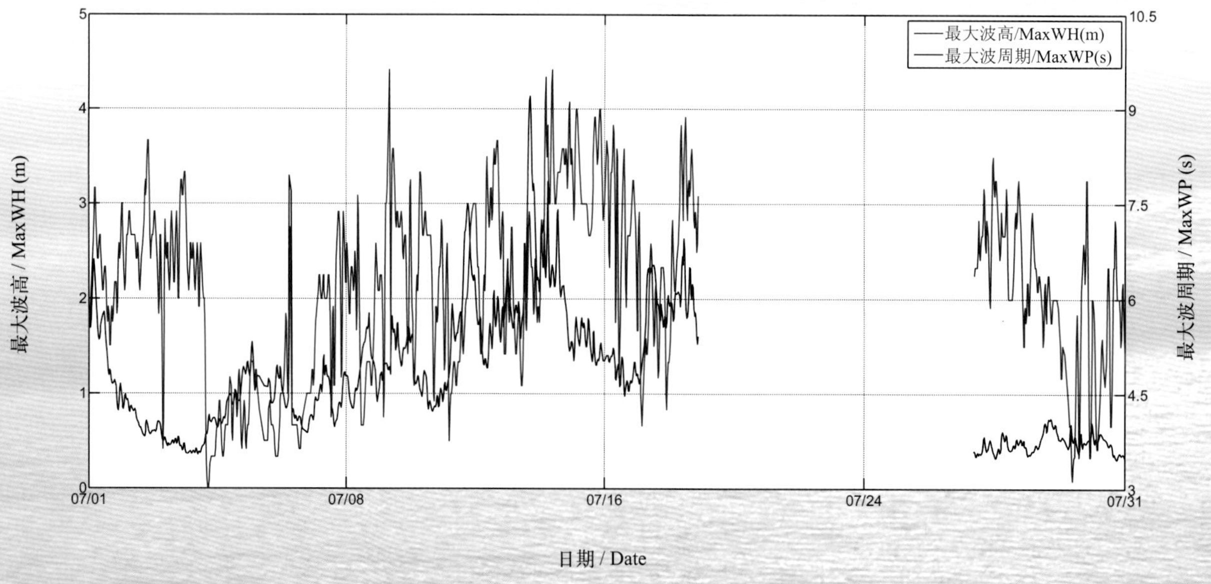

02 号标 2009 年 08 月最大波高、最大波周期观测资料
MaxWH and MaxWP of 02 buoy in Aug 2009

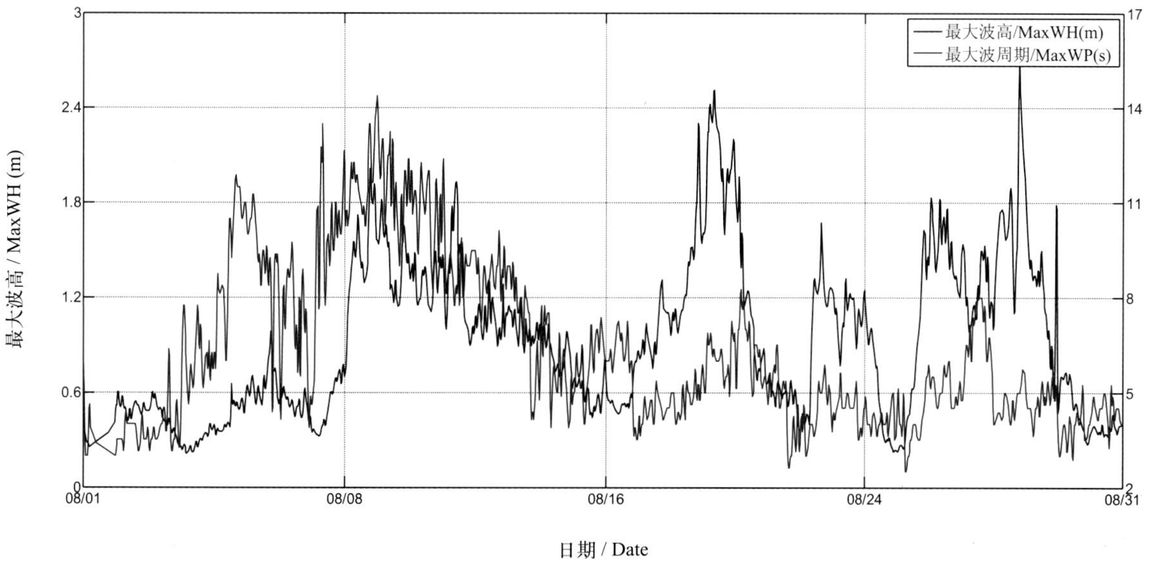

02 号浮标 2009 年 11 月最大波高、最大波周期观测资料
MaxWH and MaxWP of 02 buoy in Nov 2009

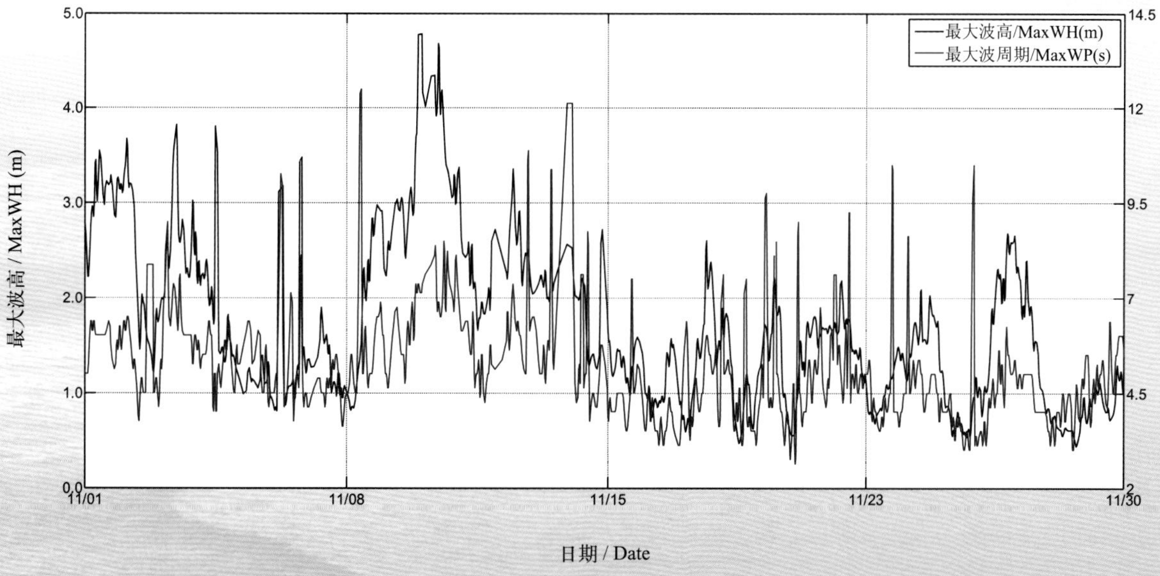

02 号浮标 2009 年 12 月最大波高、最大波周期观测资料
MaxWH and MaxWP of 02 buoy in Dec 2009

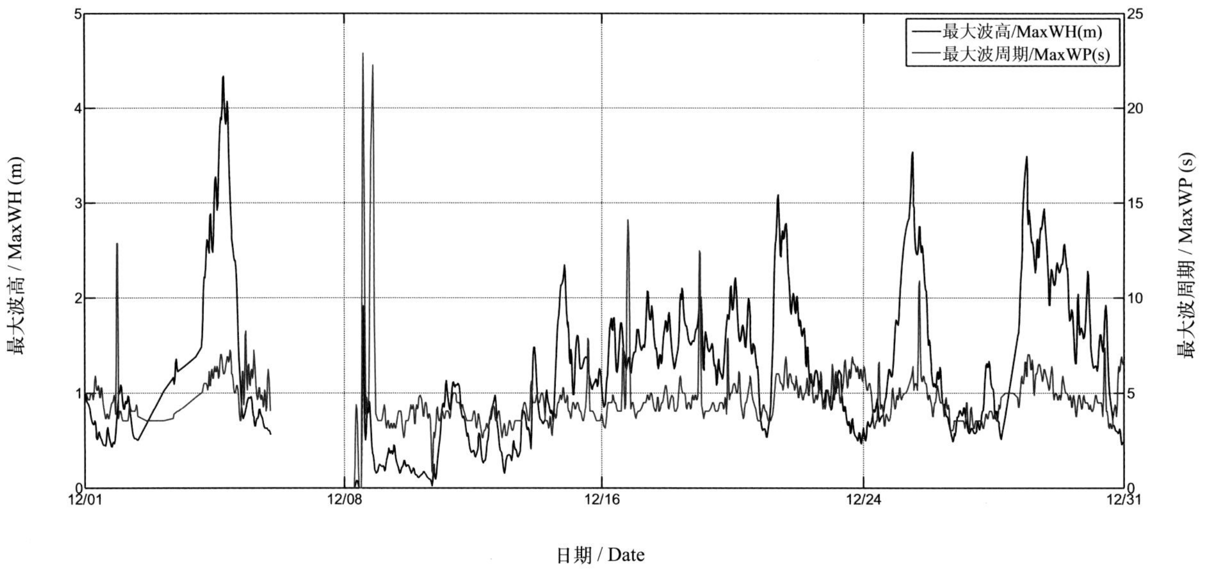

02 号浮标 2010 年 01 月最大波高、最大波周期观测资料
MaxWH and MaxWP of 02 buoy in Jan 2010

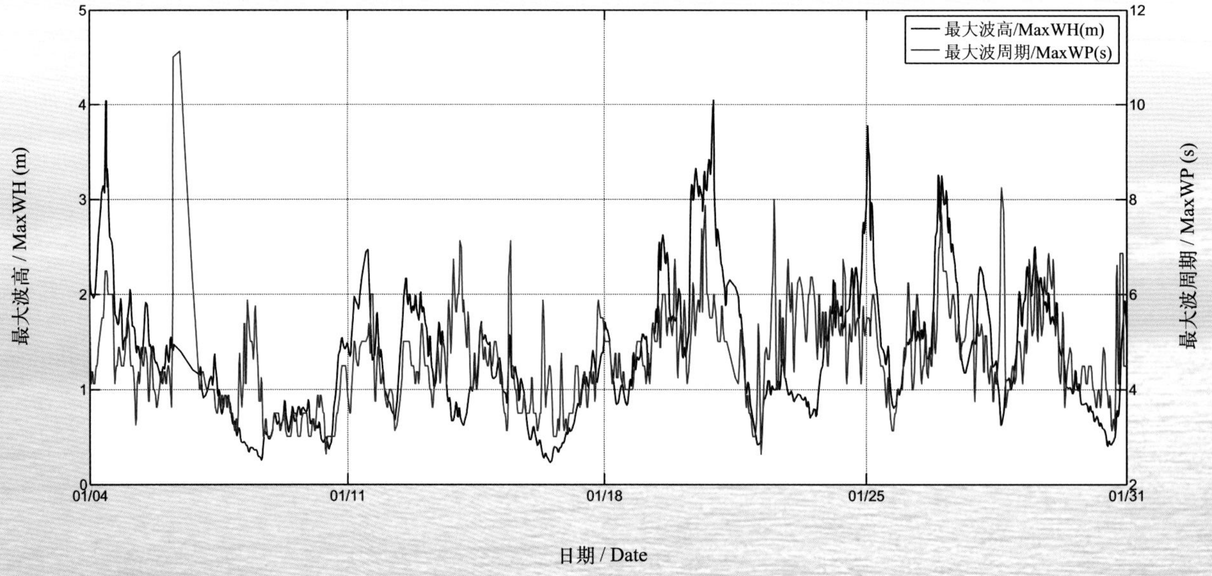

02 号浮标 2010 年 02 月最大波高、最大波周期观测资料
MaxWH and MaxWP of 02 buoy in Feb 2010

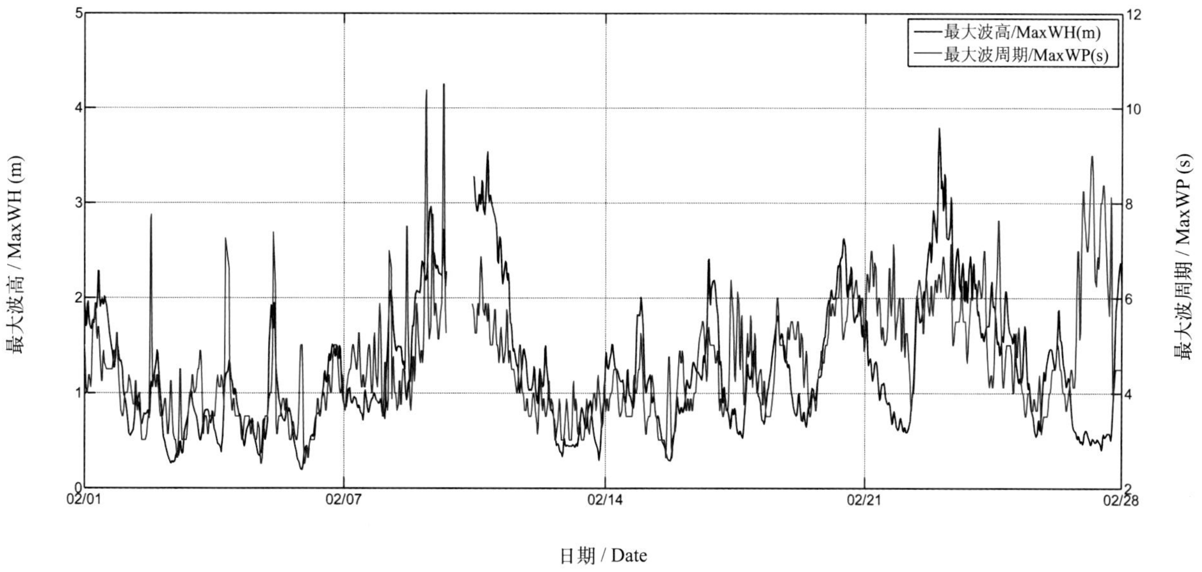

02 号浮标 2010 年 03 月最大波高、最大波周期观测资料
MaxWH and MaxWP of 02 buoy in Mar 2010

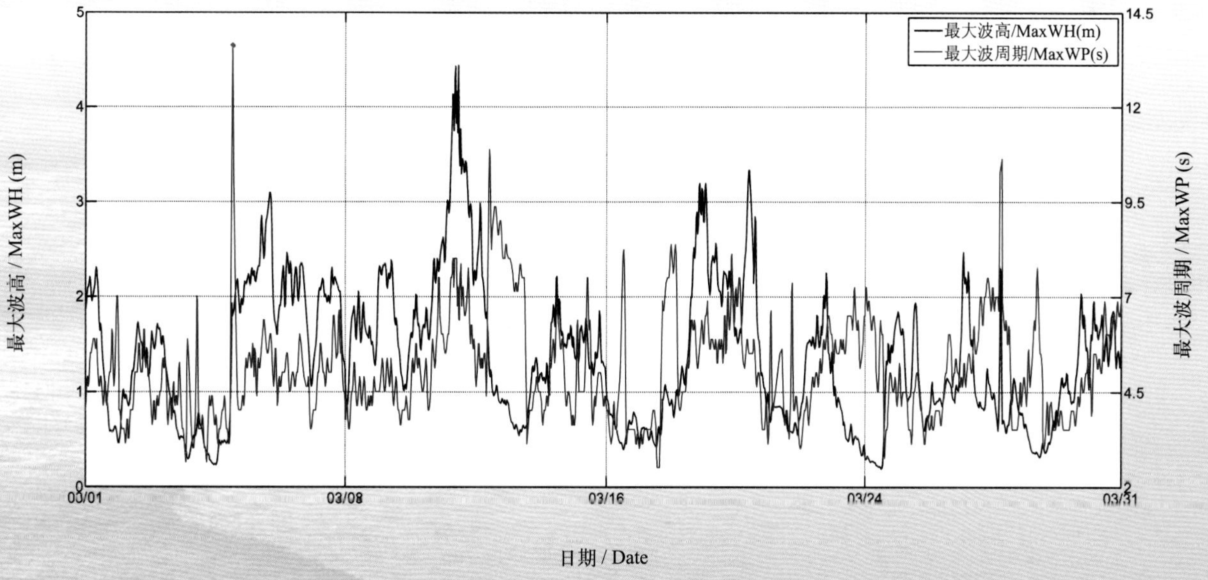

02 号浮标 2010 年 04 月最大波高、最大波周期观测资料
MaxWH and MaxWP of 02 buoy in April 2010

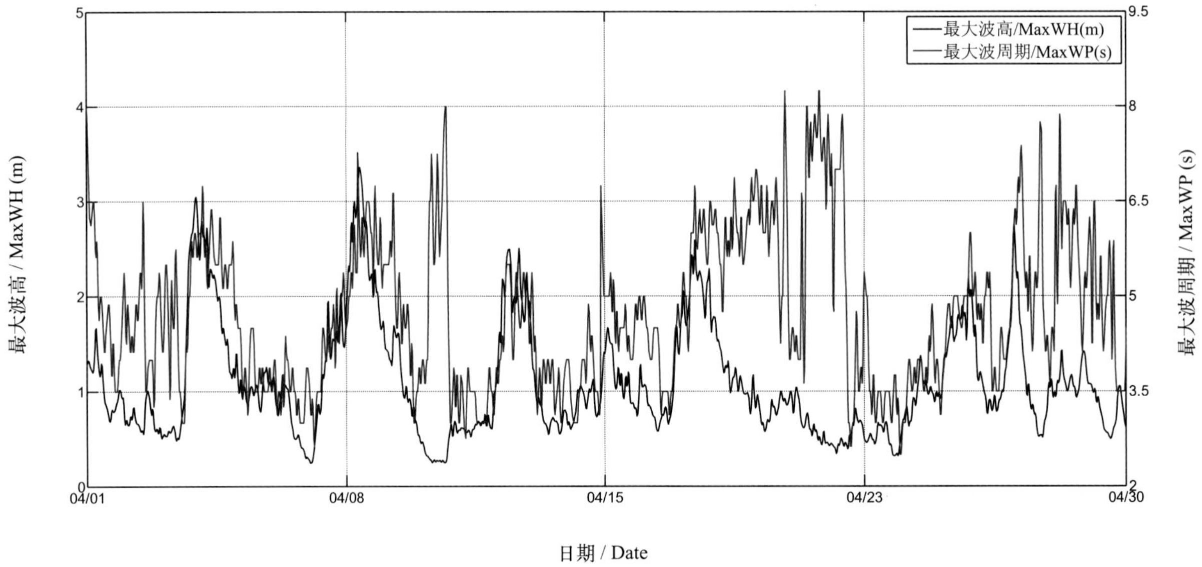

02 号浮标 2010 年 05 月最大波高、最大波周期观测资料
MaxWH and MaxWP of 02 buoy in May 2010

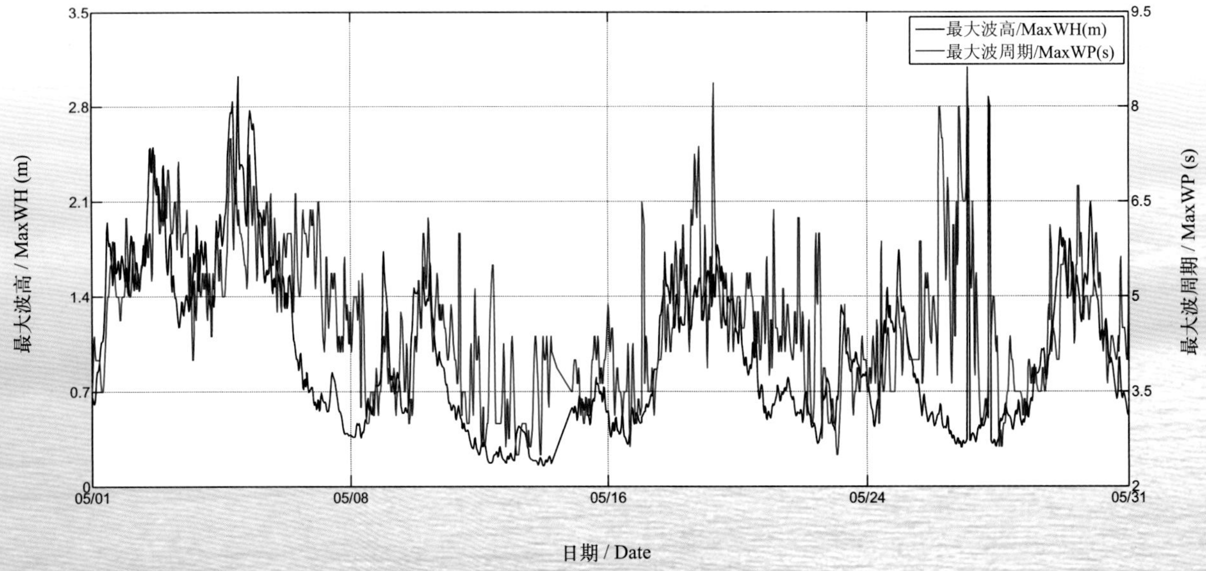

02 号浮标 2010 年 06 月最大波高、最大波周期观测资料
MaxWH and MaxWP of 02 buoy in June 2010

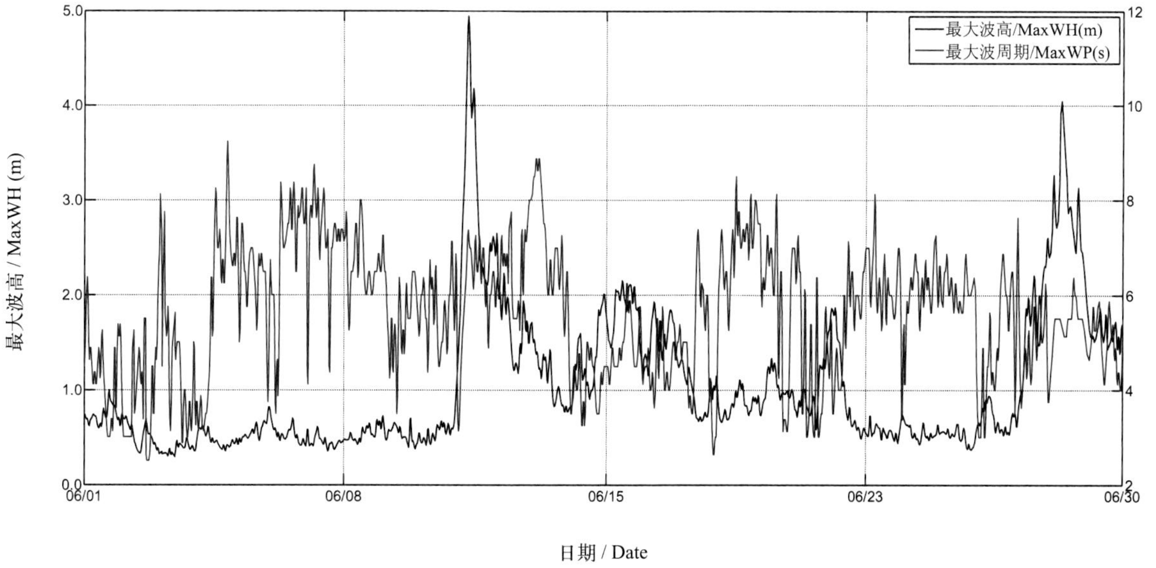

02 号浮标 2010 年 07 月最大波高、最大波周期观测资料
MaxWH and MaxWP of 02 buoy in July 2010

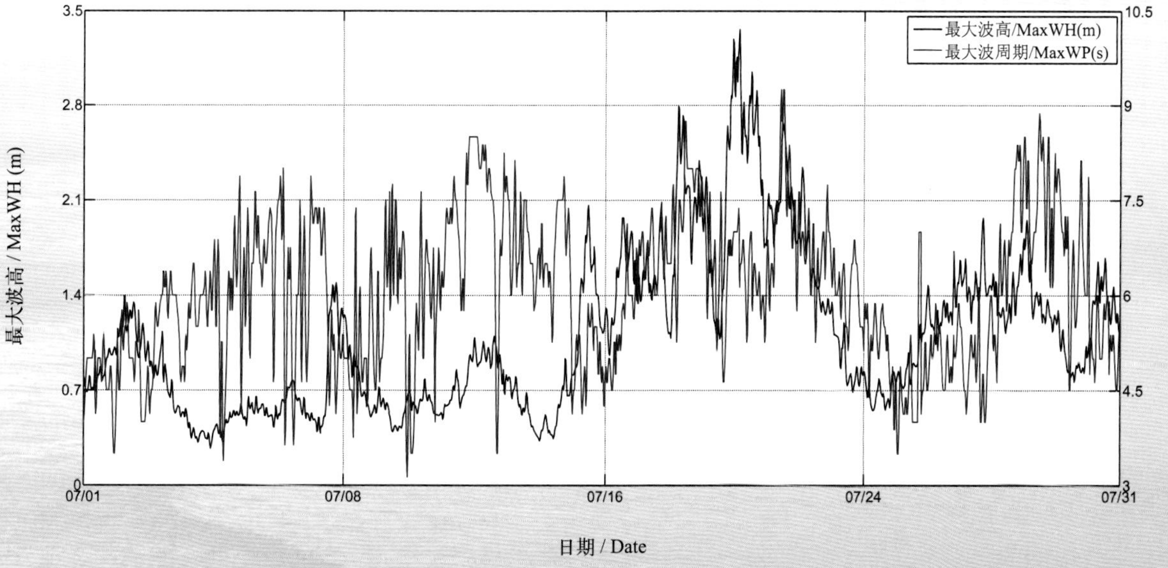

02 号浮标 2010 年 08 月最大波高、最大波周期观测资料
MaxWH and MaxWP of 02 buoy in Aug 2010

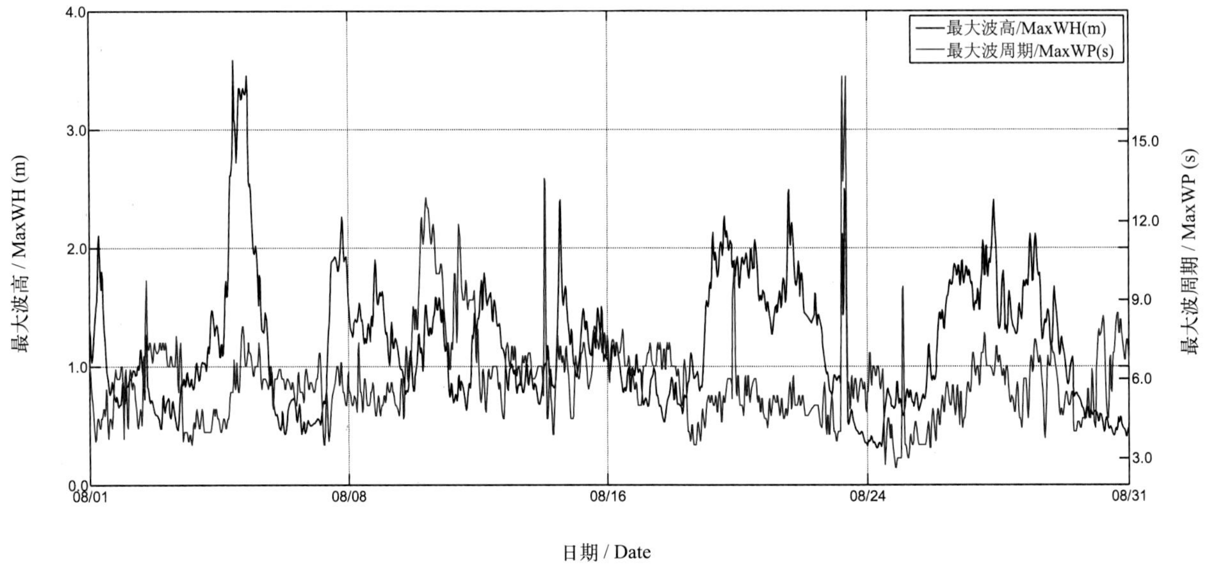

02 号浮标 2010 年 09 月最大波高、最大波周期观测资料
MaxWH and MaxWP of 02 buoy in Sep 2010

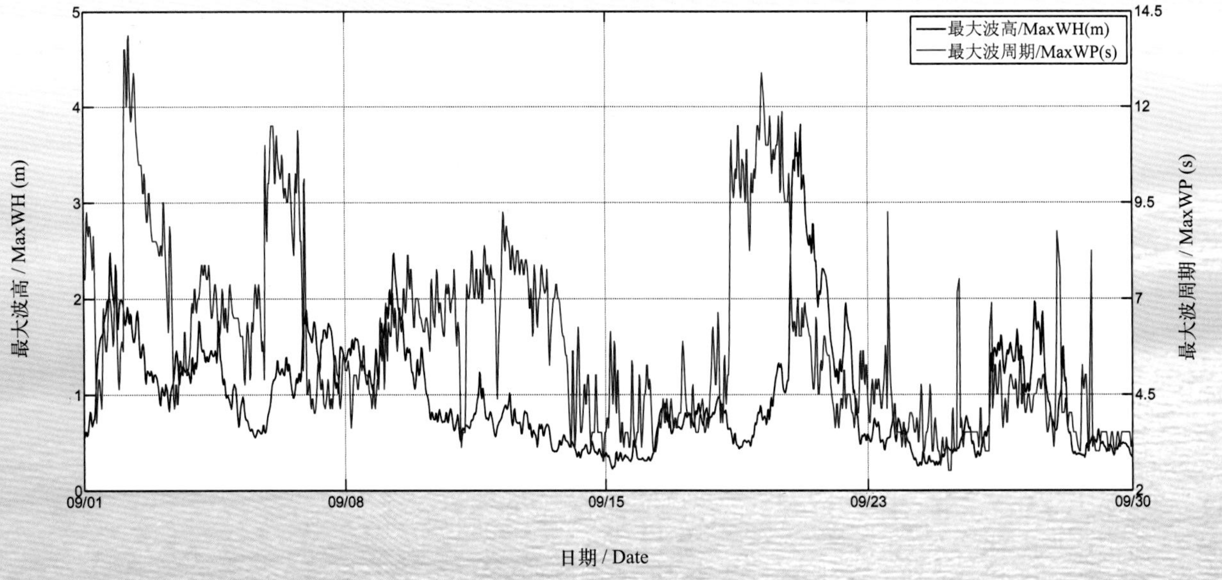

02号浮标2010年10月最大波高、最大波周期观测资料
MaxWH and MaxWP of 02 buoy in Oct 2010

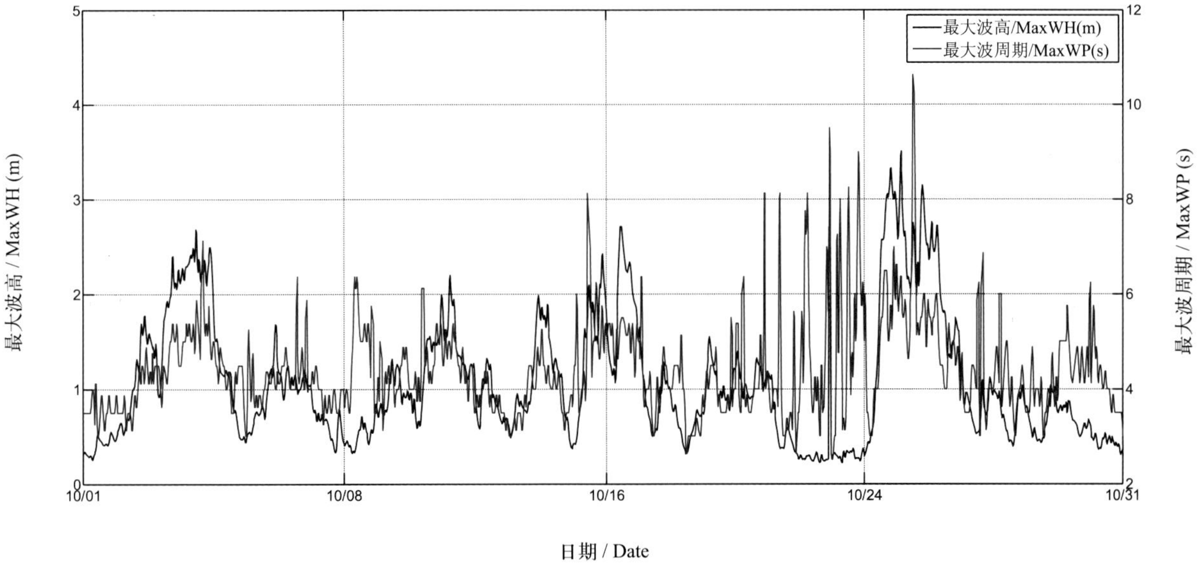

02号浮标2010年11月最大波高、最大波周期观测资料
MaxWH and MaxWP of 02 buoy in Nov 2010

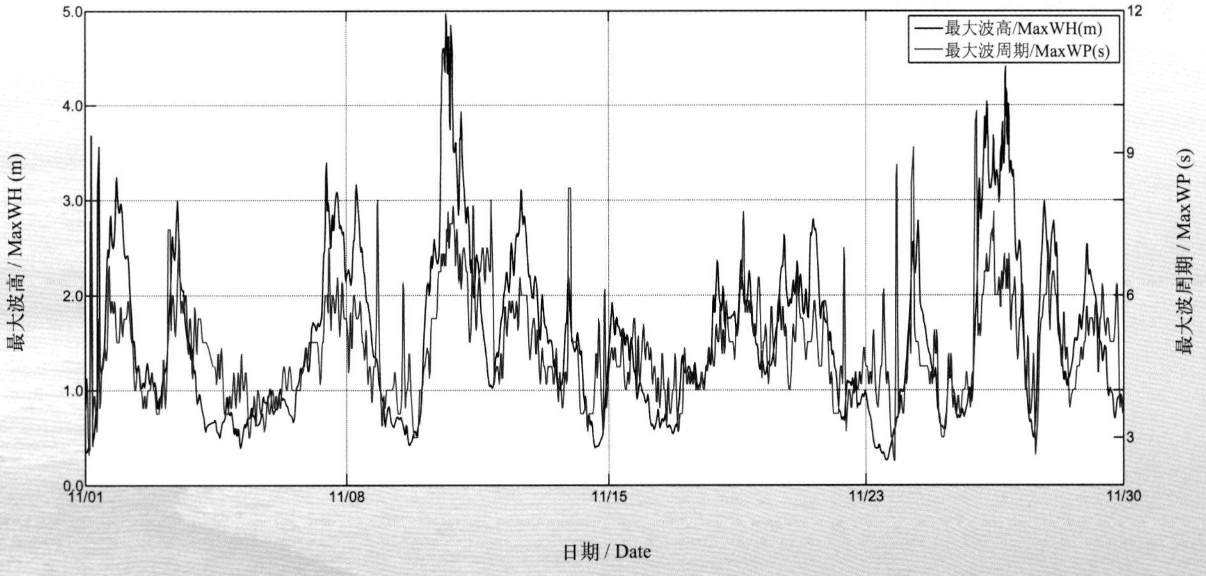

02 号浮标 2010 年 12 月最大波高、最大波周期观测资料
MaxWH and MaxWP of 02 buoy in Dec 2010

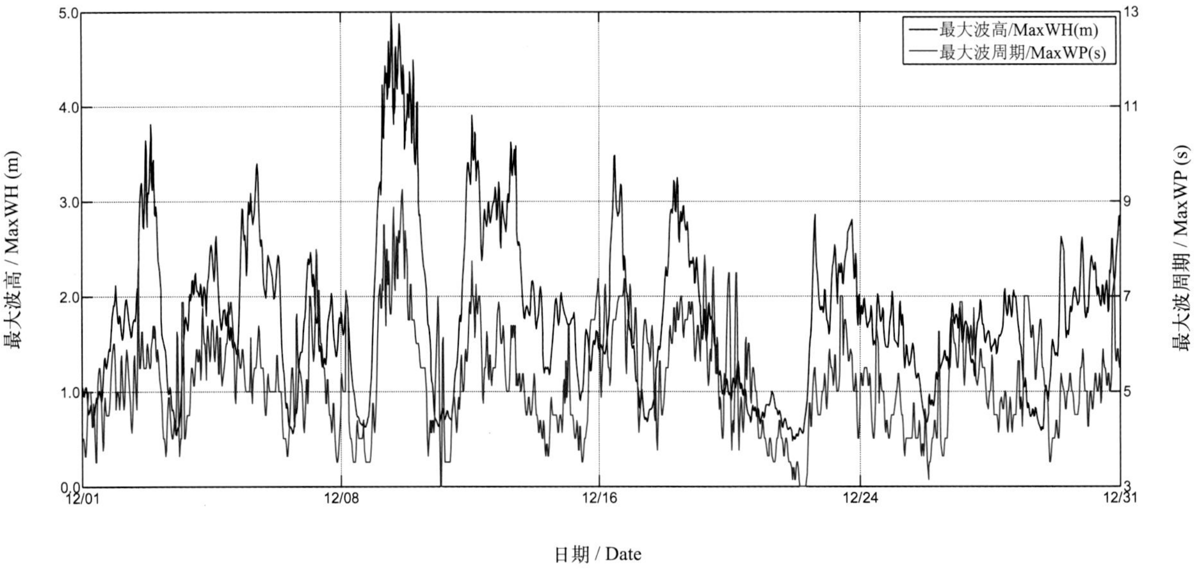

06 号浮标 2009 年最大波高、最大波周期观测资料
MaxWH and MaxWP of 06 buoy in 2009

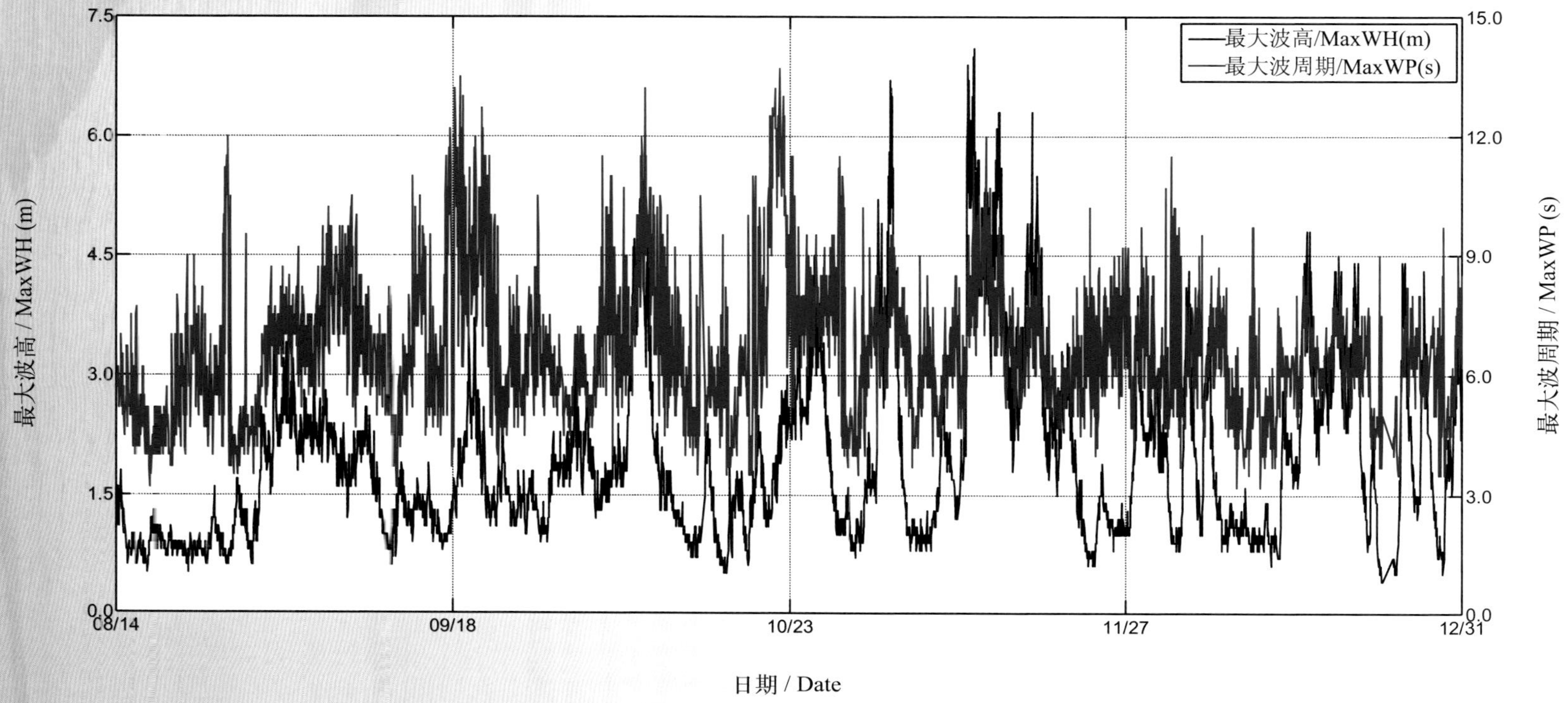

注：06 号浮标于 2009 年 3 月 14 日完成布放。

06 号浮标 2010 年最大波高、最大波周期观测资料
MaxWH and MaxWP of 06 buoy in 2010

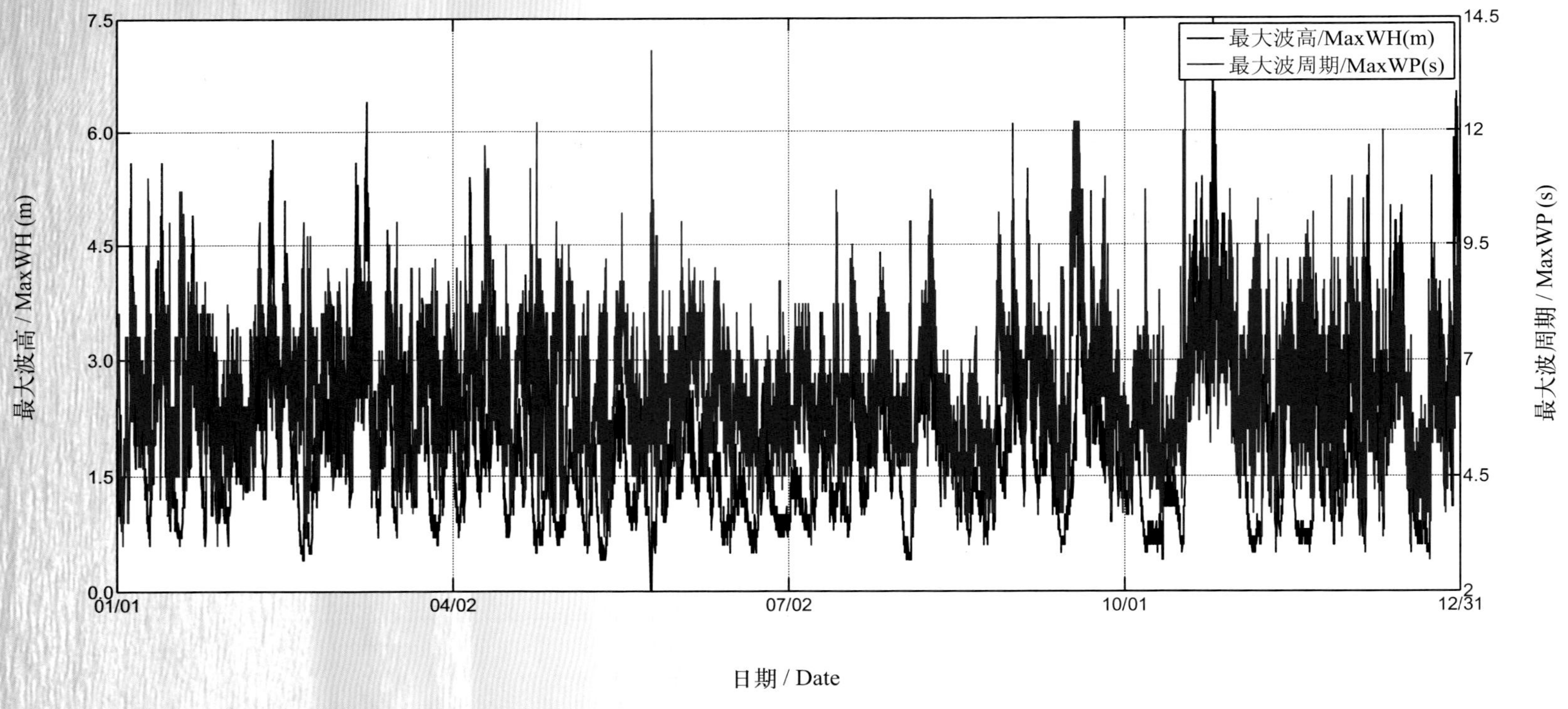

06 号浮标 2009 年 08 月最大波高、最大波周期观测资料
MaxWH and MaxWP of 06 buoy in Aug 2009

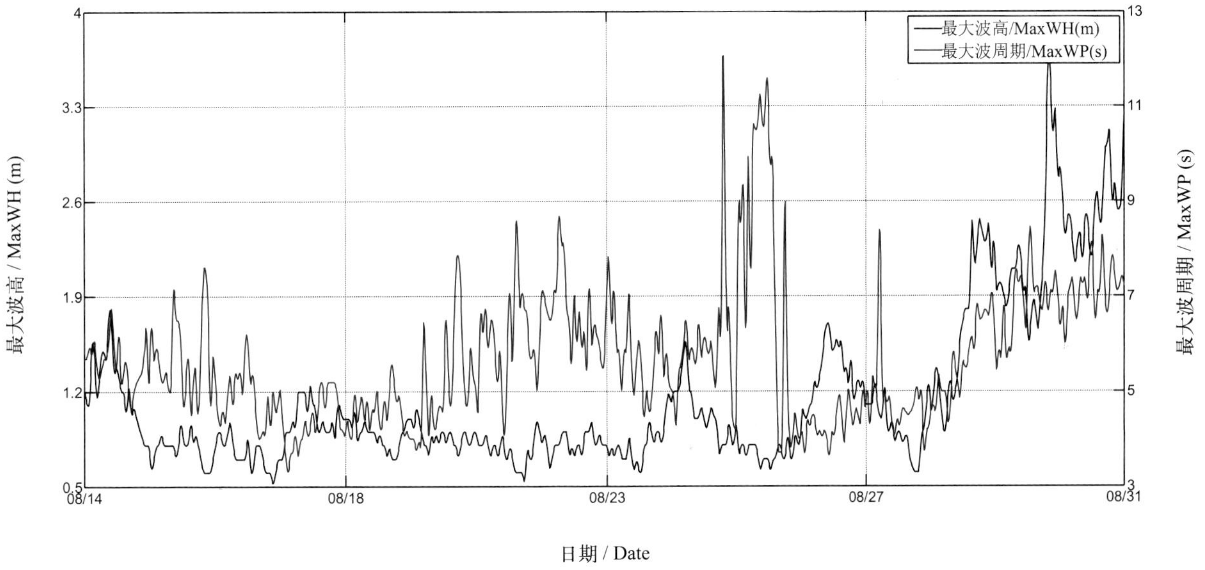

06 号浮标 2009 年 09 月最大波高、最大波周期观测资料
MaxWH and MaxWP of 06 buoy in Sep 2009

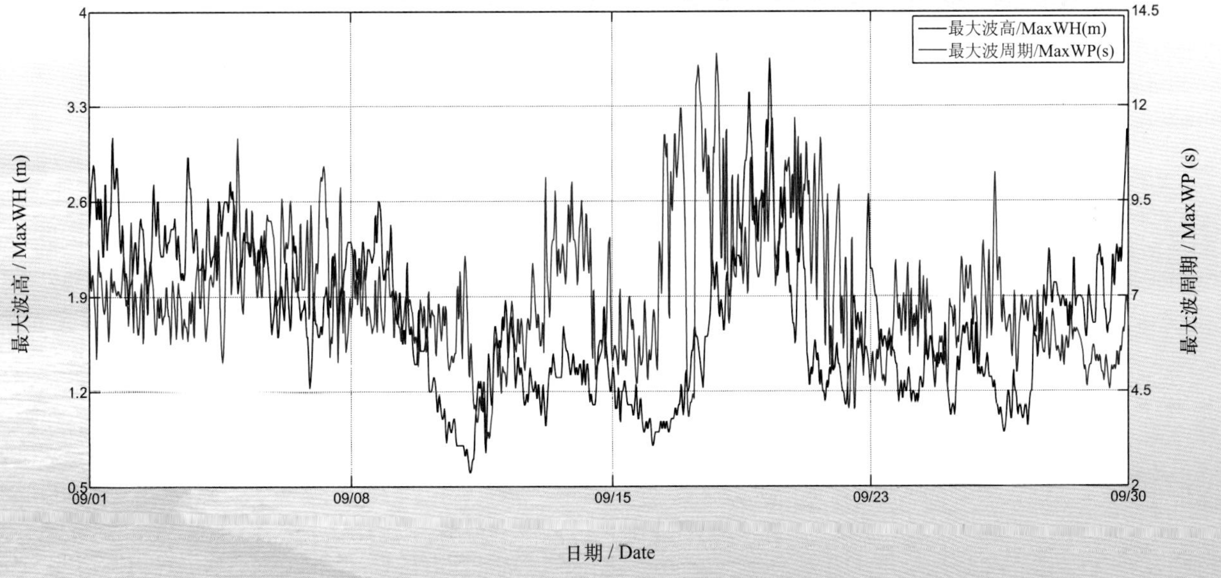

06 号浮标 2009 年 10 月最大波高、最大波周期观测资料
MaxWH and MaxWP of 06 buoy in Oct 2009

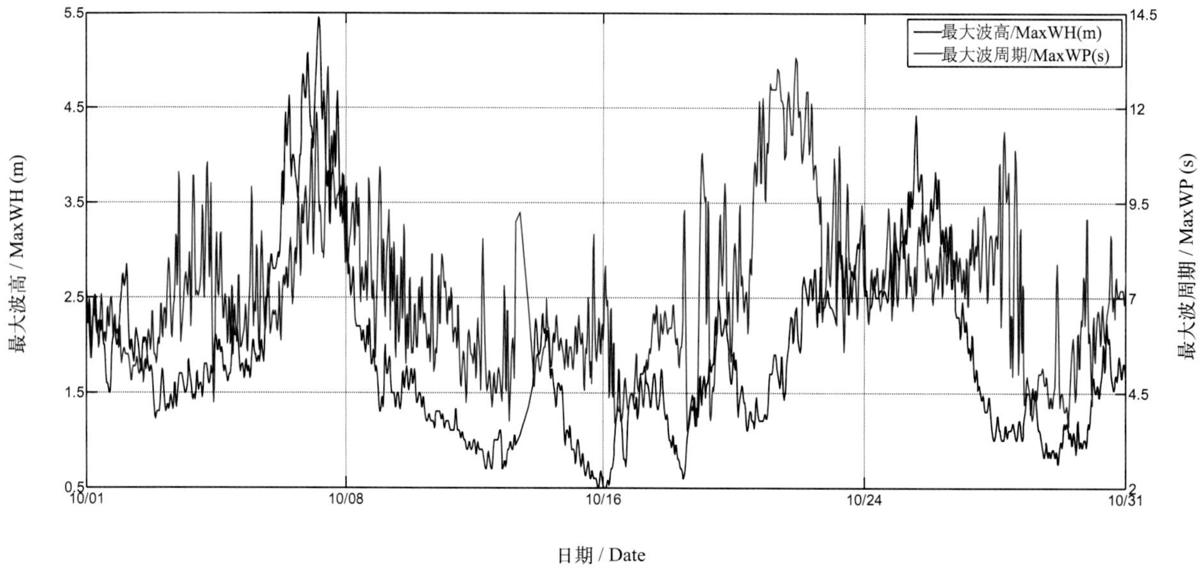

06 号浮标 2009 年 11 月最大波高、最大波周期观测资料
MaxWH and MaxWP of 06 buoy in Nov 2009

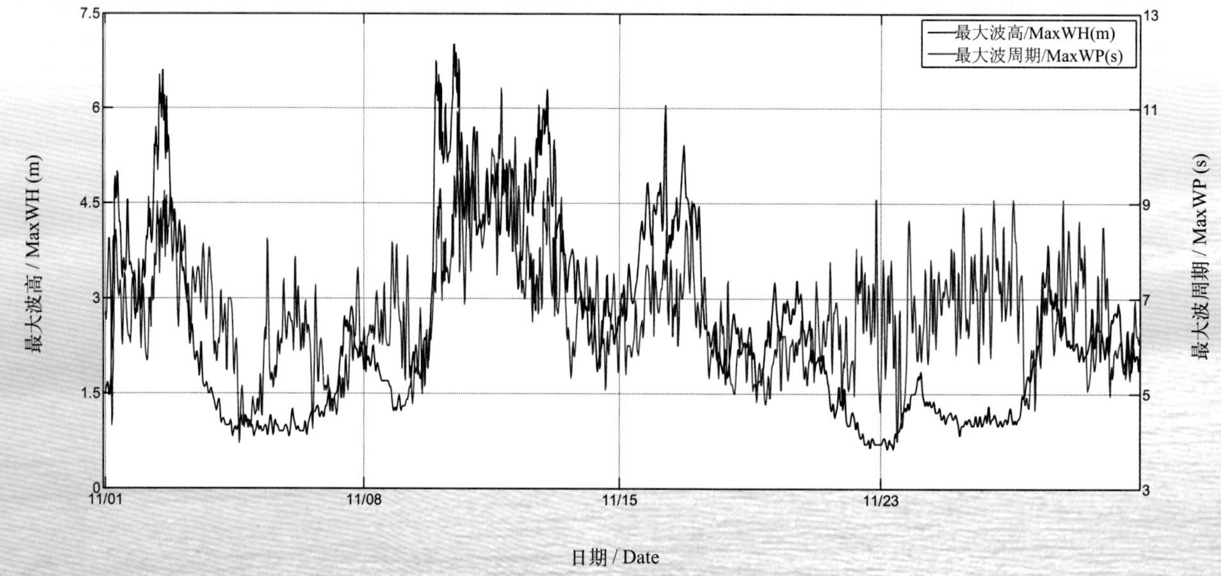

06 号浮标 2009 年 12 月最大波高、最大波周期观测资料
MaxWH and MaxWP of 06 buoy in Dec 2009

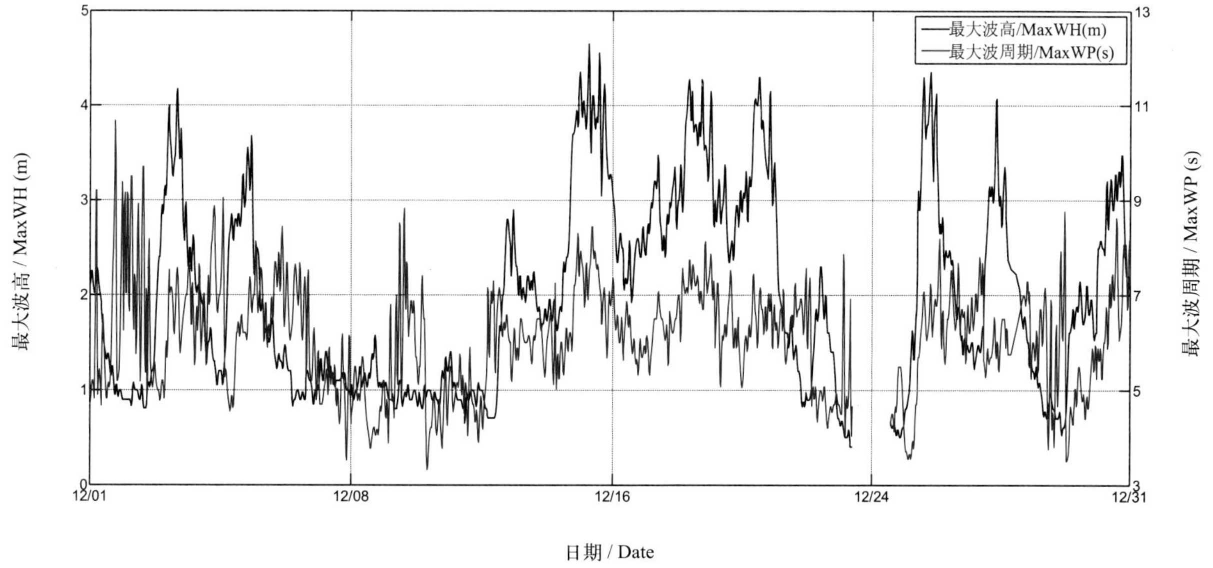

06 号浮标 2010 年 01 月最大波高、最大波周期观测资料
MaxWH and MaxWP of 06 buoy in Jan 2010

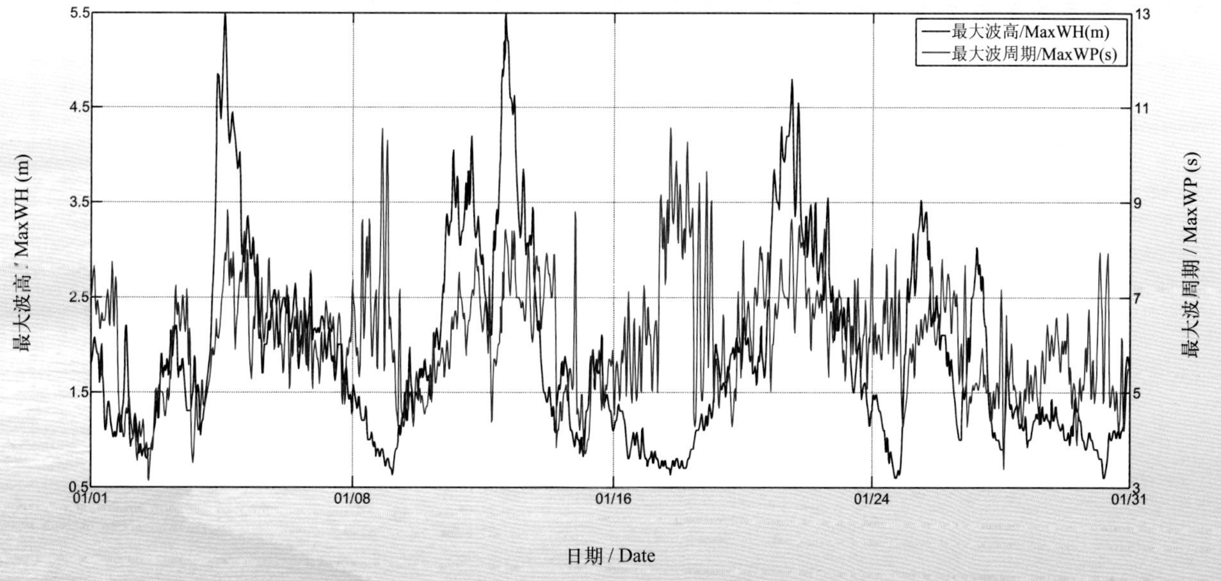

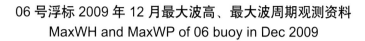

06 号浮标 2010 年 02 月最大波高、最大波周期观测资料
MaxWH and MaxWP of 06 buoy in Feb 2010

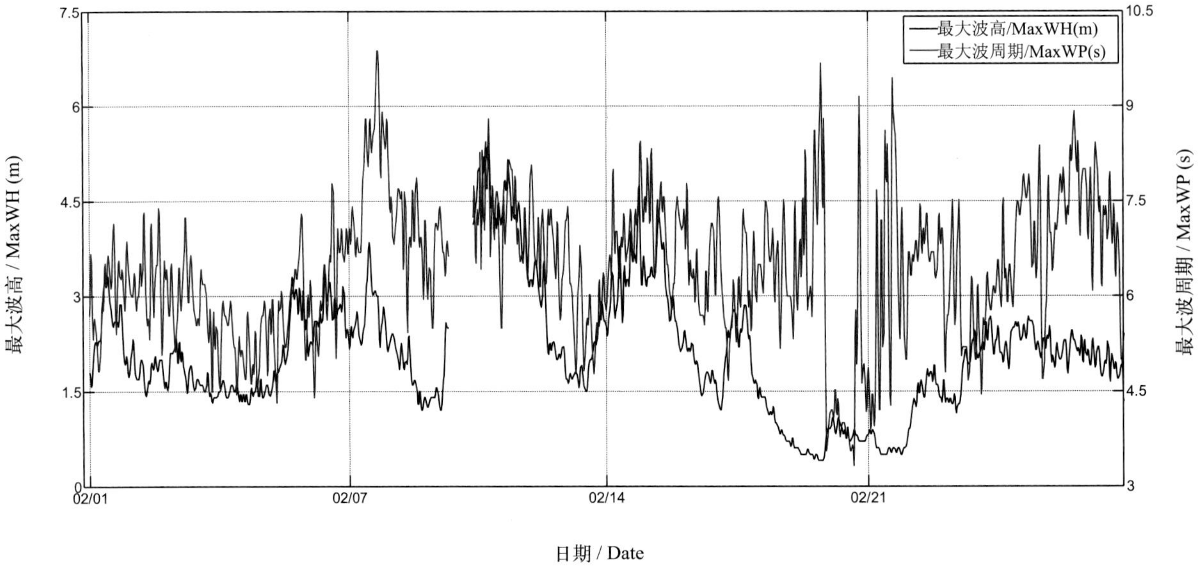

06 号浮标 2010 年 03 月最大波高、最大波周期观测资料
MaxWH and MaxWP of 06 buoy in Mar 2010

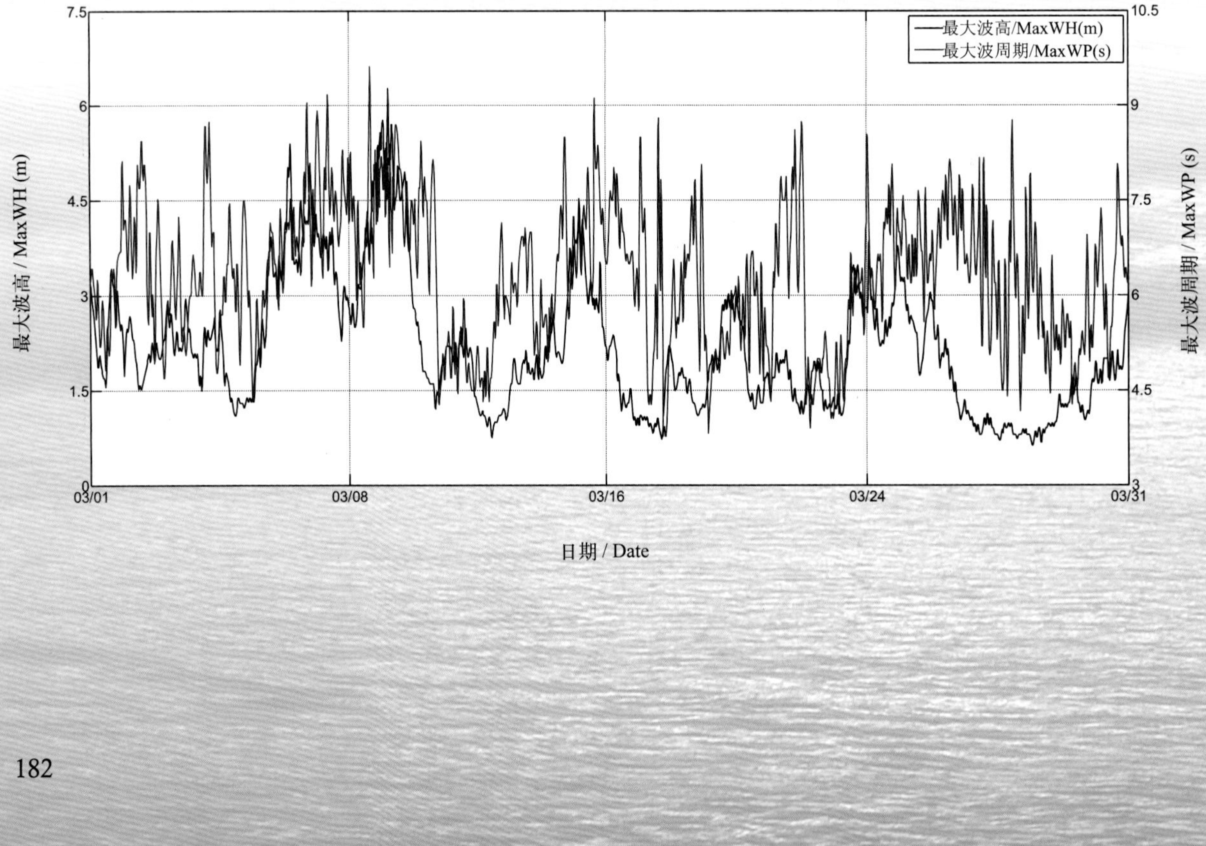

06 号浮标 2010 年 04 月最大波高、最大波周期观测资料
MaxWH and MaxWP of 06 buoy in April 2010

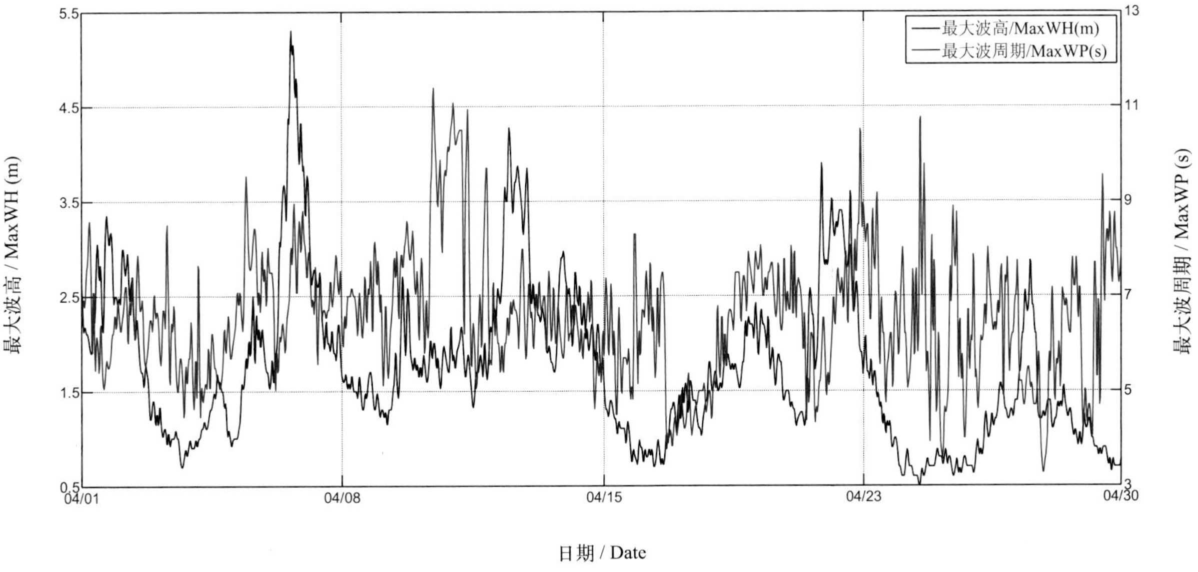

06 号浮标 2010 年 05 月最大波高、最大波周期观测资料
MaxWH and MaxWP of 06 buoy in May 2010

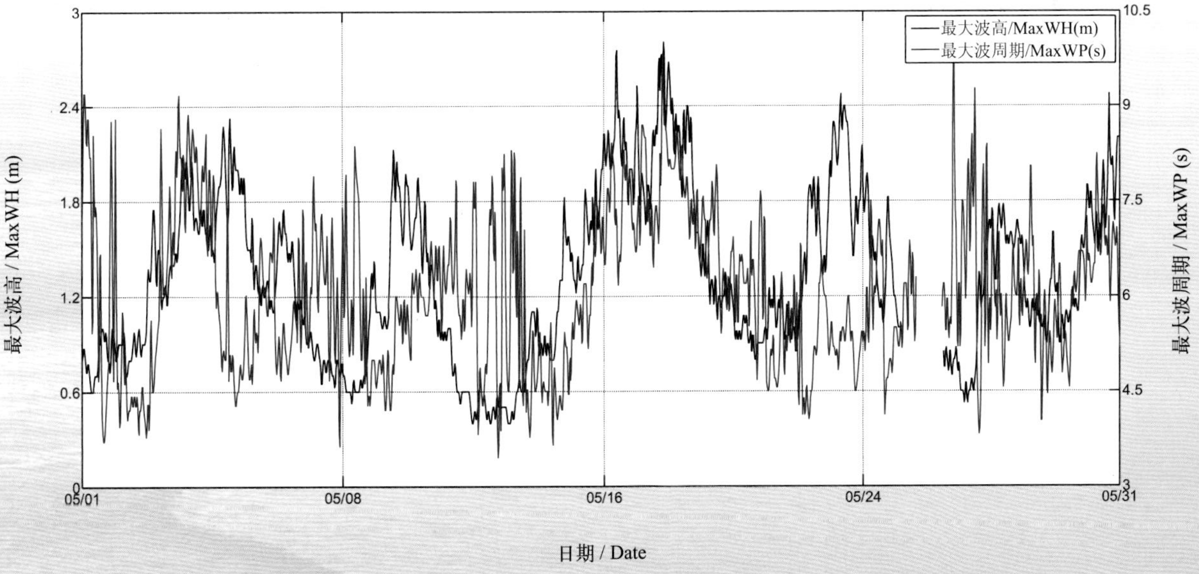

06 号浮标 2010 年 06 月最大波高、最大波周期观测资料
MaxWH and MaxWP of 06 buoy in June 2010

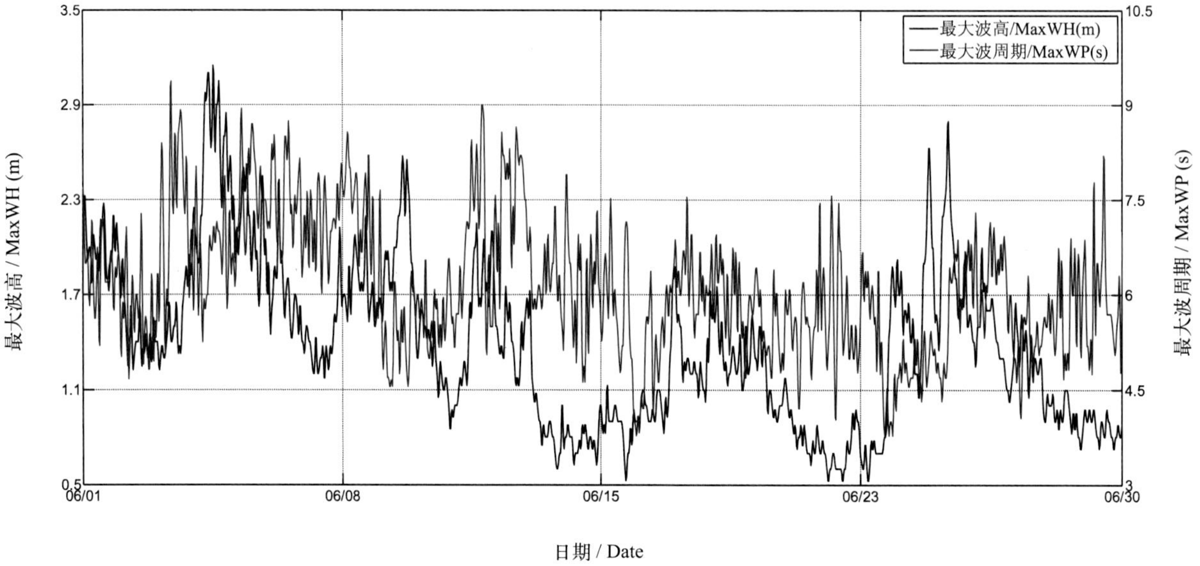

06 号浮标 2010 年 07 月最大波高、最大波周期观测资料
MaxWH and MaxWP of 06 buoy in July 2010

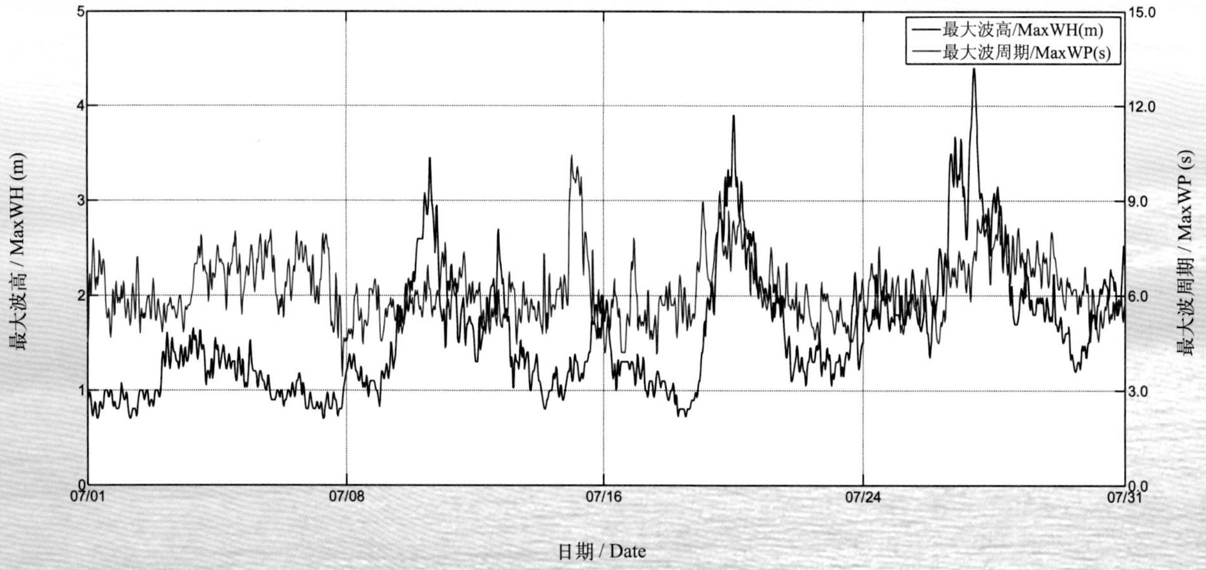

06 号浮标 2010 年 08 月最大波高、最大波周期观测资料
MaxWH and MaxWP of 06 buoy in Aug 2010

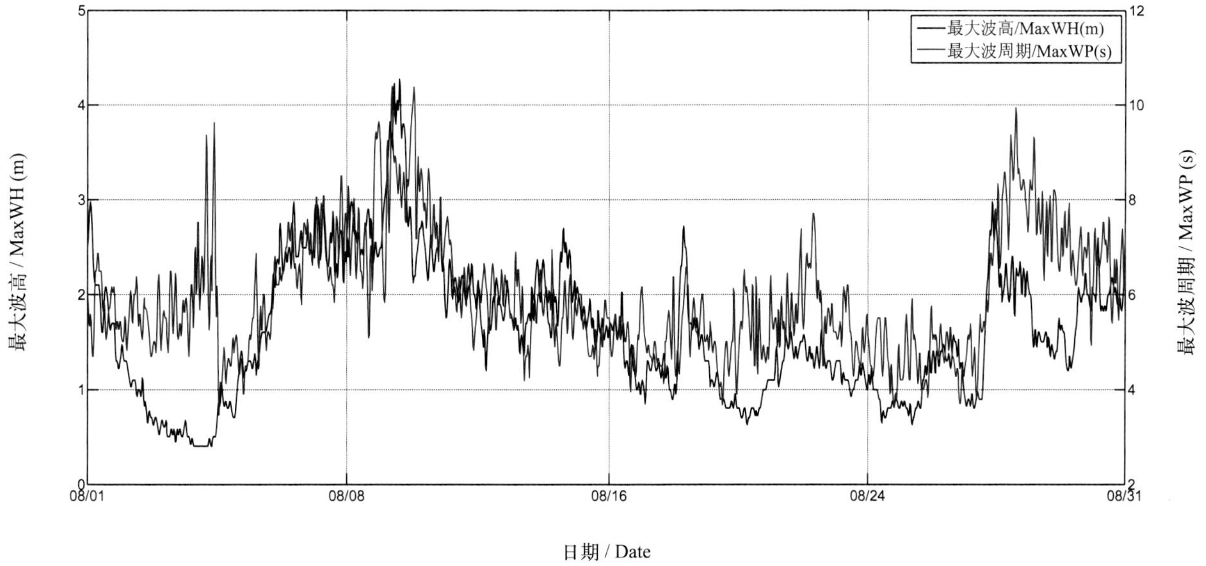

06 号浮标 2010 年 09 月最大波高、最大波周期观测资料
MaxWH and MaxWP of 06 buoy in Sep 2010

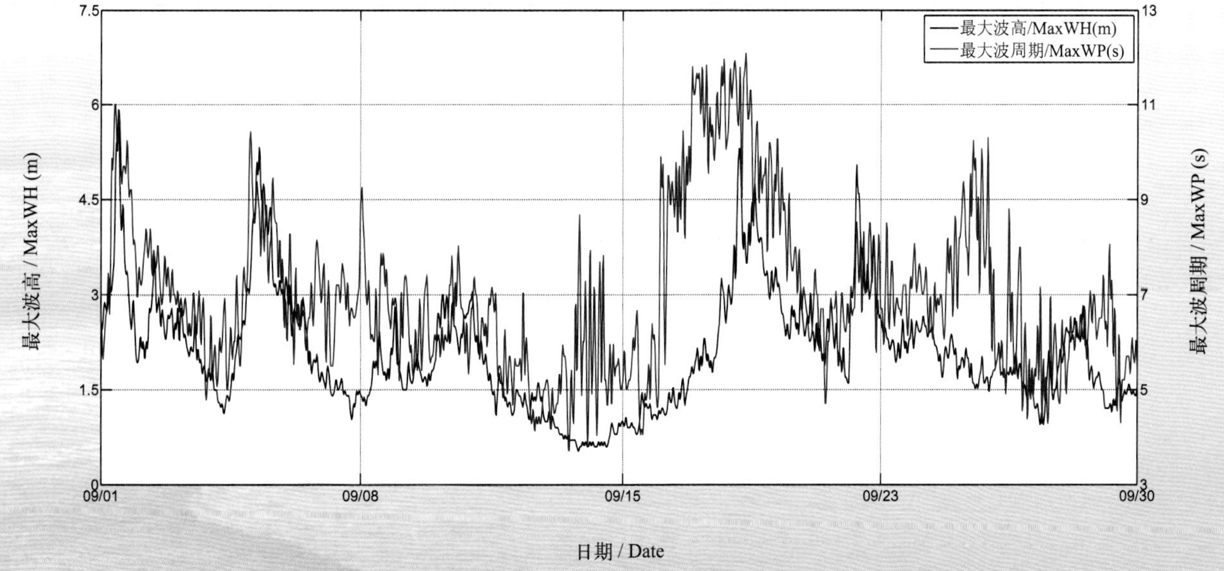

06 号浮标 2010 年 10 月最大波高、最大波周期观测资料
MaxWH and MaxWP of 06 buoy in Oct 2010

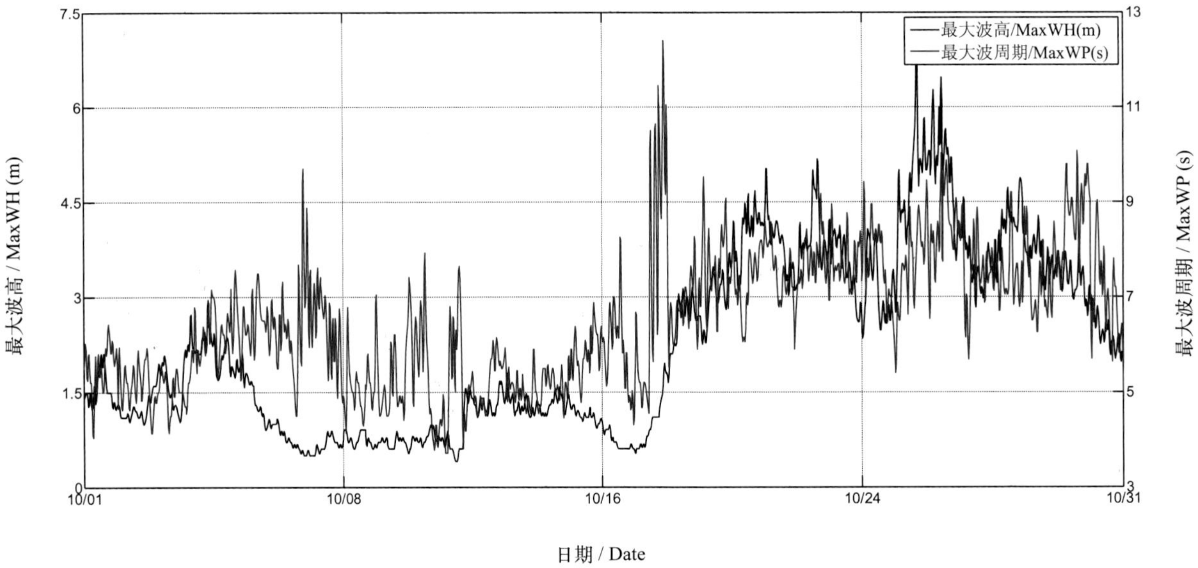

06 号浮标 2010 年 11 月最大波高、最大波周期观测资料
MaxWH and MaxWP of 06 buoy in Nov 2010

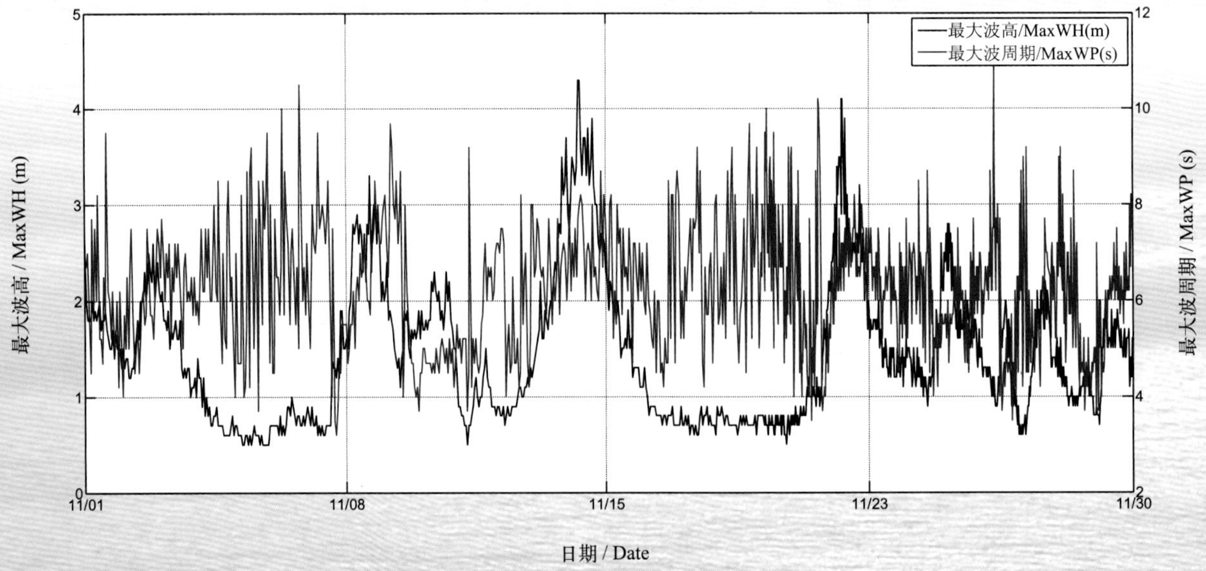

06 号浮标 2010 年 12 月最大波高、最大波周期观测资料
MaxWH and MaxWP of 06 buoy in Dec 2010

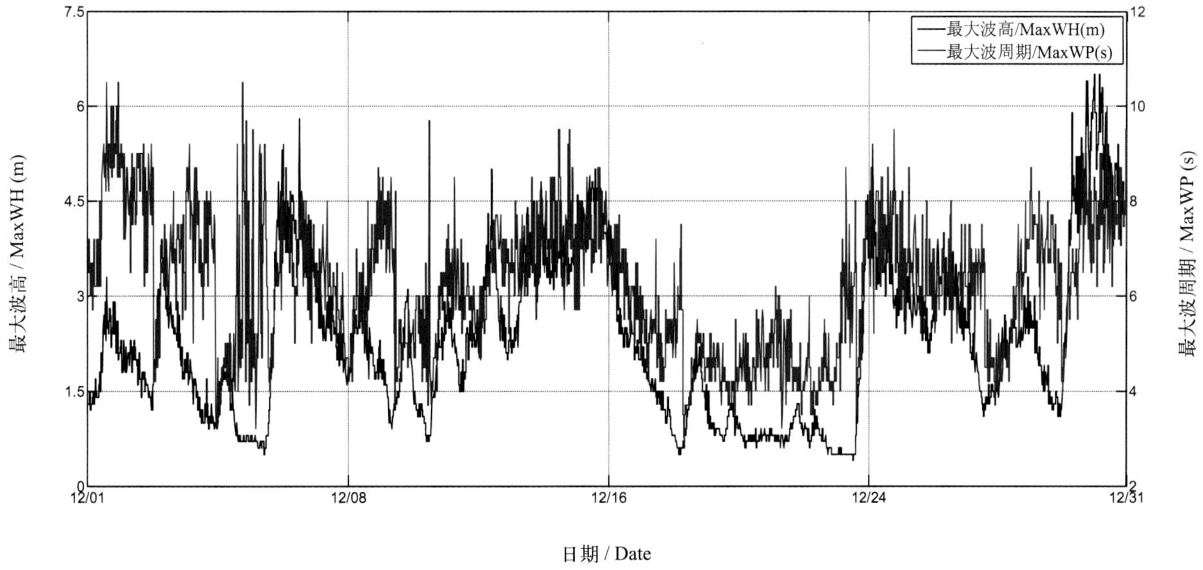

07 号浮标 2010 年最大波高、最大波周期观测资料
MaxWH and MaxWP of 07 buoy in 2010

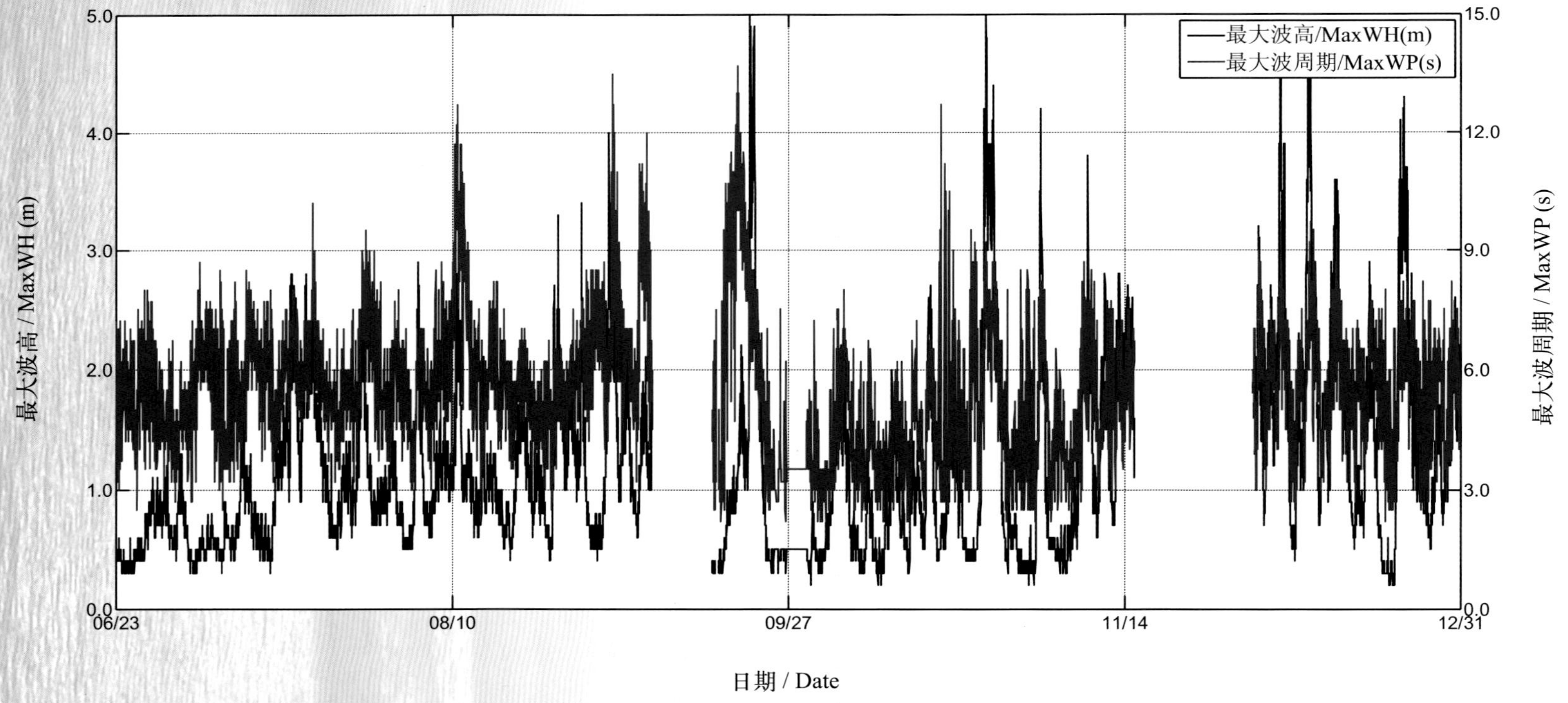

注：07 号浮标于 2010 年 6 月 23 日完成布放，9 月 7 日至 9 月 16 日，11 月 15 日至 12 月 1 日因出现系统故障，导致数据缺失。

07 号浮标 2010 年 07 月最大波高、最大波周期观测资料
MaxWH and MaxWP of 07 buoy in July 2010

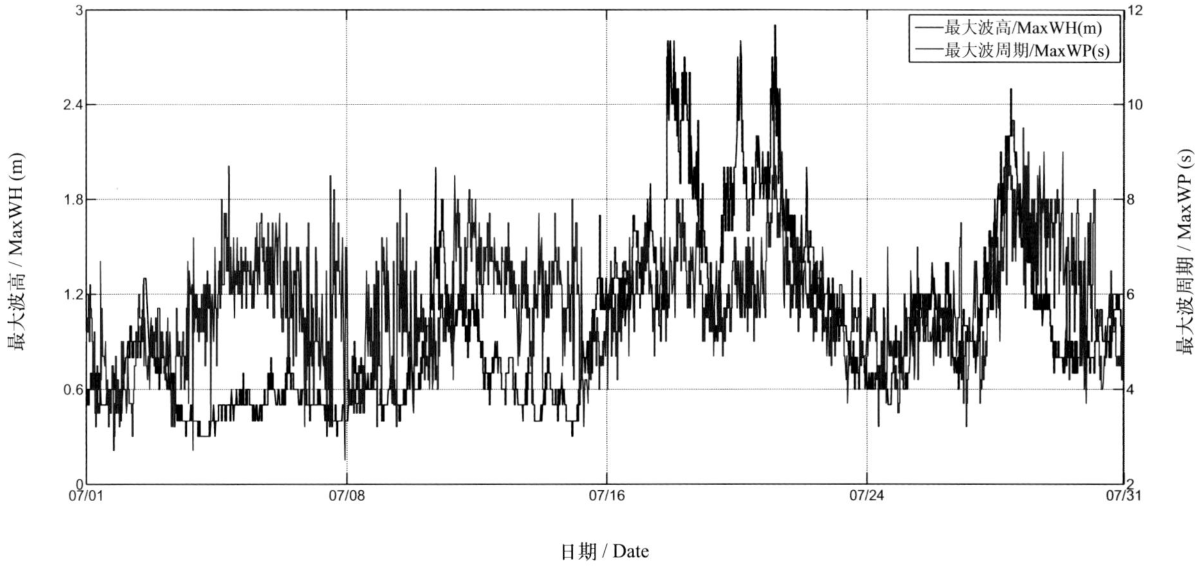

07 号浮标 2010 年 08 月最大波高、最大波周期观测资料
MaxWH and MaxWP of 07 buoy in Aug 2010

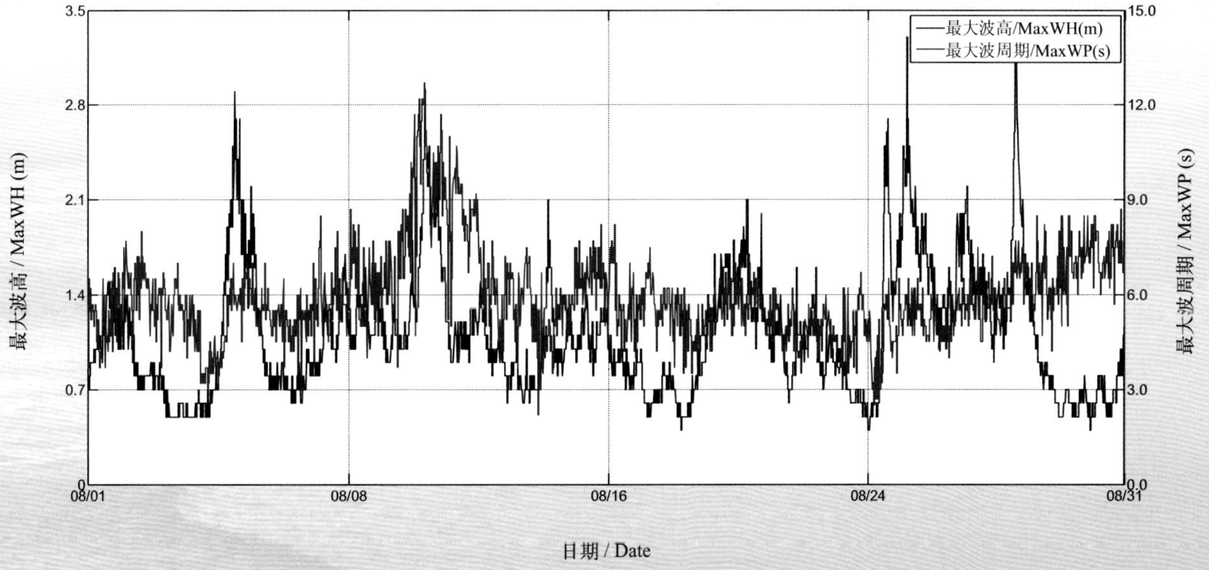

07 号浮标 2010 年 09 月最大波高、最大波周期观测资料
MaxWH and MaxWP of 07 buoy in Sep 2010

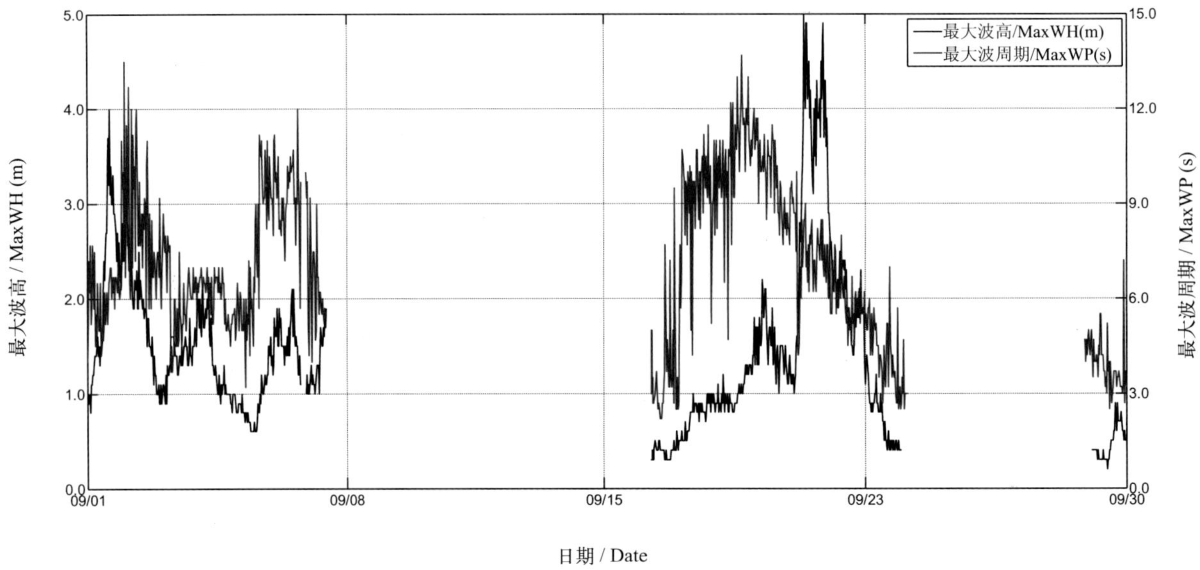

07 号浮标 2010 年 10 月最大波高、最大波周期观测资料
MaxWH and MaxWP of 07 buoy in Oct 2010

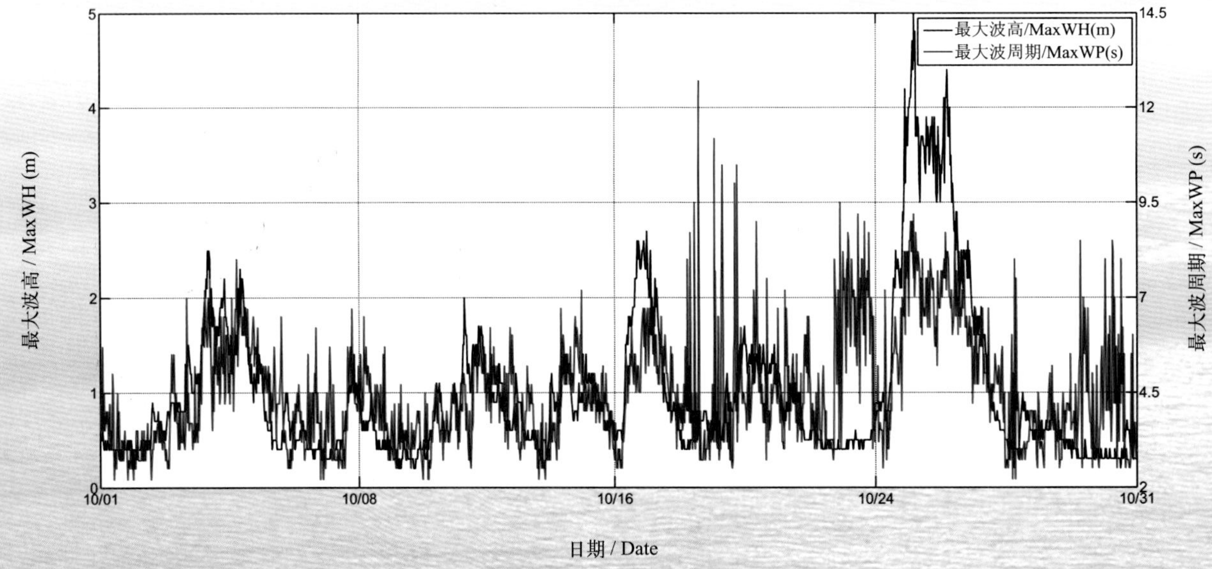

07 号浮标 2010 年 11 月最大波高、最大波周期观测资料
MaxWH and MaxWP of 07 buoy in Nov 2010

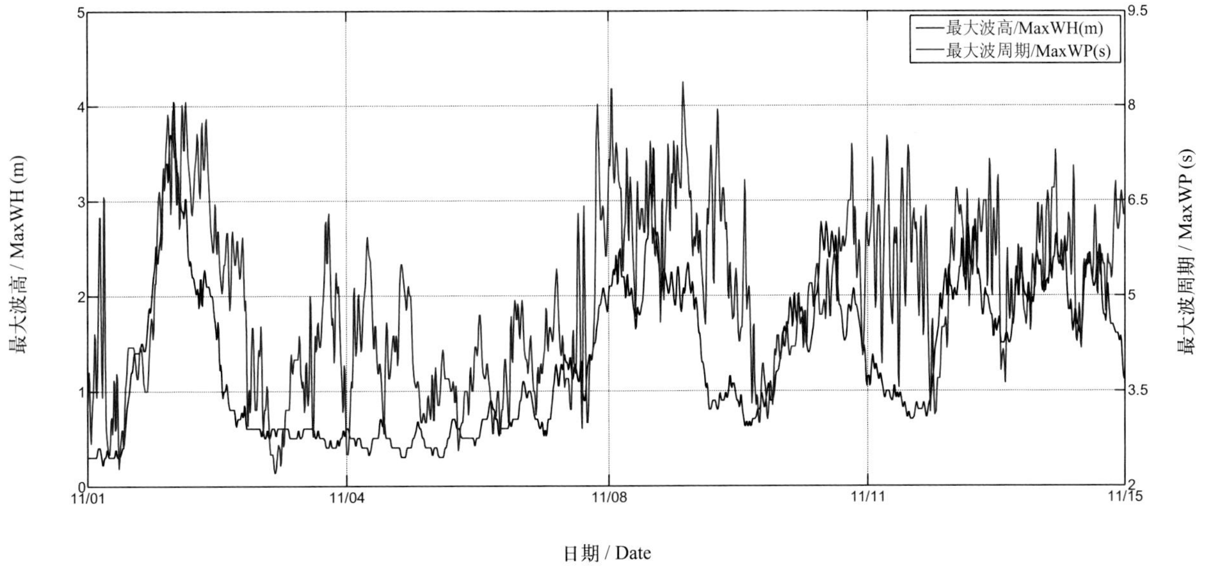

07 号浮标 2010 年 12 月最大波高、最大波周期观测资料
MaxWH and MaxWP of 07 buoy in Dec 2010

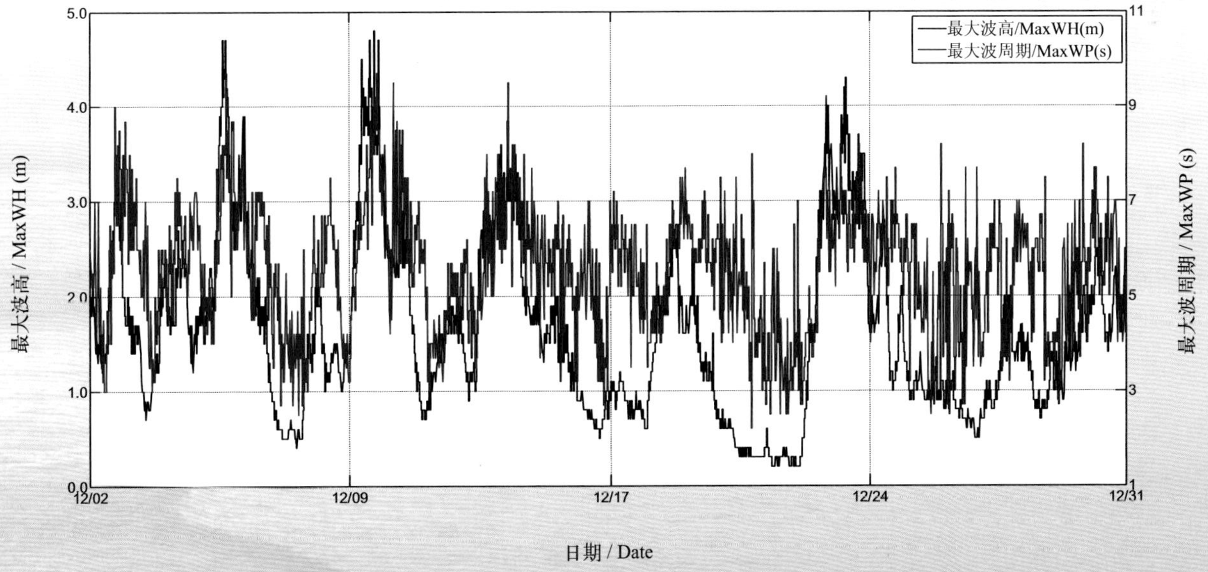

01 号浮标 2009 年平均波高、平均波周期观测资料
MeanWH and MeanWP of 01 buoy in 2009

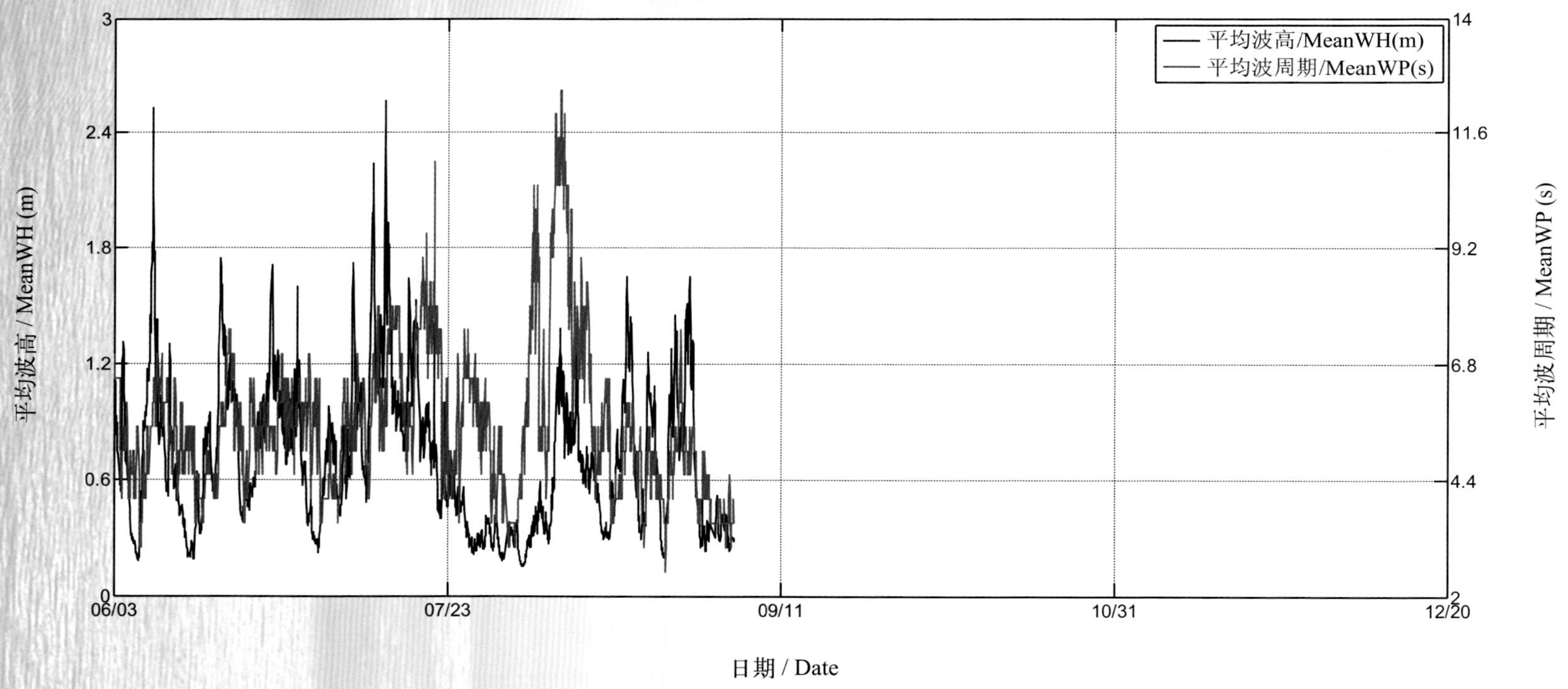

注：01 号浮标于 2009 年 6 月 3 日 13 点 18 分完成布放，2009 年 9 月至 12 月期间，因系统出现故障，经判断对数据进行剔除。

01 号浮标 2010 年平均波高、平均波周期观测资料
MeanWH and MeanWP of 01 buoy in 2010

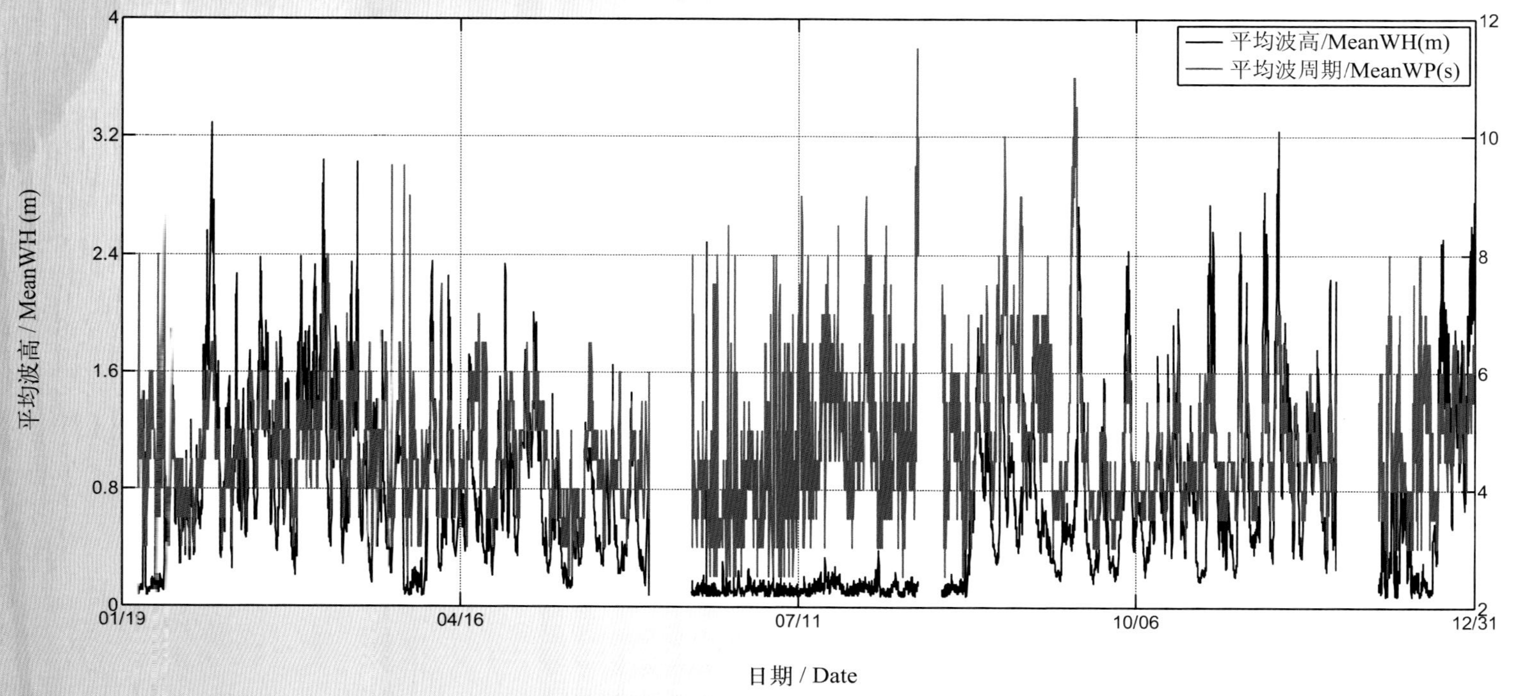

注：01 号浮标 2010 年 1 月、6 月和 8 月，因传感器故障，数据出现异常波动，经判断对数据进行剔除。

01 号浮标 2009 年 06 月平均波高、平均波周期观测资料
MeanWH and MeanWP of 01 buoy in June 2009

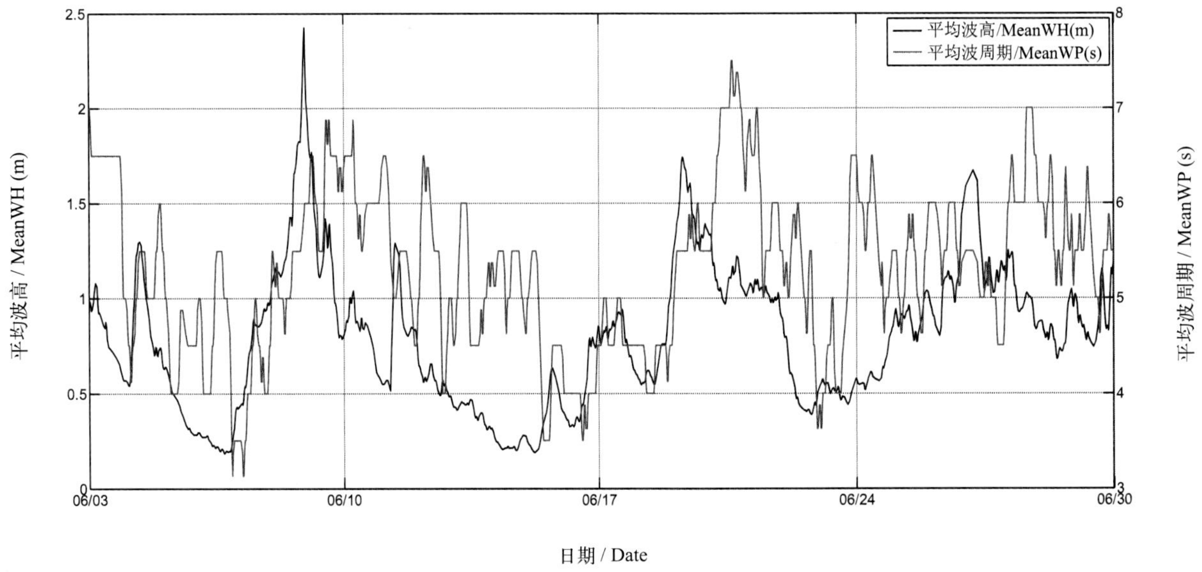

01 号浮标 2009 年 07 月平均波高、平均波周期观测资料
MeanWH and MeanWP of 01 buoy in July 2009

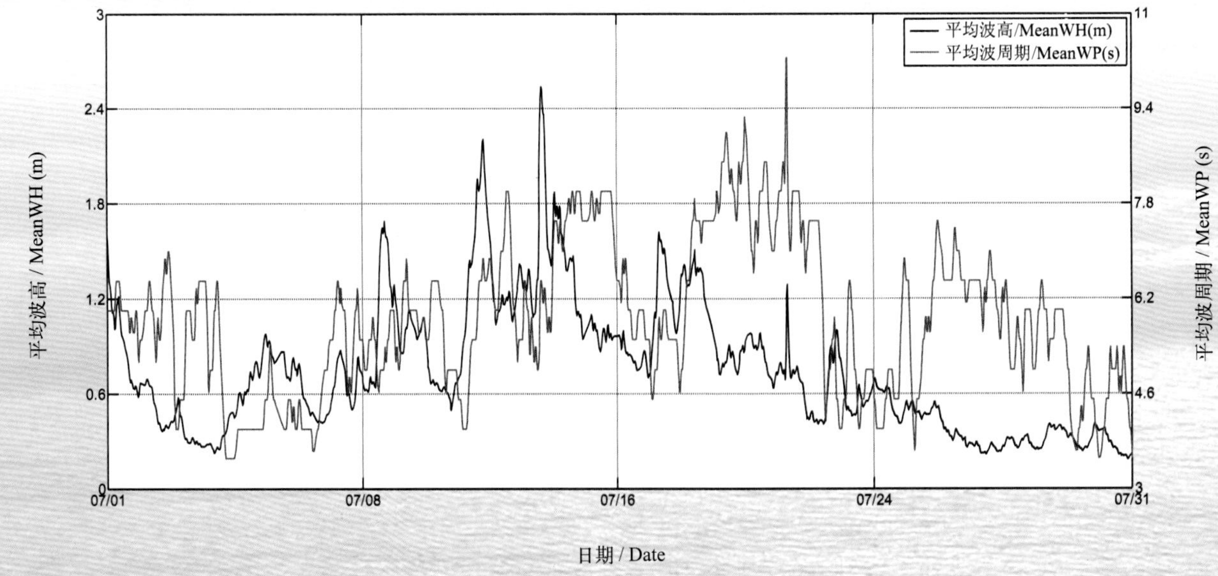

01 号浮标 2009 年 08 月平均波高、平均波周期观测资料

MeanWH and MeanWP of 01 buoy in Aug 2009

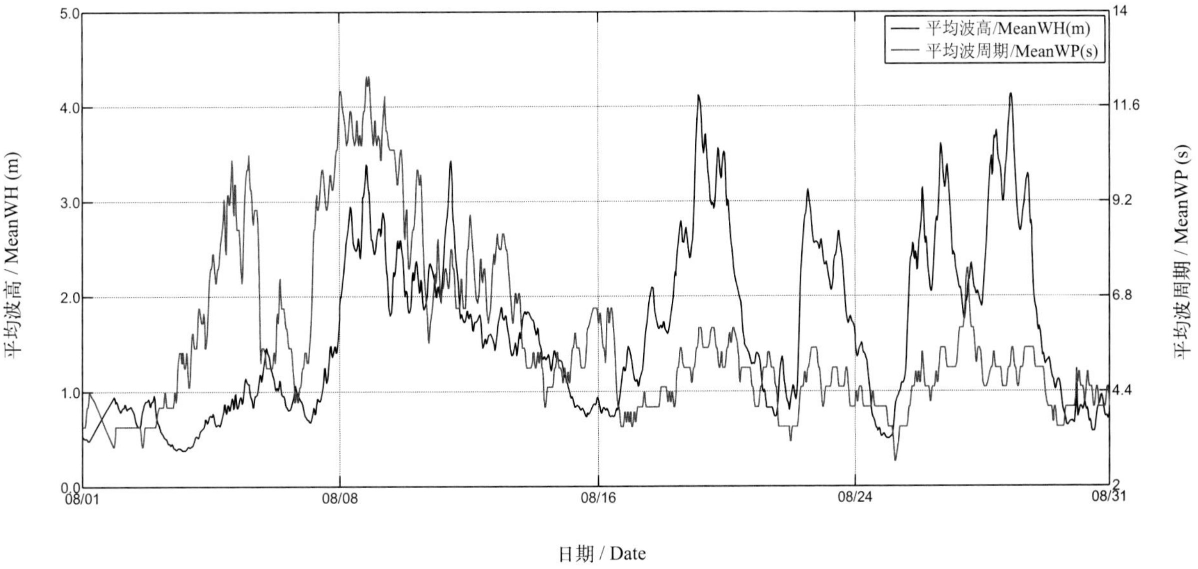

01 号浮标 2010 年 01 月平均波高、平均波周期观测资料

MeanWH and MeanWP of 01 buoy in Jan 2010

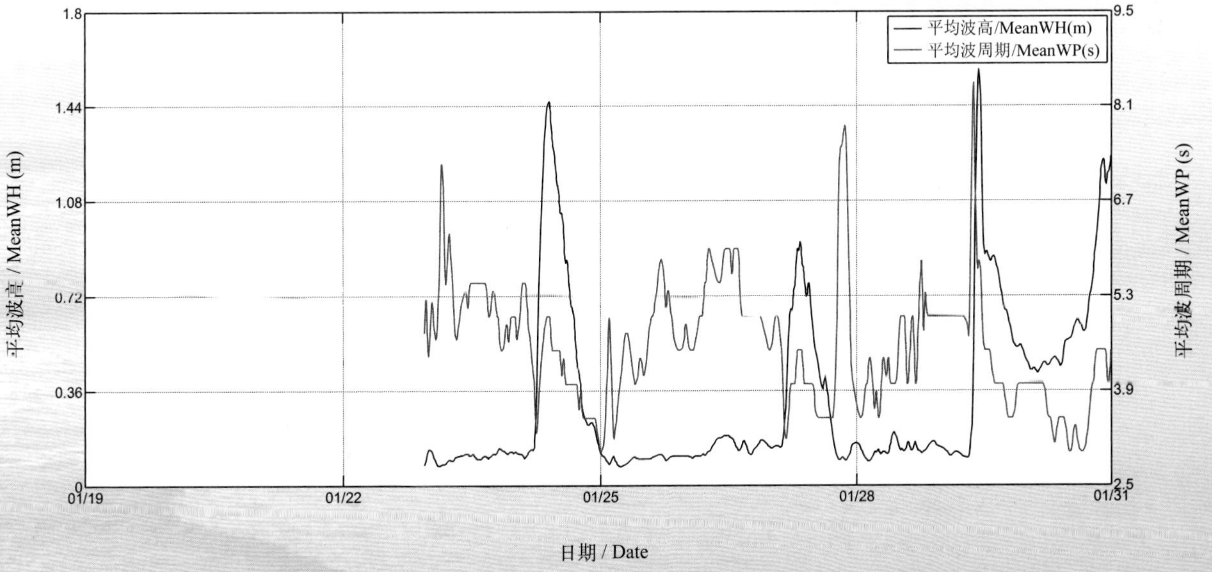

01 号浮标 2010 年 02 月平均波高、平均波周期观测资料
MeanWH and MeanWP of 01 buoy in Feb 2010

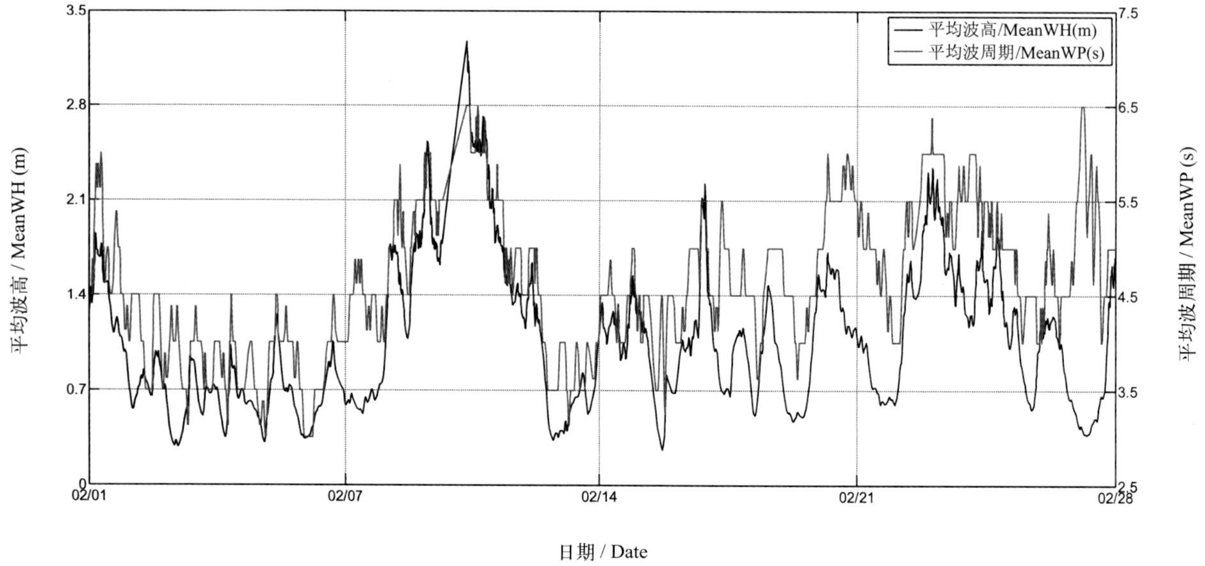

01 号浮标 2010 年 03 月平均波高、平均波周期观测资料
MeanWH and MeanWP of 01 buoy in Mar 2010

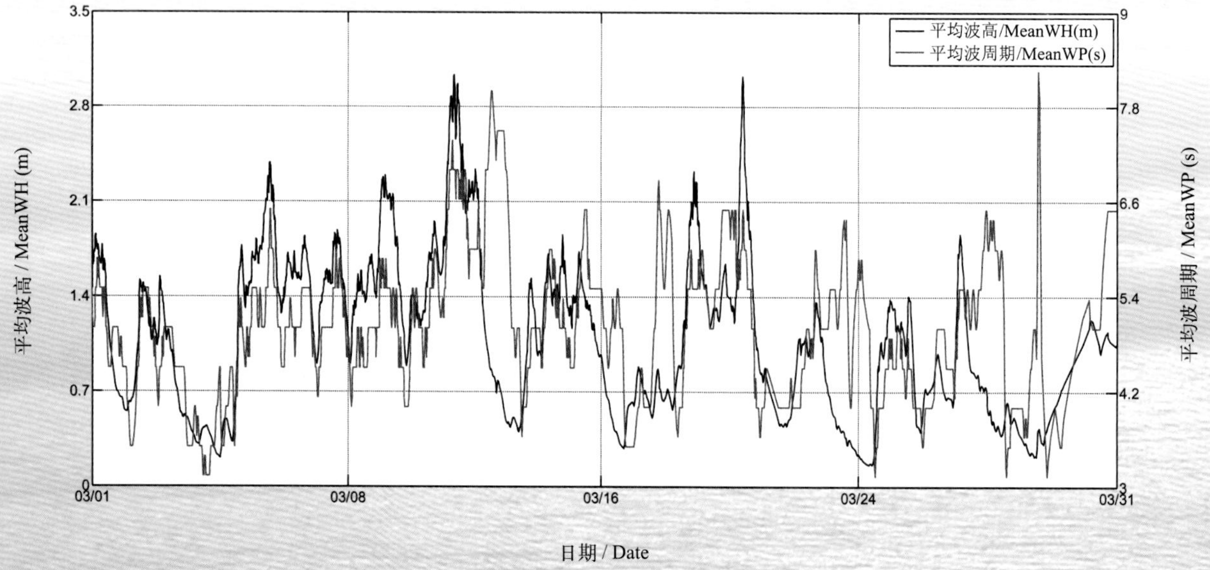

01 号浮标 2010 年 04 月平均波高、平均波周期观测资料
MeanWH and MeanWP of 01 buoy in April 2010

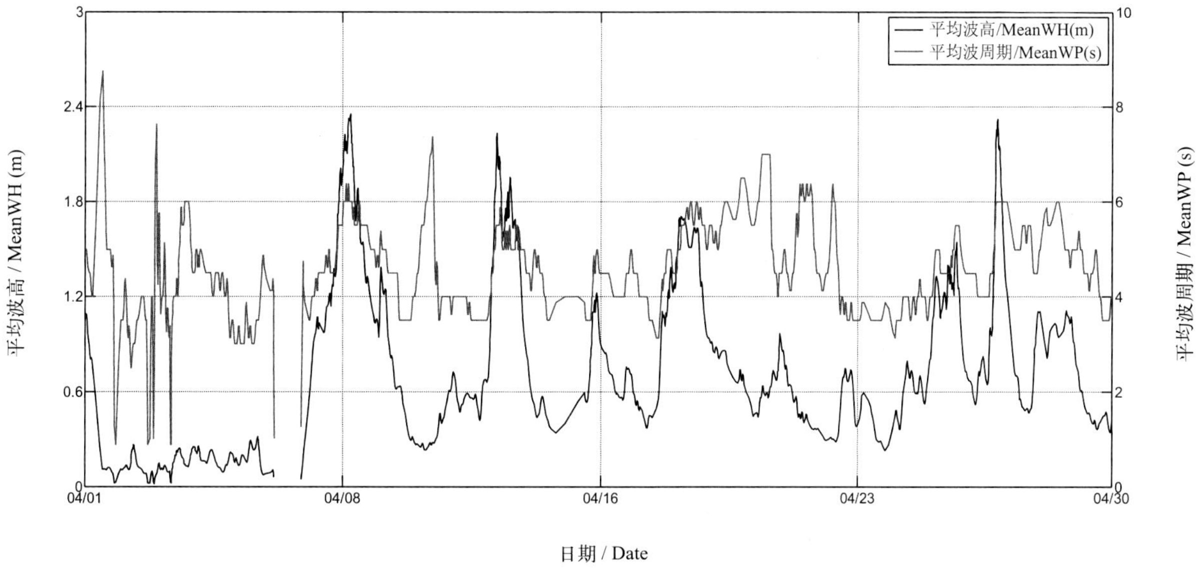

01 号浮标 2010 年 05 月平均波高、平均波周期观测资料
MeanWH and MeanWP of 01 buoy in May 2010

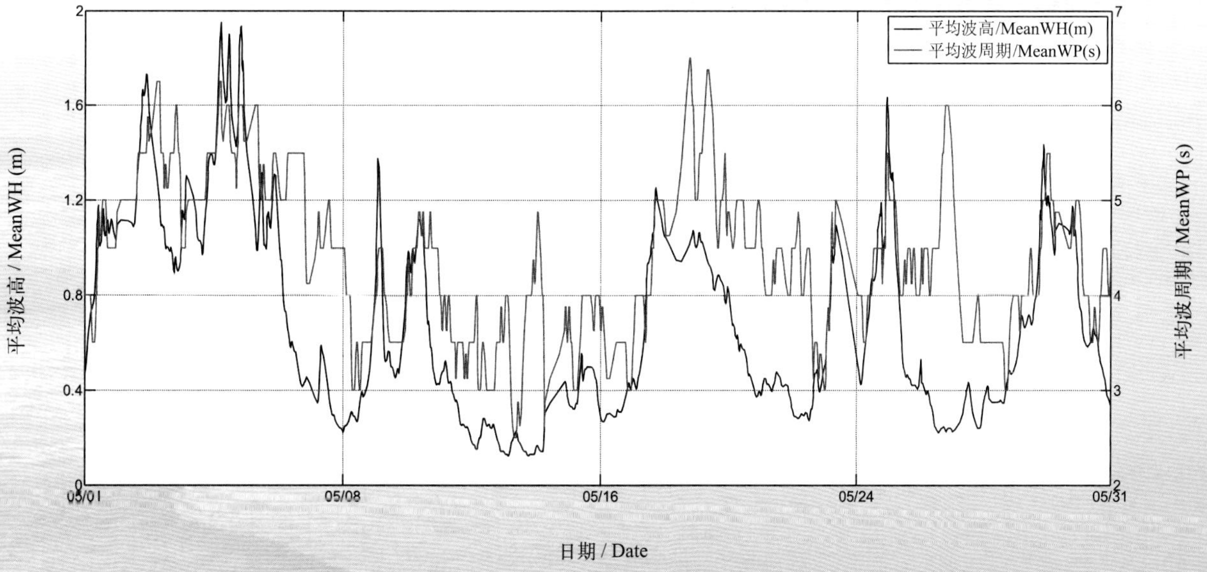

01 号浮标 2010 年 06 月平均波高、平均波周期观测资料
MeanWH and MeanWP of 01 buoy in June 2010

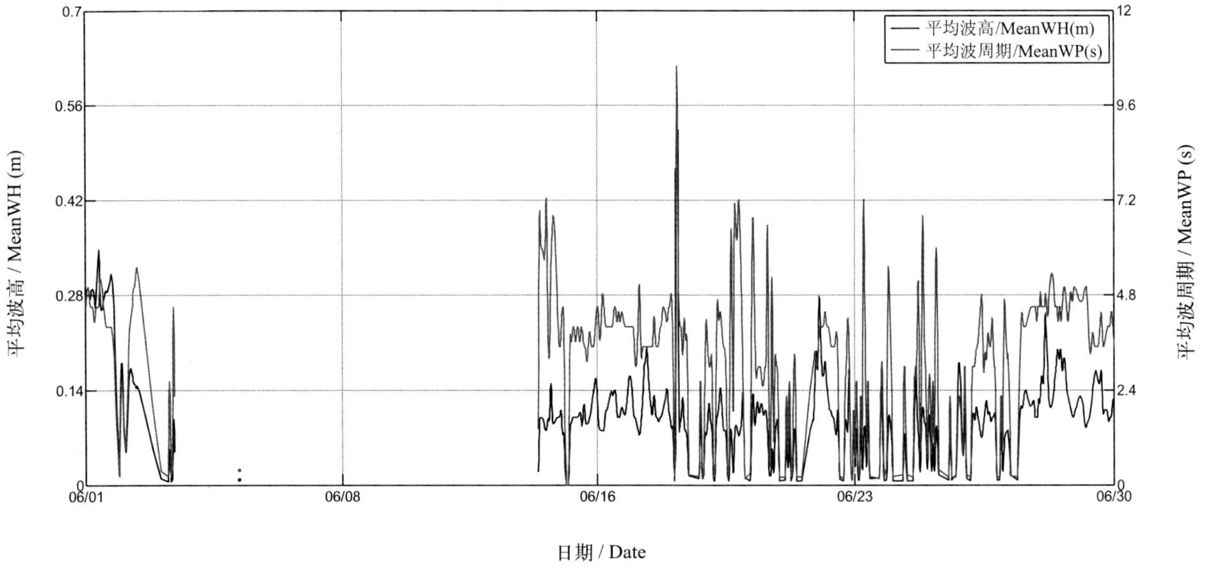

01 号浮标 2010 年 07 月平均波高、平均波周期观测资料
MeanWH and MeanWP of 01 buoy in July 2010

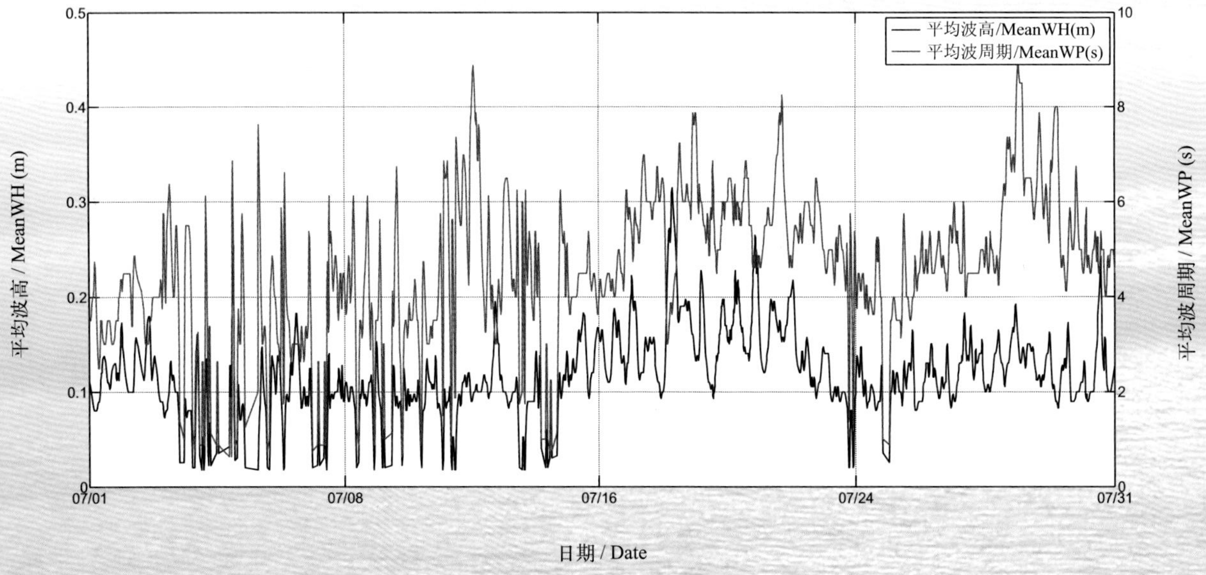

01 号浮标 2010 年 08 月平均波高、平均波周期观测资料
MeanWH and MeanWP of 01 buoy in Aug 2010

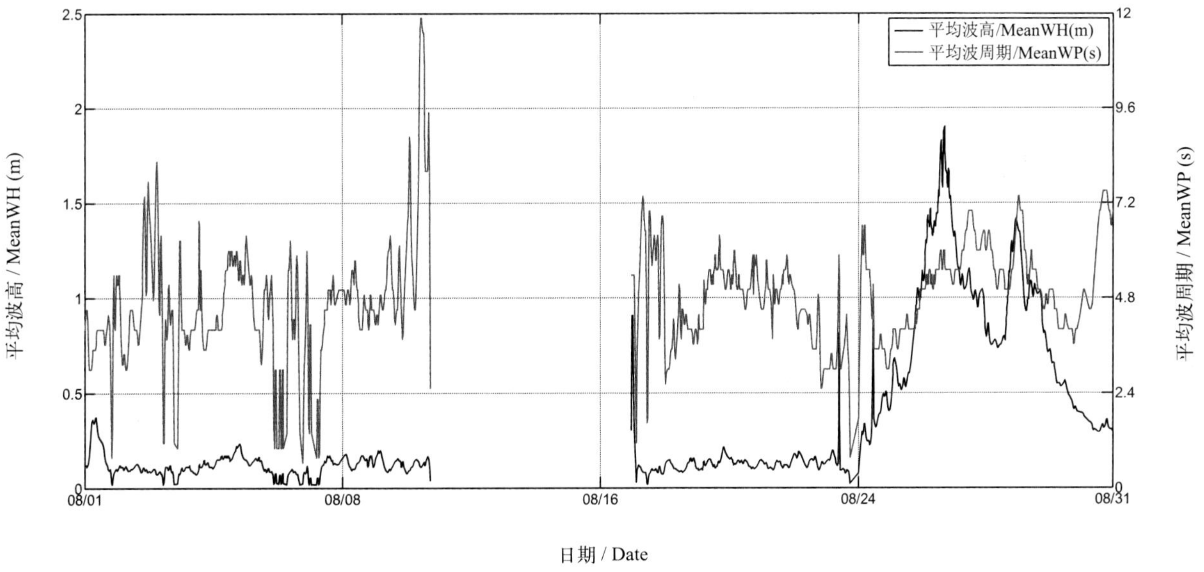

01 号浮标 2010 年 09 月平均波高、平均波周期观测资料
MeanWH and MeanWP of 01 buoy in Sep 2010

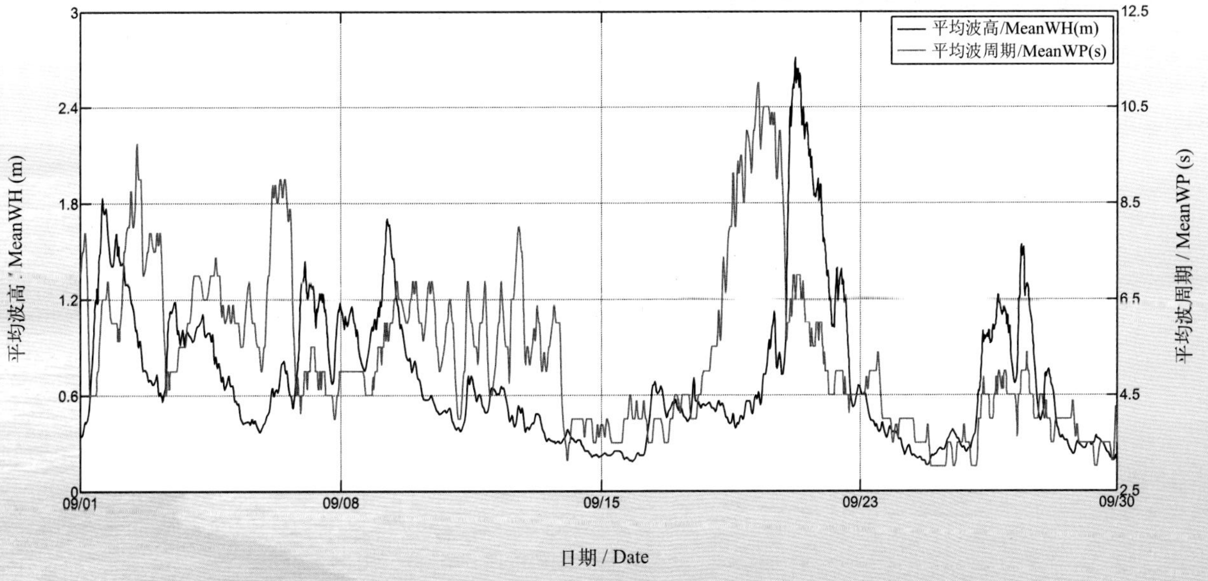

01 号浮标 2010 年 10 月平均波高、平均波周期观测资料
MeanWH and MeanWP of 01 buoy in Oct 2010

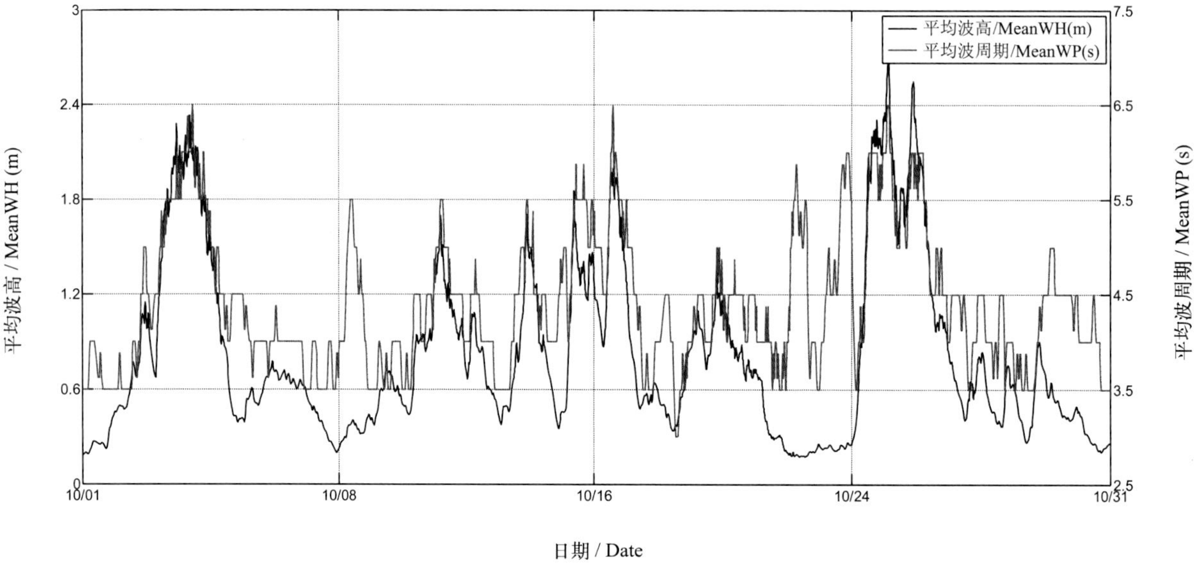

01 号浮标 2010 年 11 月平均波高、平均波周期观测资料
MeanWH and MeanWP of 01 buoy in Nov 2010

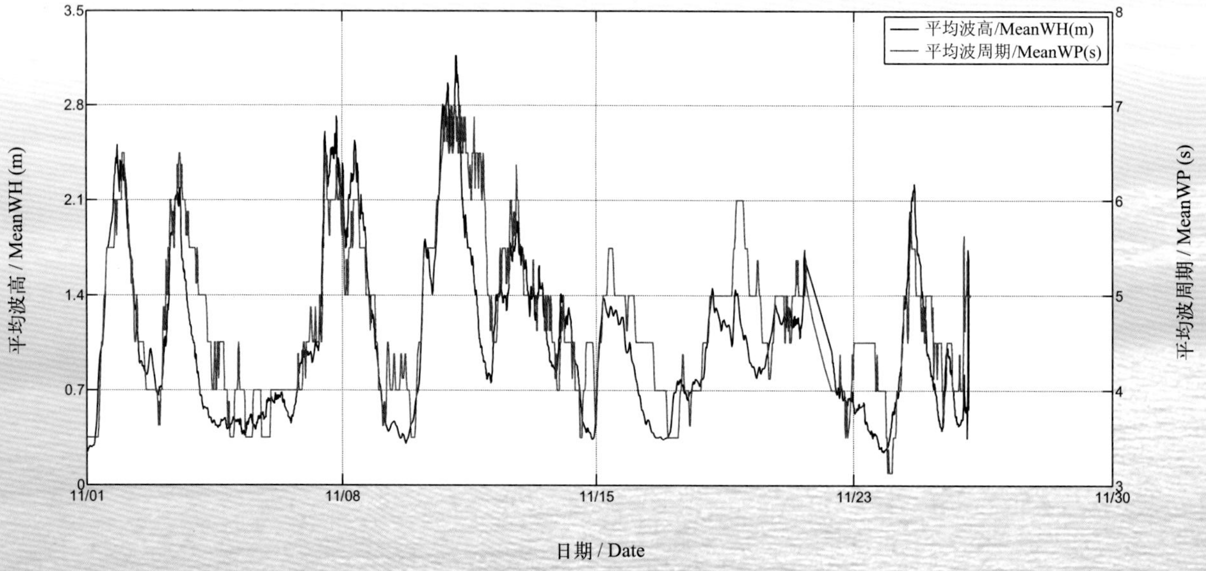

01 号浮标 2010 年 12 月平均波高、平均波周期观测资料
MeanWH and MeanWP of 01 buoy in Dec 2010

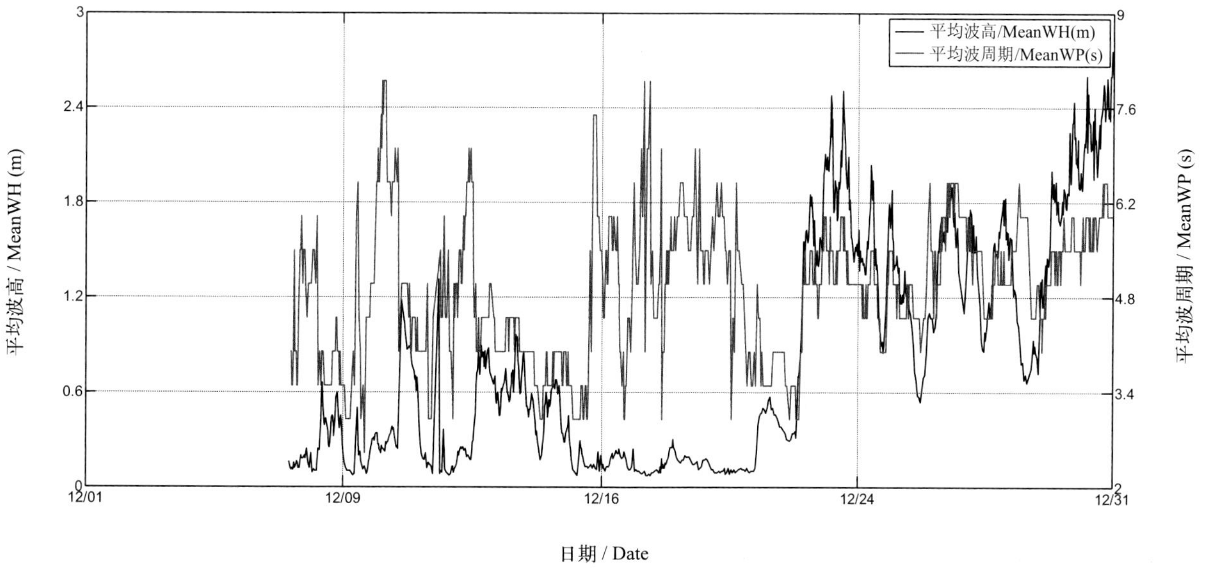

02 号浮标 2009 年平均波高、平均波周期观测资料
MeanWH and MeanWP of 02 buoy in 2009

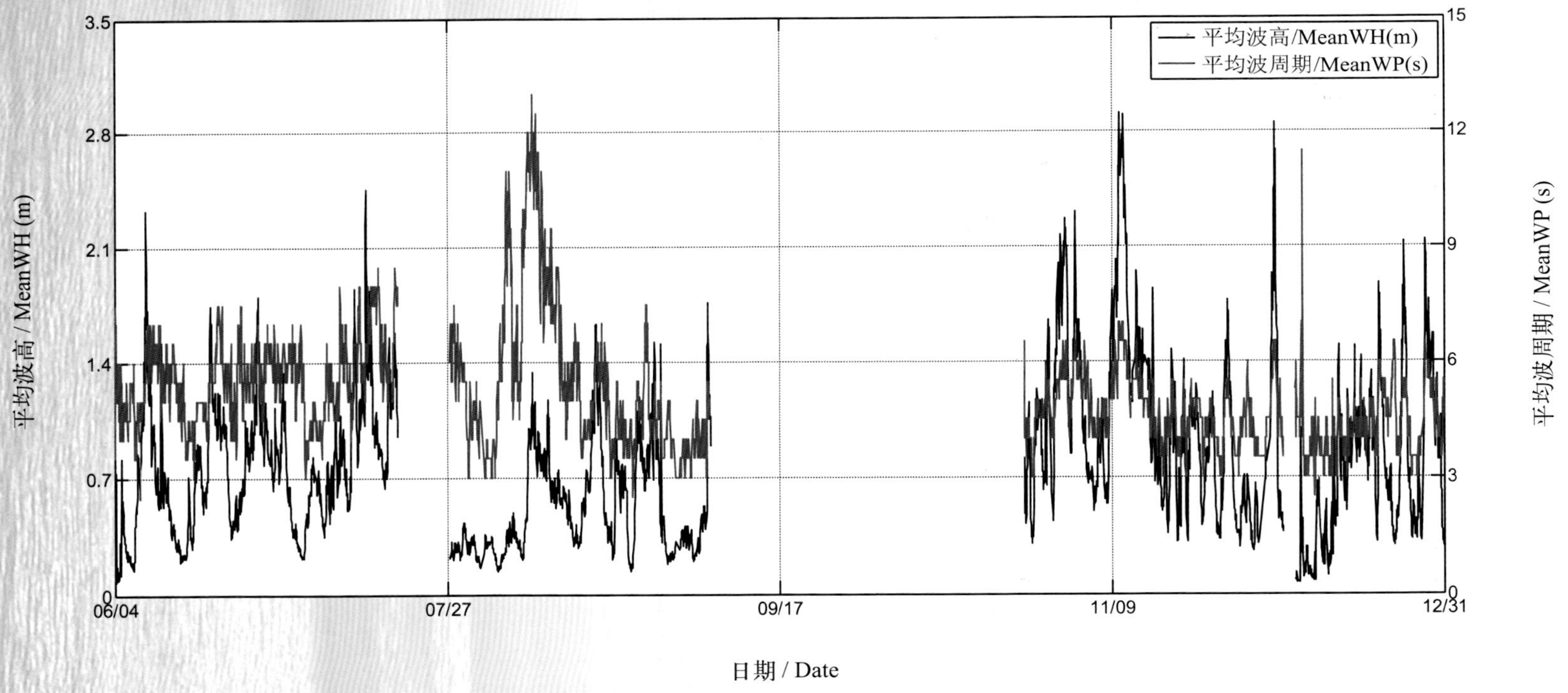

注：02 号浮标于 2009 年 6 月 4 日 10 点 25 分完成布放，2009 年 7 月和 12 月传感器工作异常，经判断对数据进行剔除，9 月和 10 月因系统故障，因此数据缺失。

02 号浮标 2010 年平均波高、平均波周期观测资料
MeanWH and MeanWP of 02 buoy in 2010

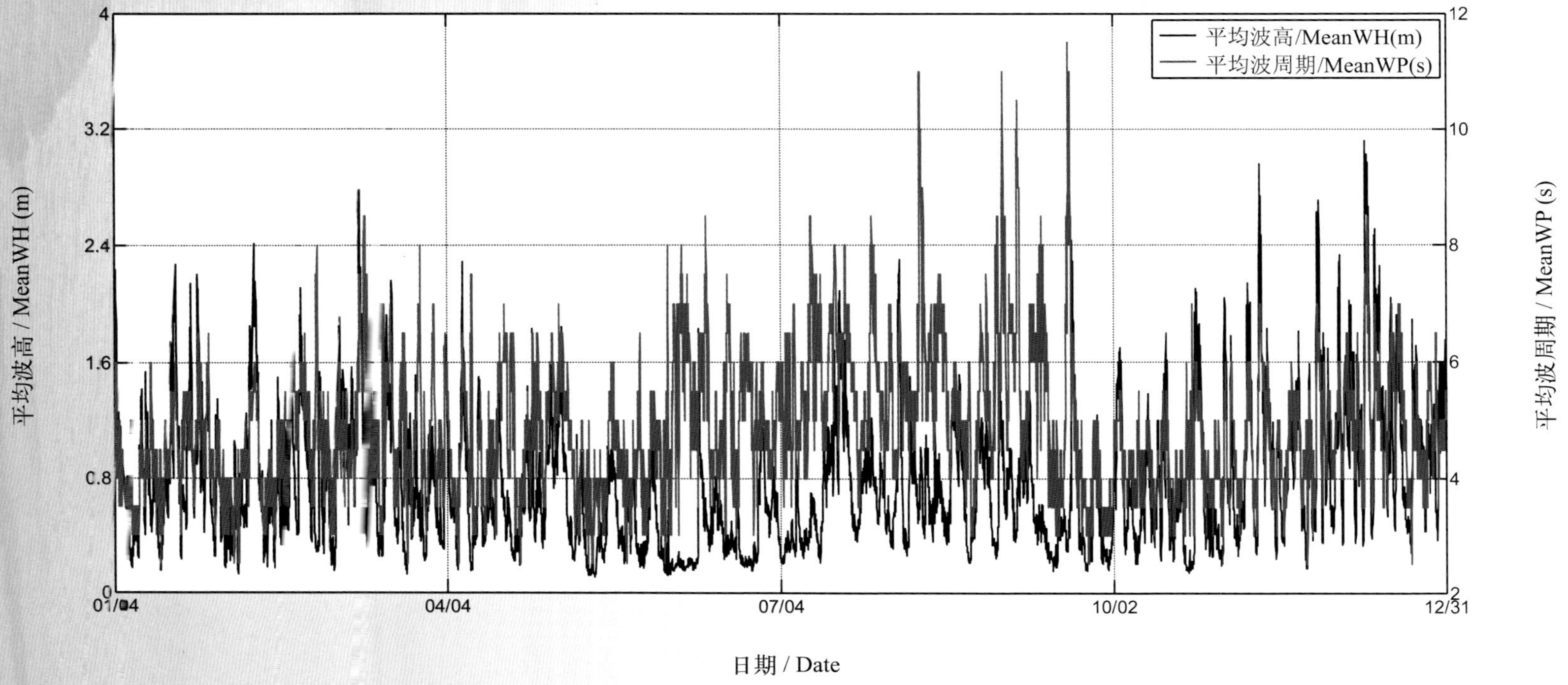

注：02 号浮标在 2010 年的数据存在部分突变数据，经判定对数据进行剔除。

02 号浮标 2009 年 06 月平均波高、平均波周期观测资料
MeanWH and MeanWP of 02 buoy in June 2009

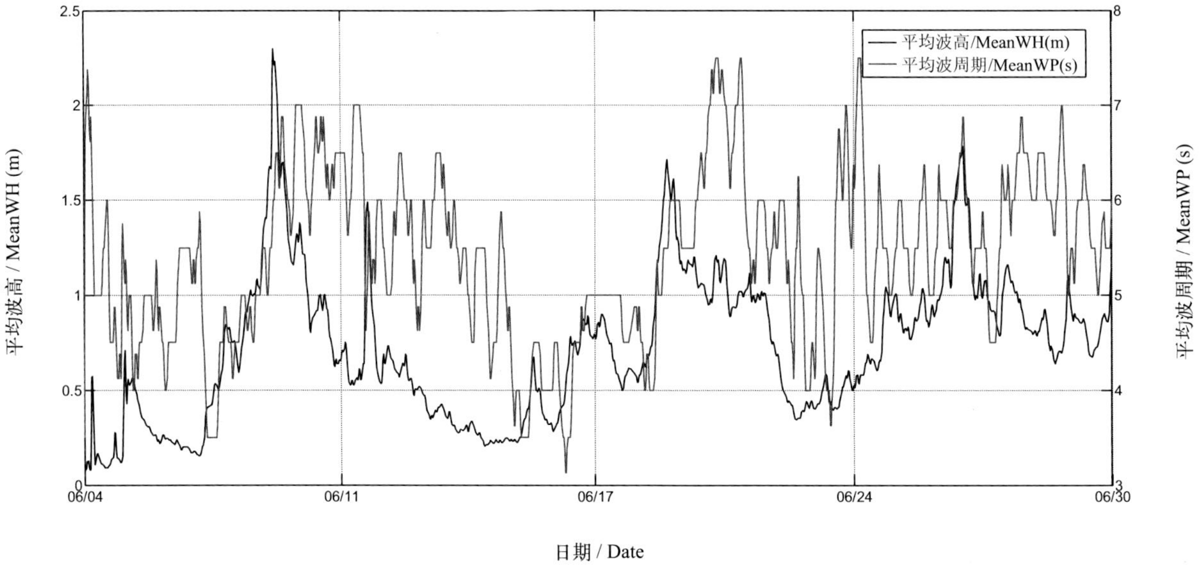

02 号浮标 2009 年 07 月平均波高、平均波周期观测资料
MeanWH and MeanWP of 02 buoy in July 2009

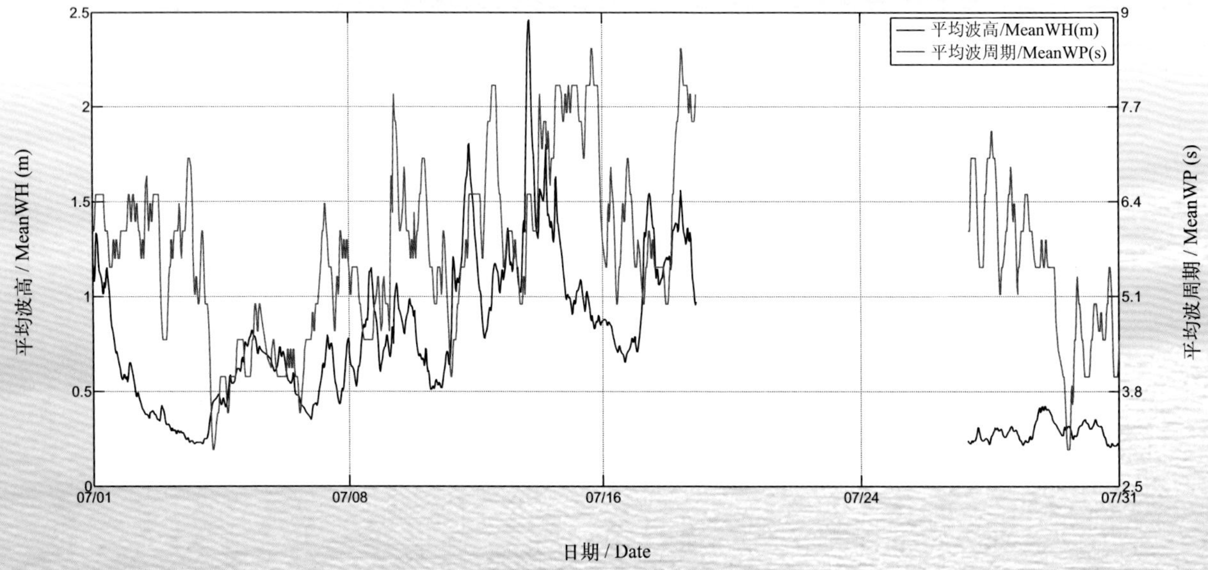

02号浮标2009年08月平均波高、平均波周期观测资料
MeanWH and MeanWP of 02 buoy in Aug 2009

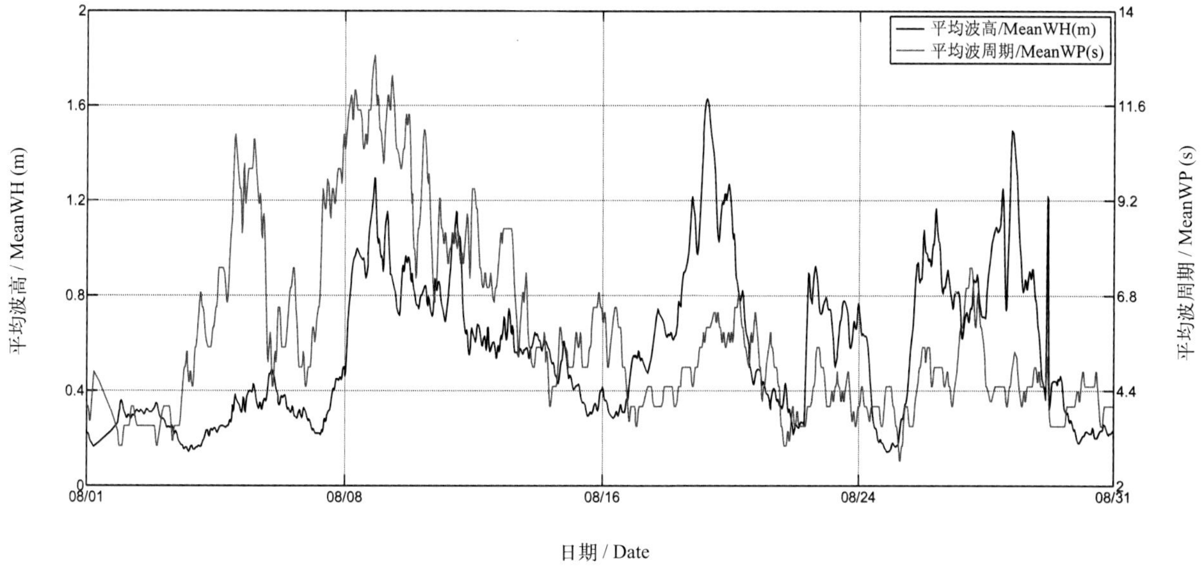

02号浮标2009年11月平均波高、平均波周期观测资料
MeanWH and MeanWP of 02 buoy in Nov 2009

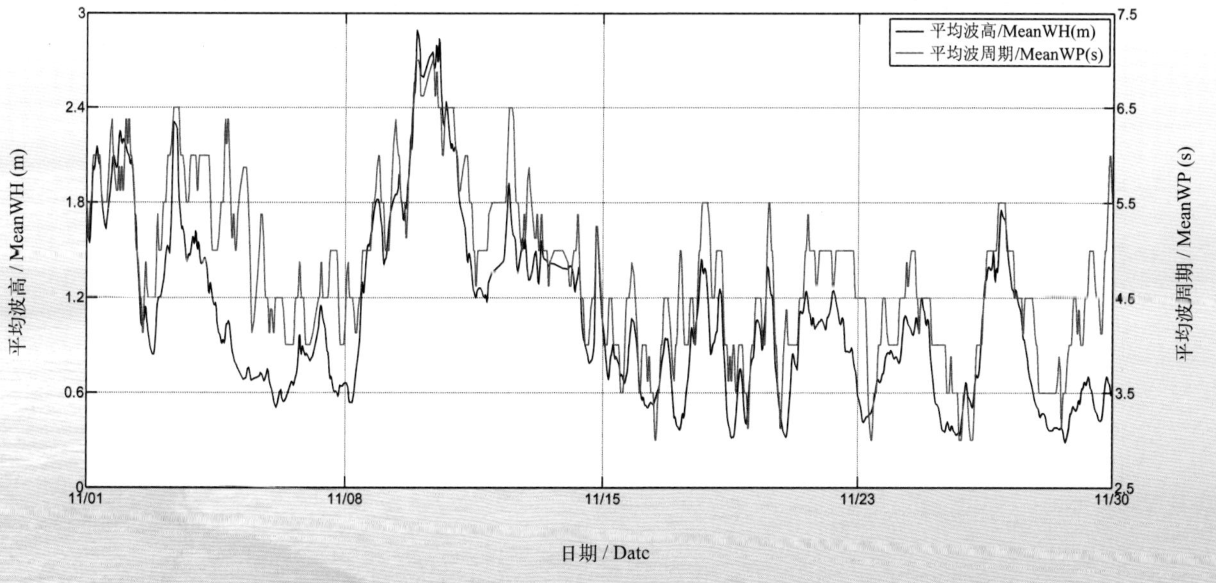

02 号浮标 2009 年 12 月平均波高、平均波周期观测资料
MeanWH and MeanWP of 02 buoy in Dec 2009

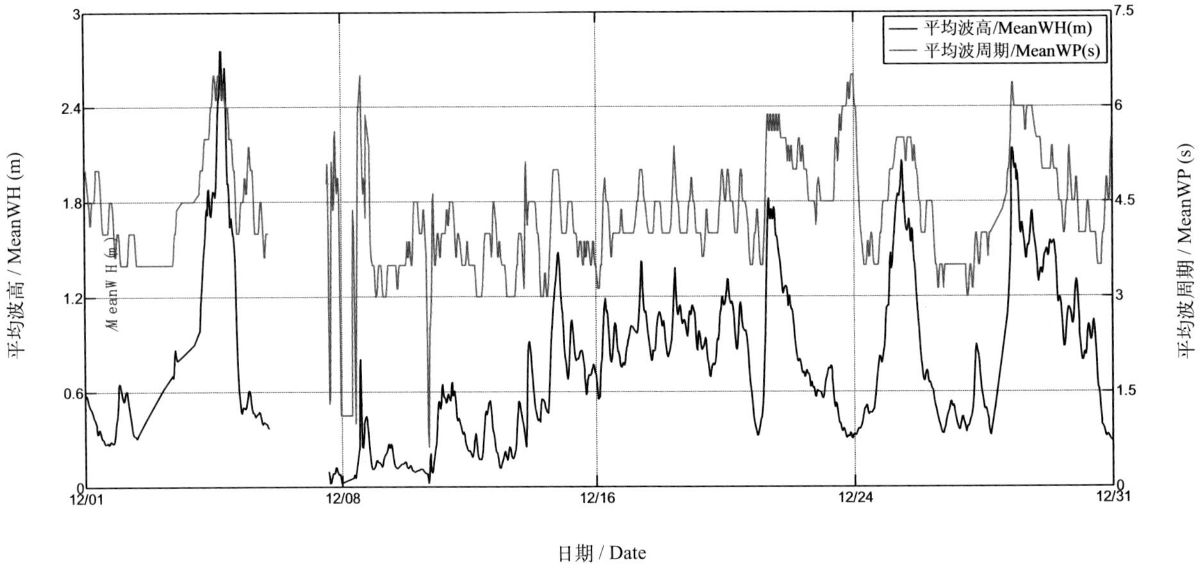

02 号浮标 2010 年 01 月平均波高、平均波周期观测资料
MeanWH and MeanWP of 02 buoy in Jan 2010

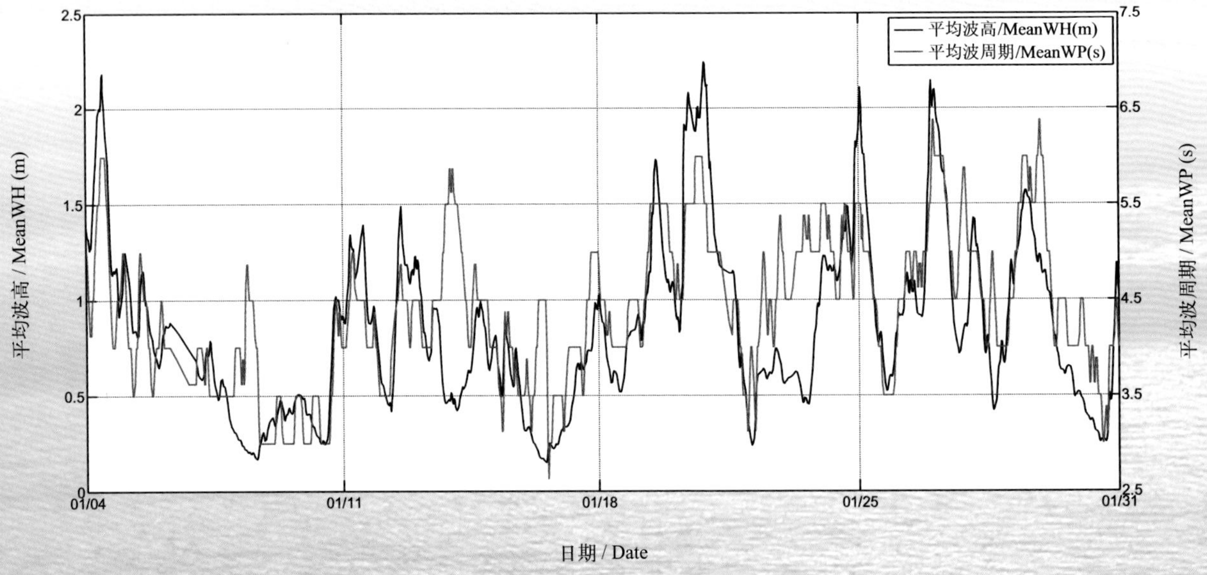

02 号浮标 2010 年 02 月平均波高、平均波周期观测资料
MeanWH and MeanWP of 02 buoy in Feb 2010

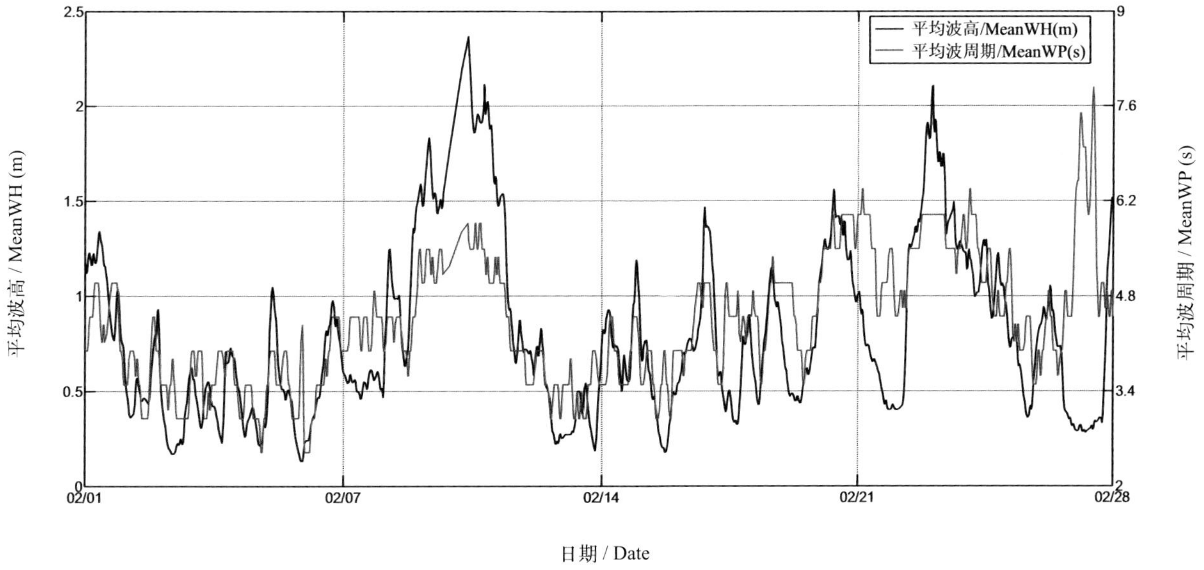

02 号浮标 2010 年 03 月平均波高、平均波周期观测资料
MeanWH and MeanWP of 02 buoy in Mar 2010

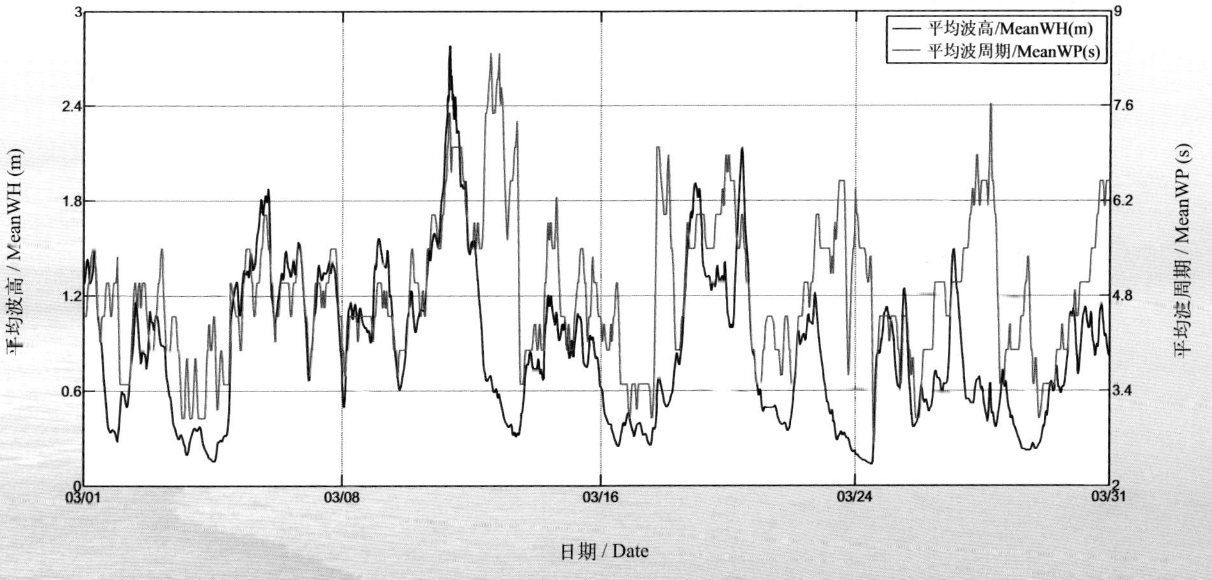

02 号浮标 2010 年 04 月平均波高、平均波周期观测资料
MeanWH and MeanWP of 02 buoy in April 2010

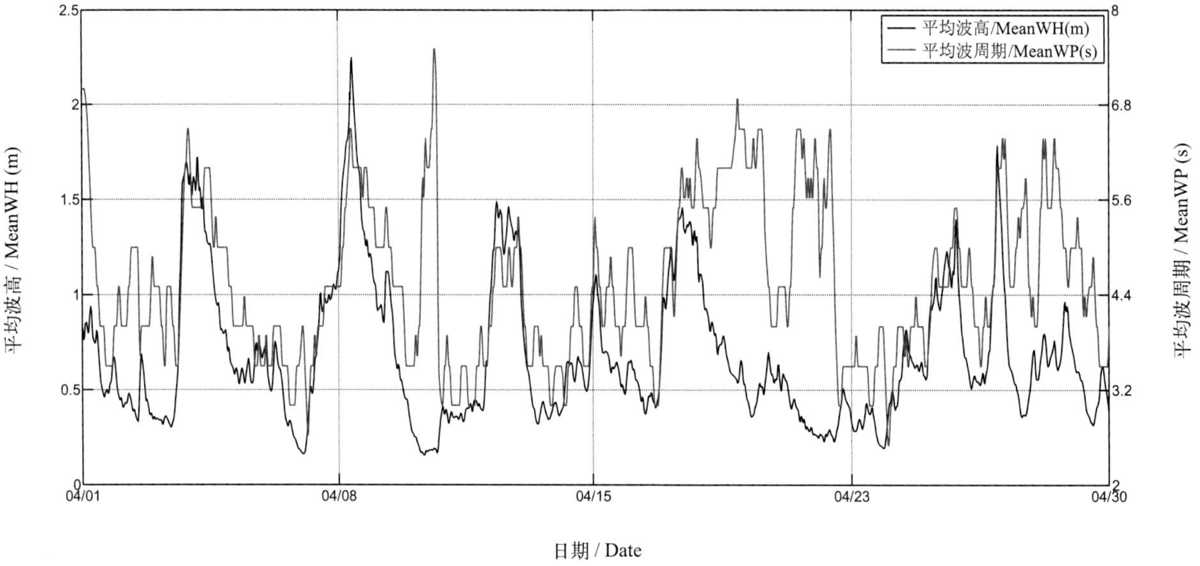

02 号浮标 2010 年 05 月平均波高、平均波周期观测资料
MeanWH and MeanWP of 02 buoy in May 2010

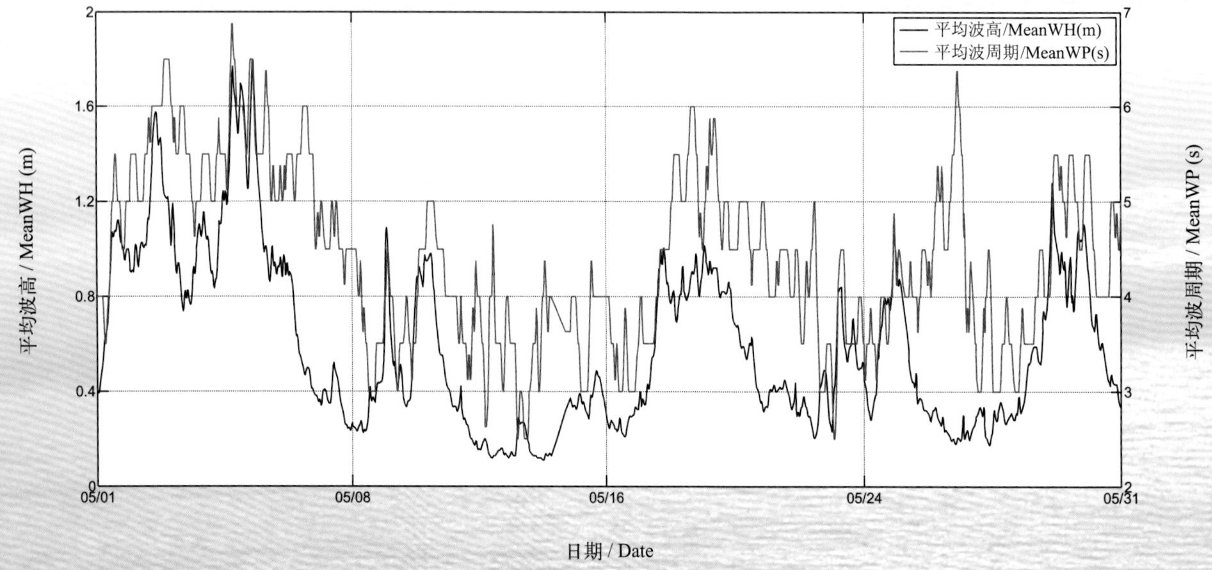

02 号浮标 2010 年 06 月平均波高、平均波周期观测资料
MeanWH and MeanWP of 02 buoy in June 2010

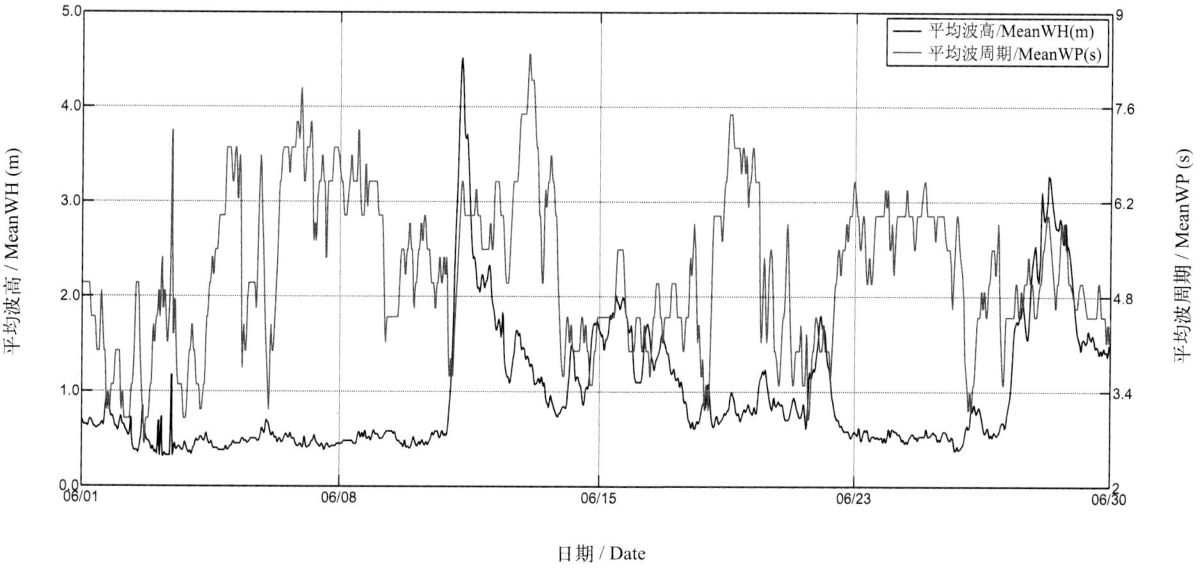

02 号浮标 2010 年 07 月平均波高、平均波周期观测资料
MeanWH and MeanWP of 02 buoy in July 2010

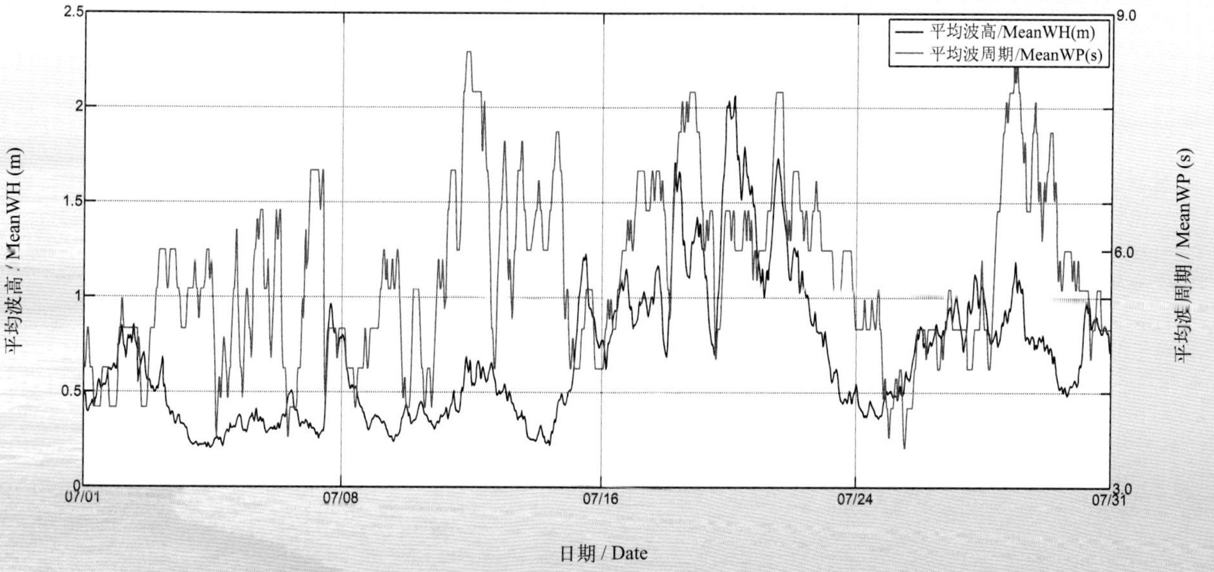

02 号浮标 2010 年 08 月平均波高、平均波周期观测资料
MeanWH and MeanWP of 02 buoy in Aug 2010

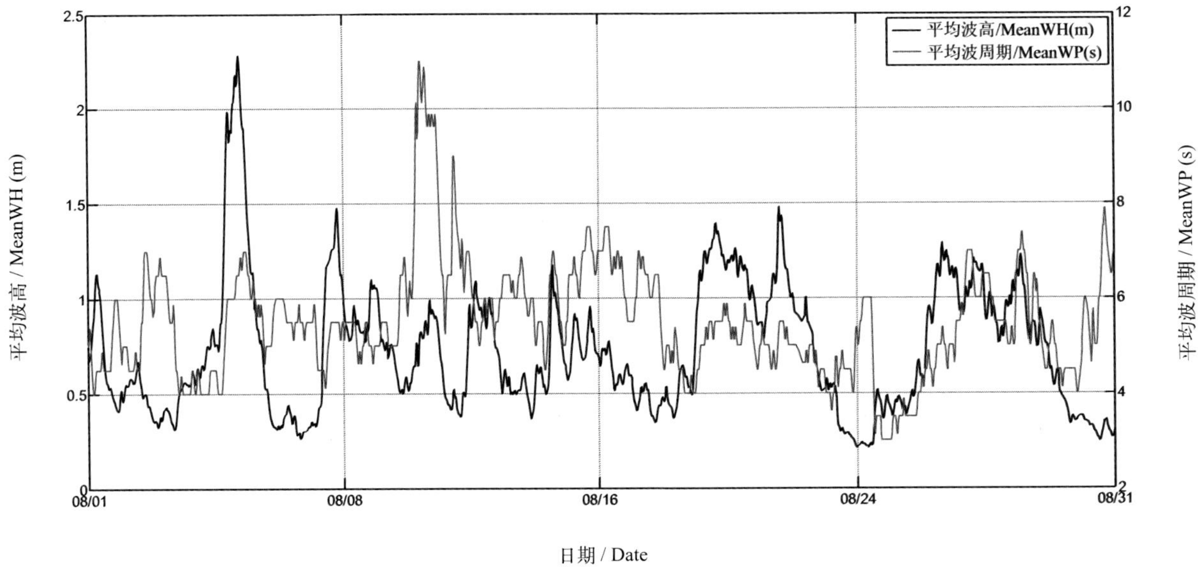

02 号浮标 2010 年 09 月平均波高、平均波周期观测资料
MeanWH and MeanWP of 02 buoy in Sep 2010

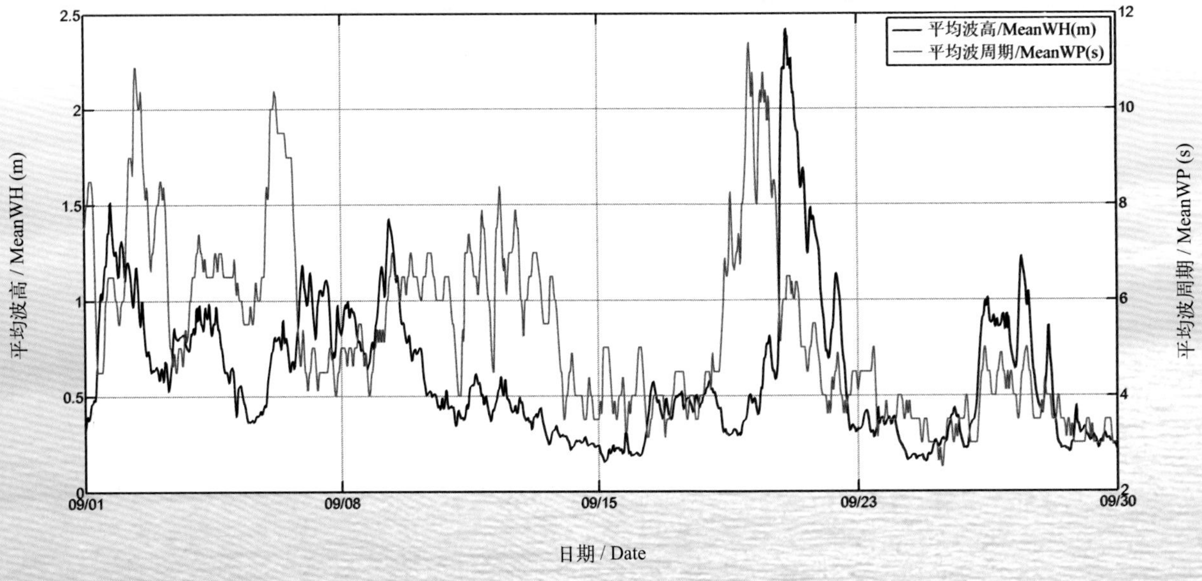

02 号浮标 2010 年 10 月平均波高、平均波周期观测资料
MeanWH and MeanWP of 02 buoy in Oct 2010

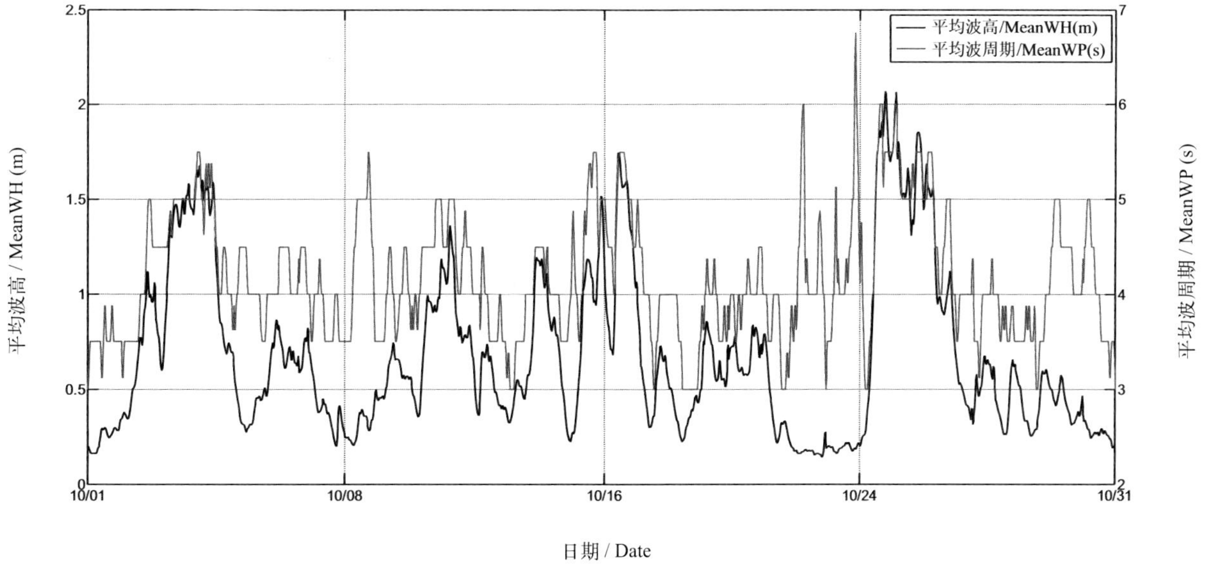

02 号浮标 2010 年 11 月平均波高、平均波周期观测资料
MeanWH and MeanWP of 02 buoy in Nov 2010

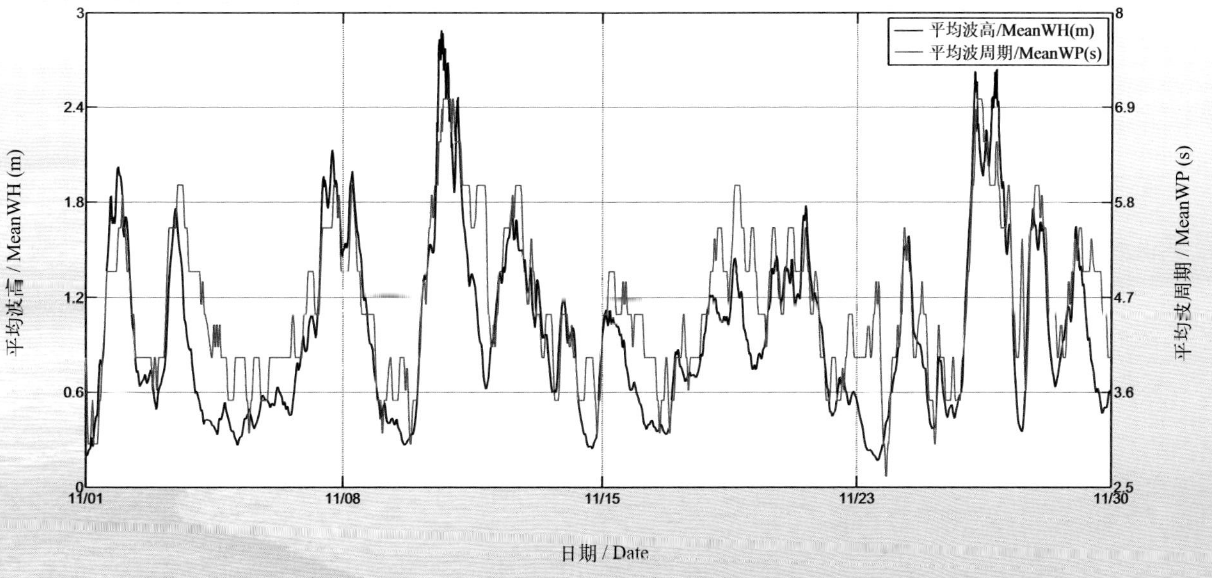

02 号浮标 2010 年 12 月平均波高、平均波周期观测资料
MeanWH and MeanWP of 02 buoy in Dec 2010

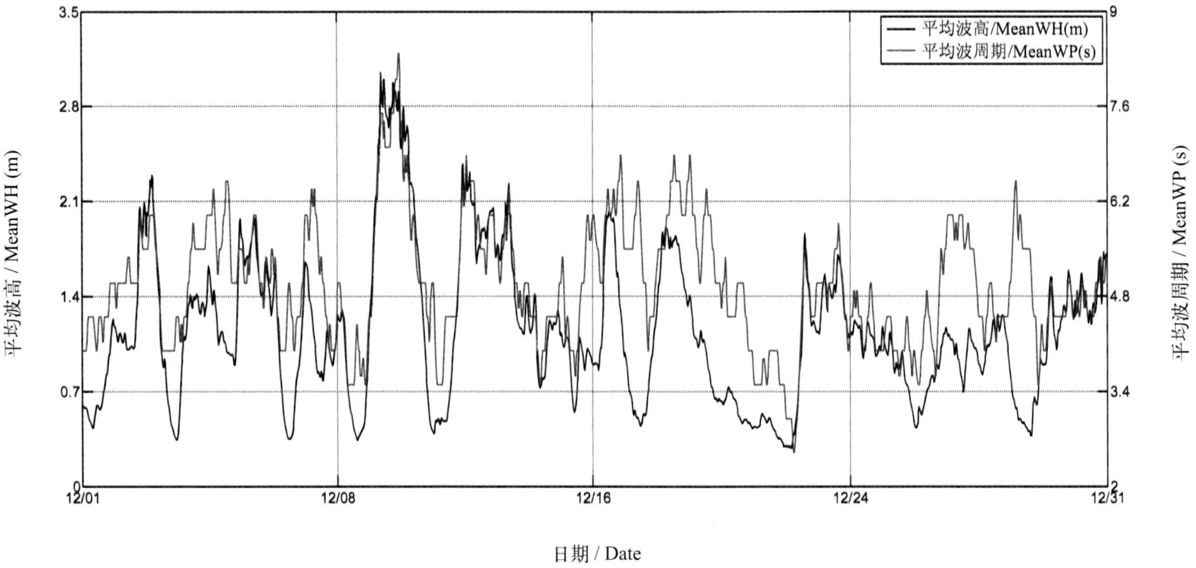

06 号浮标 2009 年平均波高、平均波周期观测资料
MeanWH and MeanWP of 06 buoy in 2009

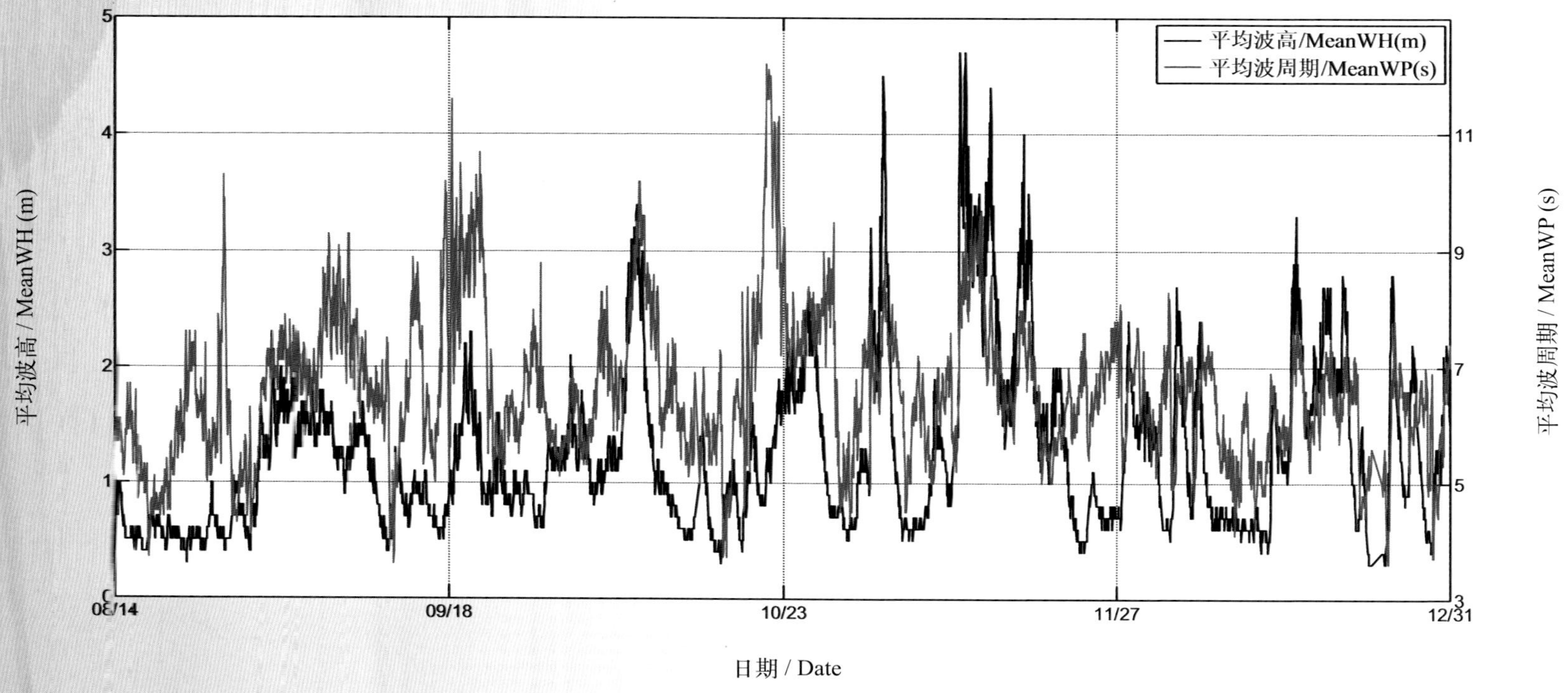

注：06 号浮标于 2009 年 8 月 14 日布放。

06 号浮标 2010 年平均波高、平均波周期观测资料
MeanWH and MeanWP of 06 buoy in 2010

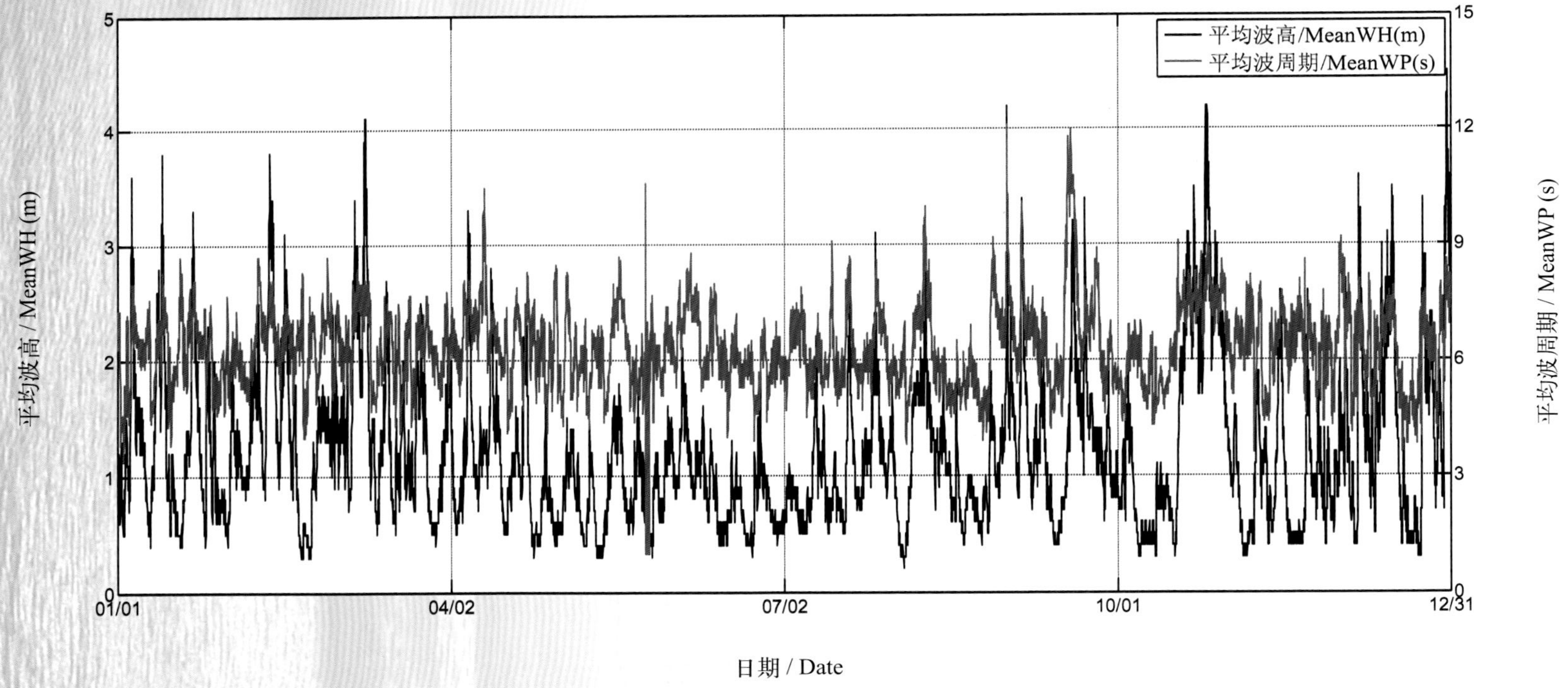

注：06 号浮标在 2010 年 5 月份传感器故障，经判断对数据进行剔除。

06 号浮标 2009 年 08 月平均波高、平均波周期观测资料
MeanWH and MeanWP of 06 buoy in Aug 2009

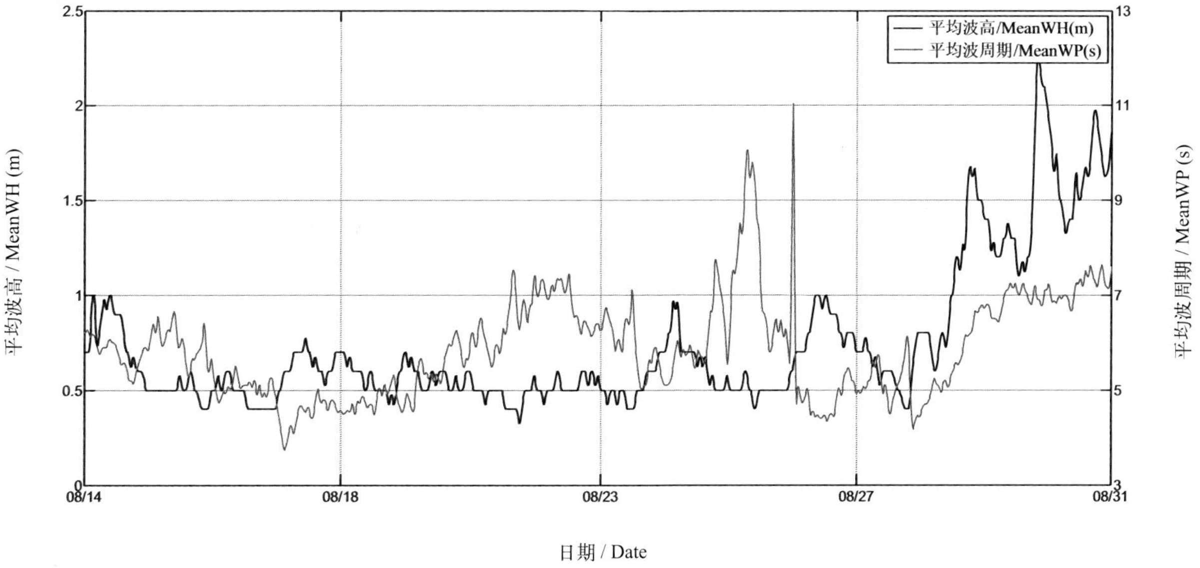

06 号浮标 2009 年 09 月平均波高、平均波周期观测资料
MeanWH and MeanWP of 06 buoy in Sep 2009

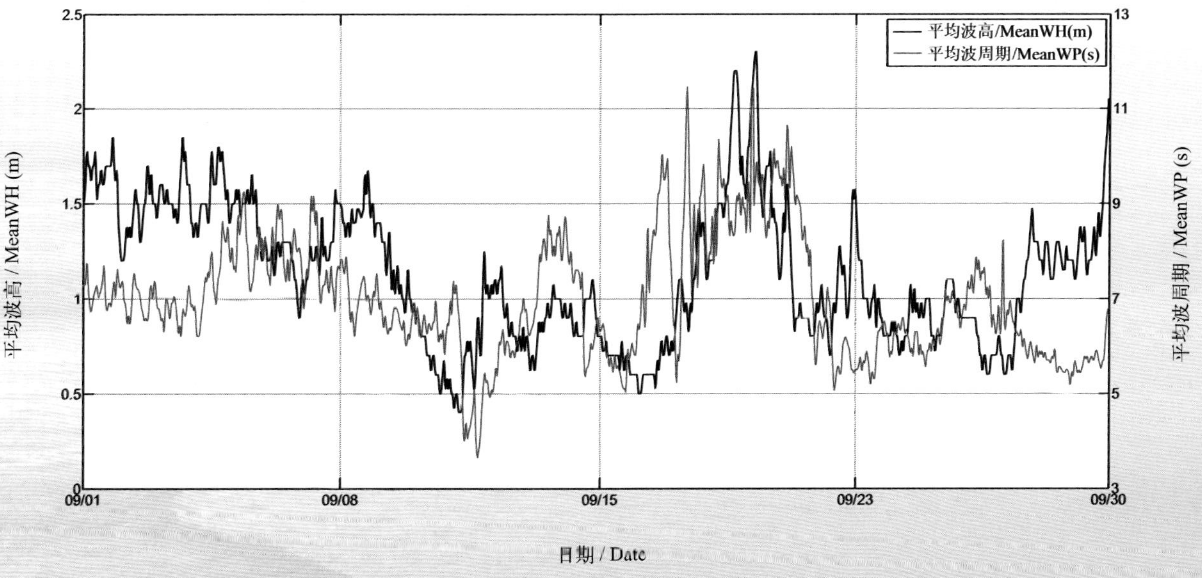

06 号浮标 2009 年 10 月平均波高、平均波周期观测资料
MeanWH and MeanWP of 06 buoy in Oct 2009

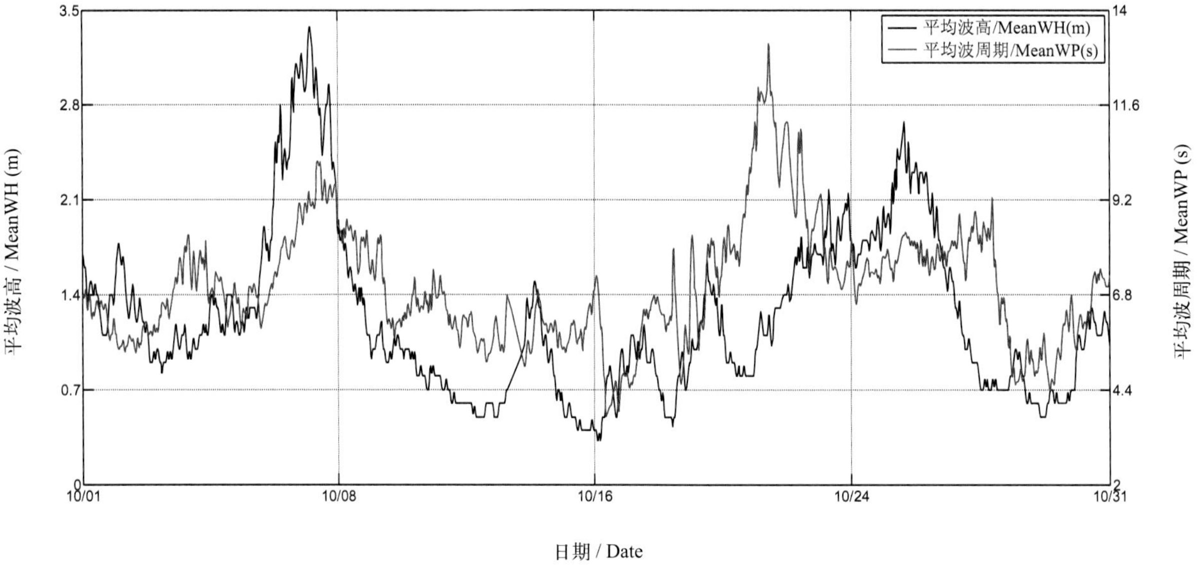

06 号浮标 2009 年 11 月平均波高、平均波周期观测资料
MeanWH and MeanWP of 06 buoy in Nov 2009

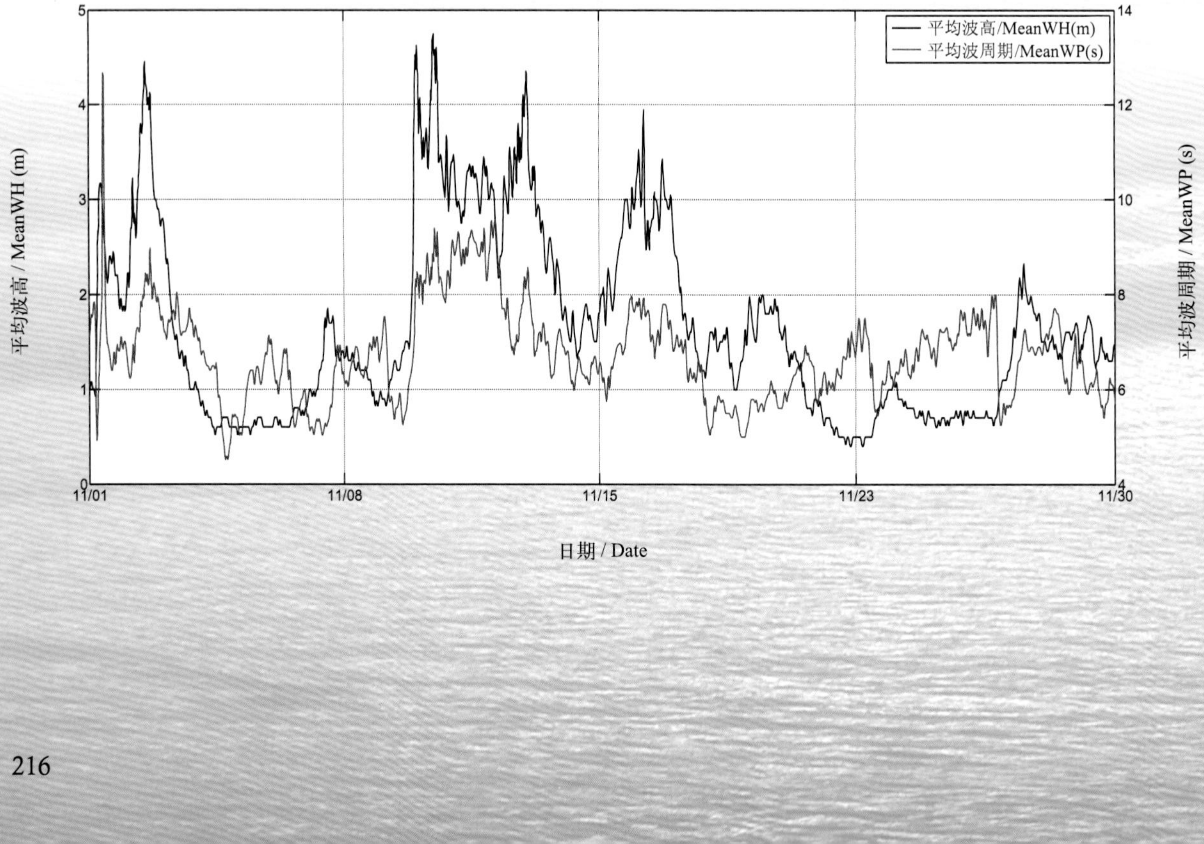

06 号浮标 2009 年 12 月平均波高、平均波周期观测资料
MeanWH and MeanWP of 06 buoy in Dec 2009

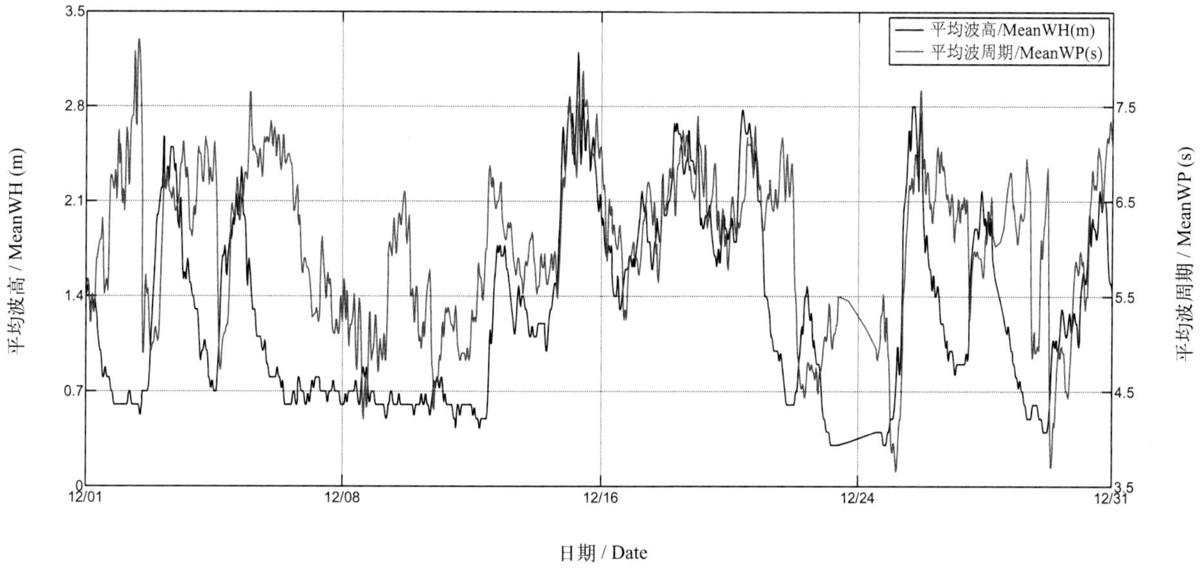

06 号浮标 2010 年 01 月平均波高、平均波周期观测资料
MeanWH and MeanWP of 06 buoy in Jan 2010

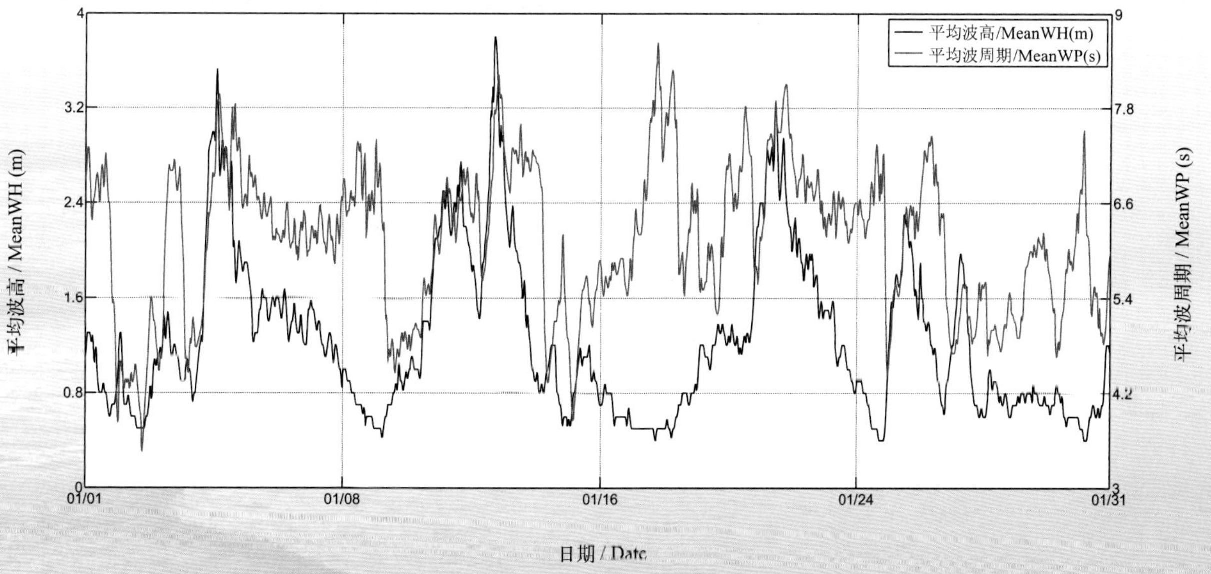

06 号浮标 2010 年 02 月平均波高、平均波周期观测资料
MeanWH and MeanWP of 06 buoy in Feb 2010

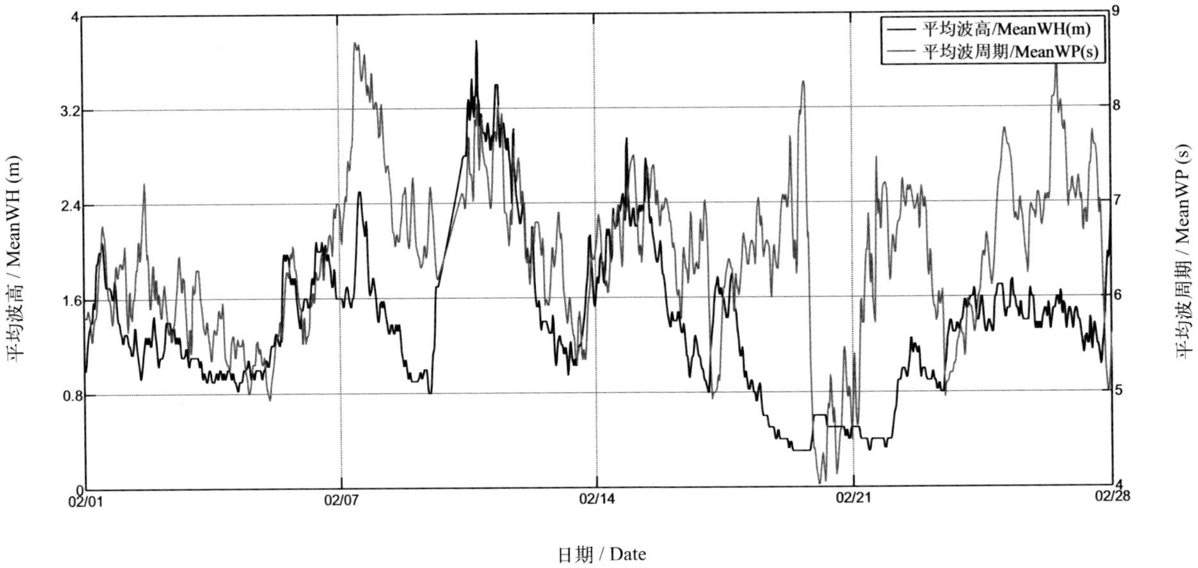

06 号浮标 2010 年 03 月平均波高、平均波周期观测资料
MeanWH and MeanWP of 06 buoy in Mar 2010

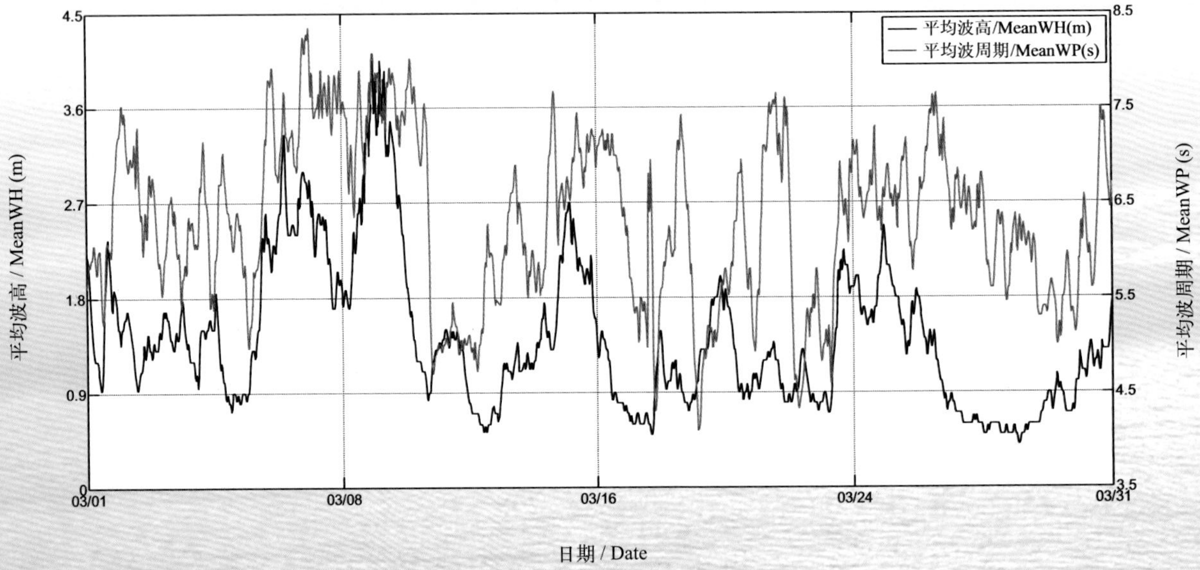

06号浮标2010年04月平均波高、平均波周期观测资料
MeanWH and MeanWP of 06 buoy in April 2010

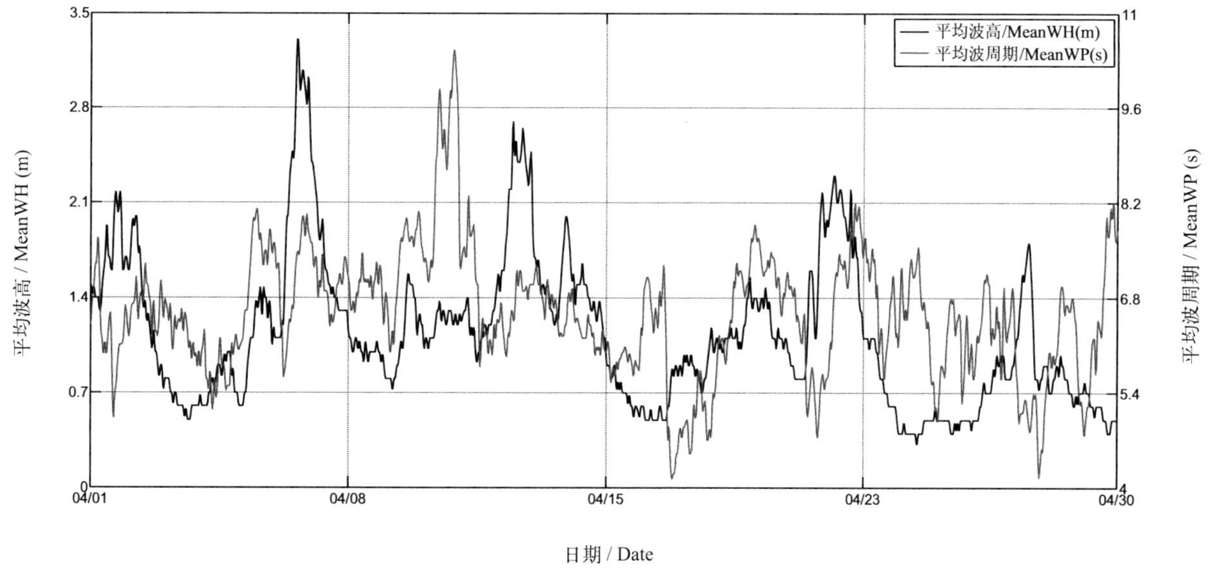

06号浮标2010年05月平均波高、平均波周期观测资料
MeanWH and MeanWP of 06 buoy in May 2010

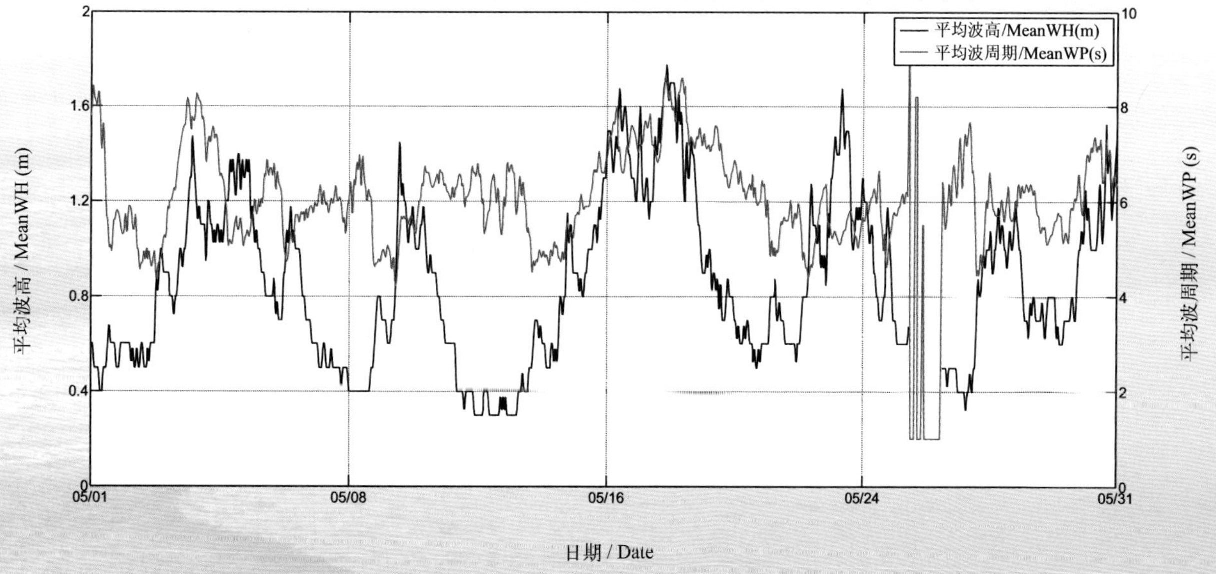

06 号浮标 2010 年 06 月平均波高、平均波周期观测资料
MeanWH and MeanWP of 06 buoy in June 2010

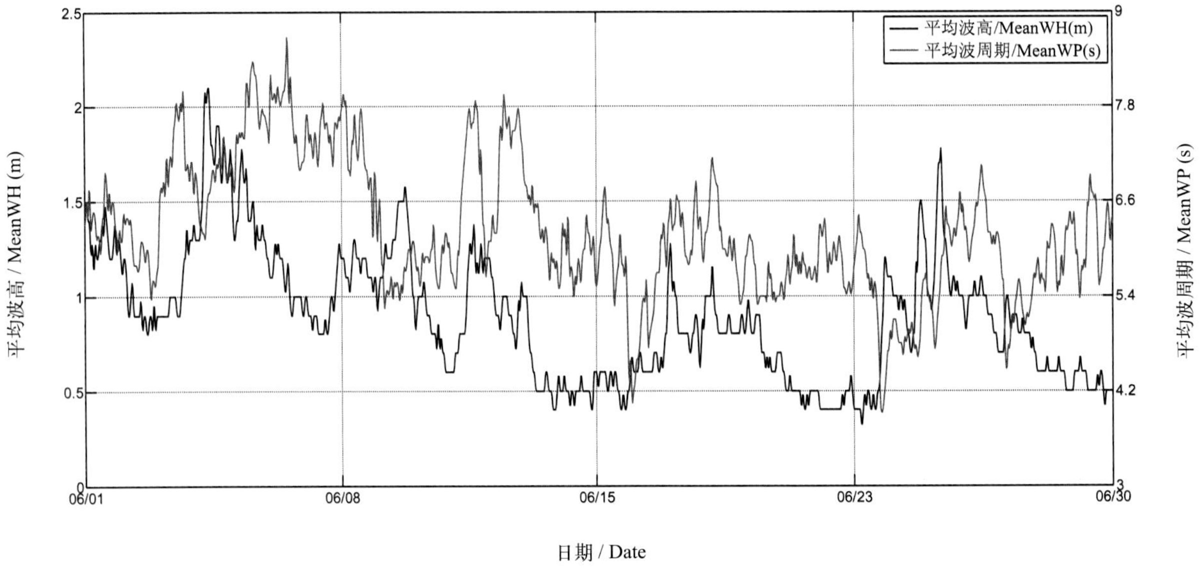

06 号浮标 2010 年 07 月平均波高、平均波周期观测资料
MeanWH and MeanWP of 06 buoy in July 2010

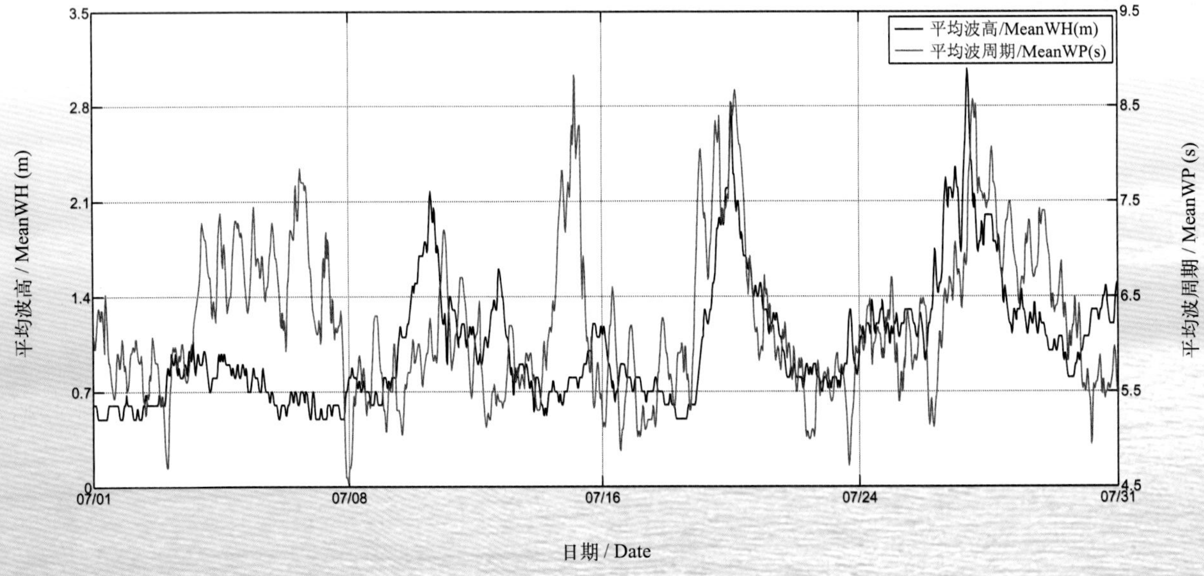

06 号浮标 2010 年 08 月平均波高、平均波周期观测资料
MeanWH and MeanWP of 06 buoy in Aug 2010

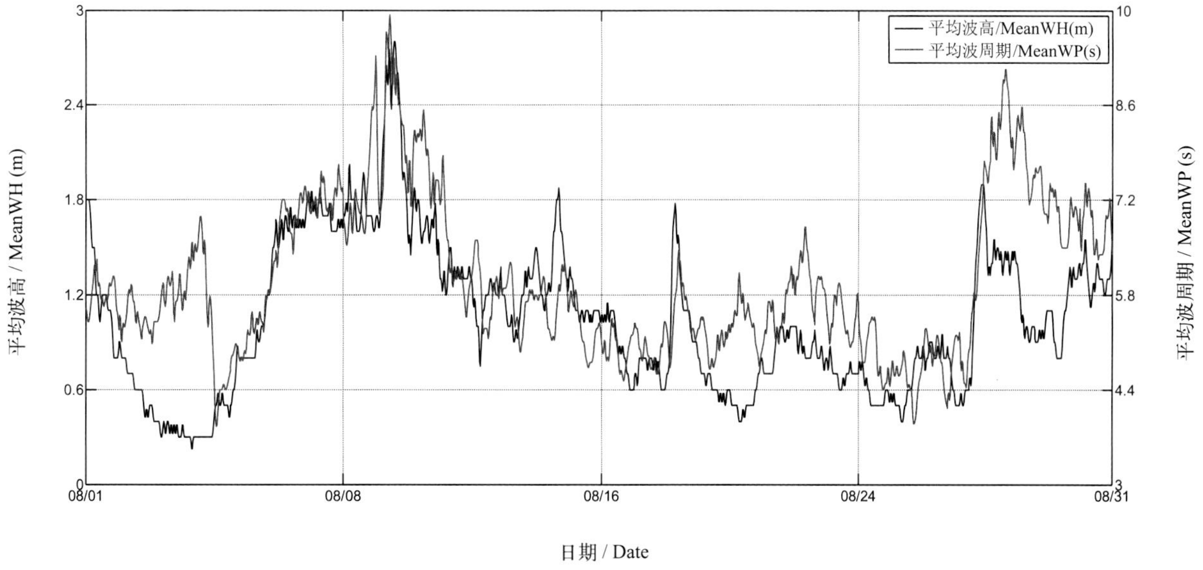

06 号浮标 2010 年 09 月平均波高、平均波周期观测资料
MeanWH and MeanWP of 06 buoy in Sep 2010

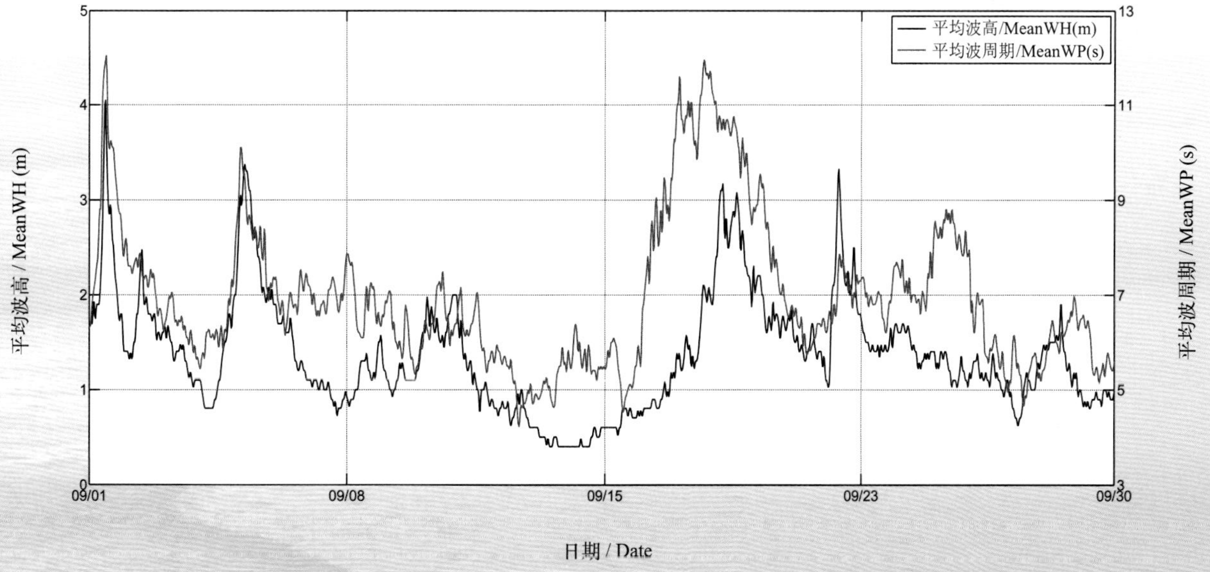

06 号浮标 2010 年 10 月平均波高、平均波周期观测资料
MeanWH and MeanWP of 06 buoy in Oct 2010

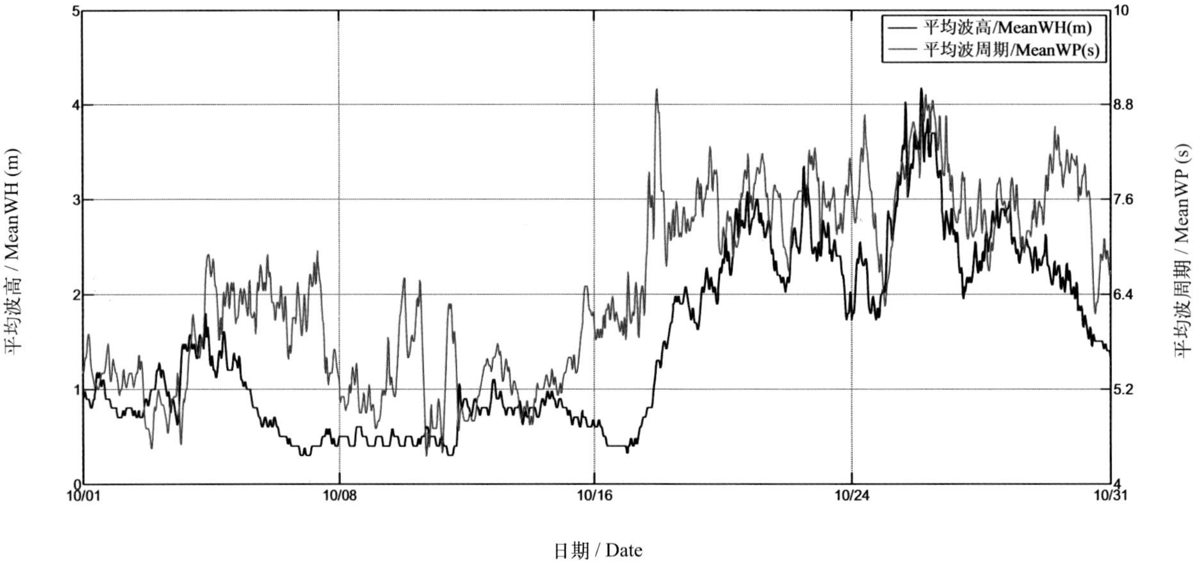

06 号浮标 2010 年 11 月平均波高、平均波周期观测资料
MeanWH and MeanWP of 06 buoy in Nov 2010

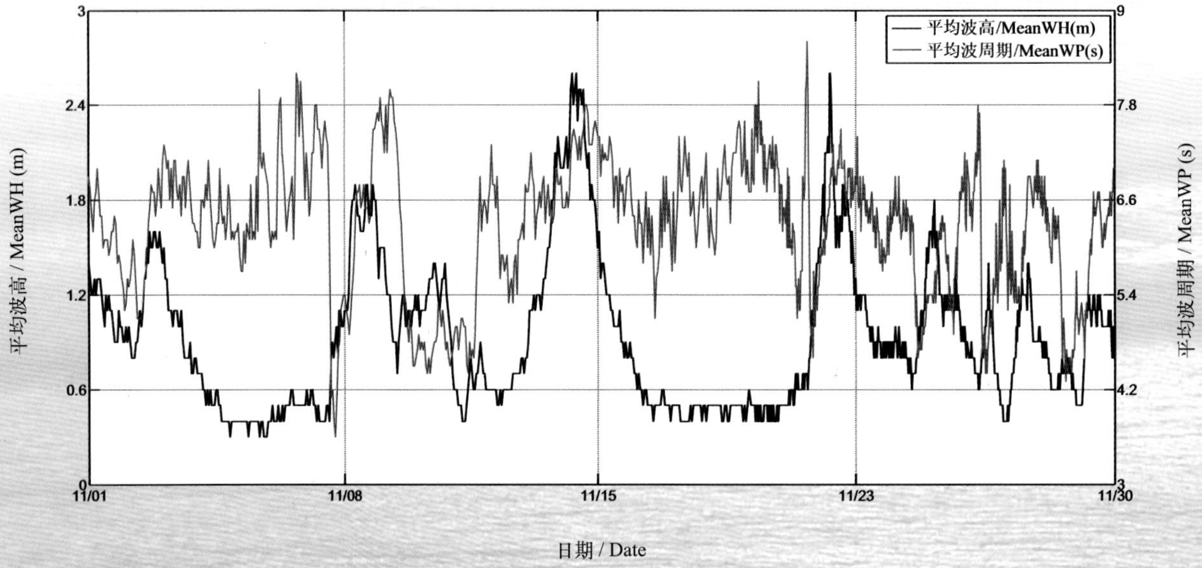

06 号浮标 2010 年 12 月平均波高、平均波周期观测资料
MeanWH and MeanWP of 06 buoy in Dec 2010

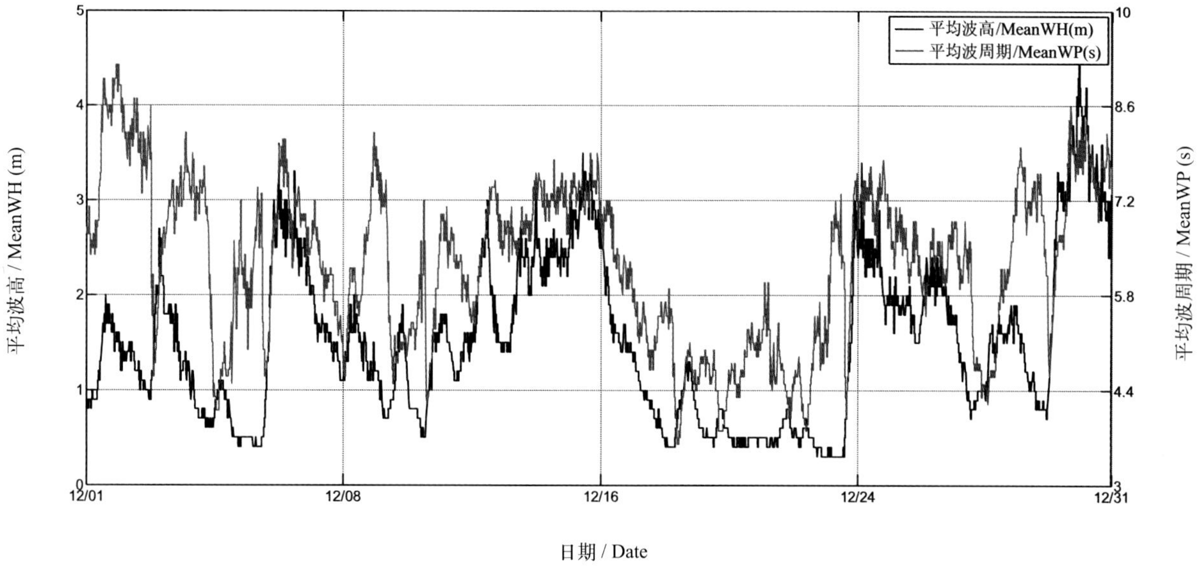

07 号浮标 2010 年平均波高、平均波周期观测资料
MeanWH and MeanWP of 07 buoy in 2010

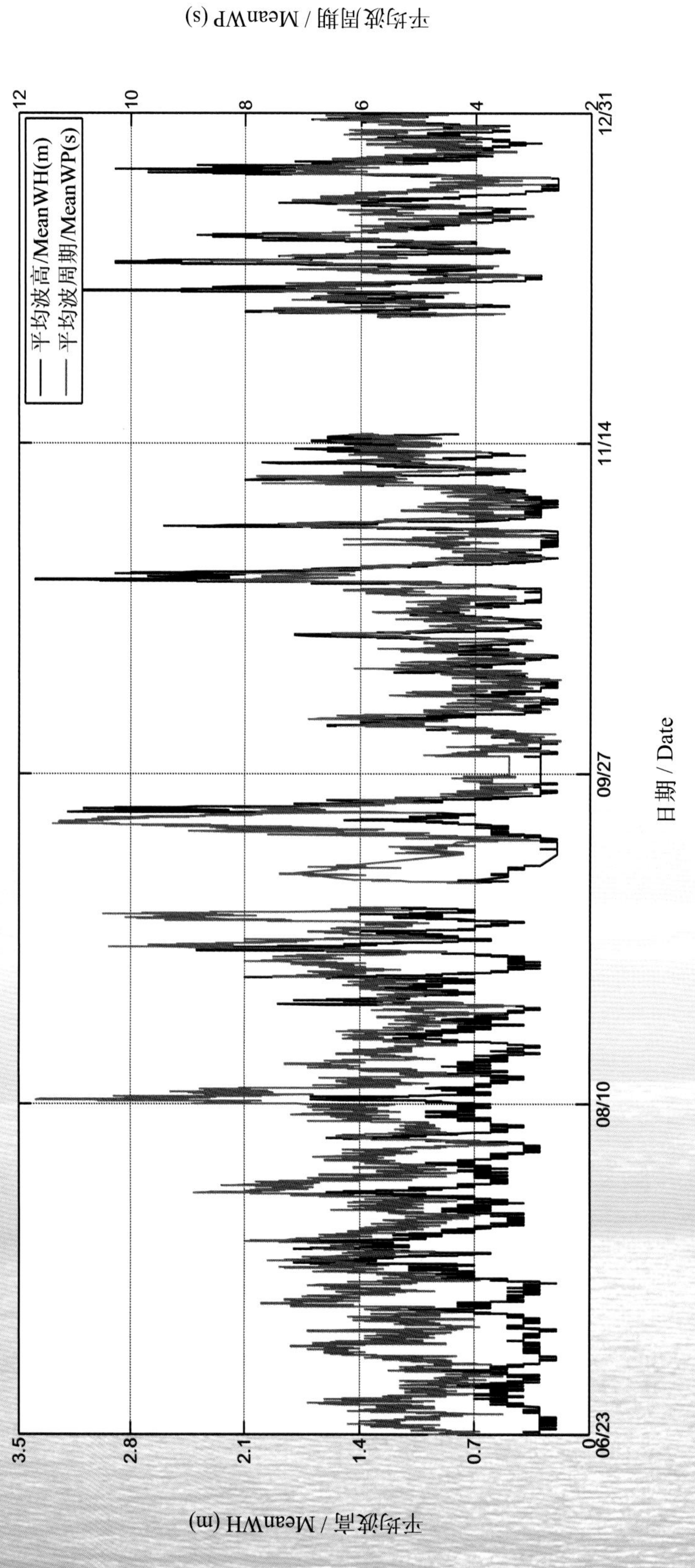

注：07 号浮标于 6 月 23 日 10 点 45 分布放，9 月份和 11 月份传感器故障，经判断对数据进行剔除。

07 号浮标 2010 年 07 月平均波高、平均波周期观测资料
MeanWH and MeanWP of 07 buoy in July 2010

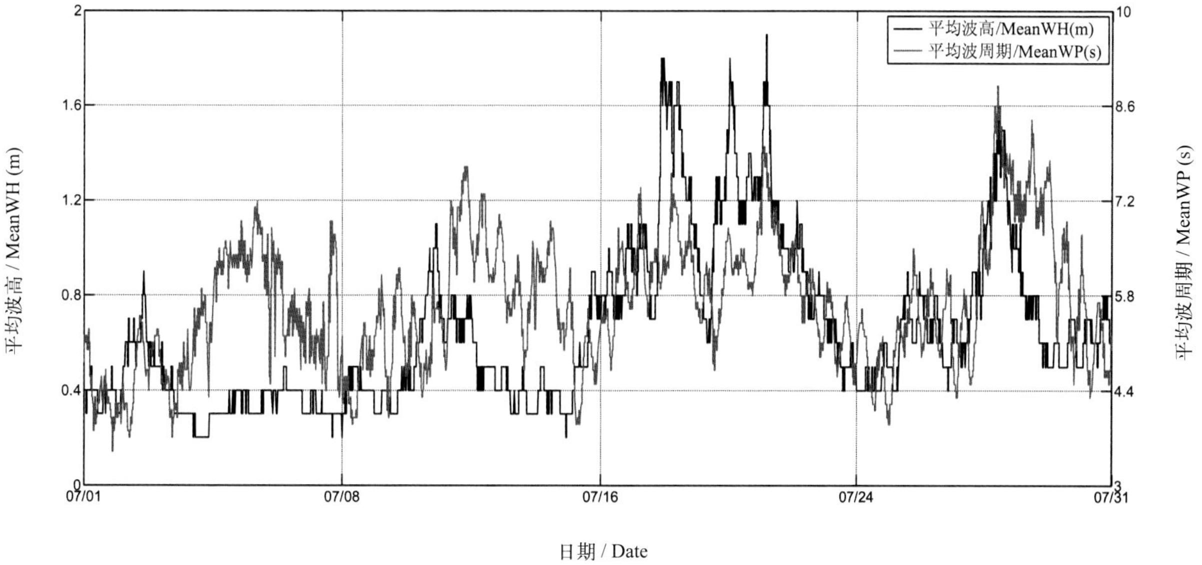

07 号浮标 2010 年 08 月平均波高、平均波周期观测资料
MeanWH and MeanWP of 07 buoy in Aug 2010

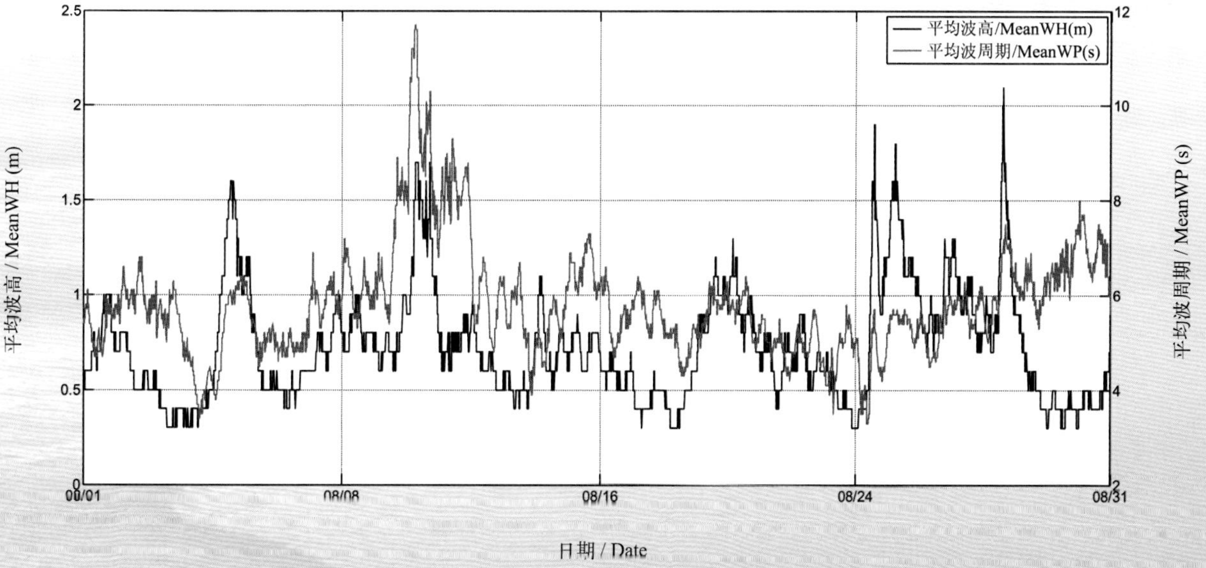

07 号浮标 2010 年 09 月平均波高、平均波周期观测资料
MeanWH and MeanWP of 07 buoy in Sep 2010

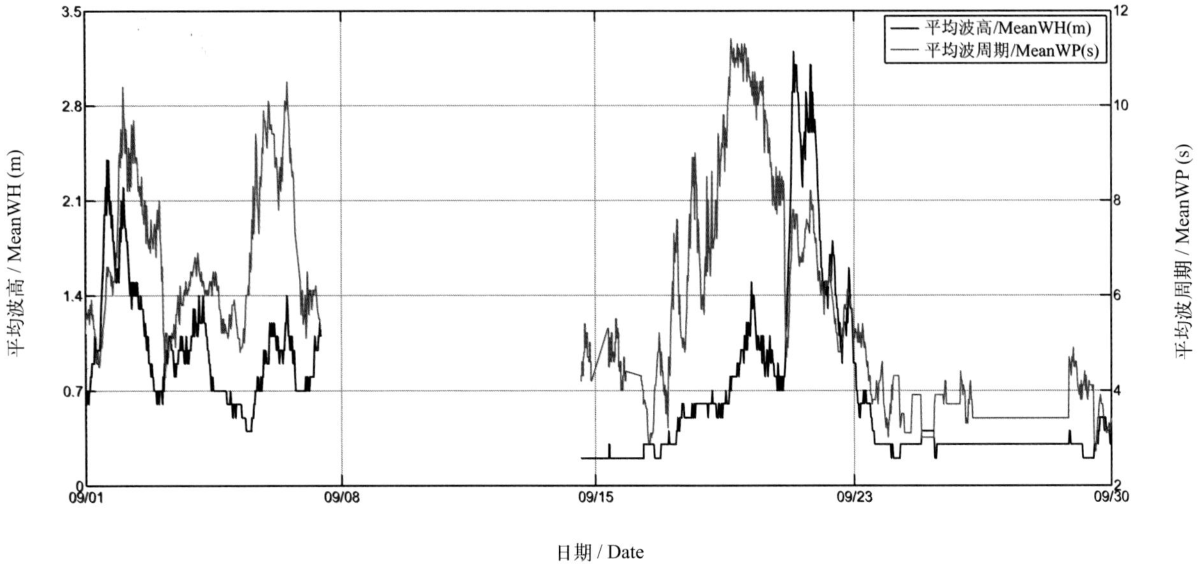

07 号浮标 2010 年 10 月平均波高、平均波周期观测资料
MeanWH and MeanWP of 07 buoy in Oct 2010

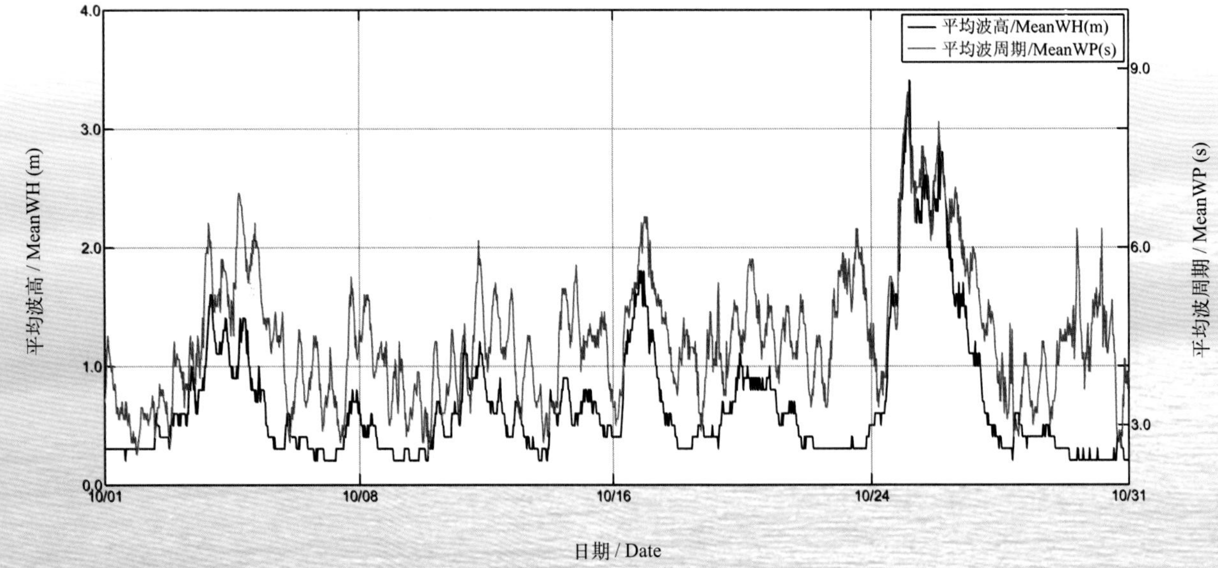

07 号浮标 2010 年 11 月平均波高、平均波周期观测资料
MeanWH and MeanWP of 07 buoy in Nov 2010

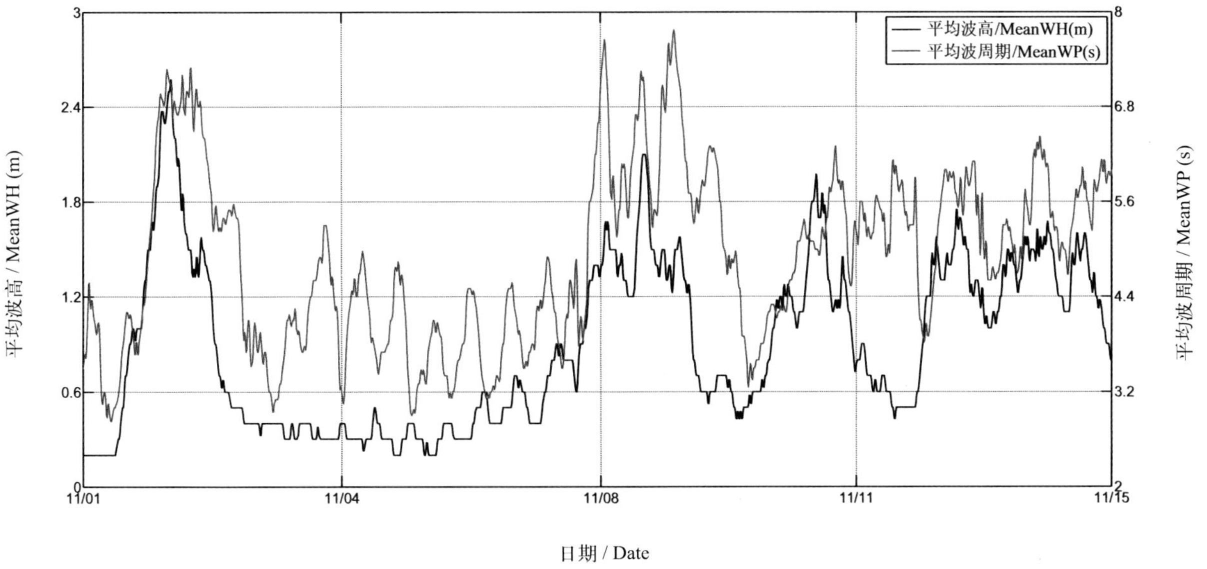

07 号浮标 2010 年 12 月平均波高、平均波周期观测资料
MeanWH and MeanWP of 07 buoy in Dec 2010

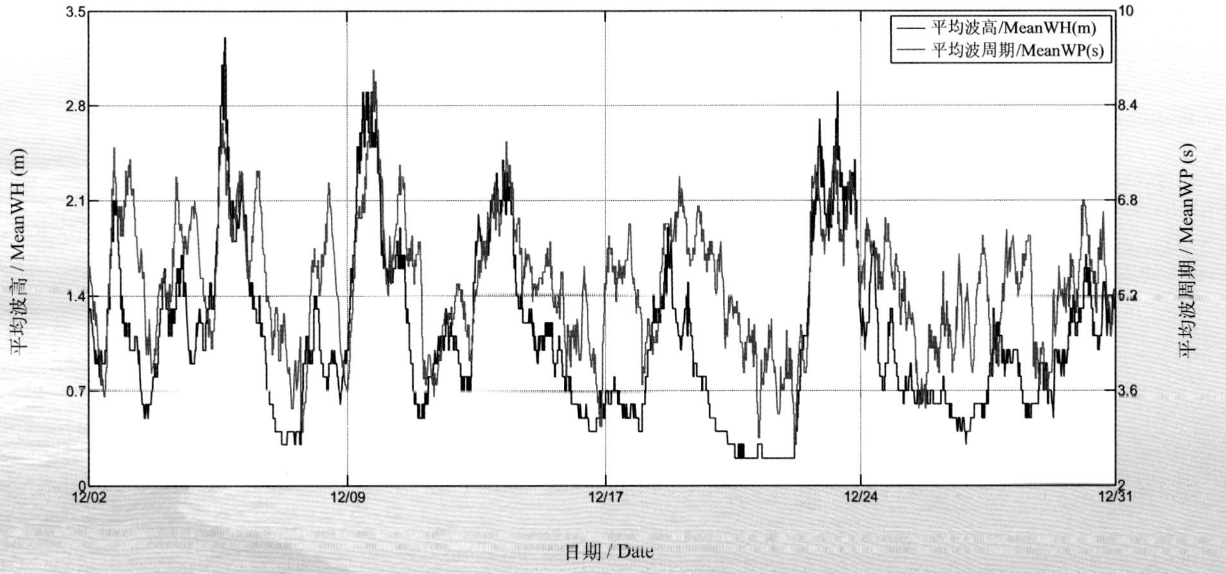

01 号浮标 2009 年流速、流向观测资料
CS and CD of 01 buoy in 2009

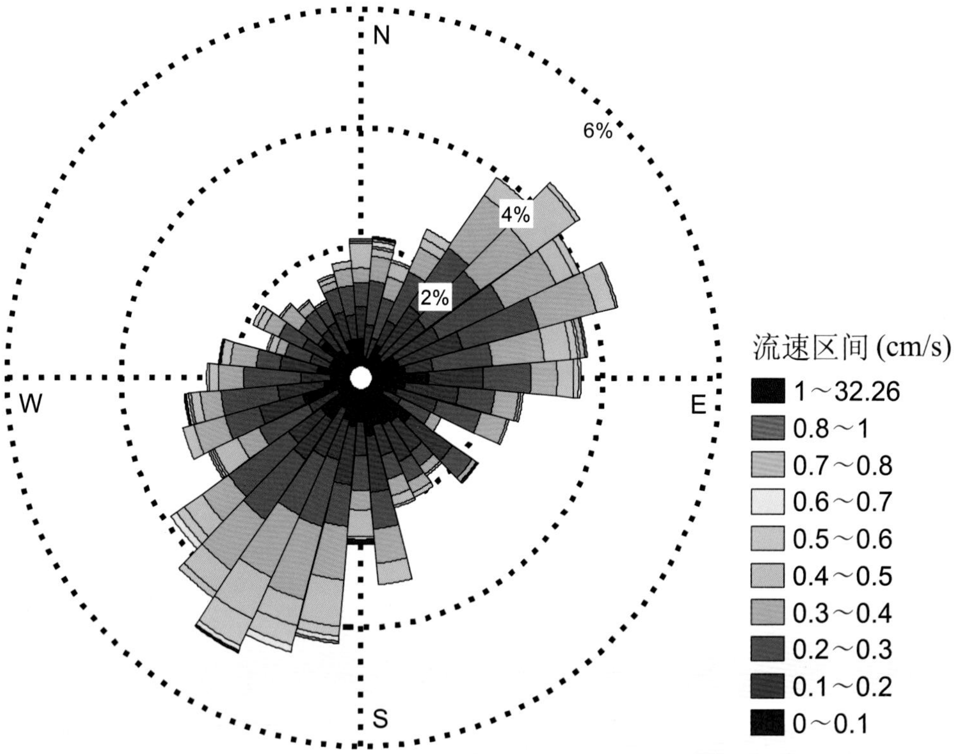

注：01 号浮标于 2009 年 6 月 3 日 13 点 18 分完成布放，2009 年 9 月至 11 月期间，因系统出现故障，经判断对数据进行剔除。

01 号浮标 2010 年流速、流向观测资料
CS and CD of 01 buoy in 2010

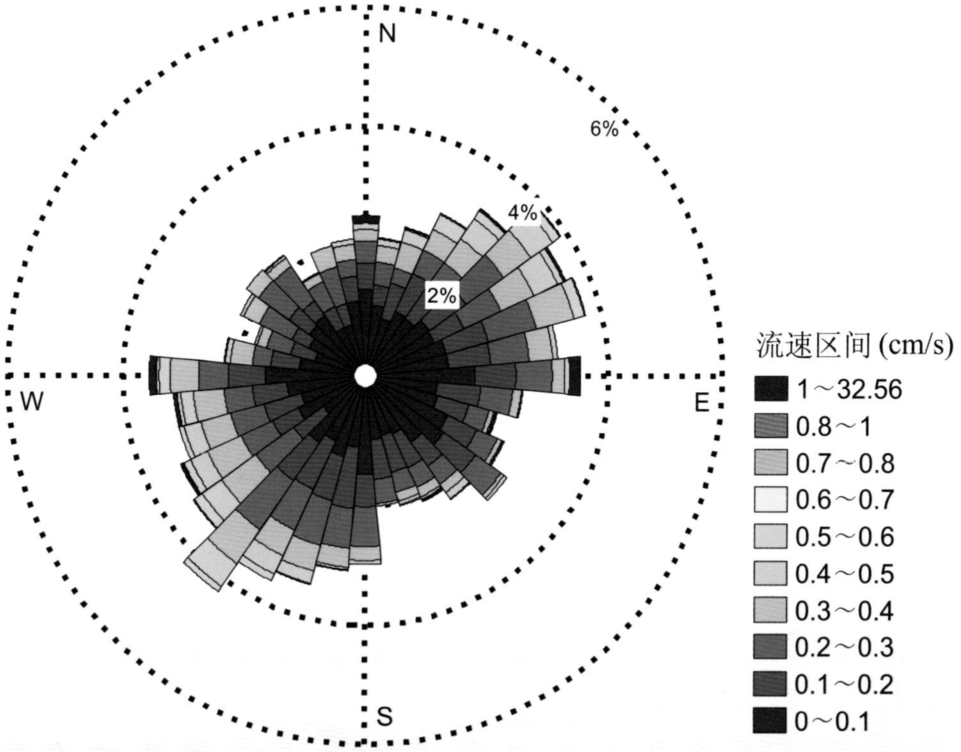

注：01 号浮标在 2010 年 4 月份至 7 月份、11 月份，因传感器故障，经判断对部分数据进行剔除。

01 号浮标 2009 年 06 月流速、流向观测资料
CS and CD of 01 buoy in June 2009

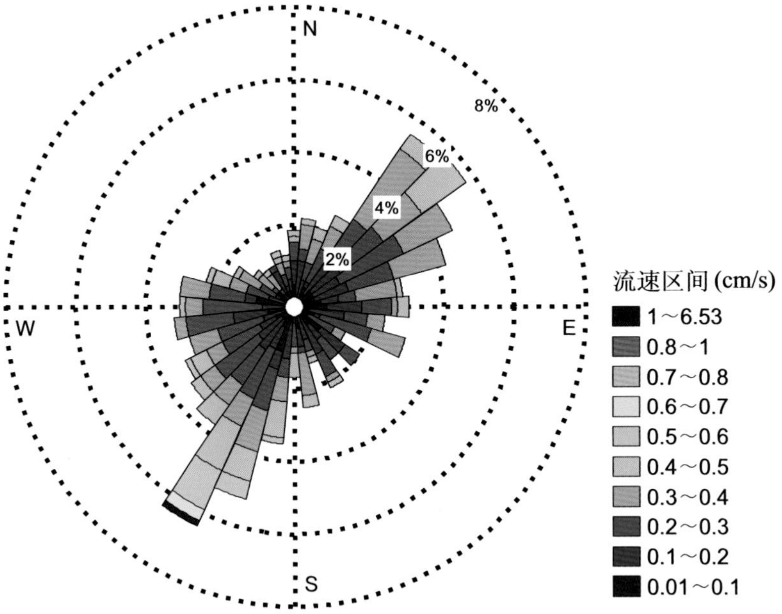

01 号浮标 2009 年 07 月流速、流向观测资料
CS and CD of 01 buoy in July 2009

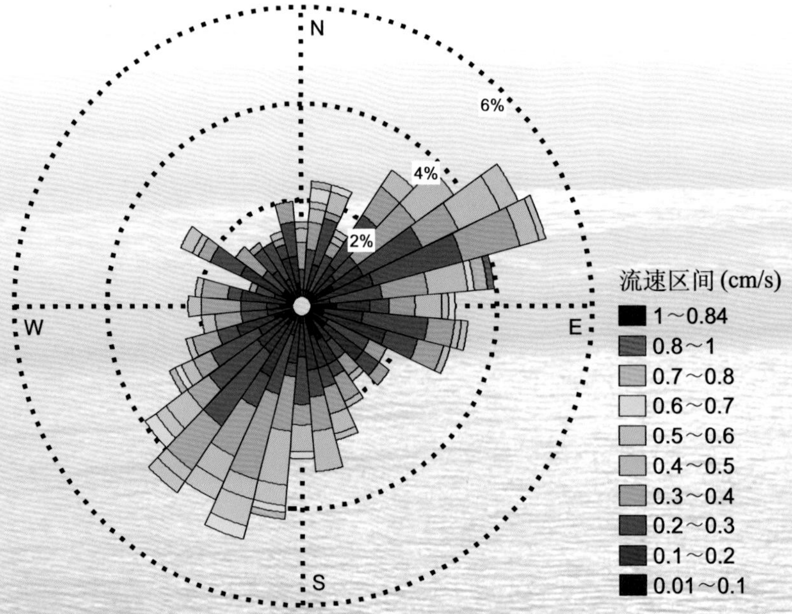

01 号浮标 2009 年 08 月流速、流向观测资料
CS and CD of 01 buoy in Aug 2009

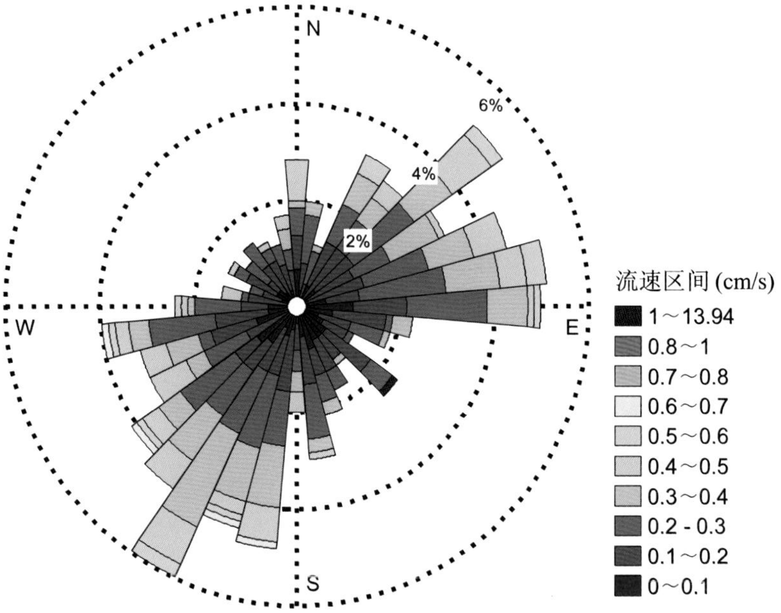

01 号浮标 2009 年 12 月流速、流向观测资料
CS and CD of 01 buoy in Dec 2009

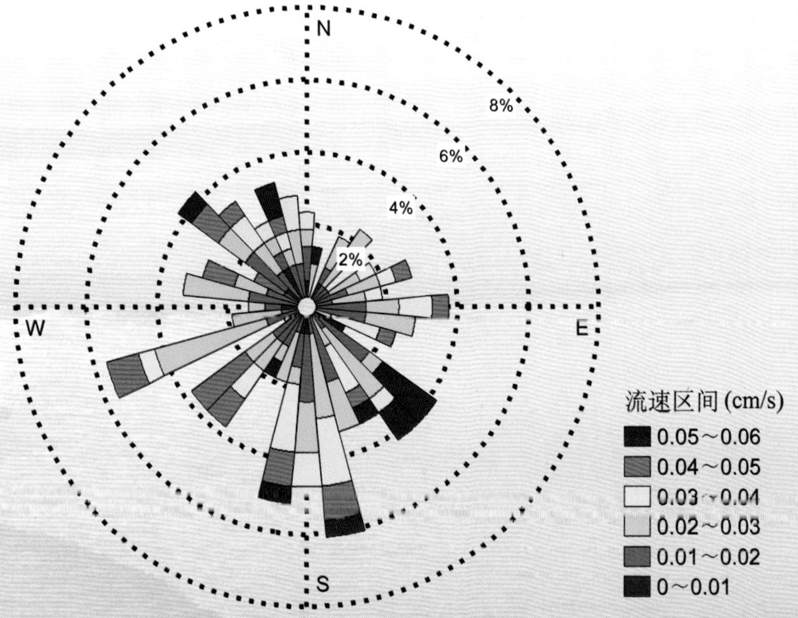

01 号浮标 2010 年 01 月流速、流向观测资料
CS and CD of 01 buoy in Jan 2010

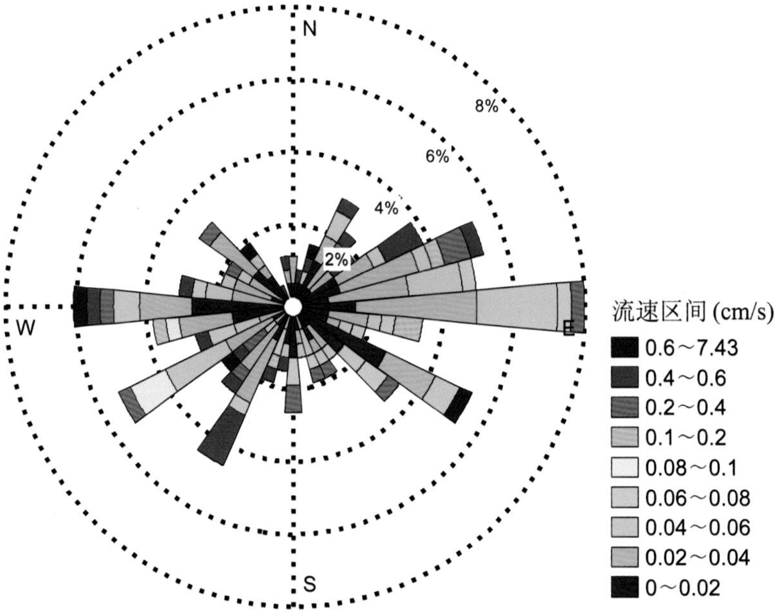

01 号浮标 2010 年 02 月流速、流向观测资料
CS and CD of 01 buoy in Feb 2010

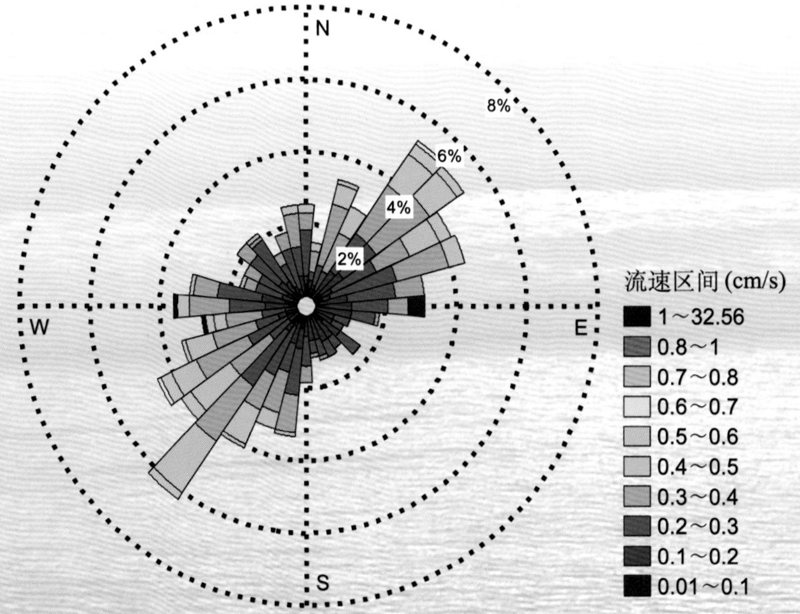

01 号浮标 2010 年 03 月流速、流向观测资料
CS and CD of 01 buoy in Mar 2010

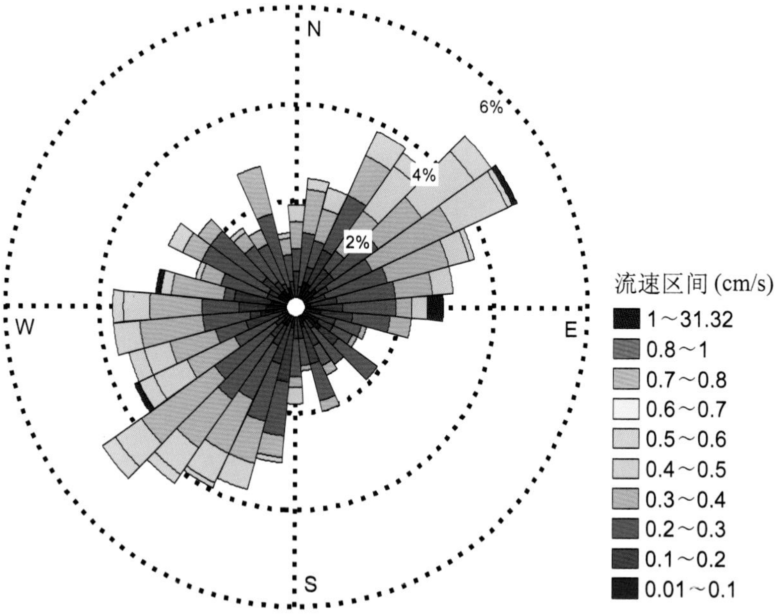

01 号浮标 2010 年 08 月流速、流向观测资料
CS and CD of 01 buoy in Aug 2010

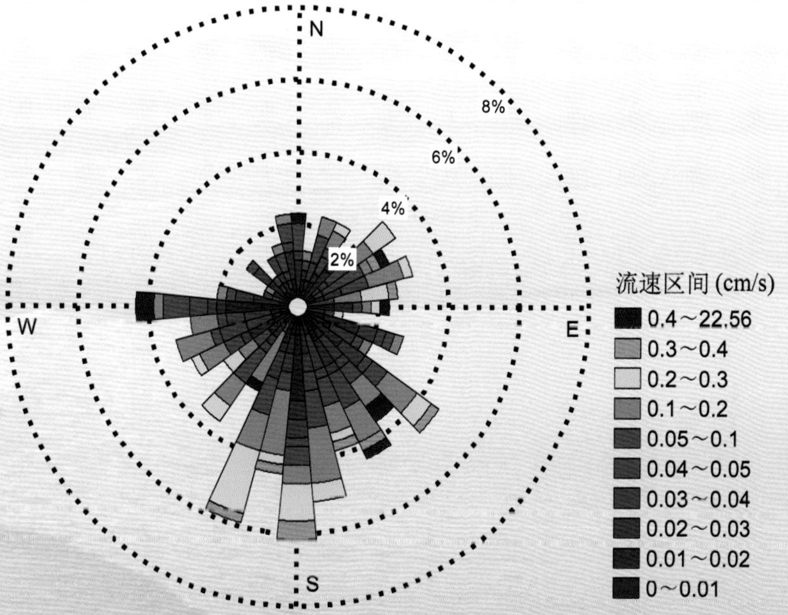

01 号浮标 2010 年 09 月流速、流向观测资料
CS and CD of 01 buoy in Sep 2010

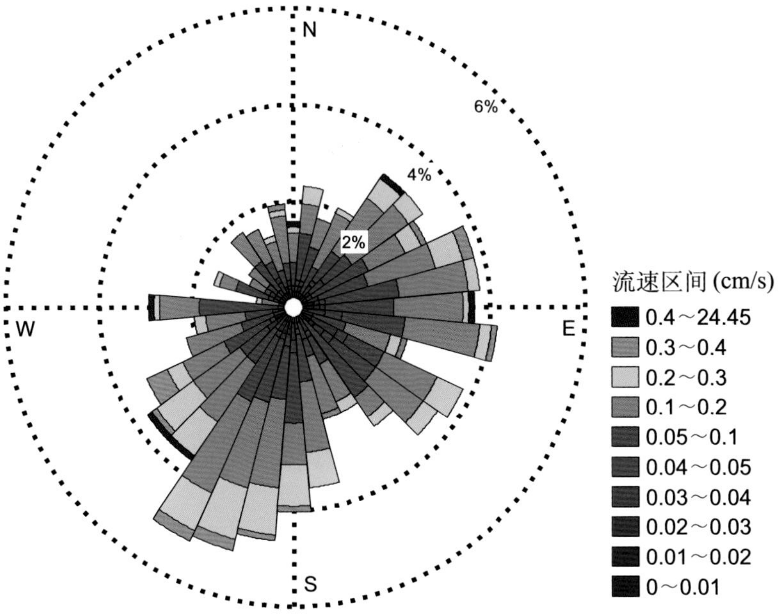

01 号浮标 2010 年 10 月流速、流向观测资料
CS and CD of 01 buoy in Oct 2010

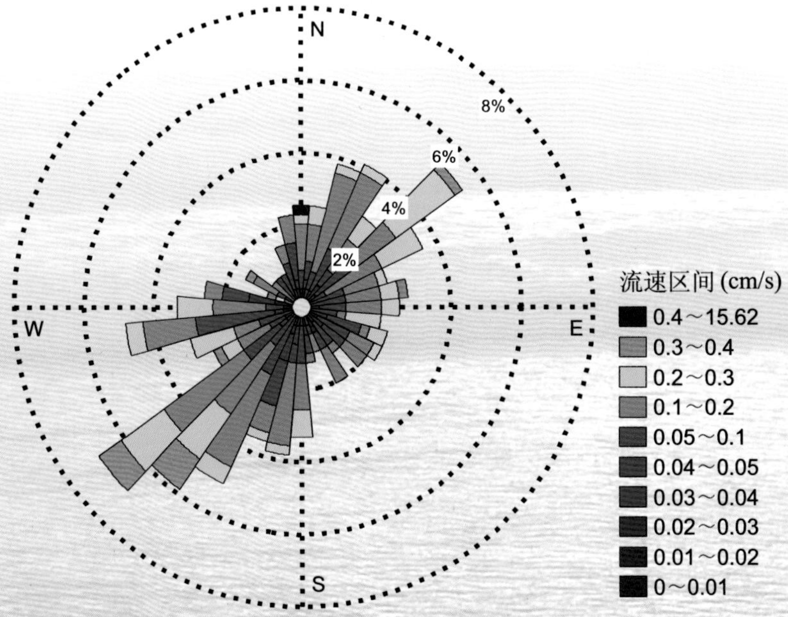

01 号浮标 2010 年 12 月流速、流向观测资料
CS and CD of 01 buoy in Dec 2010

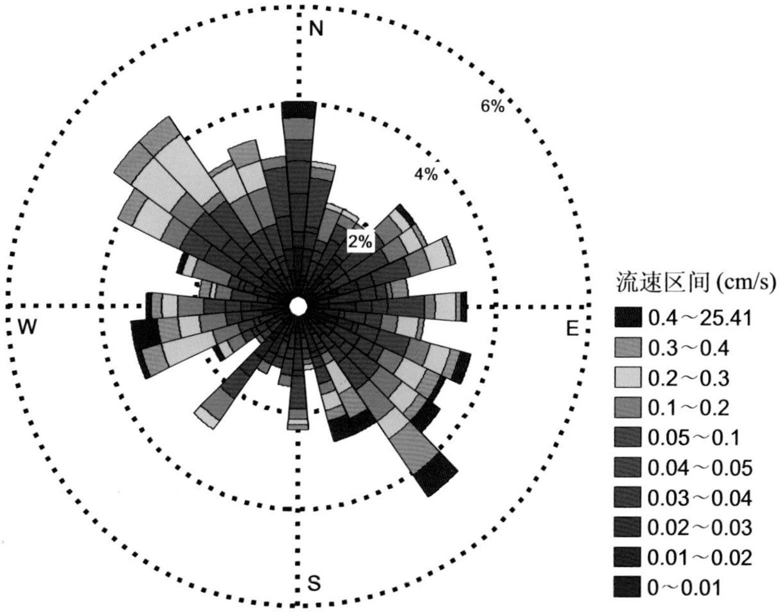

02 号浮标 2009 年流速、流向观测资料
CS and CD of 02 buoy in 2009

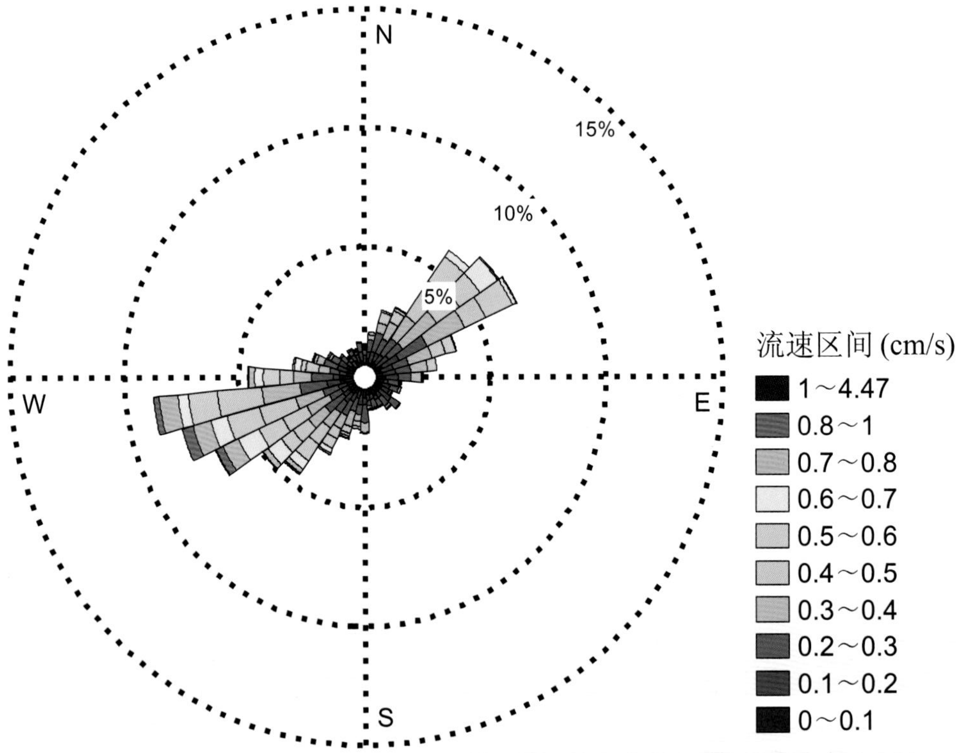

注：02 号浮标于 2009 年 6 月 4 日完成布放，9 月至 11 月期间，因 02 标出现系统故障，导致数据缺失。

02 号浮标 2010 年流速、流向观测资料
CS and CD of 02 buoy in 2010

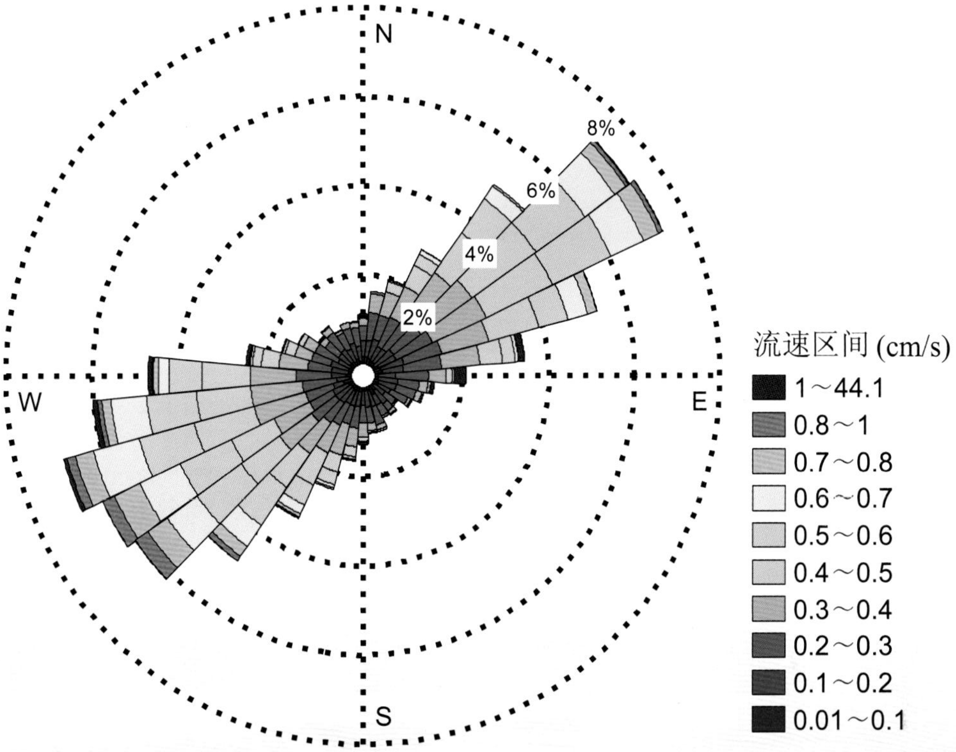

02 号浮标 2009 年 06 月流速、流向观测资料
CS and CD of 02 buoy in June 2009

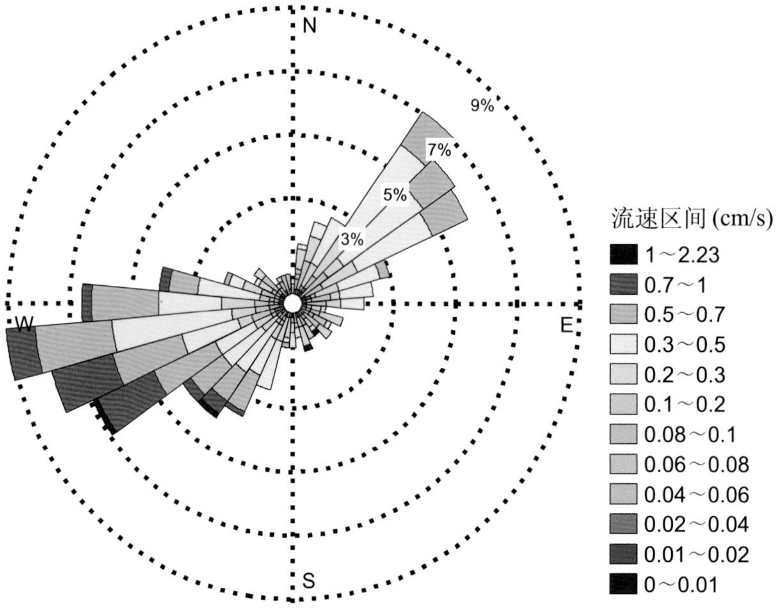

02 号浮标 2009 年 07 月流速、流向观测资料
CS and CD of 02 buoy in July 2009

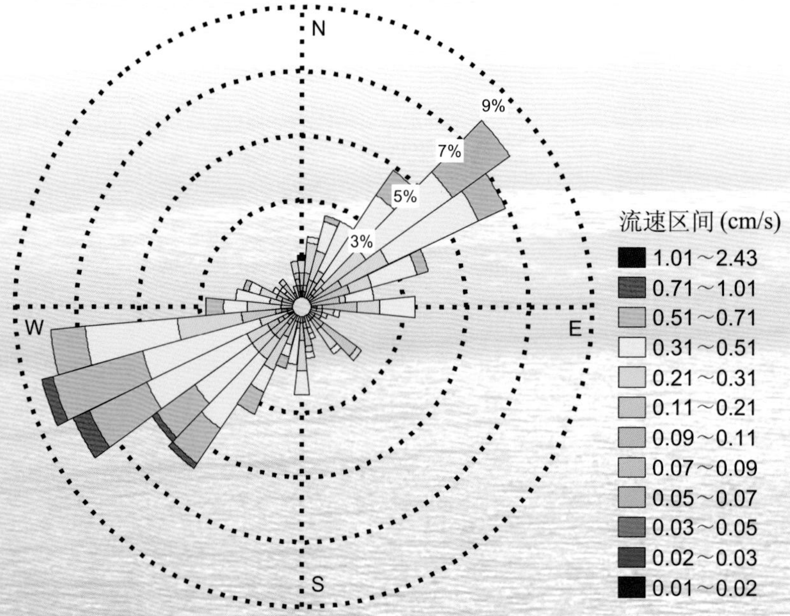

02 号浮标 2009 年 08 月流速、流向观测资料

CS and CD of 02 buoy in Aug 2009

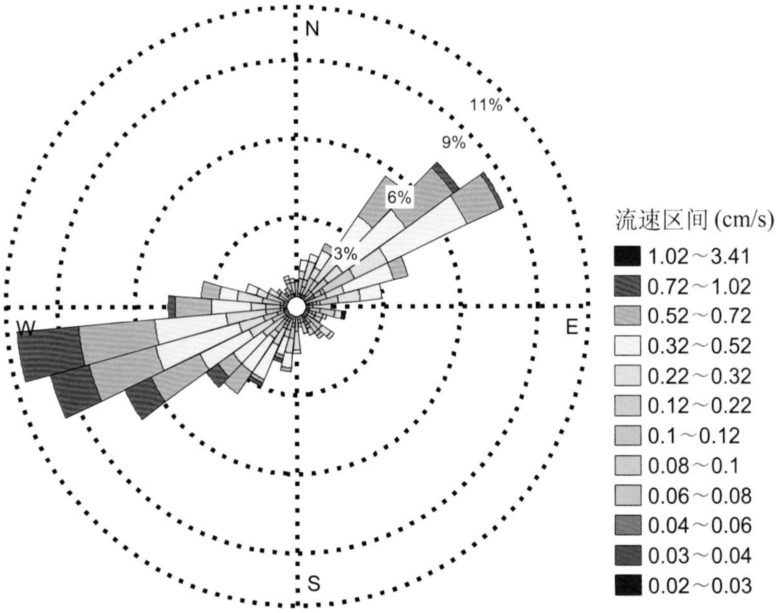

02 号浮标 2009 年 12 月流速、流向观测资料

CS and CD of 02 buoy in Dec 2009

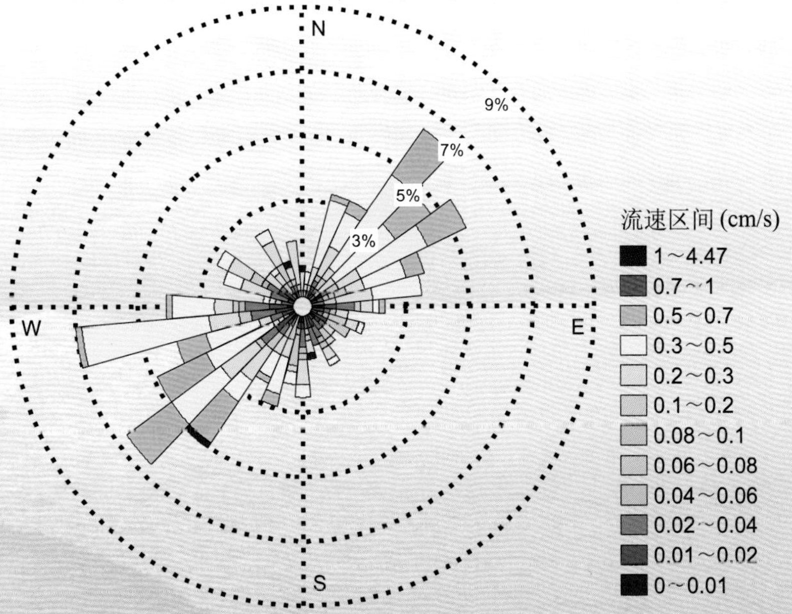

02 号浮标 2010 年 01 月流速、流向观测资料
CS and CD of 02 buoy in Jan 2010

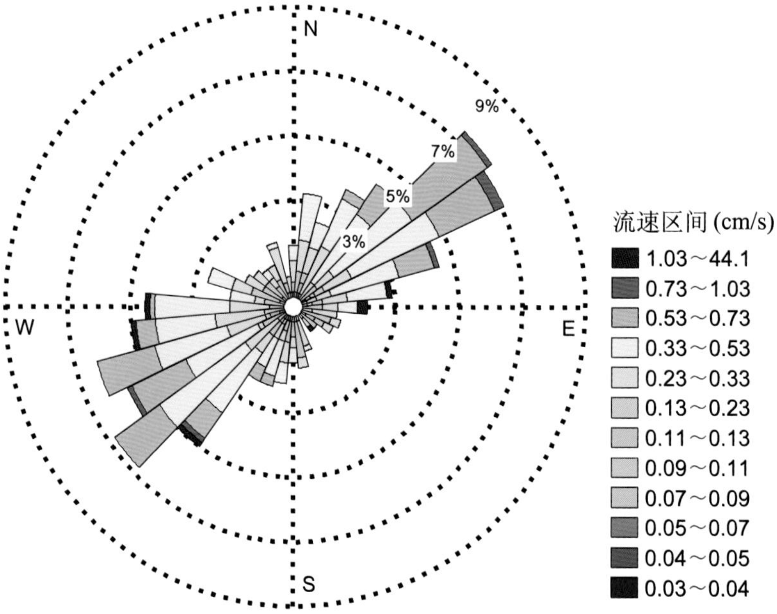

02 号浮标 2010 年 02 月流速、流向观测资料
CS and CD of 02 buoy in Feb 2010

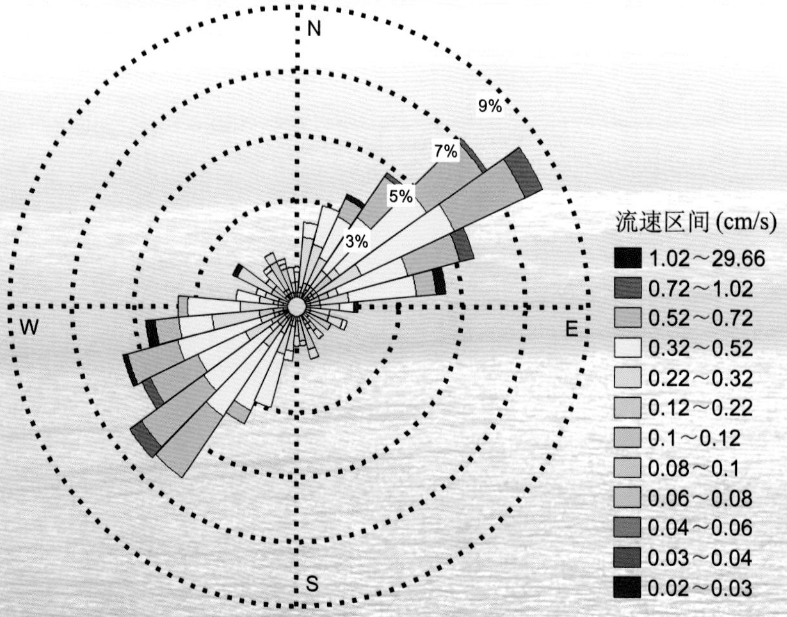

02 号浮标 2010 年 03 月流速、流向观测资料
CS and CD of 02 buoy in Mar 2010

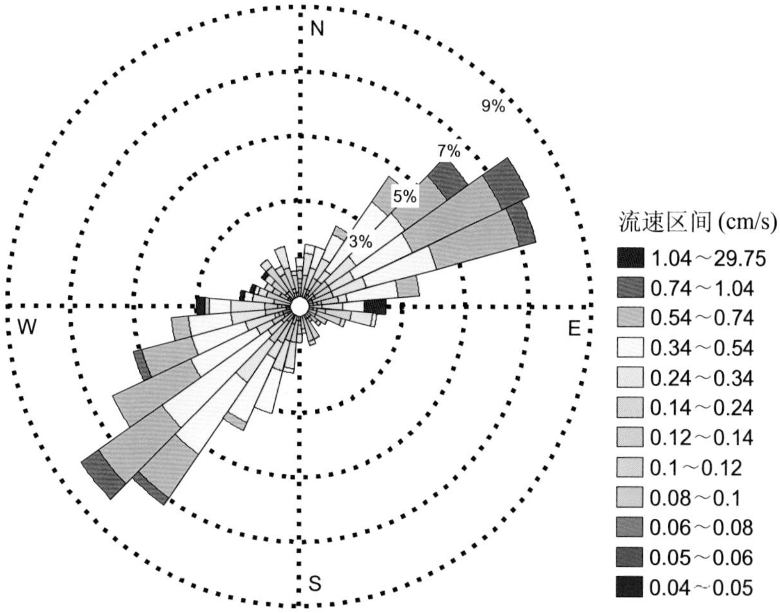

02 号浮标 2010 年 04 月流速、流向观测资料
CS and CD of 02 buoy in April 2010

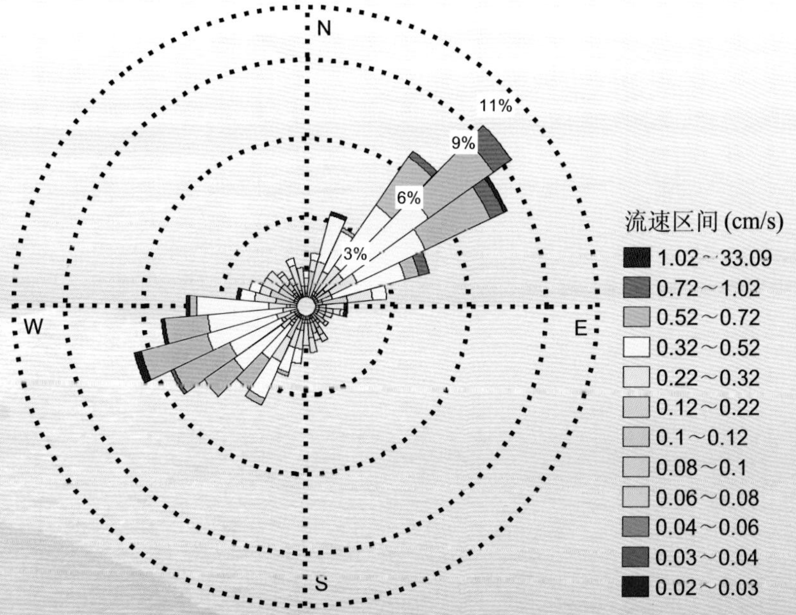

02 号浮标 2010 年 05 月流速、流向观测资料
CS and CD of 02 buoy in May 2010

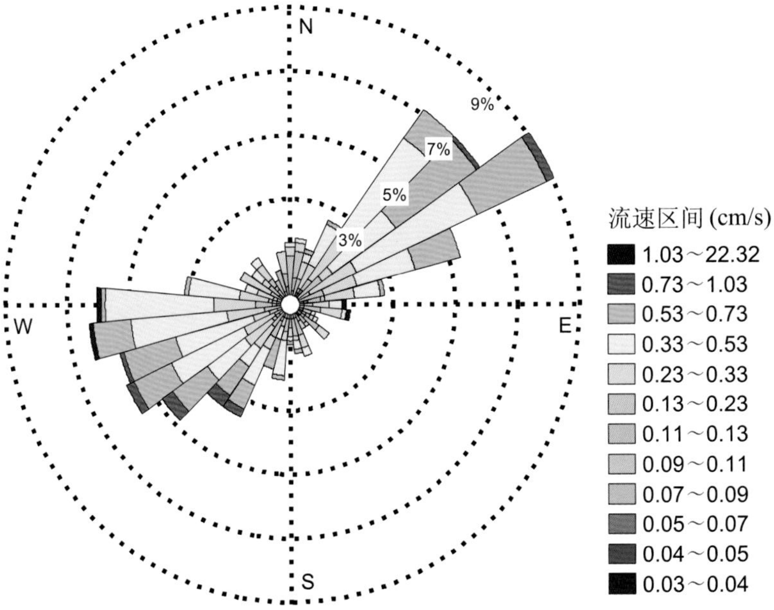

02 号浮标 2010 年 06 月流速、流向观测资料
CS and CD of 02 buoy in June 2010

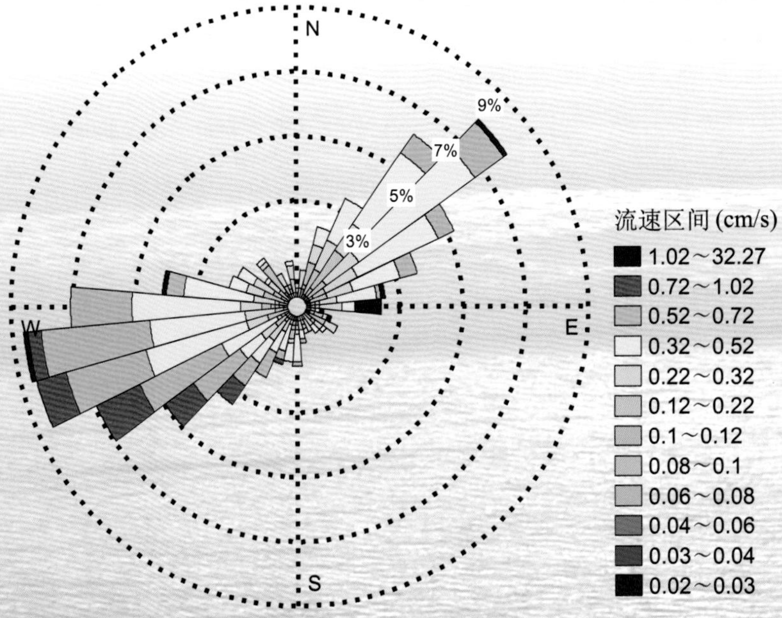

02 号浮标 2010 年 07 月流速、流向观测资料

CS and CD of 02 buoy in July 2010

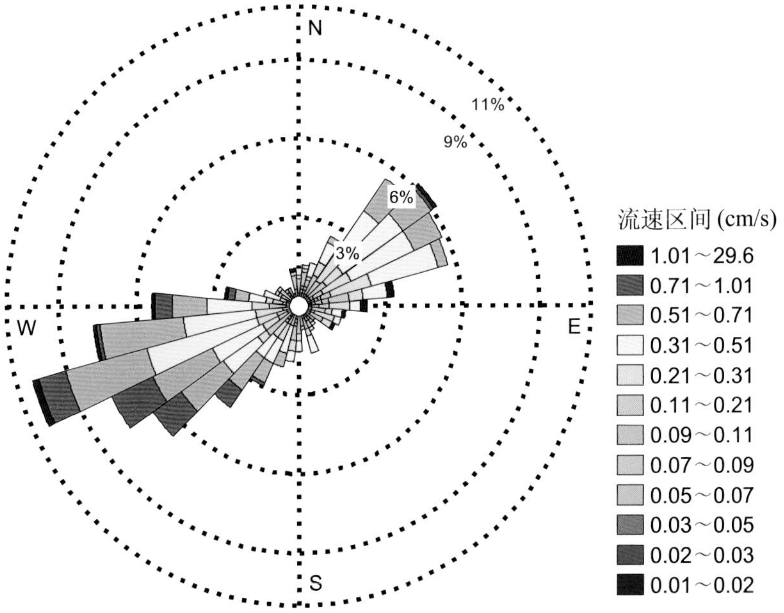

02 号浮标 2010 年 08 月流速、流向观测资料

CS and CD of 02 buoy in Aug 2010

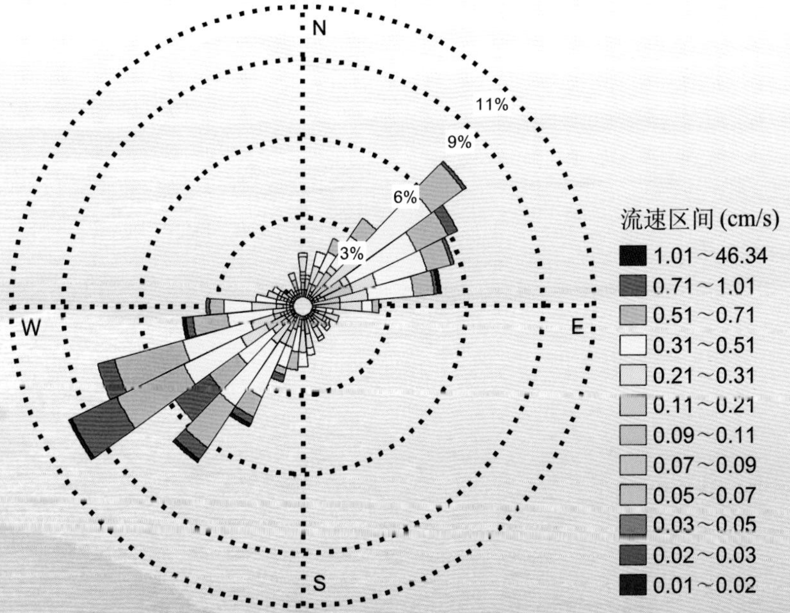

02 号浮标 2010 年 09 月流速、流向观测资料
CS and CD of 02 buoy in Sep 2010

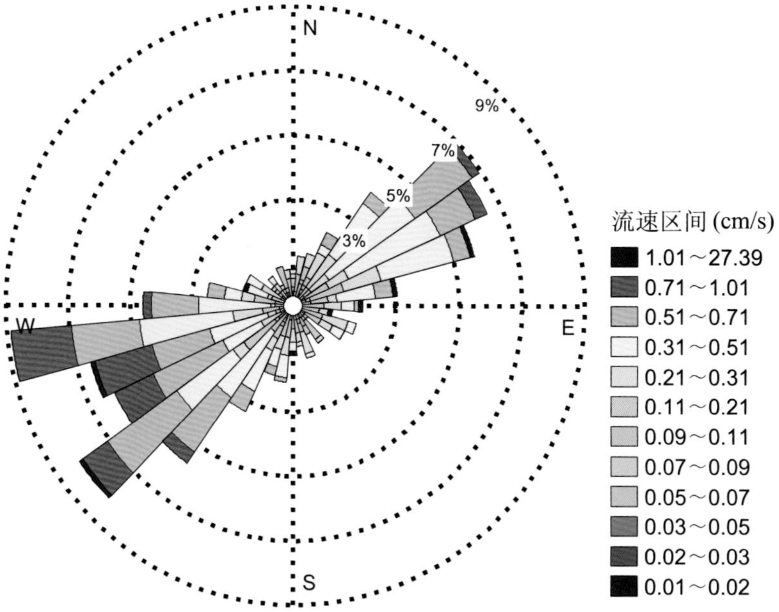

02 号浮标 2010 年 10 月流速、流向观测资料
CS and CD of 02 buoy in Oct 2010

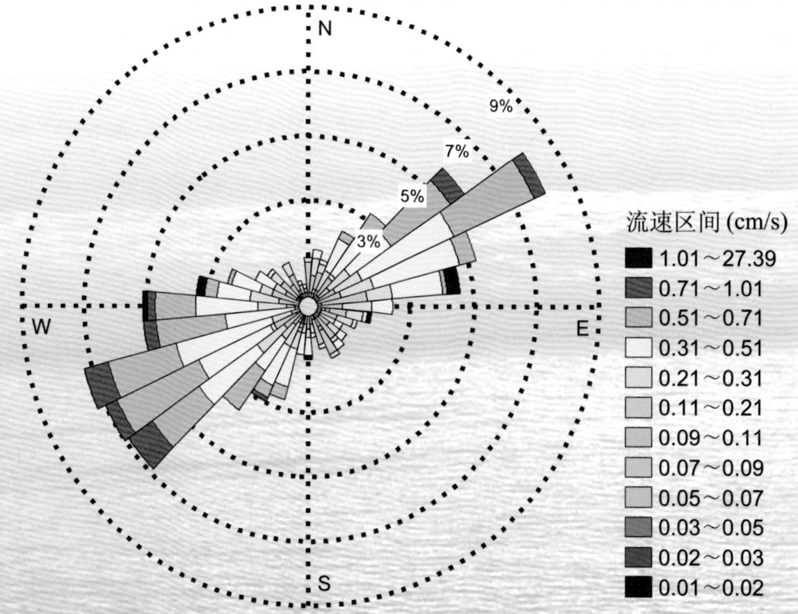

02 号浮标 2010 年 11 月流速、流向观测资料
CS and CD of 02 buoy in Nov 2010

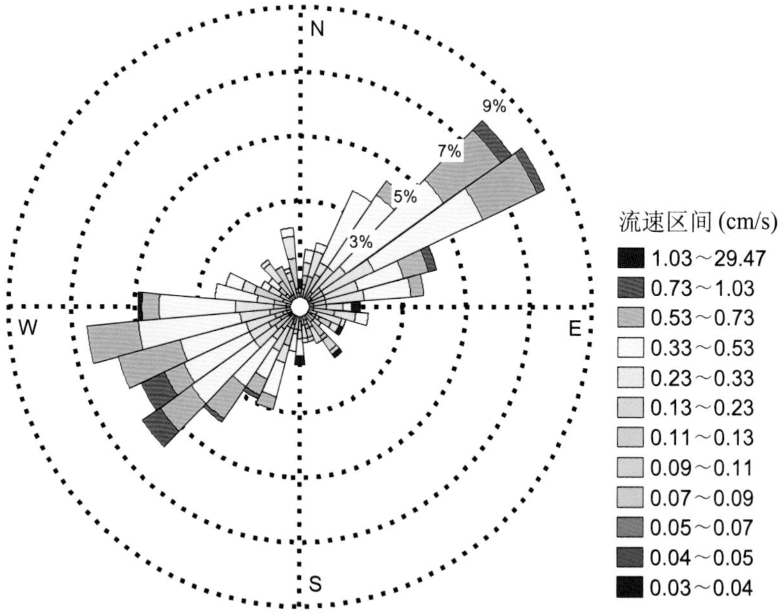

02 号浮标 2010 年 12 月流速、流向观测资料
CS and CD of 02 buoy in Dec 2010

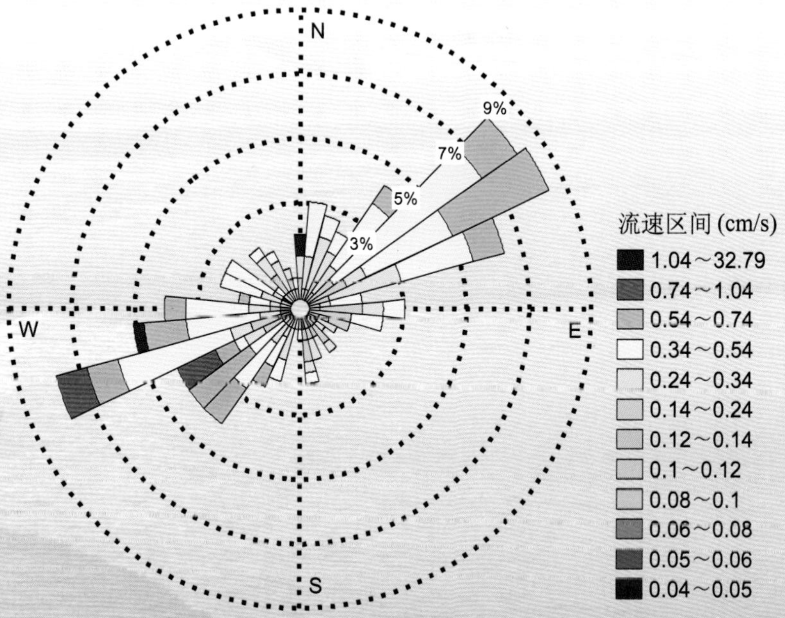

06 号浮标 2009 年流速、流向观测资料
CS and CD of 06 buoy in 2009

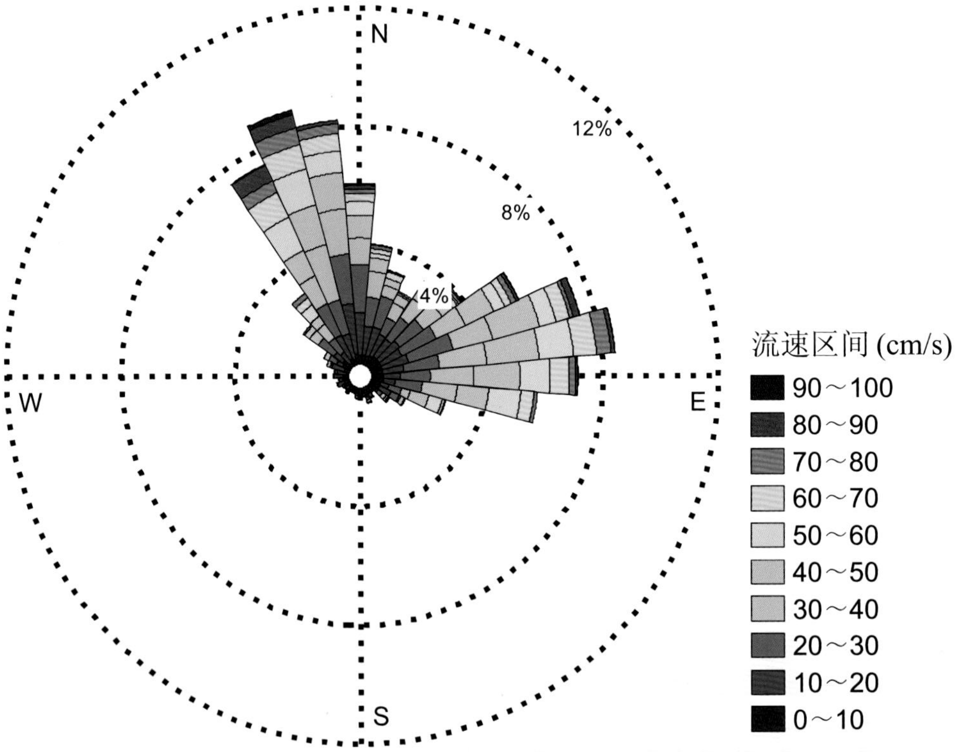

注：06 号浮标于 2009 年 8 月 14 日布放。

06 号浮标 2010 年流速、流向观测资料
CS and CD of 06 buoy in 2010

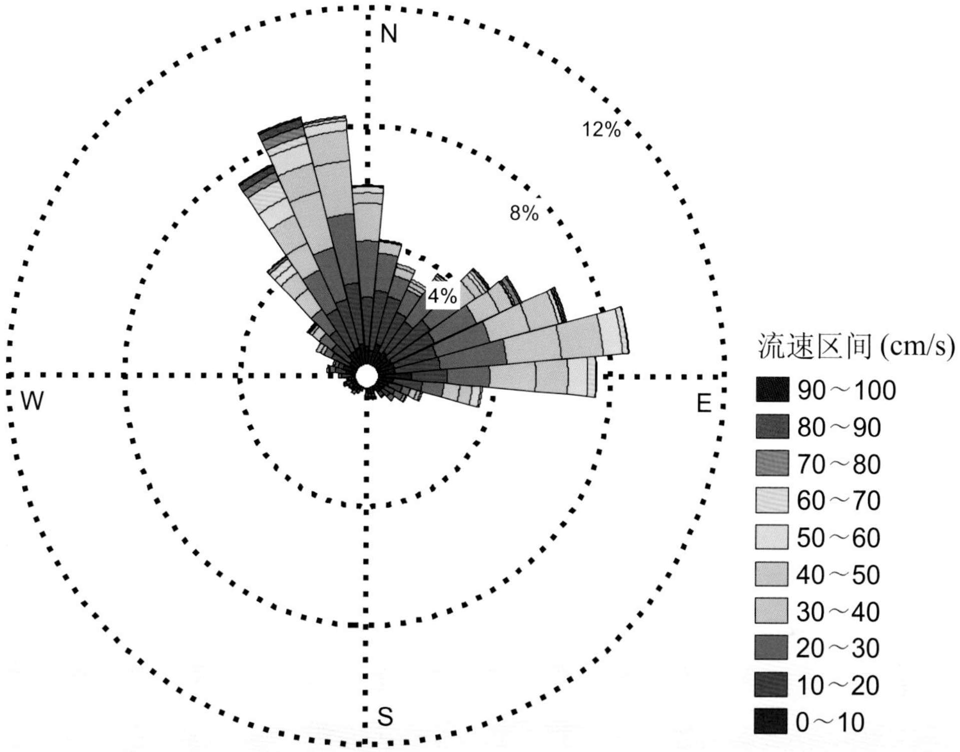

注：06 号浮标在 2010 年 6 月至 12 月，传感器故障，经判断对数据进行剔除。

06 号浮标 2009 年 08 月流速、流向观测资料
CS and CD of 06 buoy in Aug 2009

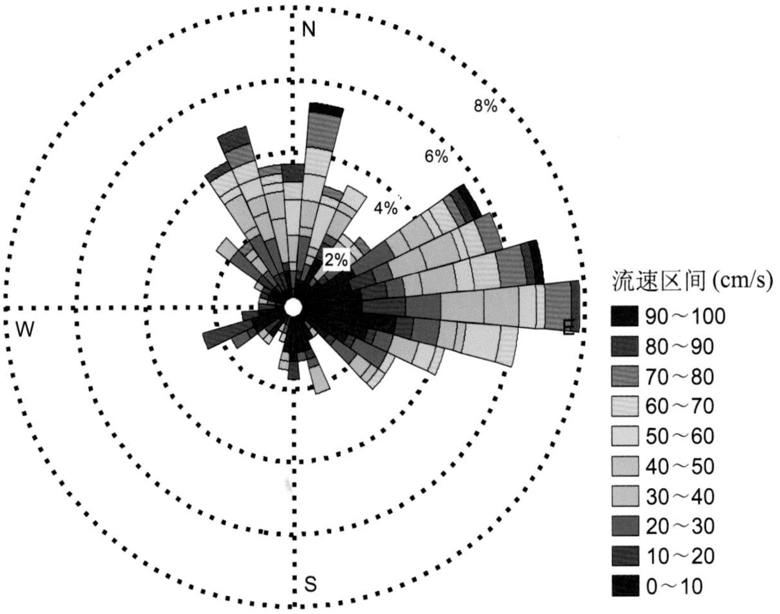

06 号浮标 2009 年 09 月流速、流向观测资料
CS and CD of 06 buoy in Sep 2009

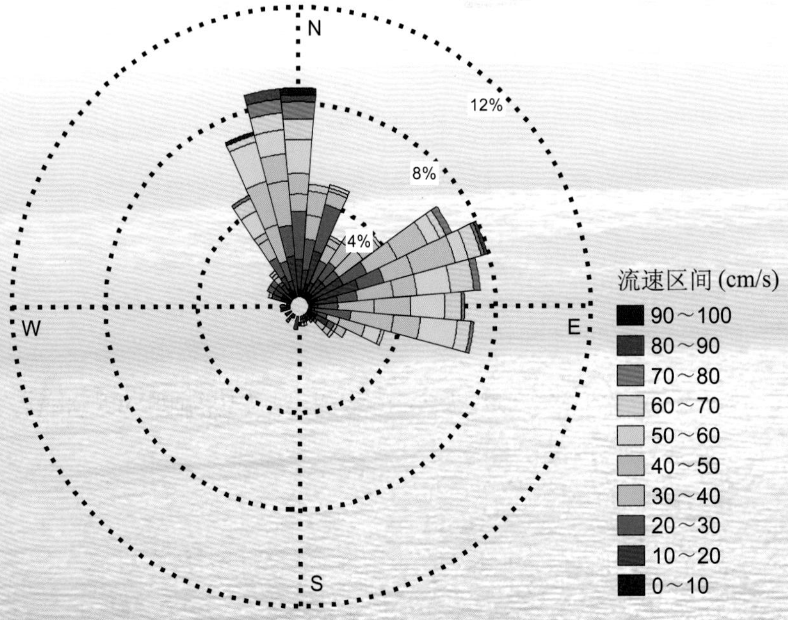

06 号浮标 2009 年 10 月流速、流向观测资料
CS and CD of 06 buoy in Oct 2009

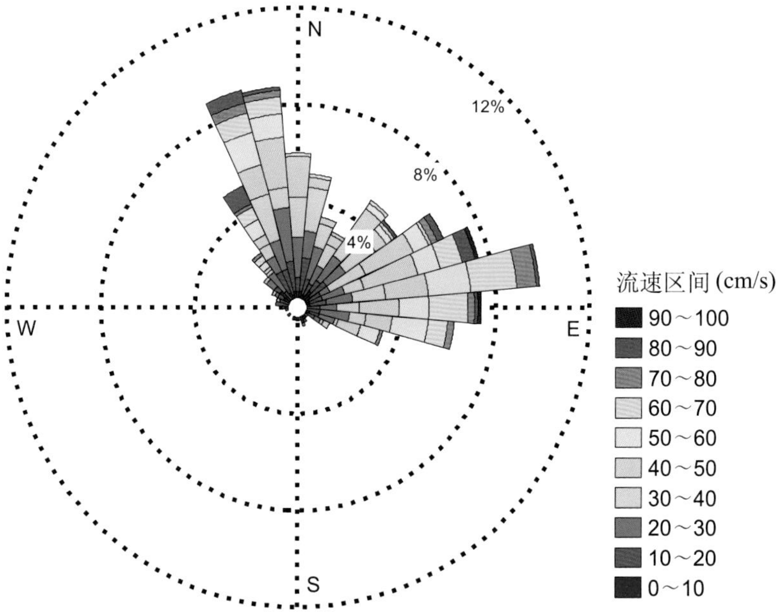

06 号浮标 2009 年 11 月流速、流向观测资料
CS and CD of 06 buoy in Nov 2009

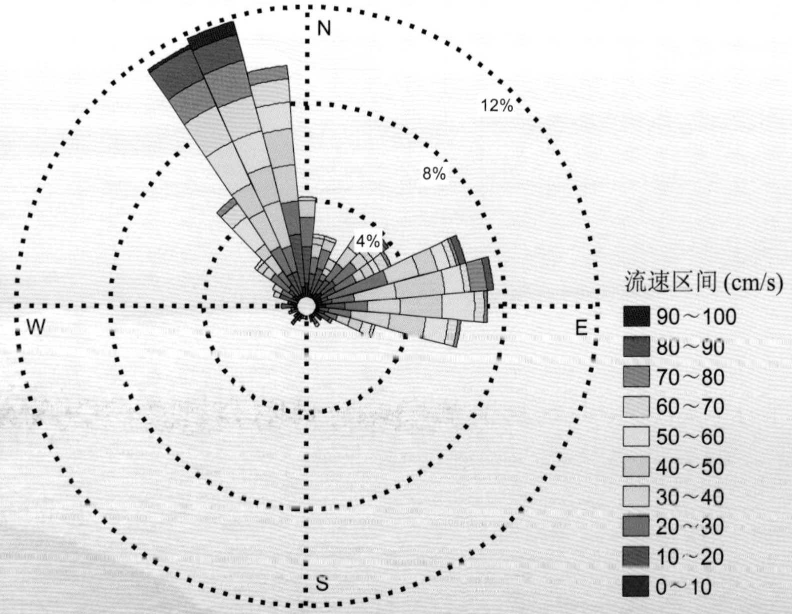

06 号浮标 2009 年 12 月流速、流向观测资料
CS and CD of 06 buoy in Dec 2009

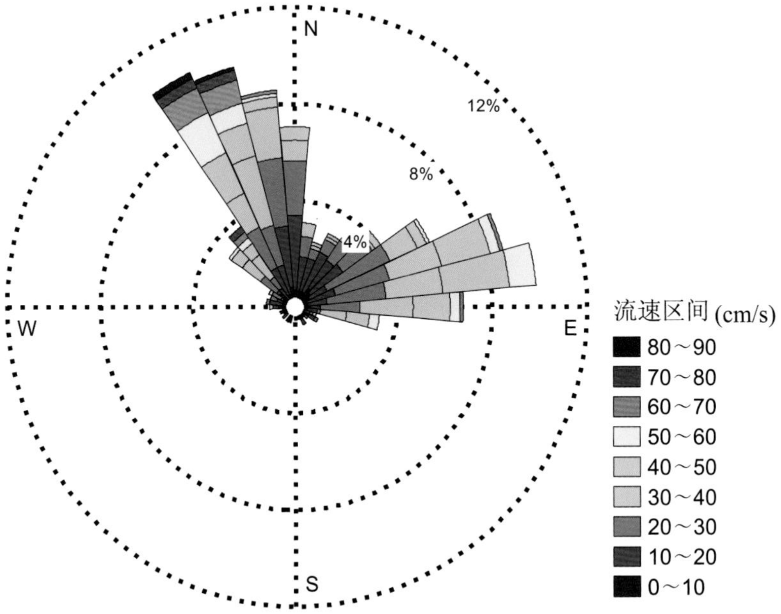

06 号浮标 2010 年 01 月流速、流向观测资料
CS and CD of 06 buoy in Jan 2010

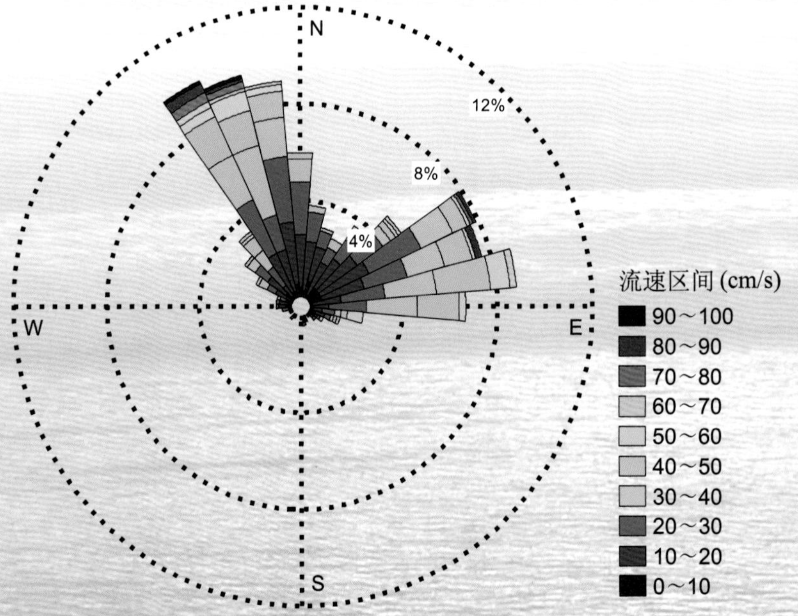

06 号浮标 2010 年 02 月流速、流向观测资料
CS and CD of 06 buoy in Feb 2010

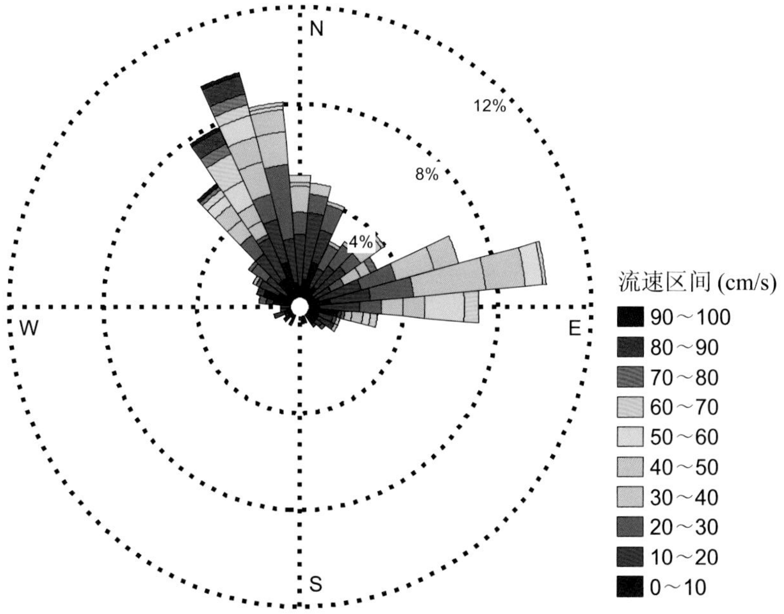

06 号浮标 2010 年 03 月流速、流向观测资料
CS and CD of 06 buoy in Mar 2010

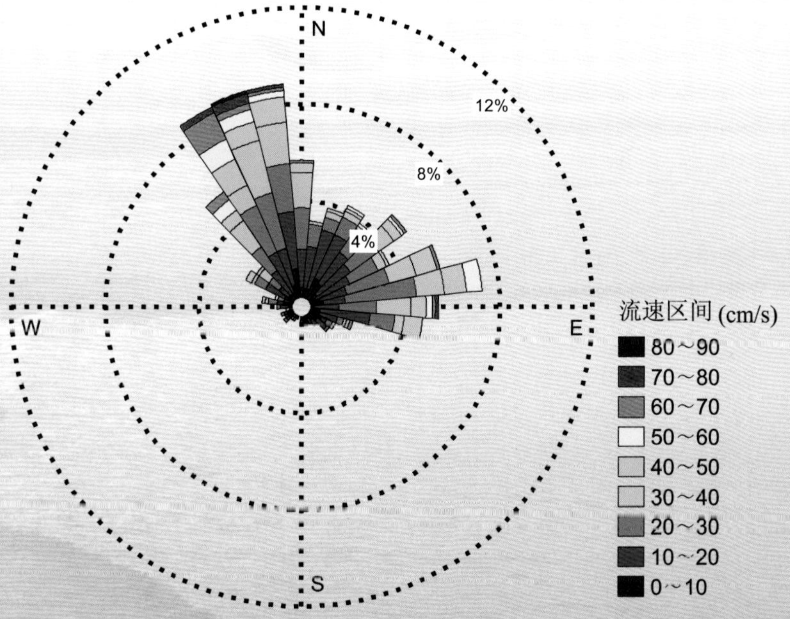

06 号浮标 2010 年 04 月流速、流向观测资料
CS and CD of 06 buoy in April 2010

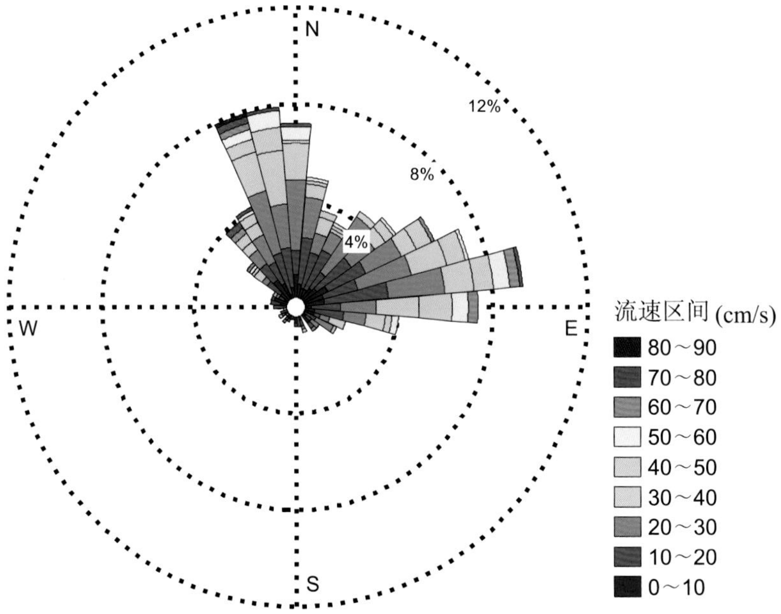

06 号浮标 2010 年 05 月流速、流向观测资料
CS and CD of 06 buoy in May 2010

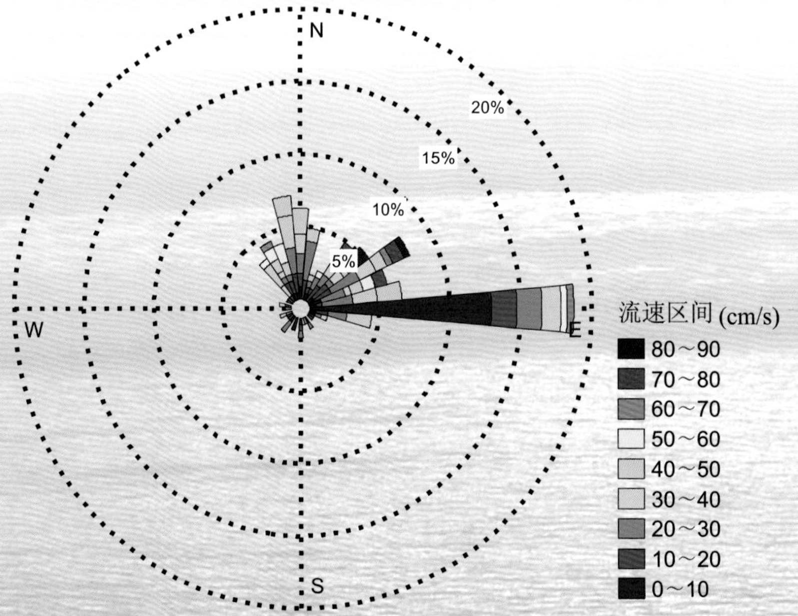

07 号浮标 2010 年流速、流向观测资料
CS and CD of 07 buoy in 2010

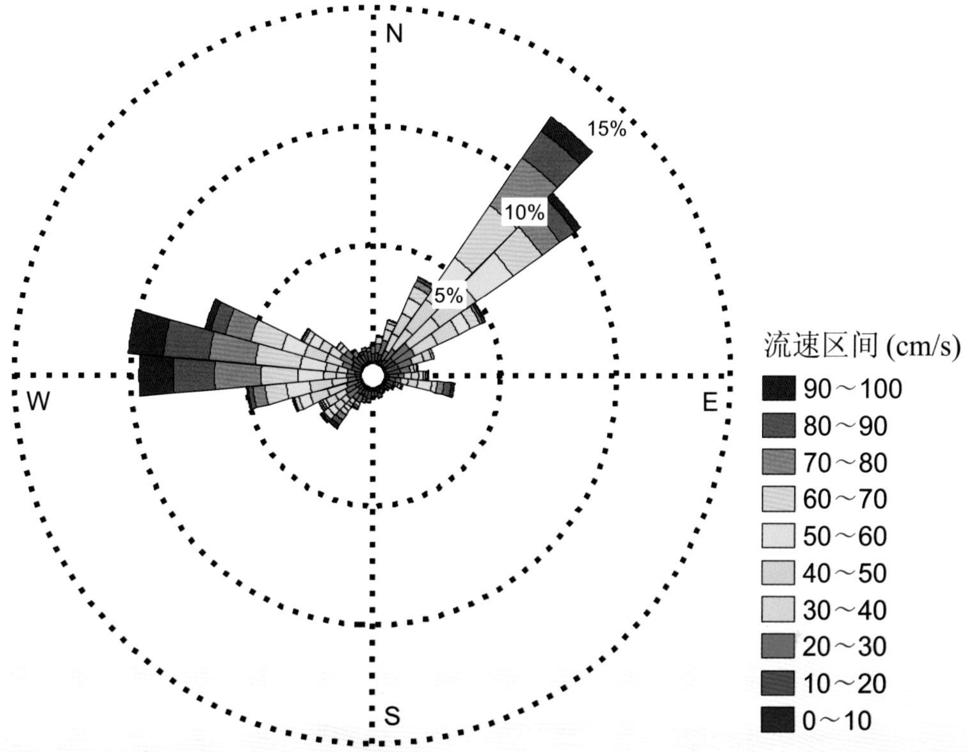

注：07 号浮标于 2010 年 6 月 23 日 10 点 45 分布放， 11 月份、12 月份传感器工作故障，经判定对数据进行剔除。

07 号浮标 2010 年 07 月流速、流向观测资料
CS and CD of 07 buoy in July 2010

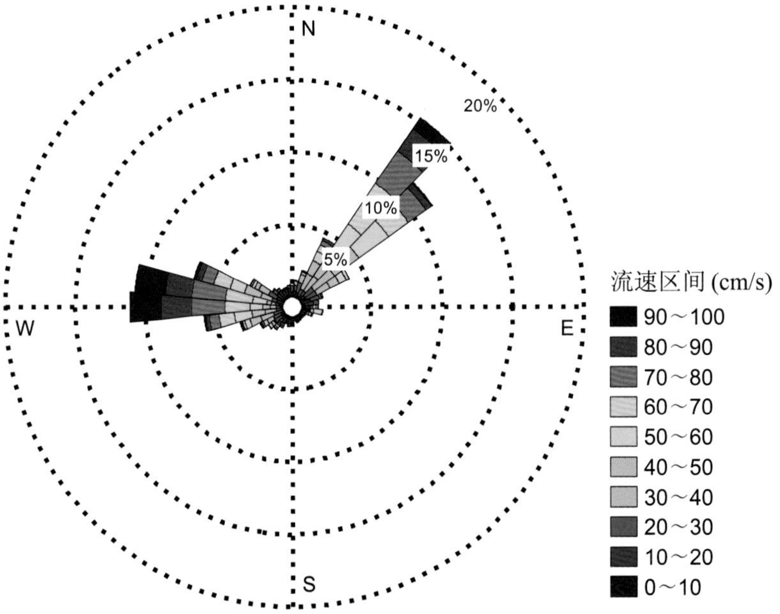

07 号浮标 2010 年 08 月流速、流向观测资料
CS and CD of 07 buoy in Aug 2010

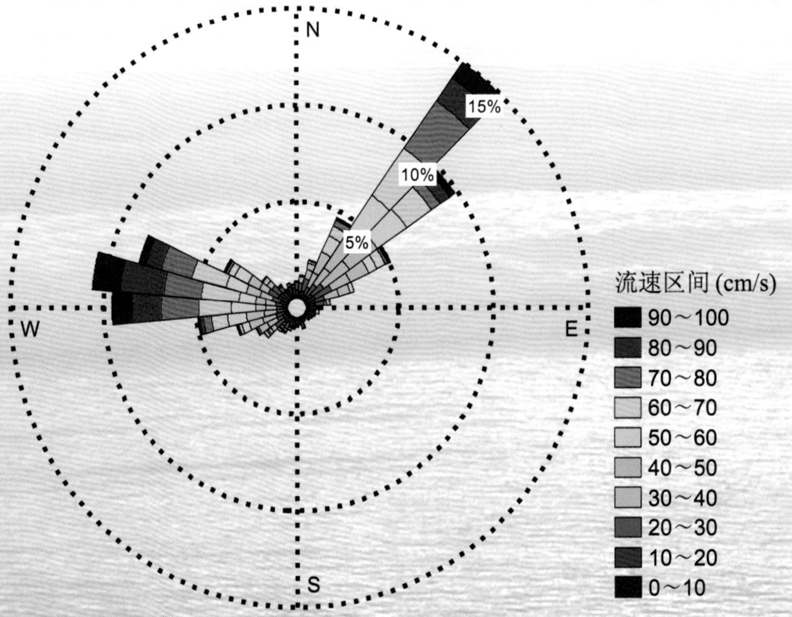

07 号浮标 2010 年 09 月流速、流向观测资料

CS and CD of 07 buoy in Sep 2010

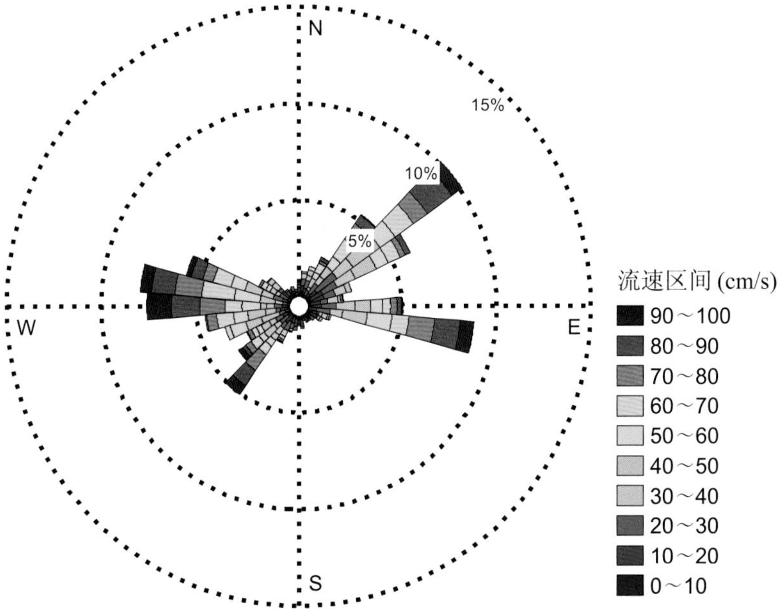

07 号浮标 2010 年 10 月流速、流向观测资料

CS and CD of 07 buoy in Oct 2010

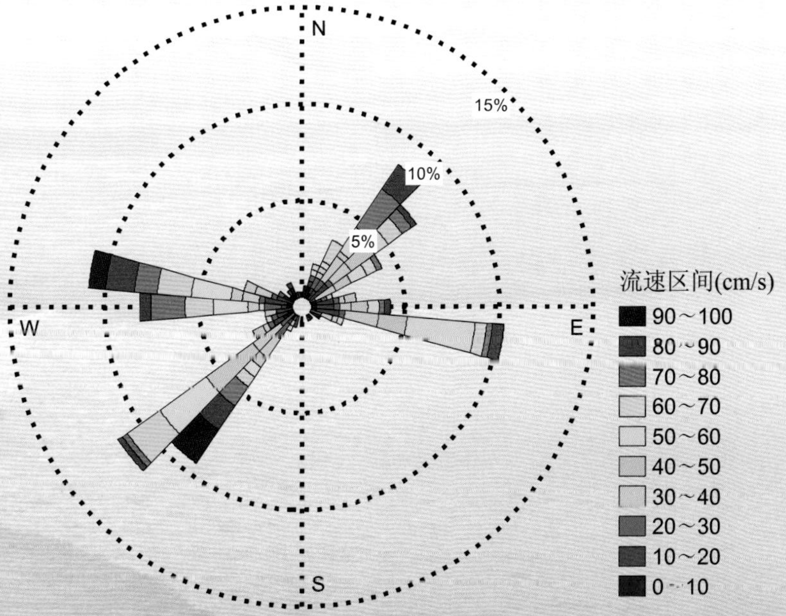

水质观测

01 号浮标 2009 年浊度、叶绿素观测资料
Turb and Chlorophyll of 01 buoy in 2009

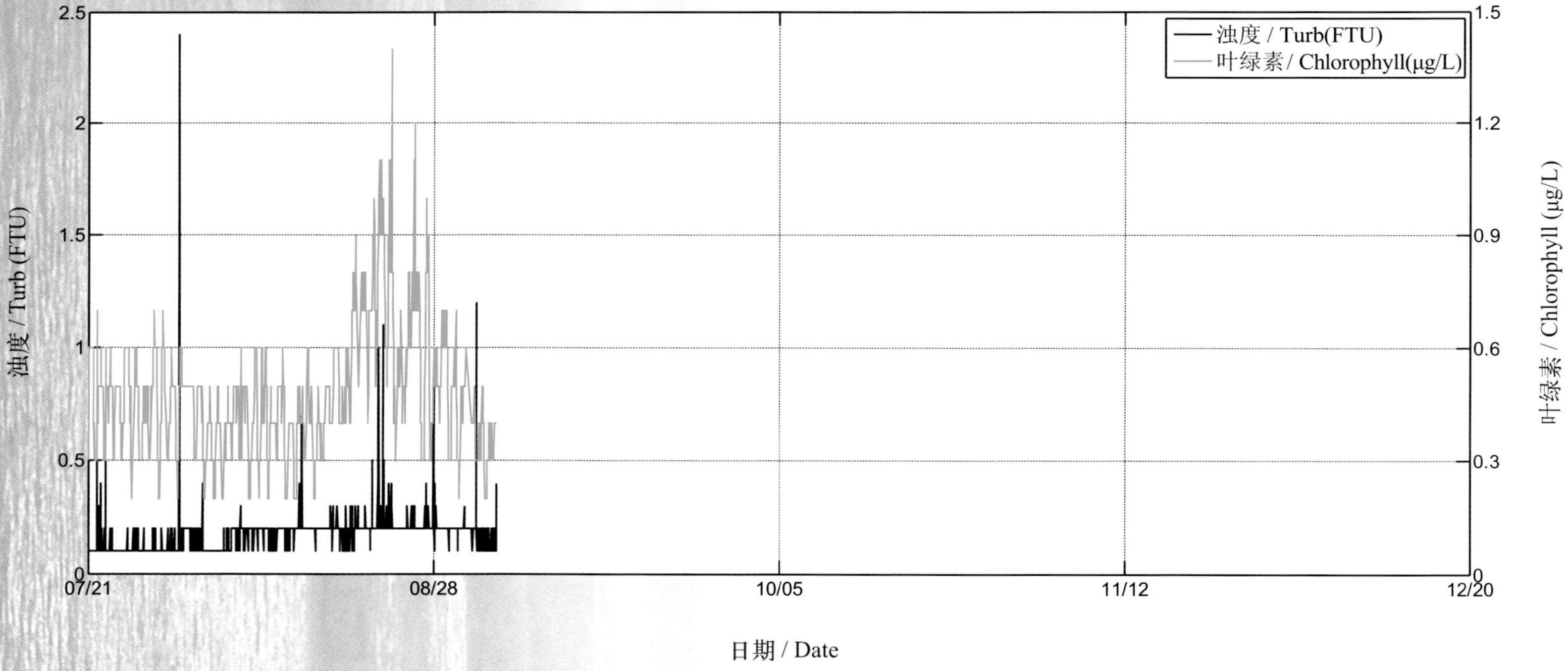

注：01 号浮标于 2009 年 6 月 3 日 13 点 18 分完成布放，2009 年 9 月至 12 月期间，因系统出现故障，经判断对数据进行剔除。

01 号浮标 2010 年浊度、叶绿素观测资料
Turb and Chlorophyll of 01 buoy in 2010

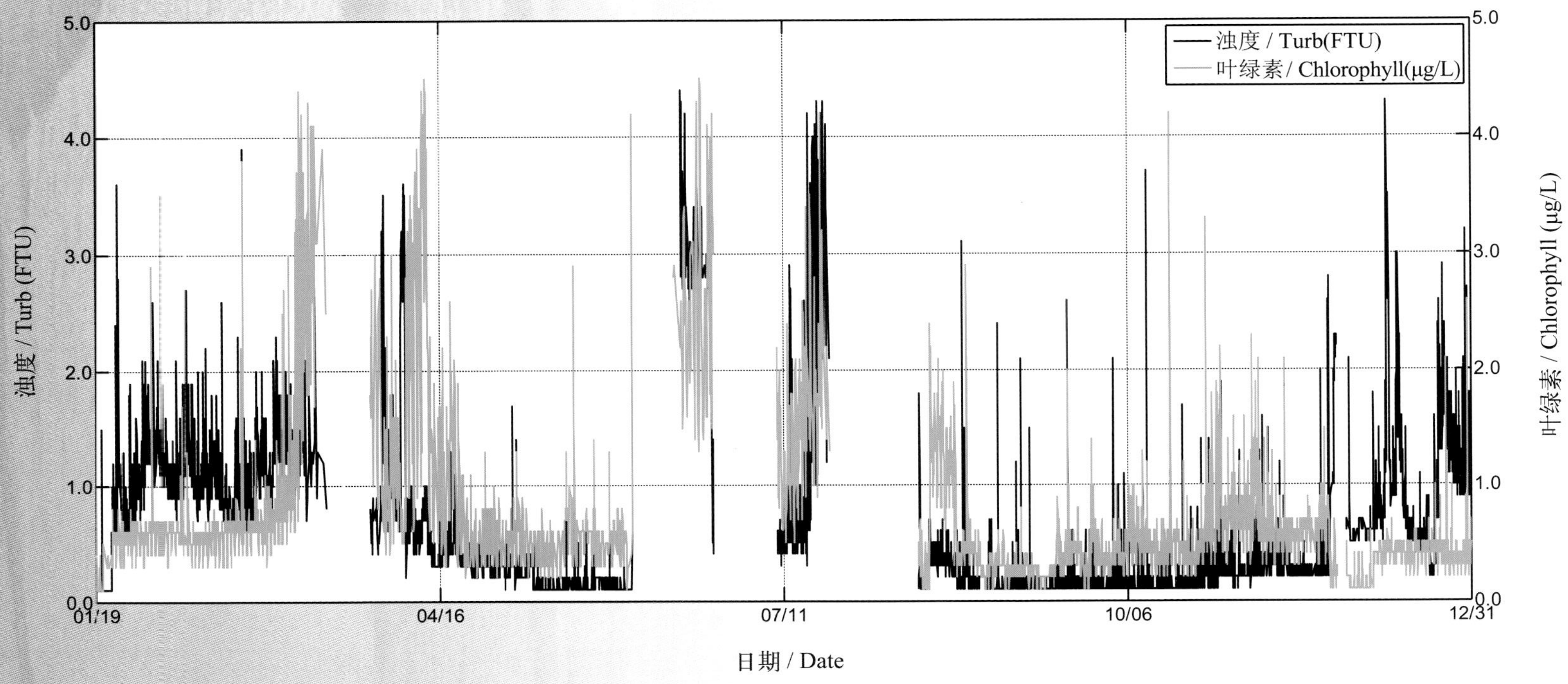

注：0ˊ 号浮标于 2010 年 1 月 19 日完成维修，6 月、7 月、8 月、11 月部分数据，因能见度传感器故障造成数据异常，经判定后对数据进行剔除。

02 号浮标 2009 年浊度、叶绿素观测资料
Turb and Chlorophyll of 02 buoy in 2009

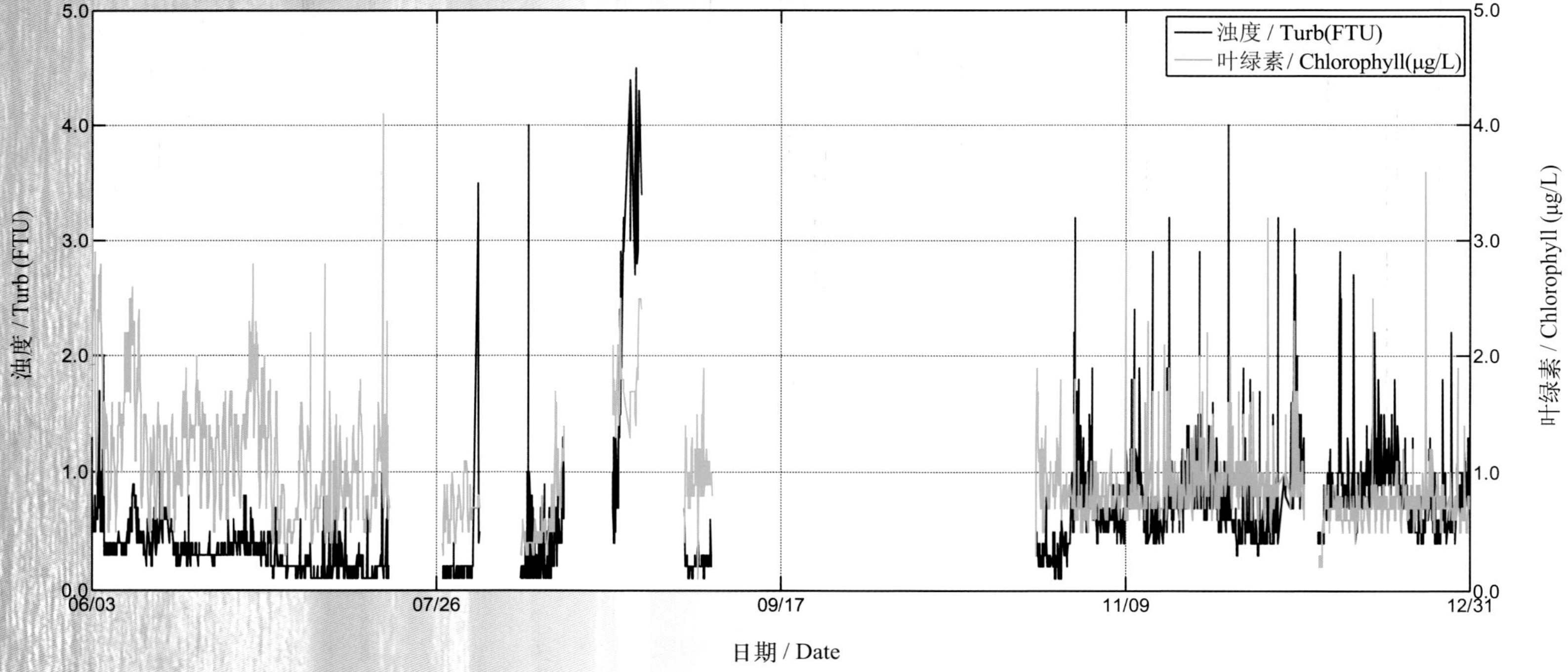

注：02 号浮标于 2009 年 6 月 4 日 10 点 25 分完成布放，2009 年 7 月、8 月和 12 月传感器工作异常，经判断对数据进行剔除，9 月和 10 月因系统故障，因此数据缺失。

02 号浮标 2010 年浊度、叶绿素观测资料
Turb and Chlorophyll of 02 buoy in 2010

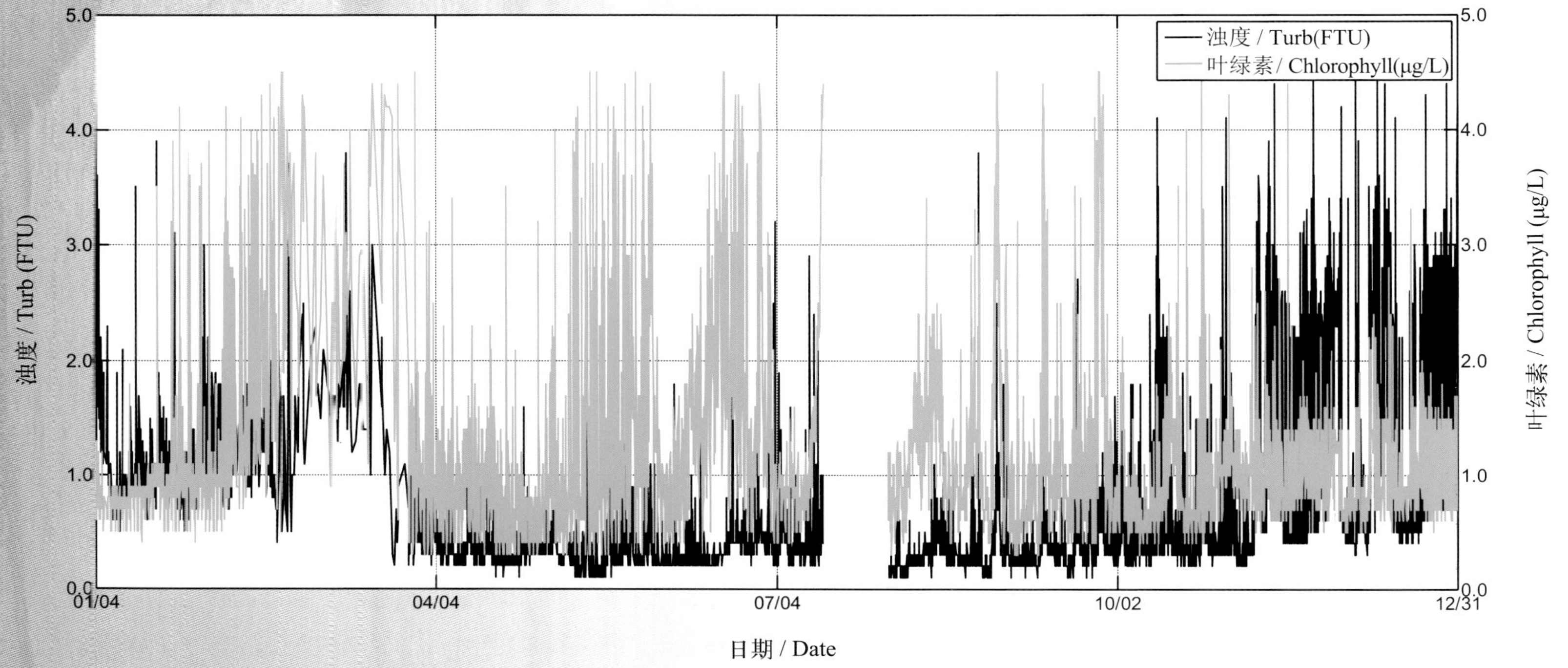

注：02 号浮标在 2010 年 7 月因传感器故障，经判断对数据进行剔除。

05 号浮标 2009 年浊度、叶绿素观测资料
Turb and Chlorophyll of 05 buoy in 2009

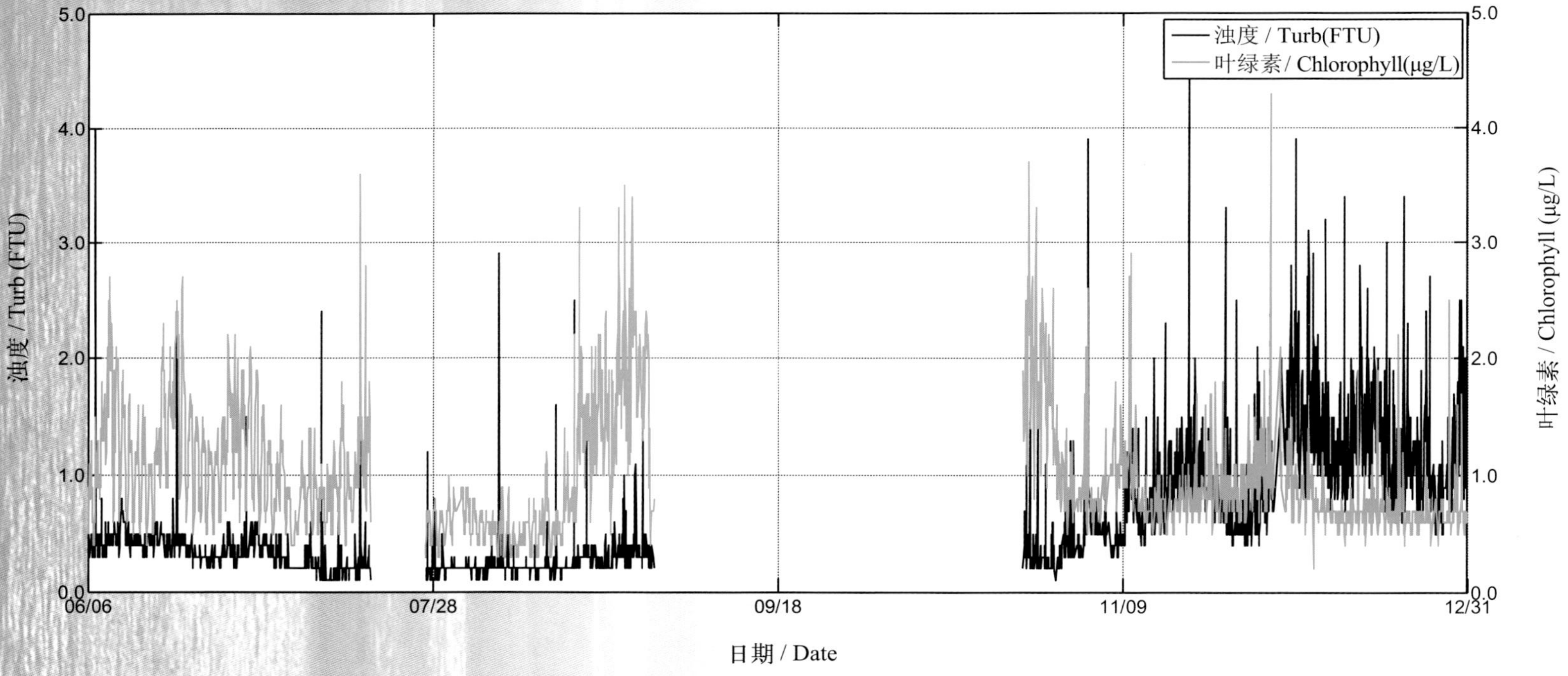

注：05 号浮标于 2009 年 5 月 28 日 11 点 58 分布放，2009 年 7 月、9 月、10 月三个月因传感器故障，经判定对数据进行剔除。

05 号浮标 2010 年浊度、叶绿素观测资料
Turb and Chlorophyll of 05 buoy in 2010

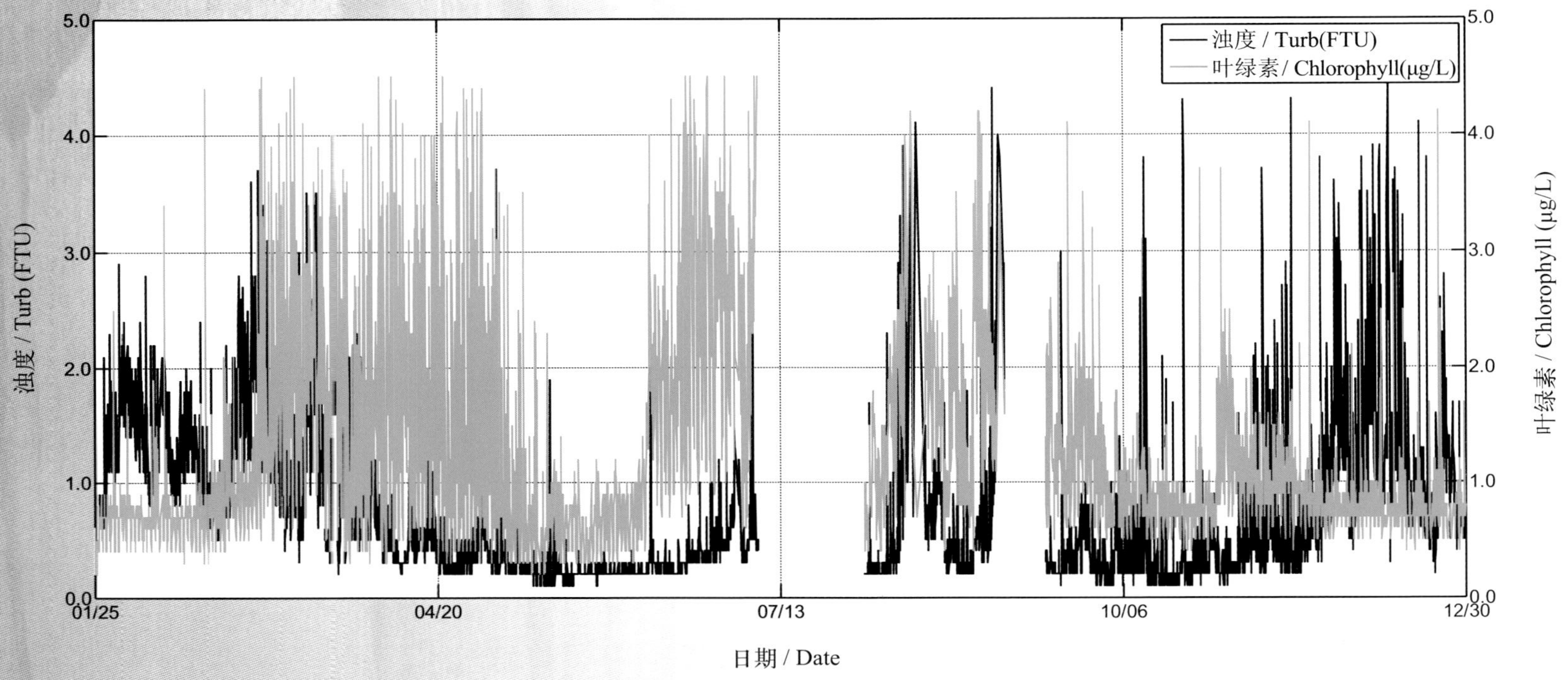

注：05 号浮标于 2010 年 7 月、9 月因传感器故障，经判定对数据进行剔除。

07 号浮标 2010 年浊度、叶绿素观测资料
Turb and Chlorophyll of 07 buoy in 2010

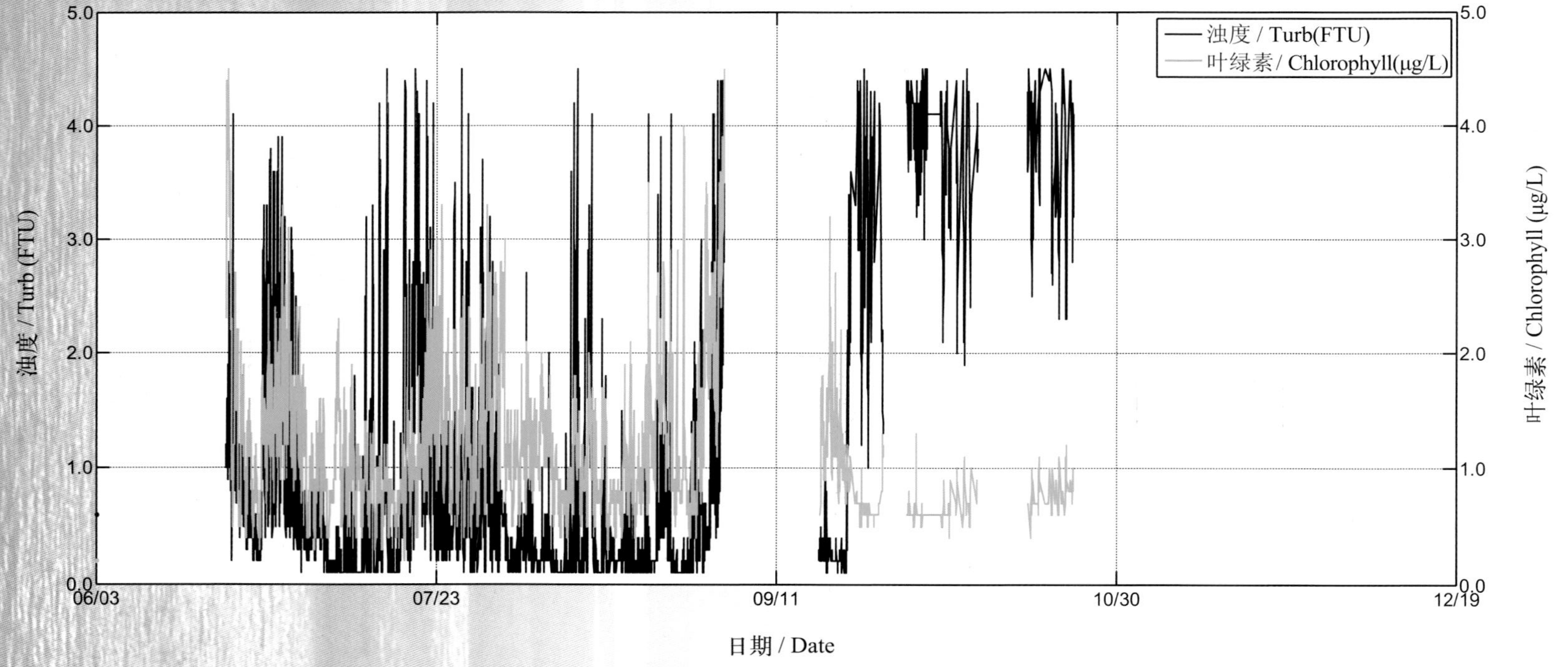

注：07 号浮标于 2010 年 6 月 23 日 10 点 45 分布放，6 月、9 月、10 月、11 月、12 月部分数据因传感器故障，经判定对数据进行剔除。